THE WAY OF SEARCH ARCHITECTURE

Design and Optimization Practices for Search Systems in App

搜索架构之道

App中的搜索系统设计与优化实践

刘俊启◎著

图书在版编目（CIP）数据

搜索架构之道：App 中的搜索系统设计与优化实践 / 刘俊启著．-- 北京：机械工业出版社，2024.10.

（移动开发）．-- ISBN 978-7-111-76459-5

Ⅰ. TN929.53

中国国家版本馆 CIP 数据核字第 2024YC7708 号

机械工业出版社（北京市百万庄大街 22 号　邮政编码 100037）

策划编辑：孙海亮　　　　责任编辑：孙海亮

责任校对：孙明慧　张雨霏　景　飞　　　　责任印制：常天培

北京铭成印刷有限公司印刷

2024 年 11 月第 1 版第 1 次印刷

186mm×240mm・21.25 印张・1 插页・419 千字

标准书号：ISBN 978-7-111-76459-5

定价：99.00 元

电话服务

客服电话：010-88361066

010-88379833

010-68326294

网络服务

机　工　官　网：www.cmpbook.com

机　工　官　博：weibo.com/cmp1952

金　书　网：www.golden-book.com

机工教育服务网：www.cmpedu.com

Preface 前　言

为什么要写这本书

在当今数字化时代，App 已经成为人们日常生活中不可或缺的一部分。而一个优秀的 App，往往需要一个高效、稳定、安全的技术架构作为支撑，同时搜索功能也成为大多数 App 的标配。

2023 年年底，我从百度公司离职。算起来，我在百度工作了整整 13 年。在这 13 年里，我从一名研发工程师晋升为资深研发工程师；技术水平从只了解一门编程语言到熟悉整个业务和生态；工作方式从独自写代码转变为多人跨地域、跨部门协同；思维方式也从接受需求、编写功能点，逐渐转变为主动思考问题、解决问题并推动事情落地。

非常幸运的是，在百度的这 13 年里，我参与并负责了多个与搜索有关的 App 从无到有的构建过程，也见证了百度 App 用户规模从万级到亿级、客户研发团队从几人到数百人的发展和变化。这个过程既充满挑战，也蕴含机遇，让我能够将对技术架构的理解付诸实践，从而使我更加深入地了解 App 中的技术架构是如何支持 App 搜索业务的，以及应该如何对 App 的技术架构进行优化。

故我撰写本书有两个目标：第一个目标是梳理自己在参与及负责的多个 App 架构优化工作中遇到的挑战、思考过程以及实际成效，作为对自己在百度工作 13 年的总结；第二个目标是希望把这些经验分享出来，与所有相关人员进行思想上的交流，因为在 App 从无到有以及到拥有上亿级用户规模的过程中，不同的 App 所采用的技术路径是相似的。

读者对象

这是一本专注于搜索业务全流程技术实现的书籍，重点介绍了 App 中搜索系统在不同阶段的架构设计及实现。无论你是初入行业的新手还是经验丰富的技术专家，或是对技术有浓厚兴趣的读者，本书都将为你提供有价值的知识和实用的指导。本书特别适合以下人员阅读。

- **从事移动搜索业务的人员：**包括测试人员、产品经理、前端工程师及后端工程师等。本书重点介绍了与搜索 App 技术架构相关的知识，可以帮助这些人员更好地理解客户端中的技术架构和设计应用架构。
- **移动应用开发者：**对于移动应用开发者，本书提供深入的技术架构设计和实践经验，可以帮助开发者构建更加有效、可用的 App 技术架构。
- **技术经理和团队领导：**本书包含在解决问题时对技术选择的思考，这部分内容可以帮助负责管理技术团队和项目的人员做出明智的决策。
- **计算机相关专业的学生和学者：**本书可作为计算机科学、软件工程等相关专业的学生和研究人员学习搜索 App 开发、App 优化的参考书籍，可以帮助他们深入了解 App 技术架构的实际应用和研究方向。
- **对搜索 App 或 App 中搜索功能的实现感兴趣的人员：**本书能够帮助这部分人员从更全面的视角了解搜索系统架构的原理、重要性和演化趋势。

本书特色

- 本书是对我从无到有构建多个 App 技术架构和重构优化超级 App 技术架构的实践经验的高度总结，在介绍不同架构如何实现的同时，还介绍了当时的背景及实践的流程，目的是让广大读者用更少的时间，在真实的业务场景中学习并吸收我 13 年工作经验的精华。
- 本书中不仅有具体的技术实现细节，还有我对具体问题的深度思考，这些思考不仅可以帮助读者知道怎么做，还能知道为什么这么做，进而让读者实现举一反三，轻松应对所有同类问题。
- 本书兼顾广度和深度，既覆盖了搜索 App 设计的全部关键环节，又直指问题本质。
- 虽然本书是以搜索 App 为主进行讲解的，但是其中的方法和思想可以沿用到其他 App 产品的设计中，而且可以覆盖技术架构师、开发人员、管理人员和项目经理等多个人群。

如何阅读本书

本书共三篇。

基础篇（第 1～3 章），简要介绍了搜索客户端的发展与价值、基础技术及基础服务，目的是帮助读者了解必备基础知识，为学习本书后续内容做铺垫。

高级篇（第 4～12 章），根据搜索全流程业务的需要，围绕输入并行化、可扩展网页能力、场景容器化、安全策略制定、核心指标持续优化、网络统一管理、移动端 AI 预测、App 可变体发布及支持质效提升等 9 个维度，着重讲解了 App 技术架构的实现与思考。

个人成长篇（第 13 章），通过融入团队、有效交付及持续优化 3 个维度，介绍如何与团队、业务及技术融合，构建个人的架构优化之路。

如果你对搜索的业务流程、基础技术及服务端依赖比较了解，可以直接从高级篇开始阅读。但如果你是初学者，请一定从第 1 章开始学习。

致谢

首先感谢百度这个平台。百度有良好的技术及实践氛围，这让我可以长期专注于研发工作并积累与 App 架构设计相关的知识，这也是本书的内容能做到丰富和深入的基础。

感谢刘艳红、Proteas、姬路涛、刘爽、谢柏渊、马光潇对本书进行审阅，他们提出了许多宝贵的建议。

感谢《Java 加密与解密的艺术》的作者梁栋的引荐，在他的努力下才促成了这本书的合作与出版。

最后，感谢妻子和女儿在我写书期间给予的理解与支持。写书占用了一些亲子时光。记得那时，女儿经常跑过来找我一起玩，看到我坐在计算机前，她总是懂事地说一句：“爸爸在写书呢！”然后就跑开了。

谨以本书献给我最亲爱的家人、好友和我在百度工作的 13 年中一起合作过的伙伴们！

目　录 Contents

个人成长篇

基础篇

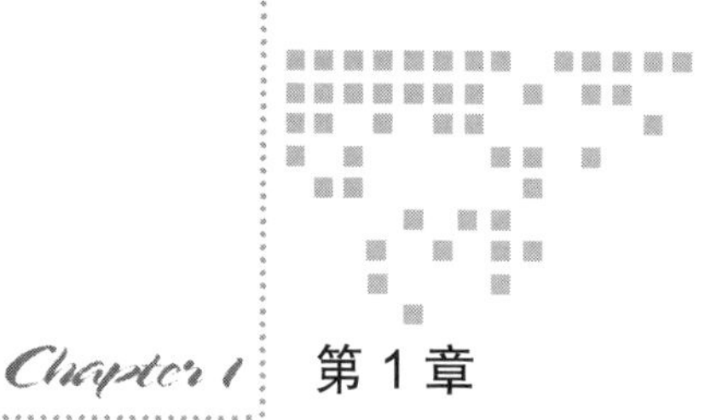

Chapter 1 第 1 章

搜索客户端的发展与价值

本章首先介绍我在百度参与或负责的 7 次与搜索客户端架构优化有关的工作、所解决的问题以及过程中的思考，并从搜索客户端的架构变化来看搜索客户端的价值；然后，从 iOS 和 Android 这两个移动操作系统提供的搜索能力来看搜索客户端的价值；最后，通过 6 款生活中常用的 App 实现的搜索功能来看搜索客户端的价值。

1.1 从我在百度的工作经历看搜索客户端架构演进

1.1.1 从零构建搜索客户端 App

时间回到 2011 年，我们团队启动了一款新产品的研发——在 iOS 平台上实现一个搜索 App，名为“百度搜索”。很荣幸，我作为研发负责人参与了这个 App 从无到有的构建过程。

这是我第一次站在实现者的角度来了解搜索业务。产品经理给“百度搜索”的定位为**“有乐趣的、轻量级的搜索客户端”**，那时我对搜索业务的理解还不够透彻，仅限于技术实现的水平。听到产品经理给出的搜索客户端的定位时，还在想搜索服务用浏览器就可以满足，为什么还要再做一个搜索客户端？十几年过去了，这个问题的答案换过好多次，每隔一段时间我都有新的理解。在这个项目中，我学到的基本知识到现在还很受用，一些知识点还在影响着我的工作方法及标准。

百度搜索初版为用户提供了文本和语音两种输入方式，用户点击搜索框或语音按钮后，便可以使用文本或语音输入想要搜索的内容（关于输入的过程，在第 4 章会有详细介绍）。

用户输入完成后向搜索服务器请求搜索结果，当时的搜索服务器以网页格式返回搜索结果（结果页），点击结果页中的结果所进入的页面（落地页）也是网页格式。在技术实现上，我们使用的是 iOS 系统提供的浏览内核[⊖]，支持网页的展现及交互。

尽管通过浏览内核就可以满足用户的搜索浏览需求，但是为了提供页面加载切换控制功能，我们在百度搜索视图的底部增加了工具条，以实现最基础的页面浏览控制，如前进、后退、刷新等，这样一个基本的搜索 App 就实现了。

整个 App 使用原生（Native）方式实现了主体框架，并通过内置的浏览内核加载网页，实现了搜索客户端的基本功能。初版的搜索客户端在表面上看和浏览器有些相似，如图 1-1 所示。

> 注意　Native App，简写为 NA，即原生应用程序，是某一个移动平台（比如 iOS 或 Android）所特有的，使用相应平台支持的开发工具和语言（比如 iOS 平台支持 Xcode、Objective-C、Swift）开发的 App。同一个 App，需要开发者针对不同的系统平台开发不同的版本。

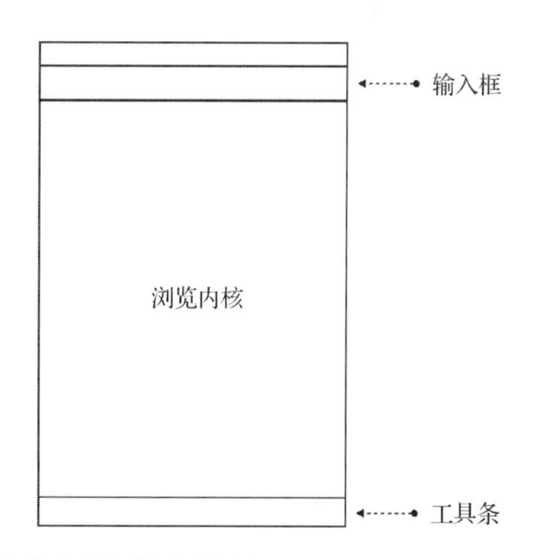

图 1-1　初版的搜索客户端与浏览器样式对比

此时的百度搜索主要使用系统原生应用程序接口（API）开发，可定制性不强。在这个阶段，研发团队和产品本身都处于成长期，架构设计的重点是构建产品的基础功能。

⊖ 在本书中，浏览内核代指网页浏览内核，比如系统提供的 API UIWebView、WKWebView、WebView 或自定义的网页浏览能力。

1.1.2 Ding：优化移动端搜索的高频搜索需求

在 2011 年，移动设备中各种垂类 App 还没有像现在这么普及，搜索天气、股票等信息于部分用户而言属于高频需求。为了满足这些高频需求并将对应信息更好地呈现给用户，产品侧提出的方案为：在用户发起搜索时，为用户展现两类结果，一类为原搜索结果页的数据，使用浏览内核加载；一类为自定义的数据，在 App 内自行解析渲染。我们把实现这种自定义数据的“卡片”称为 Ding。Ding 可定制数据内容和搜索关键字。Ding 在结果页中的展现如图 1-2 所示。

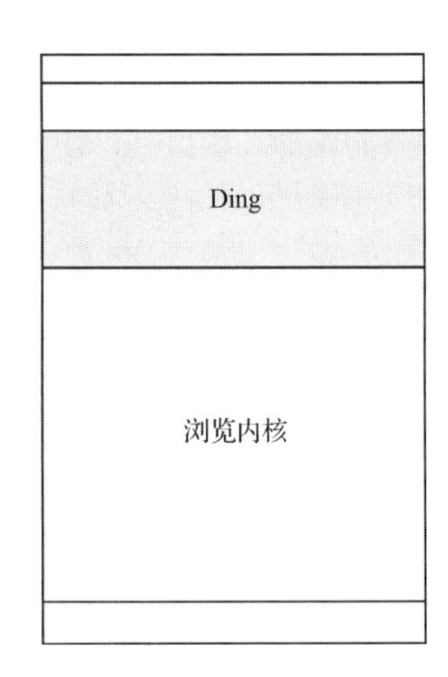

图 1-2　Ding 在结果页中的展现

用户可以把 Ding 添加到首页，以便打开 App 时在首页就可以直接看到 Ding 的卡片。Ding 支持自动刷新及手动刷新，点击它还可以看到对应的详情页面。对于时效性较高且高频的搜索需求，通过 Ding 来获取，可明显降低成本。

在这个阶段不再局限于满足用户的搜索需求，端与云的协同实现了以搜索或 Ding 的方式获取、展现信息以及与用户进行交互。这个阶段架构设计的重点在于搜索闭环能力的建设，而 Ding 仅是其中一种实现方式。

搜索业务的本质是帮助用户找到所需信息，Ding 满足了用户的一些长尾或高频需求，有了 Ding，用户不再需要频繁搜索，就可以直接看到高频需求对应的最新信息。

1.1.3 搜索 + 浏览双框架：优化移动端搜索过程的体验

搜索业务有一个典型的特征，就是用户搜索一个信息后，会频繁地在结果页和落地页之间切换，直到找到想要的答案。若是没有找到，那么用户就会一直持续这个过程，或者重新描述需求并再次发起搜索，然后重复上述过程。这就意味着结果页需要多次加载，因为浏览内核的缓存能力有限，所以存在重新加载结果页的情况。而页面重新加载时用户需要等待，特别是在移动网络环境下，页面加载慢且出错的概率偏高。

为了解决这个问题，我们将结果页和落地页拆分开，结果页使用原框架——搜索框架进行加载，落地页使用新框架进行加载，这个新框架称为浏览框架。浏览框架没有搜索能力，但是可以快速关闭并回到搜索框架中，以便用户继续浏览结果页。

基于这样的设计，用户在落地页浏览内容时，如果想再查看其他结果，就可以快速切换到结果页。这个过程只需要进行两个框架的切换，因此实现了近零等待，提升了满足搜索需求的效率。搜索和浏览双框架共存的产品形态如图 1-3 所示。

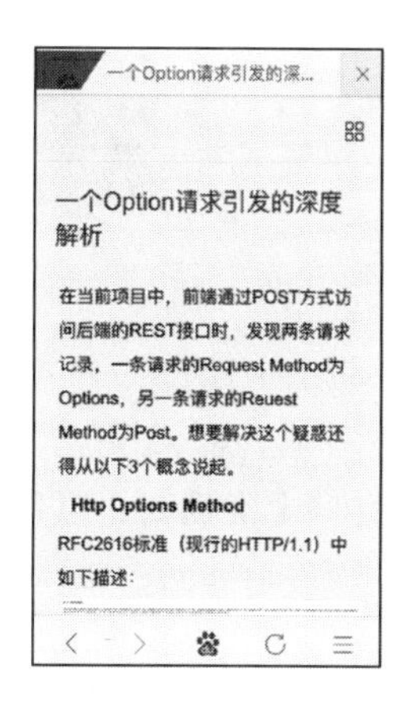

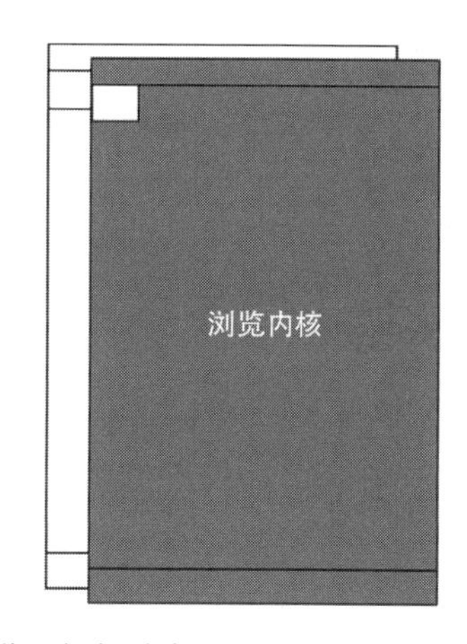

图 1-3　搜索和浏览双框架共存

因为搜索和浏览两个框架是相互独立的，所以技术上可以实现对落地页的预渲染，如果预渲染的准确率比较高，就可以实现点击后立即展现落地页。

1.1.4　搜索结果 NA 化：优化移动端搜索结果浏览体验

结果页的内容格式是基于网页的，页面的浏览及交互依赖于浏览内核。因为 Web 生态的开放性，所以在用户搜索和浏览过程中，会有很多站点参与其中，这就要求结果页的内容具有较高的适用性和扩展性，但结果页的实现受限于浏览内核，导致自有搜索客户端的优势不明显。

基于实现成本、可控性及影响面的考虑，对于股票和外卖这类有明确方向的需求（对应特色搜索关键字），我们在百度搜索中进行创新尝试，使用 NA 自定义内容的扩展方式来增强部分搜索结果的展现，我们称这种扩展方式为**搜索结果 NA 化**。

股票 NA 化案例： 使用双层视图的方式扩展，底层是通过搜索框架加载的结果页，上层是通过股票 NA 的容器加载的股票内容页，两个视图之间可以切换。首次对结果页进行加载时，可以自动调用端能力（客户端扩展的能力，在网页中可调用）展现股票 NA 的视图，如图 1-4 所示。

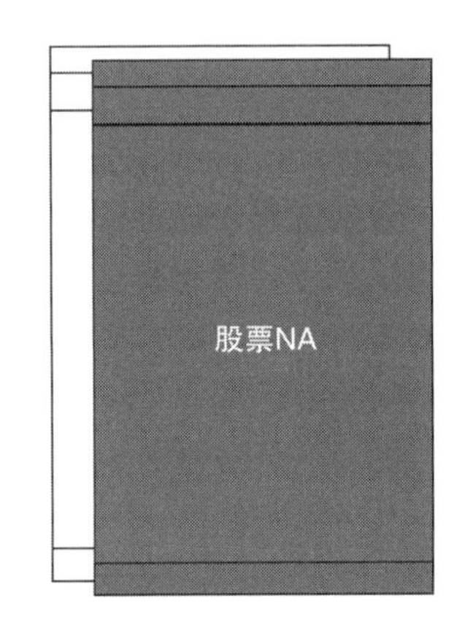

图 1-4 股票 NA 化

外卖 NA 化案例： 使用同层视图的方式定制。视图的上半部分为外卖 NA 视图，下半部分为浏览内核。NA 视图内部可上下滑动，当滑动到底部后，框架根据用户的操作把当前活动的视图切换为浏览内核；反之，当前视图为结果页并向上滑动时，可以再切回外卖 NA 视图，如图 1-5 所示。

图 1-5 外卖 NA 化

NA 化的结果页较传统的网页格式结果页，在性能和用户体验等方面均有明显优势。对于用户来说，视觉效果和流畅度的提升对整体的浏览体验产生了正向影响，这带来的直接变化就是用户的使用时长提升，让用户更有意愿浏览更多的内容，找到所需。

这一阶段的整体的技术方案是在原有结果页框架的基础上进行扩展，在客户端实现网页内容 + 自定义内容的混合渲染，并通过端与云的协同实现结果页的差异化定制。

1.1.5　搜索异步化：优化搜索核心指标

NA 化的搜索结果页在通用性及扩展性方面存在不足。搜索业务的历史积累较多，从面向浏览器服务进化为面向 NA 化服务，不是做几个 NA 化的场景这么简单，还需要考虑浏览器的生态。NA 化的工作告一个段落后，要做的是优化用户在结果页上的体验，目标是优化页面的加载时长。

仔细研究搜索结果页会发现，用户在搜索不同的关键字时，页面中总会有一些资源是相同的，这些相同的资源与结果页的架构及布局相关，属于基础资源，不受具体的关键字影响。也就是说，如果提前加载这些基础资源，那么在用户发起搜索时，仅需加载与关键字相关的资源，这样就可以减少页面加载时间，实现优化结果页加载时长的目标。

团队的前端人员开发了一套异步搜索框架，提前对结果页的基础资源进行加载、解析、渲染。当有搜索请求时，由异步搜索框架实现对关键字相关资源的加载。但是，应用这套框架的前提是客户端需要提前创建一个浏览内核，预先加载这个异步搜索框架，当有搜索需求时，调用异步框架的接口，发起异步搜索。异步搜索框架有着不同的状态，也会出现异常的情况，当异步框架不可用的时候，客户端则使用原加载方案进行搜索。异步搜索流程如图 1-6 所示。

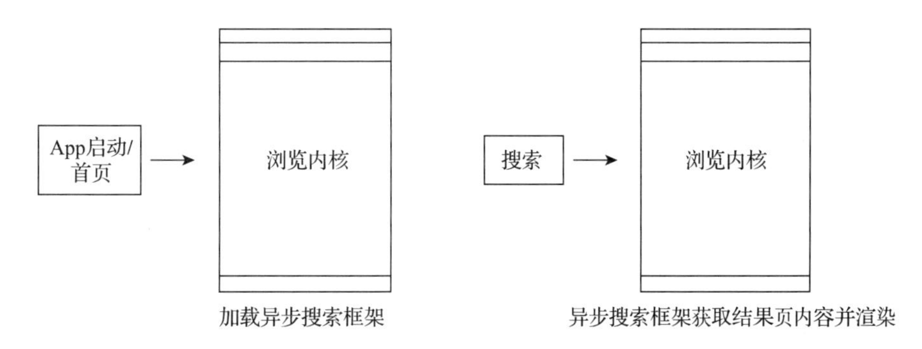

图 1-6　异步搜索流程

这时候的客户端的搜索框架依然采用单浏览内核的方式承载内容（单浏览内核管理框架），在 App 启动后先加载异步搜索框架。但单浏览内核架构有一个局限，如图 1-7 所示，异步搜索框架或其他页面只能加载一个。当进入落地页时，浏览内核中加载的是落地页，而不是异步搜索框架，这时用户再次发起搜索就只能采用同步的方式。由此可见，异步搜索的覆盖率没有达到预期。

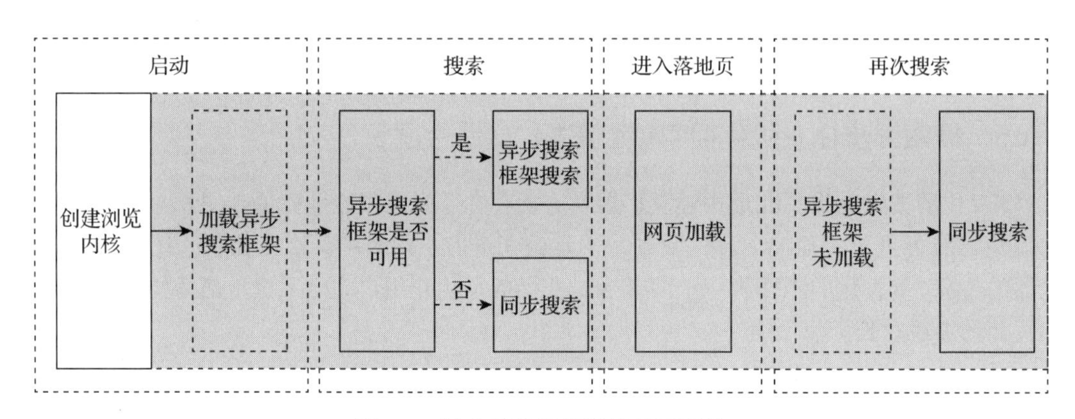

图 1-7 异步搜索框架被落地页覆盖

这个阶段的端与云的协同优化，不仅关注功能的构建，还开始兼顾核心指标的优化。关于指标优化的更多内容，将在第 8 章和第 9 章详细介绍。

1.1.6 多容器管理：突破单浏览内核的限制

解决异步搜索覆盖率问题的理想方案，是在页面加载落地页时，创建一个新的浏览内核来加载异步框架。但是这种方案实现成本较高。团队从 2018 年开始推进搜索 NA 化，将自有落地页的内容（如视频、地图等）在百度 App 中改用 NA 方式实现。然而，现有的单浏览器内核架构无法实现多种不同类型内容的统一接入和管理，这就导致技术实现成本过高且不能保证搜索和浏览体验的统一，需要新的技术架构来支持。

针对上述问题和技术目标，我们实现了多容器管理框架：将线上单浏览内核架构升级为可扩展的多容器共存的架构。多容器管理框架由框架层确定容器化的标准，统一管理容器的生命周期和事件，并根据业务、性能等目标进行合理调度，支持不同容器接入。我们还构建了容器内存 / 磁盘缓存管理机制，以及预创建、预加载、预渲染等优化策略，在效果体验及资源消耗方面实现了较好的平衡。多容器管理框架核心能力如图 1-8 所示。

将原网页浏览相关功能升级为网页容器，在多容器管理框架中，可创建多个网页容器。当一个网页容器被使用后，可再创建一个新网页容器来加载异步搜索框架以支持搜索。对比原单浏览内核管理框架，多容器管理框架在异步搜索方面的转换率有明显的提升。

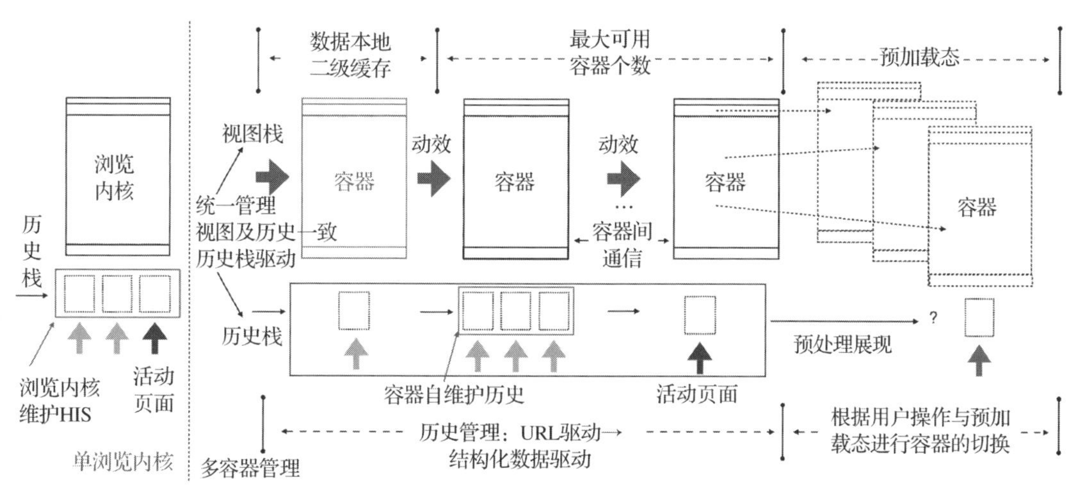

图 1-8　多容器管理框架核心能力

在这个阶段，多容器管理框架像一个简版的操作系统，支持不同类型的容器接入，并统一管理容器的生命周期、状态切换、事件分发、通信等，多容器管理机制作为基础能力支持搜索业务的全流程优化。详细的内容会在第 6 章介绍。

1.1.7　变体发布：多 App 复用搜索能力

多容器管理框架上线之后，不同类型的内容可通过较低成本接入，团队的并行研发效率得到了改善。每个容器在各自的模块内独立迭代，相互影响较小。

时间到了 2020 年，各大厂均在构建自家的 App 矩阵，以超级 App 为中心孵化出一批矩阵 App，如京东极速版、头条极速版、快手极速版等。这些矩阵 App 不仅具备主线 App 的核心能力，甚至还会有一些定制化功能。百度 App 也需要孵化矩阵 App，但矩阵 App 复用百度 App 功能模块的成本较高，主要问题在于，矩阵 App 既需要基于百度 App 的能力进行裁剪，或者进行差异化定制，又需要周期性地从主线 App 同步最新的能力。和传统的模块复用方式不同，这种同步主线 App 的操作是 App 级的复用，这样的能力需要技术架构层提供支持。

我们当时提出了变体发布的思路，即一个 App 可以通过工程化的配置实现功能快速裁剪和低影响面的差异化定制，主要实现方式包括技术分层、容器化、插件化、动态化、接口与实现分离等，最终实现业务模块低成本剥离和定制。通过这个思路，矩阵 App 单次同步主线 App 功能的耗时下降了 70% 以上。支持变体发布的 App 架构如图 1-9 所示。变体发布相关的内容将在第 11 章详细介绍。

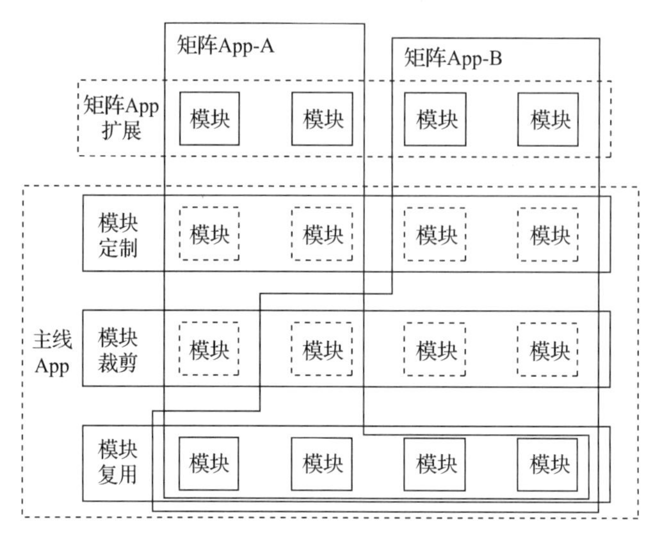

图 1-9　可变体发布的 App 架构

1.1.8　小结

在 2013 年，我有幸以架构师的身份参与了百度手机浏览器 iOS 版的技术研发工作，因为我之前有过手百（手机百度或百度 App 的简称）的研发经验，所以有同事问我："俊启，咱们已经有了手百，做浏览器还有意义吗？"

我当时给的答复是"**手百作为搜索产品的客户端应该更关注搜索全流程的体验，而浏览器以网页浏览的能力作为根本，应该更关注浏览过程的体验**"。貌似聊到搜索，浏览器是永远绕不开的话题。

在 20 多年前的个人计算机时代，搜索引擎通常基于 Web 生态构建，用户不需要专门的搜索类客户端产品，使用浏览器即可免费享受搜索服务——打开浏览器，进入搜索引擎的主页，输入关键字，搜索引擎对关键字进行检索，并以网页的形式返回结果信息。Web 生态是一个开放的生态，基于万维网联盟（W3C）标准构建，每个站点再按照其标准建立并生产内容，搜索引擎则基于这些标准进行信息的抓取、分析、分类和建库，并为用户提供信息检索服务。

浏览器是基于 W3C 标准实现的网页加载、浏览及交互的能力，操作系统一般都会内置浏览器，这相当于用户可以零成本使用搜索服务。在当时的网络环境下，搜索引擎基于 Web 生态构建，并通过浏览器为用户提供免费的搜索服务，搜索类客户端产品的优势并不明显。

以 W3C 标准为基础，内容的生产由站点提供，内容的筛选由搜索引擎提供，内容的浏览由浏览器提供，一切看起来这么自然，这完全得益于整个生态是公开、开放、共享的。

浏览器可以基于标准实现互联网中网页的加载及浏览能力，在这个基础之上，任何一个公开站点提供的服务都是以网页的形式在浏览器产品中展示的，搜索服务也不例外。在浏览器中进行搜索抓取成为一个重要的需求，2006 年左右，IE 7.0 和火狐浏览器开始内置搜索引擎服务，用户在浏览器的地址栏中输入关键字就可以直接使用搜索服务。浏览器通常会内置多个搜索引擎，并向用户提供多个搜索引擎选项，让用户自行选择。图 1-10 为 Safari 浏览器提供的选择默认搜索引擎的界面。而在搜索客户端中，默认仅有自家的搜索引擎服务。

图 1-10 Safari 浏览器中的选择默认搜索引擎界面

搜索引擎的核心能力是信息检索，当用户使用浏览器进行搜索时，搜索引擎会通过算法和策略检索出更符合用户需求的结果。用户点击搜索结果中的某个条目从而打开一个第三方的落地页，这个过程的浏览体验与浏览器的产品设计有关，不受搜索引擎控制。落地页中的大部分结果是第三方页面，当用户发现所浏览的内容质量不好时，由于这些结果是由搜索引擎检索得到的，故基于页面打开的先后关系，部分用户会认为是搜索引擎的问题。总的来说就是在浏览器中使用搜索引擎服务，在搜索及浏览体验方面是不可控的，搜索引擎对第三方的内容质量也无法干预，只有搜索服务和自有内容是可控的，具体示例如图 1-11 中灰色区域所示。

而当搜索引擎的服务有了自建客户端的支持，搜索及浏览的体验就成了可控的，此时第三方的内容质量问题也可以被识别并干预，这时相当于搜索全流程是可控的，如图 1-12 中的灰色区域所示。

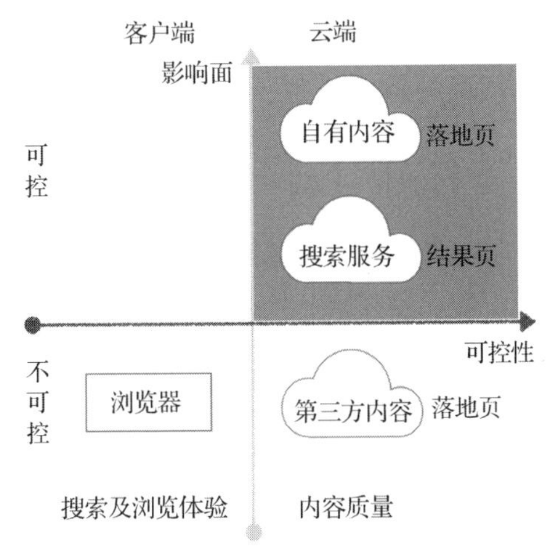

图 1-11 浏览器中搜索体验的可控性示例

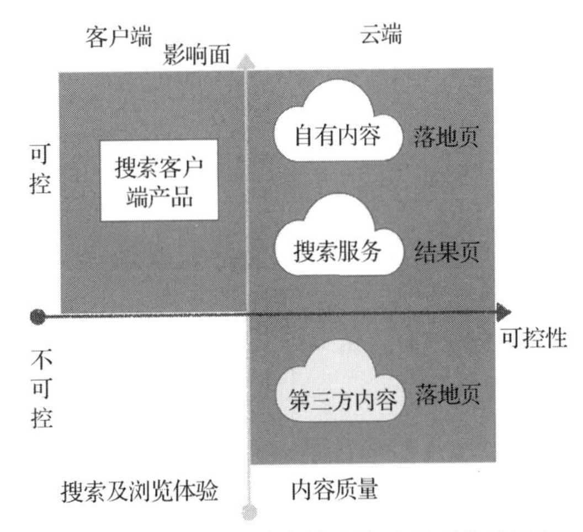

图 1-12 搜索客户端中搜索体验的可控性示例

同时，因为有搜索客户端产品的支持，从输入关键字到展现结果页，再到打开落地页，每一步都可以定向优化，也就是说从用户打开客户端到满足搜索需求的整个过程均可进行定制和优化，这拉开了与其他搜索产品的差距。图 1-13 列出了搜索客户端对搜索业务研发的影响（部分内容在本节前面已有介绍），这些正向影响都得益于搜索客户端。不断地创新及优化端与云的协同，可以为用户提供更好的搜索体验。

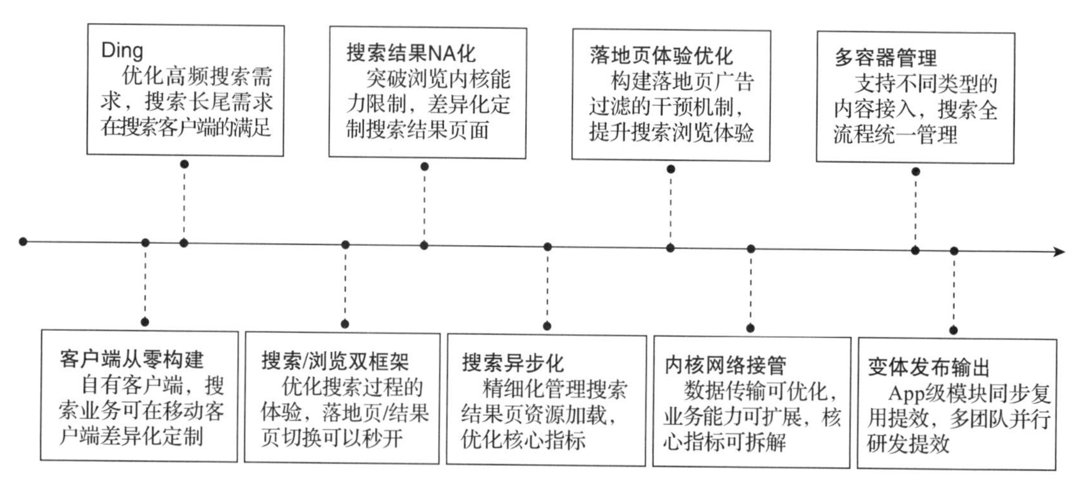

图 1-13　搜索客户端对搜索业务研发的影响

总的来说，当使用第三方浏览器进行搜索时，搜索引擎只能通过优化搜索的准确度和检索速度来提升搜索体验，并通过自建落地页来丰富搜索生态中的内容，无法控制搜索全流程中其他节点的体验。而在搜索客户端中，可以实现从用户输入关键字到搜索、浏览第三方或自建内容页的全流程支持，从而实现端云一体化的搜索全流程优化。这将提升用户使用搜索服务的体验，增强用户使用搜索客户端的意愿。相比于浏览器产品中的搜索服务，搜索客户端的优势在于能够提供更好的搜索全流程体验，从而提升用户的满意度和忠诚度。

1.2　移动操作系统级的搜索能力支持

在移动设备中，主流的操作系统为苹果生态的 iOS 系统和谷歌生态的 Android 系统，这两个系统都提供了全局的搜索能力，主要针对应用内的内容搜索，默认支持系统级应用中对内容的搜索，也支持对设备中安装的 App 中的内容进行搜索。

1.2.1　iOS 系统搜索能力

iOS 系统从 2009 年（iOS3.0）开始内置全局搜索框（通常称为 Spotlight），支持对联系人、应用、短信、地图、文件、邮件等进行搜索。苹果公司在 2015 年的全球开发者大会（WWDC）上推出了 iOS Search API，它重点实现对应用内的内容进行搜索的能力，分为以下 3 类子 API。

1. NSUserActivity

NSUserActivity API 用来支持 App 向全局搜索框（Spotlight）中注册用户之前看过的内容，以便用户在 App 中对这些内容进行搜索。如图 1-14 所示，用户在京东 App 浏览过 iPhone 15 Pro 相关的商品，在全局搜索框中搜索 iPhone 15 Pro 时，浏览过的内容就会被展现，点击结果条目则可进入京东 App，同时 App 跳转至对应的页面供用户继续浏览。

图 1-14　京东 App 使用 NSUserActivity 为用户提供全局搜索浏览历史的能力

2. CoreSpotlight

CoreSpotlight API 用来支持 App 向 Spotlight 中注册任意内容，使得这些在 App 中注册的内容在全局搜索框中就可以被搜索到，且这些内容是在本机建立的索引。CoreSpotlight API 比较适合搜索 App 中的内容及用户特有的数据，比如记事本中的内容、社交 App 中的聊天记录等。

3. Web Markup

调用 NSUserActivity API 和 CoreSpotlight API 生成的索引都有一个限制——须先安装 App 后才能搜索到 App 中的内容。如果 App 中的内容大部分都是网页形式，并且用户希望在没有安装 App 时也能搜索到这些内容，怎么办？苹果为此准备了第三类子 API——Web Markup API。开发者调用该 API，就表示允许苹果的爬虫抓取自己的网页内容，并且声明了网页内容和应用的关联性，这样就有机会在未安装 App 的情况下让网页内容出现在全局搜索框的搜索结果中。

1.2.2　Android 系统搜索能力

Android 系统也是从 2009 年（Android 1.6）开始支持全局搜索的，当时 Android 系统中的全局搜索不仅可以搜索网页上的内容，还可以搜索手机中的联系人、文件、短信和邮件等内容，为用户查找手机里的信息提供了快捷入口。具体通过以下两个功能实现。

1. Firebase App Indexing

Google 在 2013 年开始提出将应用像网站一样编入索引（Indexing App just like websites）的思路，相当于在网页中索引 App 中的内容。这种思路可以增强 Google 的搜索能力。原来 Google 只可以检索网页内容，将来还可检索 App 中的内容。整体的解决方案称为 Firebase App Indexing。Firebase App Indexing 可以将某个 App 与 Google 搜索建立关系。当用户搜索到关联的内容时，如果用户在本机安装了这个 App，他们就可以启动这个 App，并直接在这个 App 中跳转到用户正在搜索的内容页。

Firebase App Indexing 不仅可以帮助这个 App 的用户在其设备上查找公开内容，甚至还可以提供查询自动补全功能帮助用户更快速地找到所需内容。如果用户还没有安装这个 App，相关查询会在搜索结果中显示这个 App 的安装提示。

从 2022 年开始，Google 建议使用 Android App Links，它支持用户从搜索结果、网站和其他 App 中直接链接到某 App 中的特定内容。

2. In Apps

Google 在 2016 年 8 月推出了搜索本地 App 中的内容的功能——In Apps，目的也是让用户可以通过系统提供的全局搜索框搜索 Android 手机 App 内的内容。In Apps 还支持查询联系人、短信等信息，同时支持对 Gmail、Spotify、LinkedIn、Facebook 等 App 内容进行检索。

1.2.3 小结

在系统中，全局搜索功能为用户提供了快速查找信息的能力，并且该功能有便捷的触发方式。系统实现的搜索能力与传统网页的搜索能力存在一些差异，系统提供的全局搜索功能主要用于解决 App 内的信息孤岛问题，通过一系列 API 支持的可搜索内容，实现对预置 App 和第三方 App 内的信息整合。

而 App 中提供的搜索服务则主要基于搜索引擎，现阶段的搜索能力主要是检索网页和自有内容。由于网页格式是公开的，第三方网页内容可以被抓取。若要检索第三方 App 中的内容，则需要在内容可抓取、可展现和可交互这三个方面进行定制，缺一不可。

从可抓取的角度来看，小程序或自建内容生态对于传统网页搜索具有重要意义，它们以另一种方式解决了 App 信息孤岛的问题。事实上，系统中的搜索也需要内容的支持，这也是 iOS 和 Android 系统开放搜索相关 API，鼓励不同 App 参与其中的主要原因。虽然两者都在进行信息整合，但实现层级不同，提供的能力也有差异。

从可展现和可交互的角度来看，现阶段搜索业务中的内容格式主要是网页，其展现和交互依赖于浏览内核。若要实现差异化的内容定制，则需要客户端的支持。例如，小程序需要在运行时有框架的支持，而多容器管理框架实际上解决了不同类型内容的展现和交互扩展问题。这些非网页格式的内容并不像网页格式那样通过统一资源定位符（URL）直接在浏览内核中打开，而是采用自定义的指令格式。因此，指令的解析需要单独定制，也需要客户端的支持。

1.3　App 中的搜索功能建设

在移动设备中，由于很多内容提供方自建了 App，且当用户有明确的场景需求时更倾向于使用对应的 App 搜索及浏览内容，这导致一些搜索流量被分走。针对这个问题，我认为作为搜索侧的高阶研发工程师，需要清楚搜索客户端在搜索生态中的定位，从而把握好技术方向，通过端云协同的方式更好地支持搜索业务，实现搜索业务的差异化。

我们应该以更广阔的视角来看待搜索业务相关的技术，而不能局限于搜索 App 本身。实际上，在许多 App 中搜索也是关键能力。为了深入了解不同 App 中的搜索能力，我挑选了 6 个生活中常用的 App 进行使用，覆盖了与搜索全流程紧密相关的需求输入、结果页和落地页 3 个场景。最终我得出的结论是：搜索是一个通用能力，不应仅限于传统的搜索引擎客户端。任何一个 App 都可能需要搜索功能，而不同的 App 实现的搜索能力也有所不同。下面是对几种不同类型 App 的搜索功能进行介绍。

1.3.1　京东 App 中的搜索功能

京东 App 一直都有搜索功能，只不过初期的版本只支持文本输入，主要用于搜索商品。后来的版本除支持文本输入外，还支持语音及图像输入，不仅可以搜索商品、订单，还可以搜索垂类的内容，比如搜索京东超市、京东电器等。京东 App 中与搜索功能相关的 3 个场景如图 1-15 所示。

- **需求输入**：支持文本、语音、图像等输入方式。在采用文本输入时，支持搜索建议（根据用户输入的文字推荐可能搜索的内容）功能，该功能不仅有相近字的联想，还有精细的分类推荐，比如输入“鼠标”时，有品牌、无线、游戏电竞专用等推荐。
- **结果页**：支持单列或双列的浏览方式，用户可以根据需要进行选择，搜索的内容支持二次筛选及排序，不同的关键字对应的筛选条件也有所不同。如果搜索的关键字为品牌，结果页中还有品牌京东自营旗舰店的入口。
- **落地页**：落地页中有商品的详细介绍，包括商品的图片、视频、价格、评价、好评率、关联推荐、购买方式（如加入购物车、直接购买）等。落地页中没有搜索框，基本上使用同一类模板展现内容。

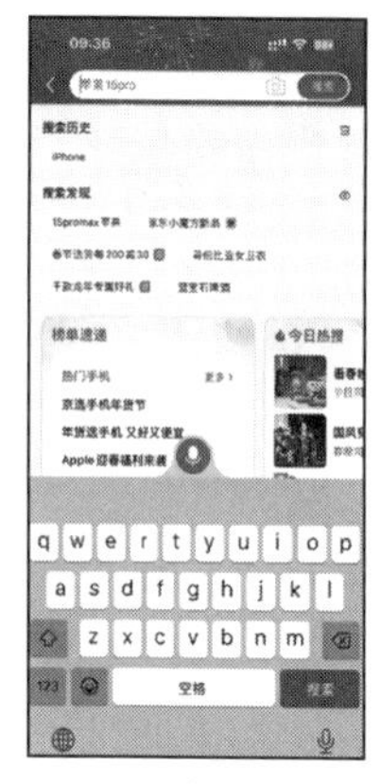
需求输入

结果页

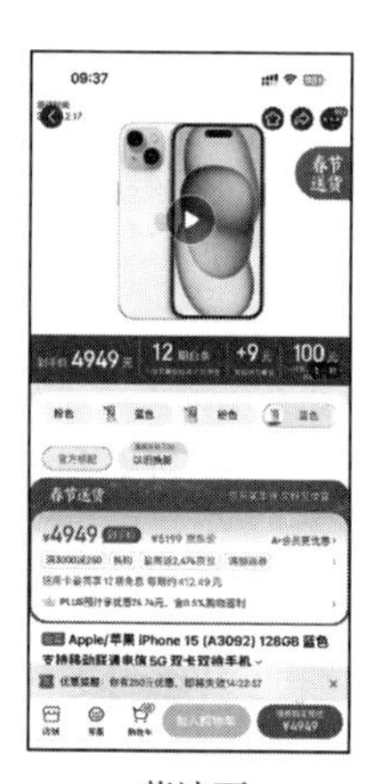
落地页

图 1-15　京东 App 中不同场景的示例

1.3.2　微信 App 中的搜索功能

微信 App 从 1.1 版本开始支持搜索功能，包括对通讯录和会话列表的搜索，在后来的版本中，还支持对小程序、公众号、视频号等内容进行搜索。微信 App 中与搜索功能相关的 3 个场景如图 1-16 所示。

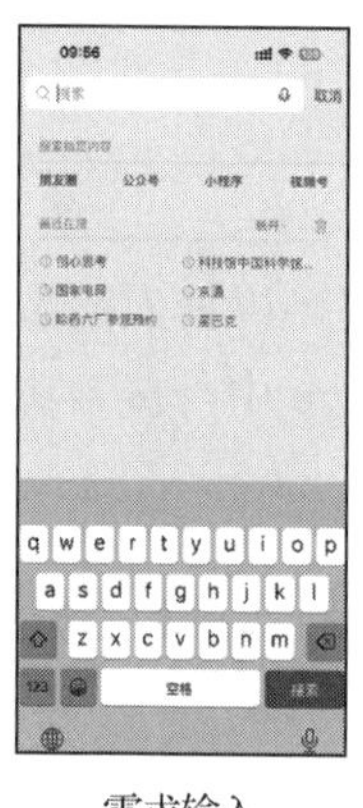
需求输入

结果页

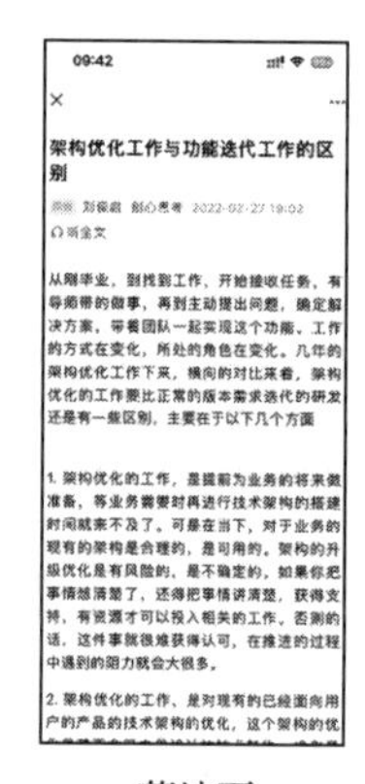
落地页

图 1-16　微信 App 中不同场景的示例

- **需求输入：** 输入方式主要为文本、语音（语音转文本），在输入过程中可直接显示输入结果。
- **结果页：** 以列表的形式展现，在搜索页面中点击“取消”可以回到首页。微信支持对联系人、群聊、聊天记录、收藏、视频号、朋友圈、公众号、小程序等进行搜索。

- **落地页**：微信的落地页展现形式与内容有关，不同内容的展现与非搜索时（正常浏览时）是一样的，只是在搜索状态下点击查看的落地页在返回时会回到搜索结果页。

1.3.3　快手 App 中的搜索功能

快手 App 的早期版本是没有搜索功能的，后来的版本支持通过文本、语音和拍照搜索商品。快手 App 中与搜索功能相关的 3 个场景如图 1-17 所示。

- **需求输入**：输入方式主要为文本、语音，图片搜索仅提供了搜索商品的能力。在文本输入过程中会提供搜索建议，快手 App 中的搜索建议不区分类型，点击搜索建议后就可以发起搜索。
- **结果页**：结果页包含综合、商品、直播、用户、视频、图片等多种内容，还支持针对发布时间、作品时长、发布城市进行筛选。结果页展现形式为双列图片流，包括视频、商品、搜索推荐等多种结果在其中展示。
- **落地页**：落地页对于不同类型的内容，展现形式和交互形态均有不同，视频落地页没有强化浏览历史，用户浏览的层级较浅，上下滑动就可以切换内容。商品落地页重点展现商品详情及相关商品推荐。

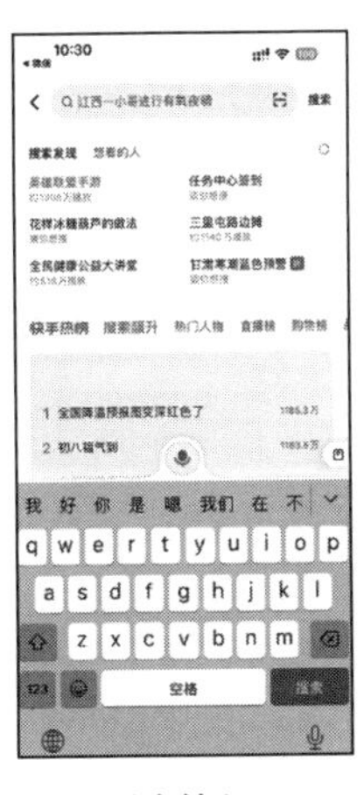

需求输入

结果页

落地页

图 1-17　快手 App 中不同场景的示例

1.3.4　有道词典 App 中的搜索功能

有道词典 App 早期的版本只支持文本搜索，现在已经支持在首页、直播、频道等分类中进行搜索，并且支持语音输入和拍图搜索。有道词典 App 中与搜索功能相关的 3 个场景如图 1-18 所示。

- **需求输入**：支持文本、语音、拍图等输入方式。文本输入过程中有搜索建议，拍图翻译支持涂抹功能。有道词典还支持词典笔输入，前提是绑定有道词典笔。
- **结果页**：在有道词典 App 中，大部分内容都在结果页中展现，包括音标、发音，选择单词后还有不同词态翻译、网络释义、双语例句、专业解释、同义词、同根词、短语、百科等。对于拍照翻译，有道词典 App 会通过光学字符识别（OCR）技术提取照片中文字，并展示翻译内容。
- **落地页**：点击广告、百科、网络释义等都可以直接进入落地页，落地页内容较简洁。

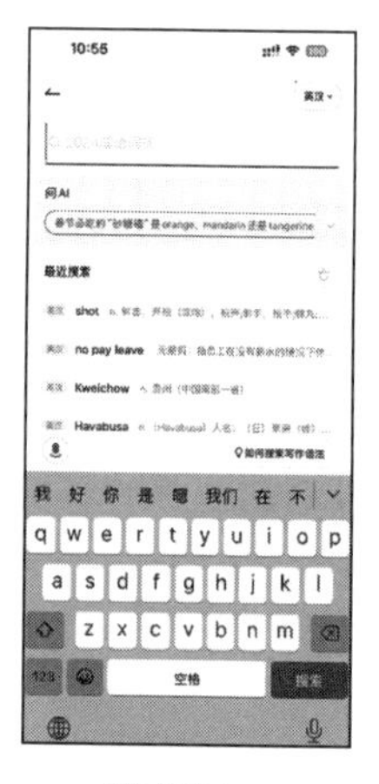

需求输入

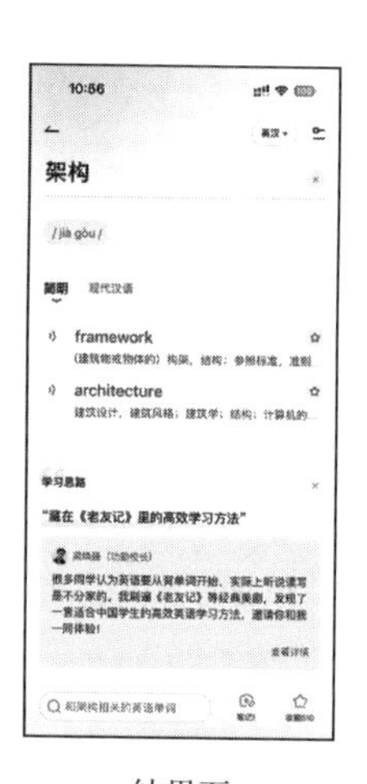

结果页

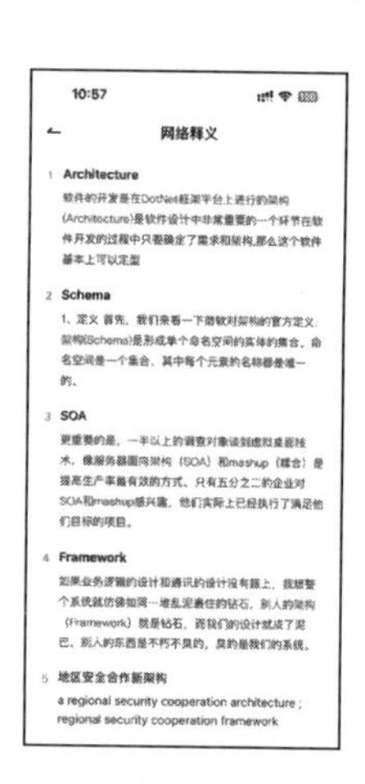

落地页

图 1-18　有道词典 App 中不同场景的示例

1.3.5 招商银行 App 中的搜索功能

招商银行 App 的搜索，更关注对具体业务、功能和服务介绍进行检索，目的是方便用户更好地使用招商银行 App。招商银行 App 中与搜索功能相关的 3 个场景如图 1-19 所示。

- **需求输入**：以文本输入方式为主，输入过程中没有搜索建议，直接显示搜索结果。
- **结果页**：以列表的形式展现，点击取消可以返回首页。结果页中包含 App 功能、产品、社区、生活等。在结果页底部提供“**提问小招**”按钮，点击可进入客服页面。
- **落地页**：不同落地页提供的功能不同，页面组织形式也有所不同。招商银行 App 的部分落地页需要先登录，在打开此类落地页时要先判断用户是否登录，若没有则执行登录步骤，登录成功后再打开该落地页。

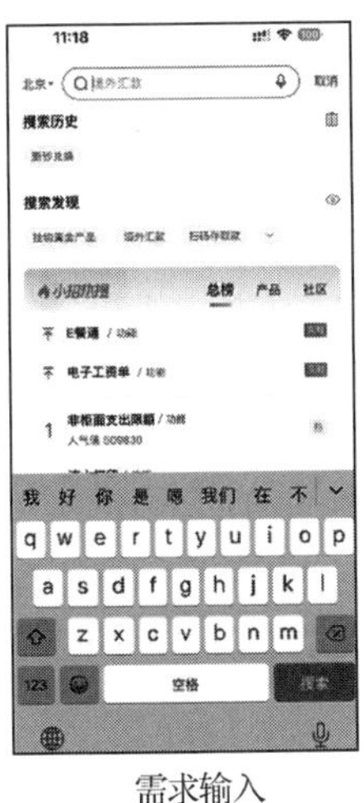

需求输入

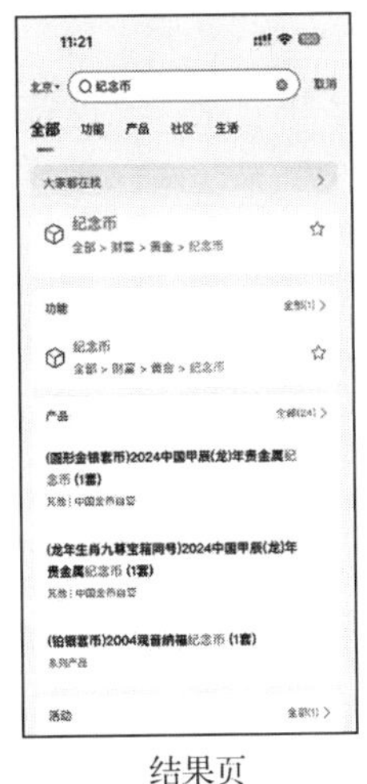

结果页

落地页

图 1-19　招商银行 App 中不同场景的示例

1.3.6　夸克浏览器 App 中的搜索功能

浏览器是最贴近搜索客户端的产品，夸克是为数不多的有自建搜索引擎的浏览器产品。夸克浏览器 App 一直都有搜索功能，可使用自家的搜索引擎或合作的搜索引擎。夸克浏览器 App 中与搜索功能相关的 3 个场景如图 1-20 所示。

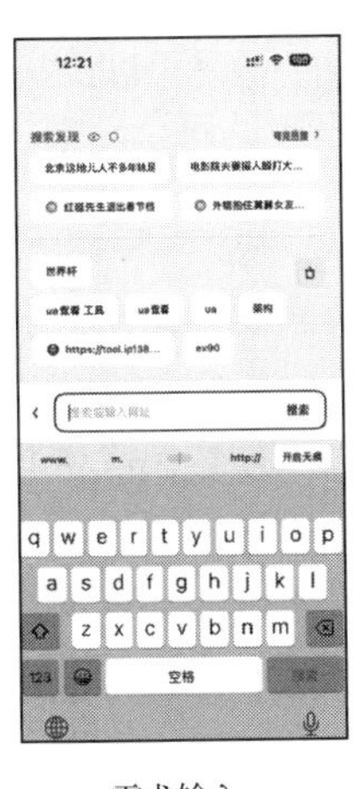

需求输入

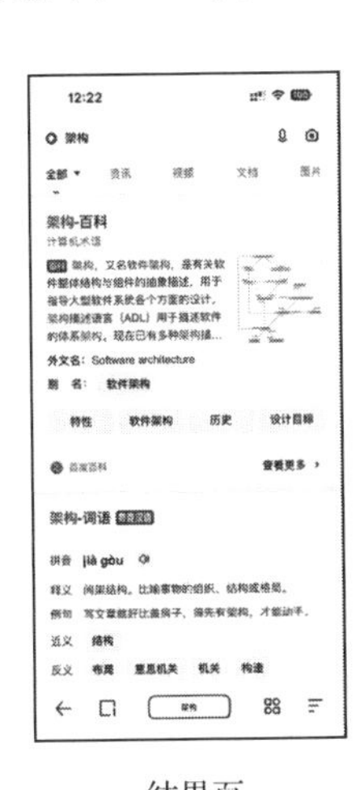

结果页

落地页

图 1-20　夸克浏览器 App 中不同场景的示例

- **需求输入**：支持文本、语音、图像等输入方式，在使用文本输入时会提供辅助网址输入功能，同时搜索建议与搜索框的布局方式与其他 App 不同。对于图像的输入，主要为拍照及照片选择两种形式。

- **结果页**：和传统的浏览器一样，结果页主要为网页格式，区别在于夸克浏览器 App 的搜索框在结果页的底部，这样的设计可以使用户使用大屏设备时更容易操作。作为浏览器产品，夸克浏览器 App 支持更换搜索引擎，包括夸克、百度、谷歌、必应等搜索引擎。结果页的内容与用户选择的搜索引擎有关。
- **落地页**：夸克浏览器 App 的落地页主要为网页形式，用浏览内核承载，同时实现了网页智能保护、智能预加载、智能无图等功能。

1.3.7 小结

通过对比多款 App 中的搜索功能我们发现，每个 App 的搜索流程基本都是一样的，但在不同场景内的实现细节均有不同。

- **需求输入**：主要为文本、语音、图像及自定义的形式，有关输入过程中客户端的并行化响应及技术实现的内容将在第 4 章进行介绍。
- **结果页**：结果页的内容主要是网页或自定义的格式，网页格式的内容主要依赖于浏览内核，网页功能扩展的实现在第 5 章进行介绍。搜索结果依赖于检索的能力，检索的内容与产品的定位有关，关于检索服务端相关的技术实现在第 3 章进行介绍。
- **落地页**：落地页的内容主要是网页或自定义的格式，根据内容不同可以定制不同的能力扩展，实现搜索浏览过程的需求闭环。与页面加载、展现及交互过程优化相关的内容，在第 6～9 章均有介绍。
- **其他**：例如登录、支付、理财、预加载、无图等功能是为了满足 App 的需要而构建的，这些功能要在客户端逐一实现，并支持 App 业务流程中的每个环节，甚至是可被搜索到及直接使用的。

为什么这些 App 都要构建搜索能力呢？答案只有一个——搜索是帮助用户找到所需信息的最高效的方法。当 App 中的信息量达到一定的量级时，如果没有提供搜索功能，那么用户找到所需信息的成本将会非常高，甚至可能无法实现。所以，随着 App 中信息量的不断增加，会有越来越多的 App 构建搜索能力，以实现帮助用户快速找到所需的目标。在用户有明确需求的场景中，相比于为用户推荐内容的功能，搜索功能显然是更合适的。从技术的角度来看，构建搜索能力的关键是理解用户的需求，产品中要有内容可供搜索，搜索到的内容要能正常展现及交互，这些过程都离不开客户端的支持。有了搜索客户端，还能够根据业务的需要来实现搜索能力的差异化定制。

> 注意　本书的内容围绕搜索系统的架构设计展开，在后续的内容中“搜索 App”可以理解为包含搜索功能的 App 或以搜索为主要功能的 App。“搜索 App”有客户端和服务端两个部分，“搜索客户端”更偏重搜索 App 中的客户端部分。

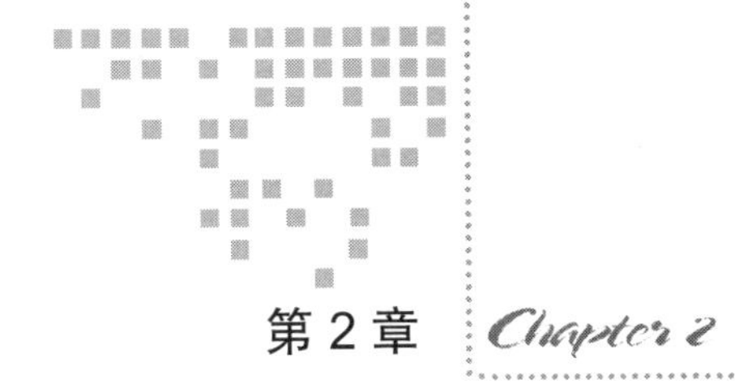

第 2 章　Chapter 2

搜索客户端基础技术

第 1 章介绍了搜索客户端的技术架构的演进、操作系统和几个典型 App 中搜索能力的演进，同时也说明了搜索客户端的价值。

本章以文本输入搜索为例，介绍搜索客户端的完整工作流程，同时对这个流程中的不同节点所使用的技术进行说明，掌握了这些技术，可以更好地理解后续内容。

2.1　搜索全流程的 3 个核心场景

上一章讲述了 6 个 App 与搜索功能相关的需求输入、结果页、落地页 3 个场景。本节综合搜索客户端、系统搜索及各垂类 App 中的搜索相关能力，对搜索全流程相关的 3 个核心场景的能力进行梳理，如图 2-1 所示。

- **需求输入场景**：重点是让用户正确表达搜索需求。客户端通常包含文本、语音、图像这 3 种输入方式，我们还可以通过硬件设备对需求输入进行扩展，硬件设备主要分为有线和无线两种类型。
- **结果页场景**：重点是让用户准确找到想要的内容。结果页通常是网页格式，在自有客户端的支持下，也可以使用非网页的格式或网页 + 非网页的复合格式，甚至在客户端中可以对结果页进行业务扩展。
- **落地页场景**：重点是让用户看到更多与结果相关的内容。落地页主要是网页格式，在自有客户端的支持下，也可使用非网页的格式或网页 + 非网页的复合格式，同样，在客户端中也可以对落地页进行业务扩展。

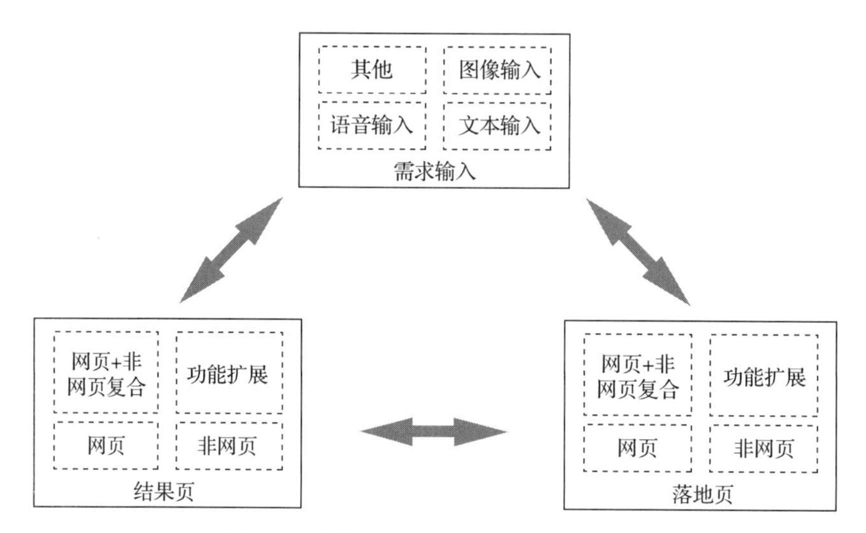

图 2-1 搜索业务核心场景的流程及关系

按照上述划分，搜索客户端应该支持对这 3 个场景的搜索相关功能进行构建及优化。在设计及实现客户端功能时，需要考虑上述 3 个场景之间的关系，以实现场景间的切换。常见的搜索过程的场景切换如：需求输入→结果页→落地页→结果页→落地页……直到用户找到所需或者输入新的搜索关键字。

从上面的描述来看，结果页和落地页场景所实现的能力很相近，为什么还要把这两个页面单独拆分出来？主要有以下 5 个原因。

- **从定义的角度来讲：**结果页是搜索结果页面的一种统称，落地页是点击搜索结果进入的页面的统称。
- **从分发的角度来讲：**由结果页分发落地页，通常在搜索结果页中，用户点击不同的结果查看会进入不同的落地页。
- **从业务的角度来讲：**搜索是一个业务，用户发起搜索后为用户展现结果页。点击结果进入的某个落地页，也可能是一个业务，比如地图、小说、视频和邮箱等，一些客户端是先有了具体业务，再有的搜索能力。
- **从扩展的角度来讲：**结果页和落地页支持的功能不同，实现的逻辑也有所不同。结果页中的功能扩展主要关注为用户提供更好的搜索体验，而落地页中的功能扩展则关注为用户提供更好的浏览体验，以及为用户在浏览过程中产生的新的搜索需求提供更好的支持。
- **从服务的角度来讲：**结果页对接的服务与落地页不同，结果页对接的是自有服务，而落地页对接的是自有服务或非自有服务。服务不同，可协同优化的方案也不同。

基于上述 5 个原因，将结果页和落地页拆分之后，流程变化可清晰描述，场景边界可明确管理，功能扩展可精准实施。

2.2　需求输入场景及技术实现

在需求输入场景中，客户端为用户提供的输入方式为文本、语音及图像等，本节以文本输入为例介绍搜索功能在需求输入场景中的主要流程和技术实现，语音和图像输入的相关内容在本书第 4 章介绍。

典型的文本输入搜索过程如图 2-2 所示，该过程主要分为输入搜索关键字、展现搜索建议、点击搜索按钮三个步骤，其中输入搜索关键字和点击搜索按钮的动作由用户触发，展现搜索建议为搜索客户端提供的辅助输入功能，下面对典型的文本输入过程进行介绍。

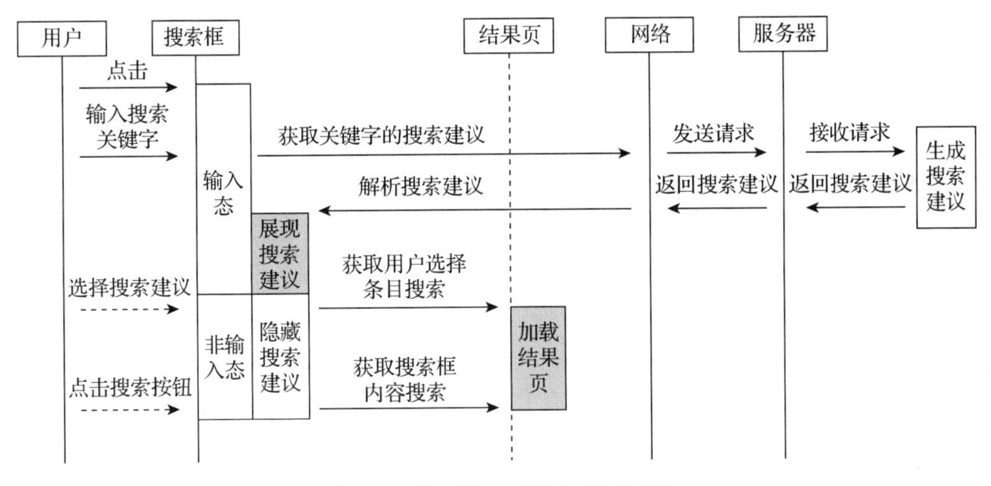

图 2-2　典型的文本输入搜索过程

在搜索 App 中都会有搜索框，支持用户输入搜索关键字。搜索框可使用系统的文本输入控件实现，这类控件在不同的平台中都有，比如 iOS 平台中的 UITextField。用户在点击搜索框后，软键盘弹出，这时搜索框变为输入态，用户可以输入想要搜索的文本内容。

在用户输入文本的过程中，客户端“监听”输入内容的变化，向服务端（服务器）实时提交输入的关键字信息，并由服务端生成用户可能会搜索的关键字列表（搜索建议），客户端在收到服务端的搜索建议后会展现给用户。如图 2-3 所示，用户输入“刘德”，客户端向服务端提交获取“刘德”搜索建议的请求，服务端返回一组搜索建议信息如“刘德华”“刘德凯”“刘德一”……当用户选中“刘德华”时，就进入了结果页场景，此时客户端向服务端提交搜索“刘德华”的请求，加载结果页。

在这个阶段，除了业务流程的逻辑实现，还需要使用一些基础的技术来完成功能的构建，如多线程技术、网络数据通信技术、数据处理技术、展现技术和交互技术等。

2.2.1 多线程技术

多线程技术是一种在计算机程序中同时运行多个任务的技术，旨在提高程序的并发性和效率。如在需求输入阶段，用户输入的过程和搜索建议的获取过程分别由两个线程并行执行，目的是两个任务在执行的过程中互不影响。

用户输入的过程与 UI 交互相关，一般来讲，UI 相关的操作都是在主线程中完成的，而要想网络请求相关的过程与用户输入的过程并行处理、不相互等待，这时就需要使用多线程技术。

图 2-3 搜索建议示例

在单核 CPU 上实现同个时间段运行多个线程，操作系统会将小的时间片分配给每一个线程，这样就能够让用户感觉到有多个任务在同时进行，避免任务之间相互等待。如果 CPU 是多核的，那么多线程就可以真正以并发方式执行，从而减少完成某项操作所需要的总时间。关于并行化的相关内容将在第 4 章介绍。

2.2.2 网络请求

客户端与服务端的通信通常使用超文本传输协议（HTTP）实现，HTTP 是一个用于传输超媒体文档（例如 HTML）的应用层协议，是为网页浏览器与网页服务器之间的通信而设计的，也可以用于其他类型的请求。

iOS 及 Android 系统都提供了用 HTTP 封装的 API，其中，iOS 系统中提供了 NSURLRequest、NSURLSession，Android 系统提供了 HttpURLConnection。

1. HTTP 请求工作流程

接下来介绍 HTTP 请求的工作流程。在实际使用过程中，系统提供 API 的设计不同，使用方式也不同，网络请求的几个关键步骤如下。

1）**参数设定：**根据业务的需要进行 HTTP 请求的参数设定，如设定请求的 URL、端口号、请求方式（GET、POST）、Header、Cookie、Body 等信息。

2）**请求发送：**将客户端设定的参数以二进制数据流的方式传给服务端。

3）**客户端接收服务端的响应：**服务端即服务器接收到客户端的请求后，会向客户端返回响应，包括响应状态码、HTTP Header 等信息。常见的状态码如下。

- 1××：信息响应，表示请求已收到，正在处理。
- 2××：成功响应，表示请求已成功完成。
- 3××：重定向，表示请求需要重定向到其他资源。
- 4××：客户端错误，表示客户端请求存在错误。
- 5××：服务端即服务器错误，表示服务端即服务器无法完成请求。

4）**客户端接收服务端即服务器返回数据：**如果响应数据量比较大，服务端即服务器可能会分多次发送数据，客户端需要多次接收通知。

5）客户端接收本次通信完成（或失败）通知的时候，相当于本次网络请求结束。

上述流程仅是一般情况下的 HTTP 请求工作流程，实际应用中可能会因网络环境、服务器配置等因素影响而有所不同。在设计和使用网络 API 时，需要根据具体需求和场景进行调整和优化。

2. HTTP 请求参数介绍

在 HTTP 网络请求发出之前，需要对相关的参数进行设定，如请求的 URL、端口号、请求方式、Header、Cookie、Body 等。本节简单介绍 URL、请求方式和 Header。

1）**URL：**统一资源标识符，又称统一资源定位器、定位地址、URL 地址，俗称网页地址或直接简称网址，是因特网上标准的资源地址，如同网络上的门牌。

2）**请求方式：**常用的请求方式为 GET 和 POST，本节不作详细介绍。

3）**Header：**对于客户端发出的请求，经常使用的 Header 是 Referer 和 User-Agent。

- **Referer：**Referer 请求头包含了当前请求页面的来源页面的地址，即表示当前页面是通过此来源页面里的链接进入的。服务端一般使用 Referer 请求头识别访问来源，有时以此进行统计分析、日志记录以及缓存优化等。
- **User-Agent（UA）：**请求头中包含的一组字符串，用于让网络协议的对端来识别发起请求的用户代理软件的应用类型、操作系统、软件开发商以及版本号，比如用来识别是 Android 平台还是 iOS 平台。

2.2.3 搜索建议的数据处理

客户端通过网络通信把用户当前输入的关键字上报到服务端，并在接到来自服务端的搜索建议后对建议进行解析及展现。在这个过程中，客户端和服务端需要对网络通信数据进行结构化的封装、压缩、加解密及数据校验等，以实现安全有效的数据传输。

1. 数据封装

常用的数据封装及解析格式有可扩展标记语言（XML）、JavaScript 对象表示法（JSON）及协议缓冲区（PB），在日常工作中使用 JSON 的情况相对多一些。

1）XML（eXtensible Markup Language）：标准通用标记语言的子集，可以用来标记数据、定义数据类型，是一种允许用户对自己的标记语言进行定义的源语言，具有可扩展性良好、内容与形式分离、遵循严格的语法要求、保值性良好等优点。

2）JSON（JavaScript Object Notation）：一种轻量级的数据交换格式，具有简洁和清晰的层次结构，这使得它成为理想的数据交换语言，不仅易于相关人员阅读和编写，还易于机器解析和生成，并且能够有效地提升网络传输效率。

3）PB（Protocol Buffers）：Google 公司开发的一种数据交换的格式，它独立于具体的语言和平台。并支持多种语言，如 Java、C#、C++、Go 和 Python 等，每一种语言都有相应的编译器以及库文件。相较于 XML 和 JSON，PB 序列化之后的数据是二进制的，不可读，更适合大数据量的传输。

这 3 种数据封装格式，iOS 及 Android 均有支持。在实际的应用过程中，可参考数据传输场景、服务端支持情况等信息来确定使用哪一种。

2. 数据压缩

数据压缩的目的是减少传输过程中的数据量，从而间接地减少网络传输时间。数据压缩常用 gzip，gzip 是常见的数据压缩及解压缩算法，在 HTTP 中也有使用，同时它还是 UNIX 系统默认的文件压缩格式。

3. 数据加解密

加解密算法分为对称及非对称两类，常用的为 Base64 及 RSA 算法。

1）Base64：一种对称的加解密算法，所谓对称，就是指该算法加密和解密所用的密钥是相同的，Base64 基于 64 个可打印字符来表示二进制数据，由于 $64=2^6$，所以可打印字符每 6 位（比特）为一个描述单元；Base64 通常用于文本数据处理的场合，用来表示或存储数据，常见于页面中的二进制数据描述；为了保证所输出的编码为可读字符，Base64 制定了一个编码表。编码表有 64 个字符，这也是 Base64 名称的由来；Base64 编码把原来每 3 个 8 位的字节（$3\times8=24$）转化为 4 个 6 位的字节（$4\times6=24$），字节前两位均为 0，常用的编码表如表 2-1 所示；对于私有内容的加解密，也可以自建编码表来实现。

表 2-1　Base64 编码表

索引	对应字符	索引	对应字符	索引	对应字符	索引	对应字符
0	A	16	Q	32	g	48	w
1	B	17	R	33	h	49	x
2	C	18	S	34	i	50	y
3	D	19	T	35	j	51	z
4	E	20	U	36	k	52	0
5	F	21	V	37	l	53	1
6	G	22	W	38	m	54	2
7	H	23	X	39	n	55	3
8	I	24	Y	40	o	56	4
9	J	25	Z	41	p	57	5
10	K	26	a	42	q	58	6
11	L	27	b	43	r	59	7
12	M	28	c	44	s	60	8
13	N	29	d	45	t	61	9
14	O	30	e	46	u	62	+
15	P	31	f	47	v	63	/

2）RSA：一种非对称加解密算法，所谓非对称，就是指该算法需要一对密钥，使用其中一个加密，则需要用另一个才能解密；基于这个特性，RSA 常用于客户端与服务端的数据传输，在客户端及服务端分别存放加密及解密的密钥，如图 2-4 所示，**客户端发送数据时使用公钥对数据加密**，然后通过网络传输加密后的数据，**服务端收到数据后使用私钥对数据解密**，这样即便加密的公钥被公开了，数据传输的保密性也是有保障的。

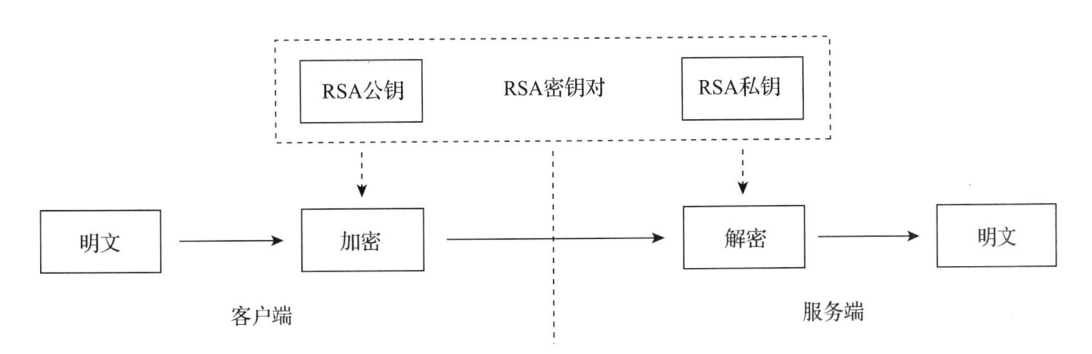

图 2-4　RSA 发送数据加解密过程

4. 数据校验

数据校验常用的算法为 MD5。MD5 是一种广泛使用的密码散列函数，可以产生一个 128 位（16 字节）的散列值，用于确保被传输信息的完整性和一致性。它常用于数据完整性的校验，例如在客户端与服务器的数据传输过程中，先生成数据的 MD5 值，然后将数据及其 MD5 值一同传输。服务端在收到数据后，对其进行 MD5 计算，并将结果与收到的 MD5 值进行比较，以确定数据是否丢失或被篡改。

5. 展现及交互

客户端收到服务端返回的搜索建议数据后，使用 UI 控件对搜索建议内容进行展现，常见的 UI 控件如 TableView、ConllectionView 等都支持列表的展现形式。系统一般会提供很多的 UI 控件供开发者使用，如按钮、文本框、进度条、文本绘制、图片绘制等，这些控件通常在 App 中展现内容及或提供 App 与用户交互的能力，是离用户最近的一层。

2.3 结果页场景及技术实现

以文本搜索为例，当用户输入关键字确认搜索后，客户端将加载与关键字对应的结果页并将其展现给用户。也就是说，客户端需要具备展现结果页的能力，还需要支持用户浏览及选择某个结果条目进入落地页。

典型的结果页加载及浏览过程主要分为 4 个步骤，包括记录历史，拼装搜索关键字，加载结果页和浏览结果页。其中前 3 个步骤在 App 中实现，最后一个步骤由用户触发。

如图 2-5 所示，用户发起搜索时，客户端会保存搜索记录即记录历史，并将搜索关键字拼装到 URL 中传给搜索服务器。之后客户端切换到结果页场景，创建浏览内核及结果页相关功能模块，调用浏览内核向服务器请求加载携带搜索关键字的 URL。服务器接收到请求后，提取 URL 中的关键字进行搜索，并生成结果页及相关资源。然后，服务器会将结果页主文档返回给客户端加载。浏览内核收到服务器的响应后，解析结果页内容。

如图 2-6 所示，通常情况下，结果页需要加载的资源可能有多个，因此浏览内核会依次向服务器提交请求，下载相关资源，并在下载完成后渲染结果页，直到整个页面加载完成。页面加载完成后，用户可通过上下滑动来浏览页面。当用户点击页面中的结果条目时，会加载落地页。

用户
历史管理
URL管理
浏览内核
服务器
搜索
记录历史
拼装搜索关键字到URL
URL携带关键字
创建浏览内核及结果页相关功能模块
加载URL
加载URL
接收请求
生成结果页面及相关资源
返回结果
返回结果
加载子资源
接收请求
…
…
资源…
展现
返回资源
返回资源
滑动页面
页面滚动
点击
加载落地页

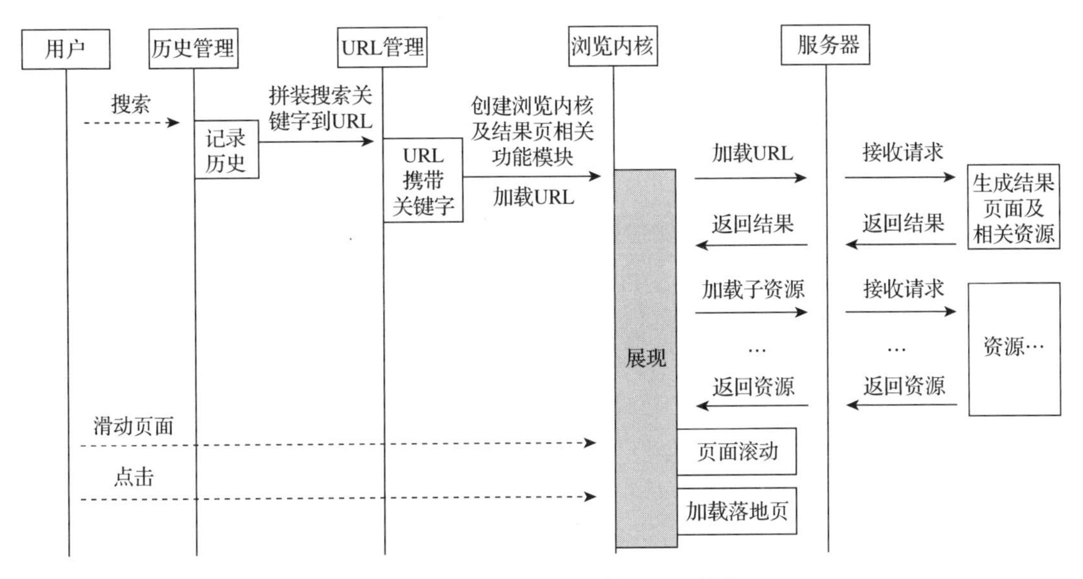

图 2-5　结果页加载及浏览过程示例

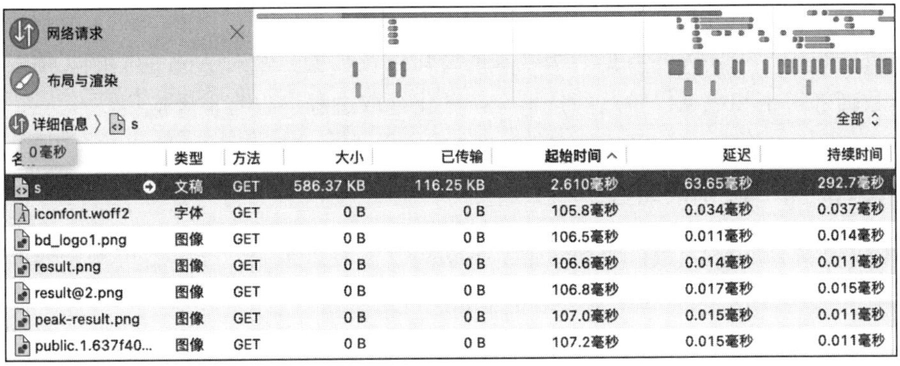

网络请求
布局与渲染
详细信息 〉 s
全部
0毫秒
类型　方法　大小　已传输　起始时间　延迟　持续时间
s　文稿　GET　586.37 KB　116.25 KB　2.610毫秒　63.65毫秒　292.7毫秒
iconfont.woff2　字体　GET　0 B　0 B　105.8毫秒　0.034毫秒　0.037毫秒
bd_logo1.png　图像　GET　0 B　0 B　106.5毫秒　0.011毫秒　0.014毫秒
result.png　图像　GET　0 B　0 B　106.6毫秒　0.014毫秒　0.011毫秒
result@2.png　图像　GET　0 B　0 B　106.8毫秒　0.017毫秒　0.015毫秒
peak-result.png　图像　GET　0 B　0 B　107.0毫秒　0.015毫秒　0.011毫秒
public.1.637f40...　图像　GET　0 B　0 B　107.2毫秒　0.015毫秒　0.011毫秒

图 2-6　结果页相关资源加载

在页面加载过程中，有时会出现各种异常，这些异常可能源于网络问题或服务器、客户端传递的参数格式错误等。因此，需要在客户端对这些异常进行处理。

部分浏览器会在页面加载过程中显示进度条，提示用户当前页面加载的进度，让用户对页面当前加载状态有所感知。这些状态通常来自浏览内核 API 的通知，也可主动调用 API 获取。一般来说，系统提供的原生 API 具备获取基本页面状态和事件通知的能力。关于浏览内核的使用及扩展，将在第 5 章介绍。

2.3.1　数据持久化存取

在搜索过程中，记录用户输入的关键字并保存，以便下次用户搜索时进行选择。实现这一功能的主要技术是数据的持久存储和持久化存取。持久存储用于存储 App 中需要长期依赖的数据，持久化存取则涉及在需要时从存储设备中恢复数据。由于不同设备的存储特性不同，对于文件的存取操作可以抽象地分为三部分：存储路径、存储数据的方式和存储数据的格式。

- 存储路径是指每个数据存储在设备中的文件路径，在移动设备中，iOS 和 Android 平台采用的都是沙盒机制，App 内部对文件的读取也有权限管理，不同文件夹的权限不同，包括是否可以修改、创建、读取等。在具体的业务存储实现中，建议采用一个业务一个目录的方式进行管理，一个文件只存储一类内容。同时，文件及目录的命名也要有统一的规范，这样可以有效避免冲突并实现存储自治。
- 存储数据的方式是指将数据以何种方式存储在文件中，基本操作为文件的读取和写入。平台 API 或第三方开源库都提供了对数据存储方式的封装，例如 Plist、NSUserDefaults、SQLite3、CoreData 等。选择使用这些工具时，需要考虑要存储的数据量、数据的更新频率、更新方式（全量、增量、替换等）以及数据的格式等。
- 存储数据的格式是指持久化存取的文件数据格式。根据业务需要，对所依赖的数据项进行存储格式的封装，其中包括对数据的操作和存储更新相关能力的封装。在研发过程中，需要关注数据升级带来的变化以及数据异常对 App 的影响。前面提到的数据加解密和数据校验这些技术在持久化存取过程中也有重要应用。

2.3.2 URL 携带搜索关键字

在不同搜索客户端，URL 携带搜索关键字的实现有所不同。这一节以浏览器携带搜索关键字为例，说明用户提交的搜索关键字是如何传送给搜索引擎的。

表 2-2 是不同的搜索引擎在 Safari 浏览器中搜索“刘俊启”这个搜索关键字时，浏览器发出的网络请求。

表 2-2 不同搜索引擎在 Safari 浏览器中搜索“刘俊启”时发出的网络请求

搜索引擎	主页	携带关键字（地址栏）	携带关键字（网络请求）
搜狗搜索	https://www.sogou.com	https://www.sogou.com/web?query= 刘俊启	https://www.sogou.com/web?query=%E5%88%98%E4%BF%8A%E5%90%AF
360 搜索	https://www.so.com	https://www.so.com/s?q= 刘俊启	https://www.baidu.com/s?wd=%E5%88%98%E4%BF%8A%E5%90%AF
京东搜索	https://www.jd.com	https://search.jd.com/Search?keyword= 刘俊启	https://search.jd.com/Search?keyword=%E5%88%98%E4%BF%8A%E5%90%AF

为什么使用浏览器验证呢？因为搜索服务在浏览器中是使用业界公开的标准传递关键字信息的，其次从 URL 的定义标准来讲，同一个 URL 在不同的浏览器中打开，用户看到

的内容应该是一致的（服务端差异化定制部分或与用户私人信息相关的部分除外）。若是相同的 URL 在不同的浏览器中所展现的内容不一样，说明网站对于不同的浏览器进行了差异化定制。

在使用 Safari 浏览器做不同的搜索引擎对比时，可以发现从地址栏中复制出来的 URL 中存在中文，直接把这种带中文的 URL 复制到浏览器中，页面也可以正常打开。这有些不符合人们对 URL 的常规认知。因此，我最后在浏览器的网络层对真正发出的网络请求进行了确认，发现所有网络请求都是经过 URL 编码处理的。至少从表面上来看，Safari 浏览器对特殊字符进行了自动兼容。

而在 Chrome 浏览器中，通过使用上面的搜索引擎进行搜索，再从地址栏复制 URL 到浏览器中，可以发现它们都是经过 URL 编码的，其处理逻辑和 Safari 浏览器不太一样，但网络请求的 URL 是一样的。

在搜索客户端中，可能会遇到相同的问题。无论是用户发起的关键字搜索还是直接输入 URL，当输入的内容不符合网络通信的标准时，客户端需要主动进行编码，以符合标准。用户输入关键字后，客户端向服务端发送搜索请求，这一动作会将关键字作为 URL 参数的一部分上传到服务端。这时，需要对 URL 中的特殊字符进行编码，否则即使在地址栏看起来正常，在实际的网络请求中也会出现异常。

通过上述分析可以发现，每个搜索引擎中 URL 携带关键字的方式都有所不同。以表 2-2 所示的内容为例，sogou.com 中的关键字的 key 是 query，而 so.com 中的关键字的 key 是 q。如果你对此感兴趣，可以使用表中带有中文的 URL 进行一次 URL 编码，或者在不同的浏览器中尝试不同的搜索引擎，观察它们如何在 URL 中描述关键字。

2.3.3　结果页的分类及加载

众所周知，用户可以直接在浏览器中使用搜索业务，这是因为搜索业务都是基于网页格式承载的。无论是搜索结果还是点击结果后进入的落地页，都以网页的形式呈现。这样一来，整个搜索过程中用户的浏览、交互等需求都可以在浏览器中得到有效满足。而在搜索 App 中，结果页既可以是网页格式，也可以是非网页或网页 + 非网页的复合格式。

- **网页格式结果页**：搜索引擎展示内容和与用户进行交互的主要数据格式。对于搜索客户端而言，需要在客户端构建网页浏览能力，以支持网页的加载，其中包括结果页和落地页。只要客户端支持网页浏览能力，搜索的核心流程就可以运行。此时搜索框加上工具条（支持前进、后退、刷新等页面操作能力）就构成了搜索客户端的最小集合。

- **非网页格式结果页：**使用自定义的数据格式来传输结果页的数据内容，在客户端进行解析、渲染和交互。与网页格式相比，这种格式可以提供更大的定制空间，从而在能力、效率和效果等方面带来变化，为用户提供更好的搜索体验。然而，这种格式需要更高的开发和维护成本。服务端需要同时支持原浏览器的网页格式数据和自定义格式数据，否则以浏览器作为客户端的用户将无法使用搜索服务。
- **复合格式结果页：**以网页格式和非网页格式承载结果页的内容。通过技术手段将两类格式的内容组合在同一个页面，以实现复合格式的结果页，复合格式同样需要服务端的支持，同时还需要在客户端增加额外的逻辑来处理网页格式和自定义格式两类内容的传输、解析和渲染等，以支持它们在结果页中进行交互和切换。

为什么要关注数据格式呢？因为传统的搜索结果页是基于网页格式承载的，网页提供的能力受到浏览内核的限制，很难实现差异化定制。而非网页格式数据的传输、解析、渲染及交互是可以通过系统提供的原生 API 实现的，API 的能力则受到操作系统的限制，定制成本低。从使用的能力层级来看，原生 API 提供的能力超过浏览内核提供的能力。因此，非网页的数据格式可以使用更多的能力，从而为用户提供更好的搜索体验，这也是搜索客户端的价值之一。

数据格式决定了数据的传输、解析、渲染、交互等能力的构建方法。构建时既需要考虑实现新能力的成本，也需要考虑搜索业务已有能力的迁移成本及所有能力的维护成本。只有搜索结果页和详情页都是非网页数据格式时，才可以不依赖浏览内核展现内容，否则需要提供网页浏览能力。故浏览内核的使用及扩展优化是一件极其重要的技术性工作，可以考虑利用系统原生 API 扩展网页浏览能力，或自建网页浏览能力。

> 注意　在 iOS 平台中，自建网页浏览能力是不被允许的，App 在提交到 App Store 时审核会不通过（iOS 平台的 Firefox 和 Chromium，使用的均是系统原生的 API）。

2.4　落地页场景及技术实现

当用户在结果页中看到一条与想要的结果相关的内容并点击对应条目时，系统就开始加载落地页了。落地页加载过程中相关事件的处理模式与结果页几乎一样，这里不做过多介绍。

2.4.1　落地页功能扩展

在搜索客户端中，落地页同样可以是网页、非网页及复合格式。只要提供内容的服务是可协同的，那么理论上这个内容格式就是可接受的。

对比结果页，网页格式的落地页的功能扩展一般是缺少端云协同的，只能借助 Web 生态的标准进行搜索浏览体验的优化，常见的有扩展功能划词搜索、长按识图、字体大小调整、广告过滤、语音播报网页内容及性能优化等。这时依赖的技术主要与网页内容的提取及读写有关，比如网络通信，网页内容解析，浏览及交互事件处理，JS 与网页通信等。一些功能还会依赖特定的技术，如语音播报需要 TTS 技术，长按识图需要图像识别技术。

一些自定义格式的内容在客户端以 NA 方式实现时，所依赖的技术不局限于浏览内核。例如，音视频内容可以自实现，或引入音频和视频的编码解码技术来承载；AR/VR 内容则依赖 3D 建模、移动 AI 和大数据计算等技术；地图内容则依赖地理信息相关技术。实际上，不同类型的内容都需要特定的技术来支持，这些技术点与内容场景密切相关，此处不再赘述。

2.4.2　落地页与结果页的切换管理

在用户进行搜索的过程中，结果页和落地页的切换是一个高频操作。如果结果页和落地页都是网页格式，那么它们可以在同一个浏览内核中打开，页面切换主要由浏览内核管理。而当结果页和落地页的格式不一致时，需要不同的容器承载，容器切换需要统一的能力支持。在客户端中，根据浏览内核是否管理结果页和落地页的切换分以下两种情况。

1）由浏览内核管理：结果页和落地页都是网页格式，不需要其他数据解析及渲染能力，只需要在浏览内核中实现页面切换。客户端可以使用单浏览内核或多浏览内核技术方案，并通过浏览内核的事件通知来获取页面加载状态，以实现状态提示。

2）单独构建能力管理：结果页或落地页的内容中包含非网页格式（**包括非网页格式和非网页 + 网页复合格式两种**）的数据，需要在客户端中实现数据传输、解析、渲染及交互相关的能力。这里页面的切换、展现以及页面关系的衔接需要借助技术框架来管理，同时也需要知晓新页面的加载时机及相关的状态，以便进行统一的调度。

结果页或落地页的内容中包含非网页格式的数据包含以下 3 种情况。

- 结果页是网页格式，落地页中包含非网页格式的数据。
- 结果页中包含非网页格式的数据，落地页中也包含非网页格式的数据。
- 结果页中包含非网页格式的数据，落地页是网页格式。

总的来说，当结果页和落地页包含非网页格式的数据时，超出了浏览内核可管理的范围。因为每类页面按需实现，且实现技术均有不同，所以页面相互独立，需要在技术框架层面对结果页和落地页提供支持及管理，第 6 章会对此进行详细介绍。

2.5 移动客户端研发注意事项

前面介绍了搜索流程相关的技术，基于这些技术可以实现移动搜索客户端的核心功能。本节重点介绍移动客户端与 PC 应用研发的区别，以及移动客户端与云端服务研发的区别。

2.5.1 移动客户端与 PC 应用研发的区别

在 2005 年，我从 PC 端研发转到 Symbian 系统（塞班公司为手机设计的操作系统，主要为诺基亚品牌的智能手机使用）端研发，当时做移动客户端研发的人员极少，大部分都是从 PC 端转到 Symbian 的（近几年团队中很多新同事依然没有移动研发经验，即在学校或之前的工作中没有接触过移动端研发）。当时的入职培训曾提到移动客户端研发和 PC 应用研发的区别，但由于部分细则我现在已经记不清楚了，所以本节将基于我的理解，来讲述二者的区别。

1. 使用场景的区别

用户使用 PC 的场景比较固定，通常是在家、办公室、咖啡厅等比较固定的地点，一般有比较稳定的电源输入和网络环境（网速比较快），使用的时间也比较固定；而手机一般是随身携带的，主要以电池作为电源，使用的时间、场景（地点）通常是不固定的，以至于网络也是不稳定的（用户所在位置不同，存在不同网络切换的情况，比如 WiFi、5G、4G 等，也存在无网络、弱网络的情况。在移动网络下还需要考虑用户的流量资费问题）。因此进行移动客户端研发，需要关注不确定因素带来的异常情况，需要尽量降低对手机的资源消耗以保证手机有足够长的待机时间，还需要及时响应用户在碎片化场景中的需求，同时要注意对用户隐私数据的保护，特别是现在，手机中有非常多的传感器。

2. 硬件配置的区别

与 PC 相比，手机在 CPU 计算能力、内存空间等方面存在一定差距，并且手机能够随身携带，因此长时间待机、重启或关机的情况较少。这意味着研发手机上的应用时，需要更加合理地利用和释放资源，减少不必要的计算，以降低电量消耗，或者避免因资源不足而产生使用异常、对手机的待机时间产生严重影响。

PC 应用的主要输入设备是键盘和鼠标；而在移动客户端主要是触摸屏、软键盘和响应手势。在研发过程中，需要考虑交互方式的变化，例如用户点击、滑动的不同响应，以及展现软键盘时对布局的影响。如果是跨平台项目，在设计架构时还需要考虑输入层的隔离，以保证业务逻辑和基础能力具有较高的可迁移性。同时，移动设备还配备了麦克风、前 / 后置摄像头、地理位置信息等传感器，这些输入设备为移动设备的客户端产品提供了更多创新机会，可以在自有应用中使用。

PC 应用的主要输出设备是显示器，显示器通常在 20 in[㊀]以上，而手机屏幕通常在 7 in 以下。在显示器上可以同时显示多个运行的应用程序，而在手机上大多只能有一个 App 在前台运行。因此，在移动客户端研发过程中，需要区分 App 当前所处的状态，以及评估一些需要后台执行的任务是否可以得到支持。

3. 研发生态的区别

PC 生态以微软的 Windows 为主，而移动生态以苹果的 iOS、谷歌的 Android 和华为的鸿蒙为主，还有一些厂商基于 Android 系统开发的生态。一个 App 选择了在哪个生态中发布，就意味着选择了这个生态中的研发、测试、发布方法，以及对应的市场和用户群体。这个生态中涉及的开发工具、开源代码、生态标准等均需要研发人员了解。在技术选型时，对于生态中的标准，系统提供的能力及研发语言，甚至生态中的上下游厂商的支持程度也需要研发人员考虑。

在开发阶段，iOS 平台使用的集成开发环境（IDE）主要是 Xcode，而 Android 平台主要是 Android Studio。在生态的主语言方面，iOS 平台从原来的 OC 逐渐向 Swift 过渡，Android 平台也从原来的 Java 向 Kotlin 过渡。

不论使用什么语言进行，良好的编码习惯都可以帮助研发人员规避很多不必要的麻烦。对于团队来讲要想形成良好的编程习惯，需要有一些流程规范。如果流程规范不够完善，应该及时提出优化方案。流程规范是团队研发过程的底线保障，所以必须严格遵守。

在 App 产出阶段，研发人员可以根据业务需要实现不同的功能，还可以针对平台特性及业务需要积累一些实用的小工具。这些工具有些是来自开源的，有些是团队内部自研的，一般来说自研的工具，对于提升团队研发效率帮助较大，应该被熟练掌握。

在 App 发布阶段，iOS 平台有 App Store 支持，Android 平台不同的手机厂商也有自家的应用商店。iOS 平台实际上也是面向厂商的，只不过他们的厂商只有苹果一家。

2.5.2 移动客户端与云端服务研发的区别

本节我们分 3 个维度来对比移动客户端与云端服务研发的区别。

1. 数据版本兼容的区别

一般来说，客户端会在与服务端联调成功之后再发布新版本。数据协议的兼容主要由

㊀ 英寸，1 in=2.54 cm。

服务端支持，即在服务端兼容不同版本客户端的数据请求。但是客户端需要关注本机产生的历史数据文件的兼容性，比如数据文件格式的升级、更名、更改路径等，还需要关注服务端的协议异常，比如服务端下发空数据、数据格式不符合约定等。这些兼容性和容错性问题在客户端均需要考虑，否则就会影响客户端的稳定性。

2. 质量保证方式的区别

通常来说，云端服务的接口稳定测试可以通过穷举法来完成，压力测试可以通过并行化来实现（同时也需要考虑不同网络、机房和运营商的区别），有很多对应的工具链可供使用。

相比之下，客户端业务场景会随着版本的迭代而升级，同时会受机型配置、设备授权状态、覆盖安装、功能开关、网络状态和测试环境等诸多因素的影响，这些因素都是易变的，留给开发自动化测试的有效周期较短，因此版本迭代测试机制的实现主要依赖人工。

3. 新版本发布覆盖度

云端服务的发布过程主要由内部完成，上线之后可以在较短的时间内覆盖全量用户群体。而移动客户端研发完成，在上线时需要先提交到应用商店进行审核，存在被拒的风险。审核通过后发布给用户，需要用户先更新再使用，这个过程需要一段时间，并不是实时的。上线后一旦有严重 Bug，修复 Bug 的更新包较大，那么成本会更高，时间也会更长。

App 的技术架构需要尽可能保证代码变化是可控的、影响较小的、风险可评估的，这样一旦线上版本产生问题，可以把问题的影响降到最小。

2.6 设计一份可落地的技术方案

本节重点介绍不同场景中，在客户端上实现搜索业务所依赖的技术方案。技术方案可以保证搜索客户端的主体业务实现得更为顺畅。方案中涉及的技术在业界中一般都有通用的解决方法，或者是在原生系统中由对应的 API 提供。如何使用这些技术构建流程中的业务能力，是一个关键问题。要构建的业务能力，通常都是功能需求所描述的目标，而实现这些目标的技术方案描述了某个功能在使用哪些技术，要经过什么样的流程、逻辑、调用等内容。同一个功能，可能会因为设计技术方案时的偏重点不同而有所不同，多轮评估及调整之后的技术方案会由多元化转为一体化。

通常来讲，技术方案的确定，至少需要通过团队中的高阶工程师评审，还需要团队成员达成共识，否则这个方案落地的可能性较低。写技术方案是研发人员必备的基础能力，大部分研发人员在写技术方案时，通常关注“如何去做”，也就是技术方案如何落地。实际上，技术方案的落地离不开团队的资源投入，在技术方案中适当增加一些与资源投入相关的内容，可以使方案更容易通过评审。

2.6.1　技术方案的辅助决策点评估

大多数研发人员在评估技术方案时，都会优先考虑方案的有效性，实际上，也存在方案有效性不完整的情况。除了有效性，对实施成本和价值的评估也是技术方案评估的重要环节。

本节重点介绍技术方案的 3 个评估点——方案的有效性、实施成本及价值。当然，在设计技术方案时，也需要结合功能实现的实际情况进行全面的评估。

1. 技术方案的有效性评估

对于一个技术方案，首先要评估其**有效性**，也就是说这个技术方案对于解决某个问题（实现某个目标）是否有效，是在全部场景下有效还是在部分场景下有效。如果在全部场景下有效，那就说明基于该技术方案研发的产品上线之后，不会出现场景不同造成的逻辑不统一的情况。如果在部分场景下有效，那么就说明要实现最终目标，需要针对不同的场景提供不同的技术方案，需要多个技术方案并行开发和维护。这时不仅会增加维护成本，也会因为方案的不统一导致支撑业务的流程不统一、效果不统一，甚至在一些场景下存在无效的情况。

有效性是评估技术方案是否可行，如果技术方案对于目标实现没有效果，那么根本就不需要推进了。如果技术方案在将来某个时间会有效并趋于成熟，那就先评估是否有必要提前投入资源。

注意　在技术方案设计的过程中，所依赖的技术点应该是确定的，如果这个都不能确定，那么实施风险就是不可控的。

2. 技术方案的实施成本评估

确定技术方案有效之后，就要评估技术方案的实施**成本**了。技术方案的实施成本与业务的运营现状、团队的研发现状、线上用户规模有关。技术方案实施的最大成本来自现状的变化，以及实现该变化的复杂度和风险控制。

成本有很多种，比如使用成本、兼容成本、维护成本、协同成本等。对于部分技术来说，使用成本并不高，但维护成本非常高。特别是一些只在少量产品中应用且没有固定团队维护的技术，在评估时，既要关注可用性，又要关注可维护性，否则使用该技术方案获得的良好收益可能只是一时的，长期的维护过程会非常痛苦。使用某个技术的前提是清楚技术的边界和细节。

在评估技术方案实施成本时，既要关注短期投入又要关注长期投入，既要看投入的资源又要看交付的时间，人力成本和时间成本都是成本。

3. 技术方案的价值评估

从技术角度来看，技术方案不仅要满足功能需求，还要提供额外的价值。这些价值可以通过短期和长期两种方式进行评估。短期价值是指在当前功能需求上线时直接产生的价值，包括业务流程、研发流程、用户体验、技术指标和收入等方面的变化。长期价值则是指与之前的技术方案相比，在实现相同功能需求时所产生的变化，例如业务接入方式和研发/维护成本等方面的变化。

技术方案的价值大小取决于方案的提出者对团队需求的理解程度。确定价值的过程，实际上就是确定技术方案目标的过程，确定成本的过程，实际上也是确认方案的实施依赖的过程。在有限的成本下，有效实现技术方案而达到价值的最大化，才是技术方案落地过程的终极目标。

2.6.2 技术方案优先处理原则

技术方案确定后，在实施之前，通常需要经过团队相关人员的讨论，目的是对技术方案的实现思路达成共识。这个阶段常用的方式是技术方案评审。

在评审过程中，通常有评审发起人和评审人两种角色参与。除了方案的有效性外，技术方案的相关节点也需要在评审中被关注，这些节点包括用户、业务、团队、规范、生态及全局性等方面，会对团队及业务的长期价值产生影响。

1. 用户优先原则

若是技术方案中存在损害用户使用体验的点，如让用户使用体验变差、资源消耗升高、用户数据隐私被窃取、稳定性变差等，那这个技术方案就不是好的方案。产品的使用体验是影响用户使用产品的一个关键因素，所以技术方案必须规避这类问题。

2. 业务优先原则

所处的角度不同，一些隐藏的影响面在设计技术方案时没有被考虑，就可能出现技术方案与现有的业务流程相互冲突的情况，比如行为不一致、业务适配成本高、指标变化大等。一些技术看起来很厉害，但对业务没有帮助，那么这些技术的价值就很难体现出来，技术方案最终要更好地为业务增长赋能，要支持业务高质、高效迭代。

3. 团队优先原则

若是技术方案中存在与团队的目标和需要不一致的点，就需要评估该技术方案是否有必要采用了。比如某些技术方案中涉及重复“造轮子”的工作，对于团队来说这不仅是重复投入研发资源，还会增加维护和设备投入等成本。如果技术方案对于团队来说不是最优解，在横向推进时必然会有阻力。

4. 规范优先原则

若是技术方案中存在与现在运行规范冲突的点，一般情况下要么优化规范，要么调整技术方案。但规范是团队积累下来的经验，是团队内所有人员都要严防死守的底线，遵守规范是团队协同工作的基本原则，若是不能做到这些，规范将逐渐变为摆设，最终影响整个团队的工作和发展。

5. 生态优先原则

若是技术方案中存在与平台、生态规则冲突的点，就需要考虑这个技术方案是否需要放弃了。在技术方案中应该通过技术手段首先规避这类冲突，只有大家共建，生态才会变得更好，破坏生态规则的要么自己出局，要么最终导致大家都陷入死局。

6. 全局优先原则

若是技术方案在解决当下问题之时，牺牲了其他节点的收益，那么即使它实现了当前的目标，也需要谨慎对待。好的技术方案应该站在全局的收益基础之上考虑，不仅要局部变好，还要全局变好，若是实现局部变好的条件是全局变差，那么是不推荐这个技术方案的。

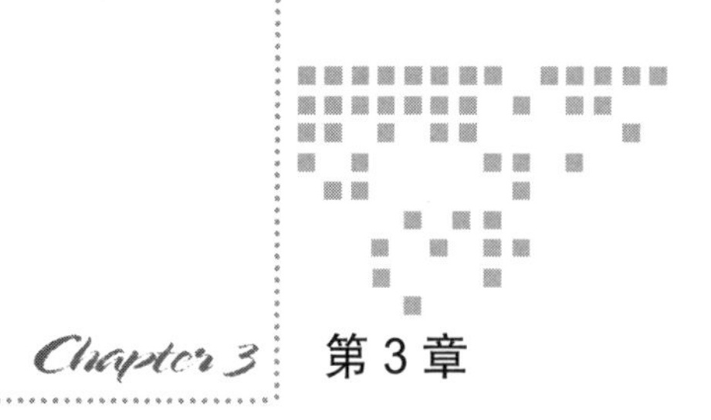

Chapter 3 第3章

搜索客户端基础服务

第2章介绍了搜索客户端研发所需的基础技术，基于这些技术可设计并实现搜索客户端的不同功能。客户端作为搜索服务的延伸，依赖服务端实现信息检索功能，这同时也需要其他服务端的支持。客户端与服务端的紧密合作，确保了搜索业务的完整性。本章将探讨服务端与客户端协同的基础服务，重点介绍搜索服务的核心能力，以及客户端在提升搜索服务价值方面的重要性。

3.1 搜索客户端协同的服务分类

搜索客户端依赖的服务包括两部分：一部分是客户端运行时与服务端对接的服务，另一部分是搜索业务与服务端对接的服务。

3.1.1 客户端运行时对接的服务

客户端运行时对接的服务端常见的有云控服务端和数据服务端，服务端是客户端实现基础能力的保障，为客户端中的功能提供数据同步支持。本节的内容与搜索服务无依赖关系，既适用于搜索客户端，也适用于其他产品客户端。

1. 云控服务端的对接

云控服务端通常是客户端类产品依赖的核心服务，用来下发客户端依赖的数据，包含客户端中不同业务的配置。在客户端中，与云控服务端对接的相关能力通常被封装为一个独立的云控模块。云控模块主要分为**调度控制、状态收集、数据传输**及**数据分发**这四个核心子模块，如图3-1所示。

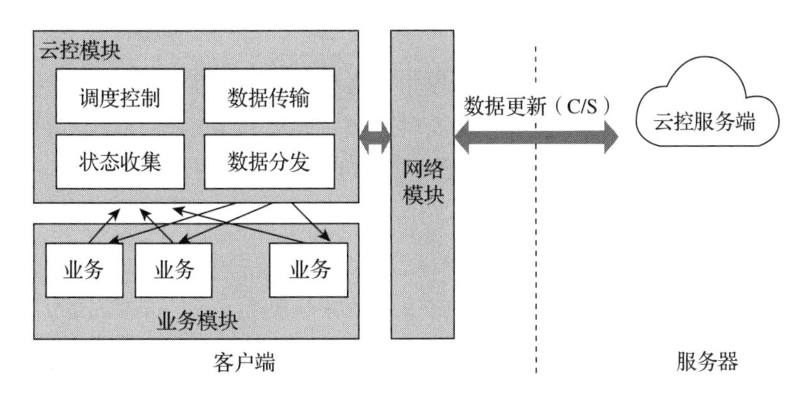

图3-1　云控模块与云控服务端及业务模块的通信

云控功能的触发要通过规则或特定的事件，所以需要在客户端明确更新的时机，即通过客户端云控模块向云控服务端发送更新最新配置状态的网络请求，这部分工作主要由调度控制子模块负责。

当**调度控制子模块**确定需要与云控服务端同步数据时，先会收集当前设备中的配置项、开关等数据，再将这些数据提交到云控服务端。由于业务功能不同，传输的数据不同，业务中的数据格式也有所不同，由**状态收集子模块**负责获取每个业务当前的数据状态，**状态收集子模块**与业务模块是一对多的关系。数据收集完成后，由数据传输子模块对数据进行打包，调用网络模块传输数据至云控服务端，等待接收云控服务端返回的数据。之后通过数据分发子模块将不同的数据分发给不同的业务，至此基本的云控数据更新流程完成。

云控模块与云控服务端的通信是基于C/S(Client/Server，客户端/服务器）架构实现的。通信请求通常在客户端的启动阶段、某个时间周期或由某个事件触发，以实现客户端配置项数据及其状态的上报和更新任务。云控更新过程中更新的是多个业务的数据，随着团队规模变大，会涉及多个模块，也会涉及多个子团队，从架构设计的角度看，业务数据的拼装及解析工作应该交给业务层来管理，这样既可以避免业务升级带来的信息不同步或其他数据解析问题，同时还可以让云控模块处于长期稳定的状态。

2. 数据服务端的对接

数据服务端为客户端提供数据存储支持，记录与业务或用户行为相关的数据。在客户端将与数据服务端对接的相关能力封装为独立的数据收集模块，以支持不同业务记录相关指标的数据项。

数据收集模块与数据服务端基于 C/S 架构通信，以上行数据为主。关于数据收集能力的建设参见 8.3.2 节。

3.1.2 搜索业务对接的服务

搜索业务与服务端对接的服务主要为搜索业务构建。按照是否可定制将搜索业务对接的服务端分为自有服务端和第三方服务端两种，其中自有服务端又分为搜索服务前端和自建内容服务端，第三方页面或站点相关的服务都属于第三方服务端。

1. 搜索服务前端的对接

搜索引擎是一个比较庞大的系统，在这个系统中，通常以网页的形式为用户提供内容检索服务。在 PC 时代，搜索产品没有客户端，用户可以使用浏览器直接加载搜索引擎主页来使用搜索服务。

搜索服务端提供内容检索的能力，在搜索客户端中用户输入搜索关键字，客户端通过浏览内核加载携带搜索关键字的 URL，为用户展示搜索结果。搜索客户端对接的是搜索服务前端，前端通常指的是网站或应用程序的用户界面部分，在搜索服务中前端主要是运行于 PC 端、移动端等浏览器（或搜索客户端）上展示给用户的网页。

在早期，搜索客户端与搜索前端的通信是基于 B/S（Browser/Server，浏览器 / 服务器）架构实现的，客户端可以通过浏览内核加载搜索引擎主页并使用搜索服务。

随着客户端与服务端协同的不断发展，现在搜索客户端与搜索前端已经可以按需基于 C/S 和 B/S 的混合结构进行通信了。搜索服务的更多内容在本章后面会有更详细的介绍，这里不再展开。关于客户端的设计，应该重点关注网页与客户端的通信，以及端云协同实现的差异化（参见第 5 章），并且要尽量保证结果页加载及控制逻辑的独立性。

2. 自建内容服务端的对接

搜索客户端浏览的自建内容（比如视频、地图、图片等），通常存放在自有服务器中为搜索提供服务。

在浏览器中使用搜索服务，搜索结果及落地页只能是网页格式，否则就会出现内容可被搜索到但无法打开的情况。而在搜索客户端的支持下，可以对自建内容的格式进行定制化支持，一些非网页格式的自建内容，可以被搜索到，也可以在搜索客户端中展现及交互。

因为是自有服务，搜索客户端与自建内容服务端的通信既可基于 C/S 架构实现，也可基于 B/S 架构实现。从内容的可用性来看，自建内容服务端应可根据客户端的信号参数，以不同的架构模式提供服务。在客户端的架构设计中，应重点关注内容的可扩展性，这部分内容在本书的第 6 章介绍。

3. 第三方站点服务端的对接

搜索客户端与第三方站点服务端的对接同样是前端，主要用来加载落地页，通常是用户浏览搜索结果时，点击结果页内链接跳转至落地页。第三方站点与搜索客户端定向协同的机会不多，二者通信主要基于 B/S 架构。搜索结果中的第三方内容主要为网页，依赖搜索客户端的浏览内核加载、展现及交互，以支持用户查看页面内容。

搜索客户端除了需要具备基础的页面浏览能力外，还需要具备一些辅助功能来为用户浏览提供更好的体验。值得一提的是，落地页的浏览体验是整个搜索体验中的一个重要环节。

需要提醒的是，第三方的服务和内容存在不可控的情况，其服务质量、稳定性、安全性都需要重点关注，并需要构建相应的机制及管控策略，以此来保证用户在使用搜索客户端时不会产生异常。这部分的内容在本书的第 7 章介绍。

3.2　从客户端的角度看搜索服务端架构

本节主要介绍搜索服务的基本架构。从客户端的角度来看，搜索服务是个黑盒。客户端在发起搜索请求时，会通过 URL 携带搜索关键字给服务端。服务端在收到客户端的请求后，解析对应的搜索关键字信息，从搜索引擎的数据库中，检索出相关的结果并以网页的格式呈现给用户。在这个过程中，客户端研发人员不需要关注服务端如何运转，就可以实现基本的客户端搜索能力，但有关端云协同的事项，客户端研发人员就较难提出关键的建议。

搜索业务的本质，就是信息的整合，即从海量的数据中找到用户想要的内容。基于这个思路，搜索引擎至少需要解决 3 个问题。

- **内容如何产生**。有内容，搜索引擎才可以实现对内容的检索，没有内容，搜索就会缺少受体，自然检索不出结果。即便有了内容，也需要在收集的过程中考虑其质量和时效性，比如过多的重复内容，会使用户的搜索体验变差，重复内容对服务器的存储及计算来说也是一种资源浪费。
- **海量的内容存储和检索问题**。搜索引擎存储的内容越多，可检索到的结果就会越多，相应地，检索过程需要处理的信息量就会增大，检索的效率就会降低。数据入库的方案一般会与检索的方案相关。如何入库及存储内容以实现高效检索也是搜索引擎需要考虑的关键问题，否则在愈发海量的数据面前，检索的效率会变得越来越低，用户的需求长期得不到满足，搜索体验就会变得极差。

- **如何理解用户搜索需求及结果内容匹配**。用户输入搜索关键字，搜索引擎如何理解用户的需求，并从海量的数据中找到匹配的结果，这些问题需要有对应的机制和策略来实现低成本的优化。这与搜索引擎的匹配策略有关，也与产品策略有关，同样也受搜索引擎数据库中的数据影响。

上述内容仅是笔者个人的理解，与实际中遇到的问题可能有一定偏差，但“万变不离其宗”，搜索引擎需要解决的问题都与这 3 个问题有密切的关系。

3.2.1 内容的产生

用户使用搜索引擎时，希望检索到的就是整个互联网中的内容，也就是说，希望从整个互联网范围检索想要的内容。基于这个需求，互联网中产生的内容应该尽可能地被搜索引擎收录。在搜索引擎中，网页的收录工作主要由网页爬虫来完成。网页爬虫技术是一个公开已久的技术。

搜索引擎有 3 个最主要的指标——全、快、准。在用户检索阶段，快和准是核心指标；在内容收集阶段，全和快是核心指标。这就要求网页爬虫既能覆盖较广的内容，又能快速抓取时效性较高的内容，因此，爬虫的设计及应用是非常关键的。

网页爬虫抓取网页的思路可以概括为：首先加载主页面，保存页面数据，然后通过主页面中的链接抓取子页面，递归地进行下去，以获取更多的页面内容。图 3-2 所示是基本爬虫框架及工作流程，其详细的流程说明如下。

1）首先从互联网页面中选择一部分网页，以这些网页的地址作为种子 URL 并将它们存储在种子 URL 队列中，网页爬虫再将种子 URL 队列中的这些种子 URL 放入待抓取 URL 队列中。

2）网页爬虫从待抓取 URL 队列中依次读取 URL。

3）网页爬虫将 URL 交给网页下载器。

4）网页下载器完成网页内容的下载。

5）网页爬虫提取网页中的内容，包括网页的源码信息。这个过程中会做两件事：
   a）将网页中的内容存储到已抓取网页库中，等待建立索引等后续处理；
   b）将网页的 URL 放入已抓取 URL 队列中，以避免网页的重复抓取。

6）从刚下载的网页中提取出所包含的链接信息——sURLs。

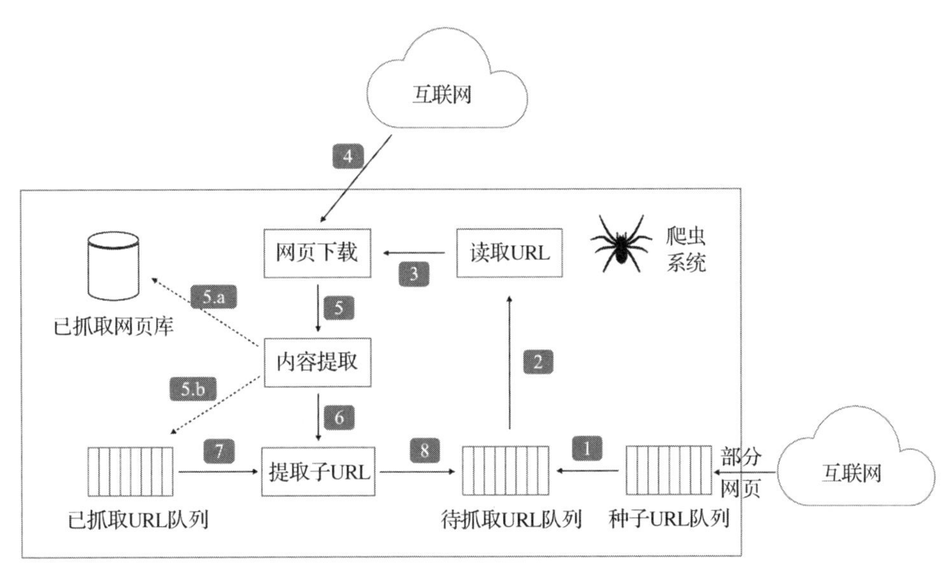

图 3-2 基本的爬虫框架及工作流程

7）获取已抓取 URL 队列中的数据信息——hURLs。

8）sURLs 和 hURLs 进行匹配，将没有被抓取过的 URL，放入待抓取 URL 队列末尾，在之后的抓取调度中会下载这个 URL 对应的网页。

重复上面的流程，直到待抓取 URL 队列为空，这意味着爬虫系统已经将能抓取的网页全部抓完，即完成了一轮抓取。抓取策略可以分为 3 种：全量抓取、增量抓取和实时定向抓取。将这 3 种策略组合应用于不同的场景，可以尽可能多地覆盖不同类型的网页，并抓取到时效性较高的内容。

- **全量抓取**：搜索引擎爬虫的基本能力，目标是覆盖大部分站点及页面，配置的种子 URL 较多；特点为抓取的网页较全，任务较重，一次完整的抓取工作完成迭代周期比较长，抓取的内容时效性偏弱。
- **增量抓取**：针对全量抓取内容时效性偏弱问题的解决方案，它可以使用更小的任务量和迭代周期对时效性较高的站点或页面进行内容抓取，种子 URL 只需要配置几个重点关注的站点或页面，就可以实现较小的时间间隔抓取到新的内容；常见的增量抓取包括对专题页面或对新闻门户等站点的抓取。
- **实时定向抓取**：全量抓取和增量抓取都是网页爬虫主动按照规则周期性抓取网页内容，当页面内容是自有内容或由合作伙伴产生时，可以建立实时定向抓取机制，即当有新内容产生或内容有变化时，由内容提供方通知网页爬虫抓取新内容，或按照搜索引擎的标准将新增的内容入库，实现内容的实时更新。

在将网页收录到已抓取网页库的过程中，由于抓取时间与网页产生的时间存在一定的时间差。当一次抓取完成后，也会存在一些页面的内容没有被收录的情况。同时，页面被抓取之后其内容还有可能产生变化。这些情况下要保证检索的内容有较高的时效性，需要定向优化爬虫的更新机制，以符合搜索服务的业务目标。

3.2.2 内容的去重

据统计，相似的网页数量占总网页数量的比例高达 29%，而完全相同的网页占总网页数量的比例大约为 22%，二者相加，即互联网中有一半以上的网页是完全相同或者相近的（数据来自《这就是搜索引擎》一书）。识别重复网页一直是搜索引擎的关键能力之一，这项能力的强弱决定了后续存储、计算的成本及检索的质量，也间接影响着解决搜索引擎“准”的问题。针对内容的去重问题，本节重点介绍重复网页的不同类型、识别价值、思路及算法。

1. 重复网页的不同类型

这些重复的网页中，有的是没有一点儿改动的副本，有的是仅在内容上稍做修改，有的则是页面布局不同。按照内容和布局的区别，重复网页可以归结为以下 4 种类型。

- **完全重复页面**：如果两个页面的内容和布局格式毫无差别，则称这种页面为完全重复页面。
- **内容重复页面**：如果两个页面的内容相同，但是布局格式不同，则称这种页面为内容重复页面。
- **布局重复页面**：如果两个页面有部分重要的内容相同，并且布局格式相同，则称这种页面为布局重复页面。
- **部分重复页面**：如果两个页面有部分重要的内容相同，但是布局格式不同，则称这种页面为部分重复页面。

所谓“近似重复网页发现”，就是通过技术手段快速全面发现这些重复信息。快速准确地发现这些相似的网页已经成为提高搜索引擎服务质量的关键技术之一。

2. 重复网页识别对搜索引擎的价值

识别完全相同或者近似重复网页对搜索引擎有很多价值。

- **节省存储空间**。如果系统能够找出这些重复网页并将它们从自有数据库中去掉，就能够节省部分存储空间，进而可以利用这部分空间存放更多的有效网页内容。同时因为重复项的减少，也提升了搜索引擎的搜索质量和用户的搜索体验。
- **提升抓取效率**。如果系统能够通过对以往信息的分析，提前发现重复网页，在以后的网页抓取过程中就可以避开这些重复网页，从而提高网页的抓取效率。如某个站点的内容原创度不足，则可以忽略对其站点的抓取。

- **辅助计算权重**。如果某个网页被镜像的次数较多，说明该网页的内容相对重要且受欢迎。如果一个站点中的大部分网页内容都比较重要，那么在抓取网页时，应给予这个站点更高的权重和优先级。搜索引擎在响应用户的检索请求并对输出结果排序时，也会参考该站点的权重。
- **保证内容可用**。从客户端的角度来看，如果两个页面是相同的，在其中一个页面访问异常时，可以引导用户查看另一个内容相同页面，这样可以有效地提升用户的检索体验。借助端与云的协同，使用近似重复网页发现，可以改善搜索引擎系统的服务质量。

一般来讲，网页去重的工作还在页面抓取，网页记录到已抓取网页库的阶段完成。当网页爬虫抓取到网页时，如果判断是重复网页，则对其进行去重处理，如果判断为新的内容，则将其入库。

3. 重复网页识别思路

重复网页的识别思路是比较容易理解的，主要分为以下 4 个步骤。

- 对已有的网页文档进行特征提取，生成 n 个特征。
- 对新入库的网页文档进行特征提取，生成 m 个特征。
- 对两个网页文档的特征进行对比，确定相同的特征个数 s。
- $m=n=s$ 则是相同网页，否则取 $s/\max(m, n)$ 来确定相似率。

上述 4 个步骤中最关键的是特征提取，关于特征提取的细节不在本书讨论范围内，感兴趣的读者可自行查阅相关的资料。在实际的工程实施过程中，不仅需要考虑算法，还需要看效率、效果及对搜索引擎的策略匹配度。

4. 重复网页识别算法

这里主要介绍几个与重复网页识别相关的算法，仅作为指引，帮助读者知道有这些算法和这些算法可以解决的问题，不作深入探讨。在实际应用中，算法实现会比介绍的复杂。

1）**MD5 算法**：分别对两个页面内容（主要是页面中的文字内容（非脚本））生成一个哈希值，再对两个页面的哈希值进行比较，只要哈希值相同就说明文档完全相同，MD5 算法主要识别完全相同的两个页面，相当于 m=1、n=1，当 s=1 时相同，s=0 时不相同。

2）**I-Match 算法**：I-Match 算法有一个基本的假设，即不经常出现的词（低频词）和经常出现的词（高频词）不会影响文档的语义，所以这些词是可以去掉的，这就相当于比赛评分时要去掉一个最高分和最低分后，再算总分一样。I-Match 算法先抓取页面内容进行分词，去掉一些高频词和低频词后，再对剩余的词应用哈希函数进行计算，当两个页面剩余的词的哈希值相同时，说明这两个网页相同。I-Match 算法与 MD5 算法有些相似，只是针对一些不敏感的词进行了优化，更聚焦内容的本身，也相当于 m=1、n=1，当 s=1 时相同，s=0 时不相同。

3）**K-Shingling 算法**：分别生成两个页面的特征，再对两个页面的特征进行相似度的计算。特征提取主要分为三步。

a）抓取网页文档中的关键内容并进行分词；
b）将关键内容拆分为由 K 个连续的词组成的特征组集合；
c）将相同的特征组集合去重。

之后再取两个页面的相同特征数除以两个页面的特征并集（取两个集合所有的元素），即 $s/(m \cup n)$，得出两个页面的相似度。

4）**SimHash 算法**：首先对页面内容进行分词，即将文本拆分成一系列的词（或短语）。然后，对每个词应用哈希函数，得到一个固定长度的二进制哈希值。之后将这些哈希值转化为特征向量，第一位中的值为 1 则映射为 +1，为 0 则映射为 −1。在得到每个词的特征向量后，算法可根据词在文档中的重要性（通常基于词频、TF-IDF 等方法）为其分配权重。然后，这些加权后的特征向量会被累加，形成一个表示全文的主向量。接下来，主向量中的每个分量会被符号化处理，将分量大于或等于 0 时映射为 1；小于 0 时则将映射为 0。这样，我们就得到了一个由 0 和 1 组成的 SimHash 值。最后，计算两个页面 SimHash 值的海明距离。如果海明距离大于系统设定的阀值，则认为它们不相似；反之，则认为它们相似。

3.2.3 内容的存储

当海量的网页数据被网页爬虫技术抓取到已抓取网页库中时，下一步就是把这些数据格式化、索引化，以实现更高的检索效率，这个过程决定了哪些内容可以被用户优先检索到。

1. 网页的存储

网页内容在爬虫抓取后存储在搜索引擎的已抓取网页库中，存储的信息包含网页的 URL、页面内容、大小、最后更新时间、源码等。

- **网页的 URL**：主要用于当某个网页被检索到并在结果页中展现时，用户点击该条目，客户端打开这个网页的 URL 进入落地页以便用户查看详细的内容；在安全干预机制对一些特定的站点进行降级时，也可以通过 URL 信息进行站点匹配。

- **页面的内容**：主要是页面的标题及正文中的文本、图片、视频等内容，基于文本的内容，可以建立文本搜索的索引，以支持文本搜索；对于图片、视频等内容，系统可以对它们进行分类、提取特征、关联文本内容等，使其同样支持被检索。
- **网页大小**：主要包含这个页面的主文档（HTML 文件）大小，以及打开这个文档加载资源的总大小，这些内容可以帮助后续的排序决策，比如相近的检索匹配度的情况下，在用户为移动网络时超大网页在结果中排序偏后，或者在结果页中提示页面大小，使用户在打开页面时，对移动网络资费的消耗及页面加载的等待时间情况有预期。
- **页面的更新时间**：主要用来评估内容的时效性，相似度较低的多个页面，其更新时间越近，内容的时效性越高；搜索引擎中也有提供筛选时间的能力，图 3-3 是百度搜索引擎提供的筛选时间选项，图 3-4 是一些搜索结果条目中展现的页面更新时间信息。

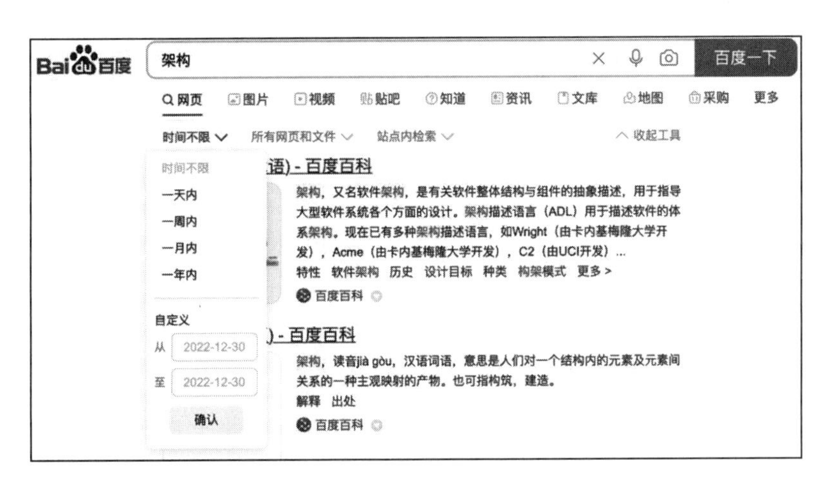

图 3-3　百度搜索引擎中的筛选时间选项

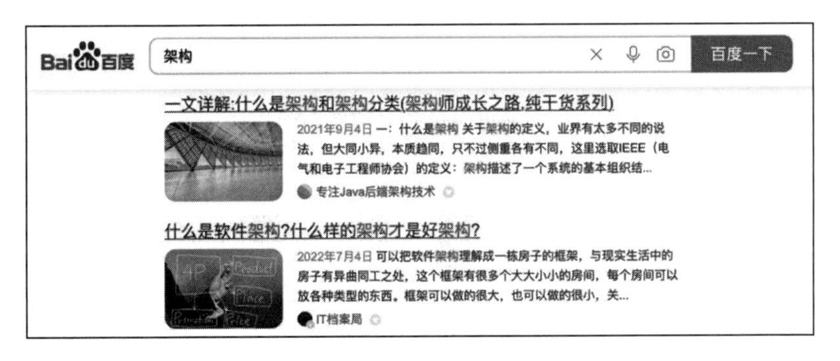

图 3-4　搜索结果条目中的页面更新时间信息

- **页面的源码**：存储页面的源码对二次分析页面有直接的帮助，具体的使用场景比如网页正文提取的策略更新 / 索引更新 / 网页的安全状态识别等，如果存储了页面的源码，就不需要重新抓取网页，使用入库的数据就可进行二次分析。

2. 中文分词算法

在英文内容中，单词之间以空格作为自然分隔符。在中文中，字、句和段由分隔符进行简单的划分，但中文的词没有一个明确的分隔符，需要使用分词的算法来确定。在搜索引擎中，分词应用于不同的场景，比如索引的生成、搜索关键字的理解等。

中文分词的算法主要有两类，基于词典的匹配算法和基于统计的算法。词典匹配算法包括正向最大长度匹配算法和逆向最大长度匹配算法。基于统计的算法包括最大概率分词算法和最大熵分词算法等。

词典匹配算法是比较基础的算法，主要利用正向或逆向最大长度匹配的算法来分词，前提是有分词的词典，这个词典决定输入内容的分词效果。假设词库中有“搜索、客户、客户端、端一、一起、处理”这几个词组，如果对内容“搜索客户端一起处理”，因匹配“客户”和“客户端”时按最大长度优先匹配“客户端”，则分词结果为“搜索 / 客户端 / 一起 / 处理”。

最大概率分词的算法是一种基于统计的算法，主要的实现思路为

1）将要分词的内容切分为多种分词的组合。

2）分别计算不同分词组合的整体概率。

3）取最大概率的分词组合作为该内容的分词结果，比如“有理想抱负”，分词分为两组——“有理、想、抱负”和“有、理想、抱负”，系统分别取这两组词对应的概率进行累计，最终取最大概率的分组，作为该内容的最佳分词组合。

上面提到的这两种算法，都是基于词库的内容进行分词，但是因为人名或地名的词库很难穷举，所以这两种算法用于对人名、地址等内容进行分词时效果就会差一些，这时就需要对姓或市 / 区等内容的上下文进行联想。通常也会建立多个词库，如常见词、人名、地名、特定词、组织机构等，如何发现新词也是分词系统需要构建的能力，而自动构建新词的能力依赖于自然语言处理（NLP）、机器学习、深度学习等技术，这些内容超出了本书的范围，故这里不进行详细介绍，如果感兴趣可自行搜索相关内容进行学习。

3. 索引生成及存储

内容的检索方式主要可以分为两类，一类是通过全文扫描实现全文检索，还有一类是使用索引进行全文检索。

全文扫描的方式是从网页开始到结束来检索网页的内容，类似于 Mac/Unix 下的字符串检索命令"grep"，全文扫描没有提前对将要检索的内容进行格式的优化，使得检索的内容越多，花费的时间就越长，所以这种方法不适合在搜索引擎中进行大规模的内容检索。

而使用索引的方法，则提前为搜索引擎数据库中的内容建立索引，然后再利用索引搜索相关的内容。这样即使内容量级很大，检索的速度也不会有太大幅度的下降，所以这种方式相对更适合处理大规模的内容，更适合在搜索引擎中使用。故在搜索引擎中，需要将内容预处理为索引，以供后续的检索使用，常用的索引分为正排索引和倒排索引。

（1）正排索引

正排索引简称为索引，主要将页面内容先使用分词程序划分好，同时对每个词在页面中出现的频率、次数以及格式（如加粗、倾斜、黑体，颜色等）、位置（如页面第一段文字或者最后一段等）进行记录。表 3-1 是页面中的关键词信息示例，页面 1 中包含 1 个关键词 A 和 3 个关键词 C，页面 2 中包含 3 个关键词 B、5 个关键词 D 及 1 个关键词 E，页面 3 中包含 1 个关键词 B、2 个关键词 C 及 3 个关键词 E。

表 3-1 页面中的关键词信息示例

页面	关键词				
	关键词 A	关键词 B	关键词 C	关键词 D	关键词 E
页面 1	1	0	3	0	0
页面 2	0	3	0	5	1
页面 3	0	1	2	0	3

（2）倒排索引

正排索引还不能直接运用到关键词排名，假设用户搜索关键词 B，那么搜索引擎将扫描索引库中所有文件，这样耗时太长无法满足用户快速返回结果的需求，所以这时需要使用倒排索引，对关键词和页面建立映射关系，比如关键词 B 对应页面 2、页面 3，这样在检索的过程，直接匹配这个关键词 B，就可快速找到对应的页面。简单的倒排索引如表 3-2 所示，或者在倒排索引表（见表 3-3）中增加关键词在页面中出现的频次。

表 3-2 简单的倒排索引

关键词	文档 ID
关键词 A	1
关键词 B	2、3
关键词 C	1、3
关键词 D	2
关键词 E	2、3

表 3-3 倒排索引表（含词频）

关键词	文档 ID：词频
关键词 A	(1:1)
关键词 B	(2:3)、(3:1)
关键词 C	(1:3)、(3:2)
关键词 D	(2:5)
关键词 E	(2:1)、(3:3)

页面中出现的词频信息代表了这个关键词在该页面中出现的次数，之所以记录这个信息，是因为它在搜索结果排序时会使用到，在用户搜索这个关键词时，当一个关键词在多个页面中都有出现，该关键词在页面中的出现频次是页面排序决策的一个关键因素。当然还有其他的参考因素（比如关键词在页面中的位置），这个是较易实现及统计的。

索引的建立实际上是在解决搜索引擎“快”和“准”的问题，有多种算法可以实现，常见的有两遍文档遍历法、排序法、归并法，感兴趣的读者可自行搜索相关内容进行学习。

倒排索引的建立通常以关键词为维度，存储在磁盘文件中，当有检索需要时则加载对应的文件匹配对应的页面，返回给用户。

4. 索引更新

建立索引之后，会不断根据爬虫抓取的新页面对已存在的索引文件进行更新，常见的更新策略包含完全重建策略、再合并策略、原地更新策略。

- **完全重建策略：**对已有的索引进行更新，这时搜索引擎继续线上使用老的索引响应用户搜索请求，而新的索引按照新的标准对网页文档进行重建，直到新的索引文件更新完成，搜索引擎切换使用新的索引。
- **再合并策略：**对于新增的索引信息，使用新的索引文件（临时索引）保存，当临时索引达到一定的量级时，再进行新老索引的合并。
- **原地更新策略：**在老索引文件的尾部增加新的索引信息，通常用于老索引文件还没有加载到内存被搜索引擎使用时。

在实际的系统运行期间，网页爬虫、索引更新、搜索等服务都在并行运行。索引更新需要帮助搜索引擎实现较好的时效性，基于这个目标，索引的更新策略并不局限于上述几种。它与不同类型的内容、业务场景均有关，并且还需要平衡系统的资源消耗，如新闻或事件类的内容更新频次就要高一些，而一些对时效性要求不高的内容，更新频次就相对要低一些。

3.2.4 内容的检索

在内容的检索阶段，搜索服务接收到客户端提交的用户输入的查询内容之后，会对该内容进行分词处理，得到一组关键词。然后，针对每个关键词，从索引文件中检索与其匹配的结果。最后，对不同关键词的结果进行交集运算，得到包含用户输入的所有关键词的网页合集。在此基础上，搜索引擎还会根据自身的策略或业务需求（如添加广告结果）对检索结果进行整合，并将最终结果返回给用户。

本节重点介绍用户输入的容错、取 Top *K* 结果、内容降级这 3 个检索策略，搜索引擎实际的检索过程要比这些复杂。

1. 用户输入的容错

容错机制在每个搜索引擎中均有不同，技术实现思路就是对搜索关键字进行概率预测，即将搜索关键字与系统中的词库进行对比，确定搜索关键字是否有出错可能，并按照概率推荐正确的搜索关键字内容，主要分为音同字不同和字形相似两种容错。

（1）音同字不同

在系统内构建同音词词库，结合输入的关键词内容预测可能需要检索的关键词，并进行推荐检索。比如输入用户想搜索“北京天气”，输入为“背景天气”，系统检测搜索关键词是“背景天气”，从自有的词库中进行容错纠正，实际上为“北京天气”的概率更高，默认在搜索结果中包含“北京天气”，如图 3-5 所示。

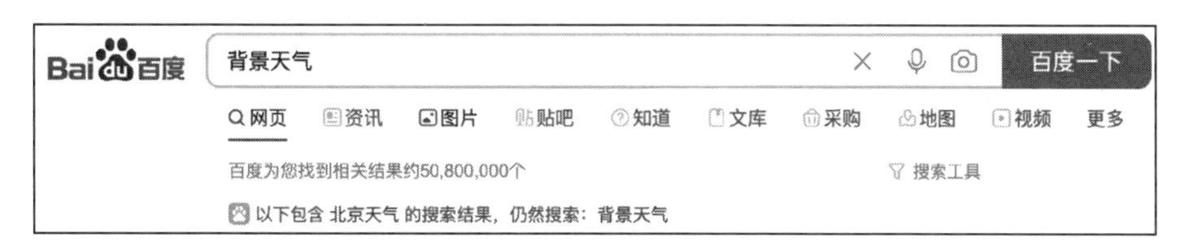

图 3-5　音同字不同容错

（2）字形相似

在系统内构建同形词词库，结合输入的关键词内容预测可能需要检索的关键词，并进行推荐检索。比如用户想搜索“已经”，但输入为“己经”，系统检测搜索关键词为“己经”，然后基于自有词库进行容错纠正，最终判断为“已经”的概率更高，默认在搜索结果中包含“已经”的内容，如图 3-6 所示。

容错处理实际上在解决搜索引擎“准”的问题。上面提到的词库匹配方法是一种比较基础的方法，随着大数据、云计算、人工智能等技术的发展及应用，可以实时、准确理解用户需要搜索的内容。客观地讲，在单字的情况下，搜索的容错机制就会失效，因为概率上输入哪个字都是正确的，缺少了纠错的参考。

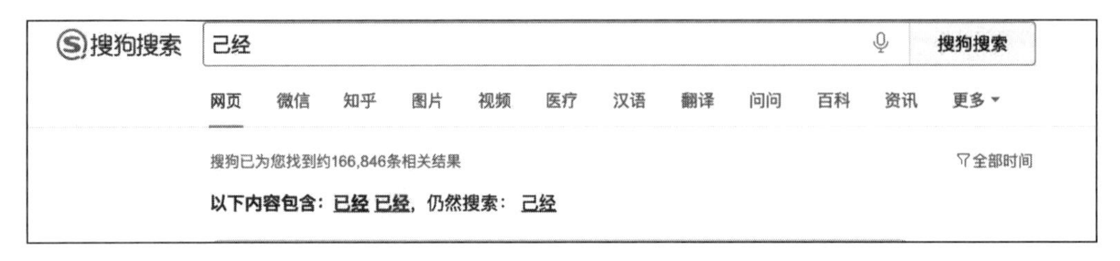

图 3-6 字形相似容错

2. 取 Top K 结果

在用户看到的检索结果中，通常排在前面几页的检索结果质量是最好的，更符合用户的需要。一般来说，与搜索需求越相关的页面在检索结果中的排名越靠前，用户越能以较快速度找到所需，搜索体验也就越好。搜索结果排序的合理性，基本上决定了这个搜索引擎的检索质量。

用户在浏览搜索结果时，如果在前几页中没有找到结果，大概率再往后翻也不会找到与这个搜索关键字更相关的内容了。资深的搜索用户这时通常会更换搜索关键字，或更改搜索条件以获得更精确的结果，甚至还会更换不同的搜索引擎进行检索。一般搜索引擎也不会将所有的检索结果都返回用户，基本都不会超过 100 页（如果有兴趣可以试着翻翻，看 100 页以后搜索引擎会显示什么），而且一页只显示 12 个相关检索结果。也就是说，搜索引擎其实只需要选出 Top 1200 个结果就够了。

在搜索引擎这种大规模信息检索系统中，对检索出来的结果进行排序是一个非常核心的环节。这个排序可以通过搜索引擎对符合用户需要的检索结果进行打分，从中选出得分最高的 K 个检索结果的过程来实现，这个过程即 Top K 检索。

Top K 检索可以解决搜索引擎“快”和“准”的问题，如图 3-7 所示，用户输入“架构”这个搜索关键字进行搜索时，Google 搜索找到了约 1.65 亿条相关结果，从数据的量级来讲用户根本不会浏览这么多的内容，从相关性来讲越往后的内容相关性越低，即便可以为用户展现，一些内容也是没有意义的。如图 3-8 所示，在用户实际浏览过程中，仅展现了 228 条结果，取 Top K 个结果，会提升检索的速度，降低系统资源的消耗，是一种优化搜索的策略。

3. 内容降级

前面提到网页爬虫的时效性问题，即经网页爬虫抓取的内容入库后，可能存在该链接的**内容变更**的情况，也可能存在**内容不可用**的情况。内容降级是优化搜索结果的一种保底策略，目的是避免因这两种情况，导致页面被检索到并作为结果返回给用户时，用户无法浏览到预期内容，从而对用户的搜索和浏览体验造成干扰的情况发生。内容降级实际上是解决搜索引擎“准”的问题，常见的降级原因有以下两种。

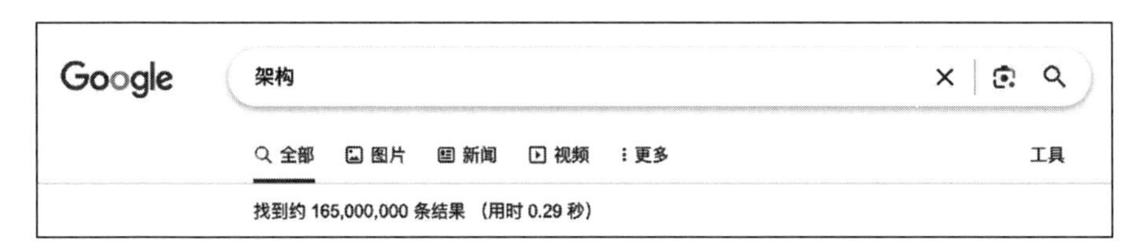

图 3-7　搜索结果页中展现的相关结果数量

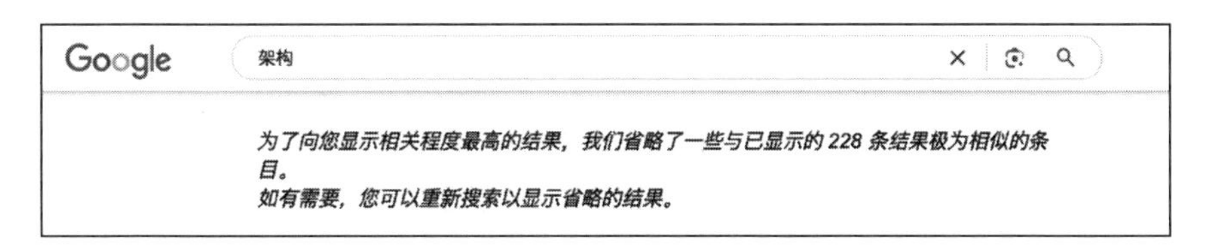

图 3-8　实际浏览过程并不需要所有的结果都浏览

- **安全原因**：当网页中包含浏览体验较差或者不适合用户浏览的内容，这些内容一旦被识别到，系统则可以通过干预手段让这些内容不被检索到，从而避免用户看到这些内容产生影响或不适。当然，这项识别能力如果可以通过自动化实现是最理想的，实际上现在的技术还做不到完全精准的主动识别，大部分的场景还是被动防御。
- **页面或站点无法访问**：当某个站点出现大规模的访问异常时，系统就可以对这个站点进行干预，避免其内容被检索到，但用户无法浏览的情况。有时网页爬虫在抓取网页时网页内容是有效且可访问的，但用户点击打开该页面时内容却不能访问了，这是因为两者存在时间差。在这时间差内，站点内容的更新策略和运营状态都会影响入库的网页是否可打开及浏览。

个人观点

从理论上讲不能正常打开的网页是比较容易通过大数据手段识别出来的。比如，在同一个时间段，同一个页面或站点有多个用户无法打开，且这部分用户是访问该页面或站点的全集，这时就可以判定这个页面或站点处于异常状态。技术方案要么是在服务端实时监测，要么是在客户端打开页面时进行检测。若采用前者，则要求服务端有极高服务带宽，不过，服务端对站点的访问容易被拒绝。若采用后者，客户端在用户浏览过程中就可以识别及上报异常，之后可以在服务端进行大数据的计算得出页面或站点的异常状态，这就是自有搜索客户端的好处。

3.2.5 搜索结果的产品化封装

客户端提交搜索关键字后，搜索引擎的检索服务端会提取这些关键字，并根据系统的检索策略生成有序的搜索结果。这些搜索结果是一堆结构化的数据，为了将结果展示给用户，需要根据产品需求将这些结构化的数据转换为网页格式，使它们可以在客户端渲染及交互。这就是搜索结果的产品化封装过程，该过程由搜索引擎的前端服务完成。

转换成网页格式的搜索结果，既可以在自有客户端中展现，也可以在浏览器中打开。因为用户的设备中都预置了默认浏览器，相当于用户可以零成本地使用搜索服务。

通过对比不同 App 的搜索能力，可以发现不同 App 内的搜索结果中，各种类型的结果条目的展示形式各有不同。作为搜索服务的一部分，搜索前端在对搜索结果进行产品化封装时，通常是根据检索服务端检索到的结果条目类型来确定每类条目的展示形式的。

从架构设计的角度来讲，检索服务端返回结构化的数据，在搜索引擎的前端服务对搜索结果进行产品化封装。这两种服务相互独立、并行的演化，是常见的模式。搜索客户端在提交搜索请求时，先提交到搜索前端，再到检索服务端（透传搜索关键字），检索服务端进行内容检索并返回结构化的检索结果，搜索前端将结构化的数据转换成网页格式即进行数据封装后再返回给搜索客户端，搜索客户端通过浏览内核加载结果页，用户看到搜索结果，进行浏览，点击进入落地页直到找到所需。基本的搜索客户端、搜索前端及检索服务端协同的流程如图 3-9 所示。

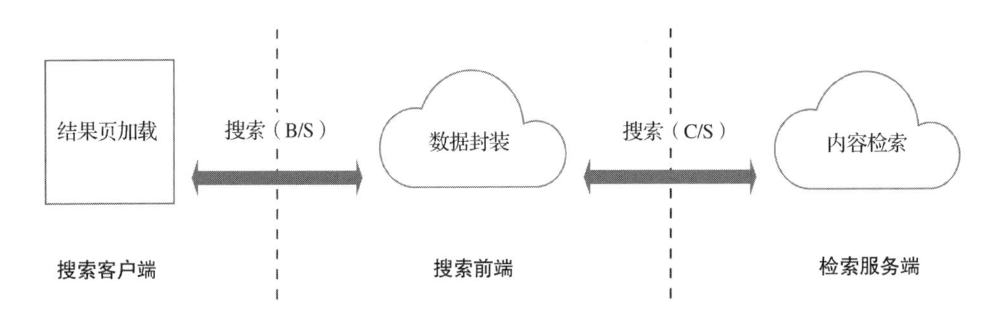

图 3-9 基本的搜索客户端、搜索前端及检索服务端协同的流程

有了自有客户端，搜索结果页也可以是非网页格式，端云协同可以实现自定义的数据展现、交互的能力。这样就可以支持结果页的差异化定制，如果仅对结果页的展现和交互进行优化，则调整搜索前端即可。而如果要对搜索的结果及策略进行优化，则需要统一调整检索服务端相关节点。

实际的搜索产品的完整部署比上面提到的要复杂得多。例如，需要考虑负载均衡、异常降级等问题。此外，检索服务端可能需要处理多种类型的内容检索（如网页内容、自建内容等)，并且可能需要合并多种类型的搜索结果。这些能力会随着搜索业务的变化而不断调整，有点类似于客户端上的模块划分。但是在服务端，这些能力会被拆分为不同的服务，它们之间相互依赖、相互支持。

3.2.6　搜索过程客户端与服务端协作流程

前面讲了关于搜索引擎的内容生成相关知识，本节从客户端的角度对搜索过程进行梳理，搜索过程主要分为 10 个关键步骤，如图 3-10 所示。

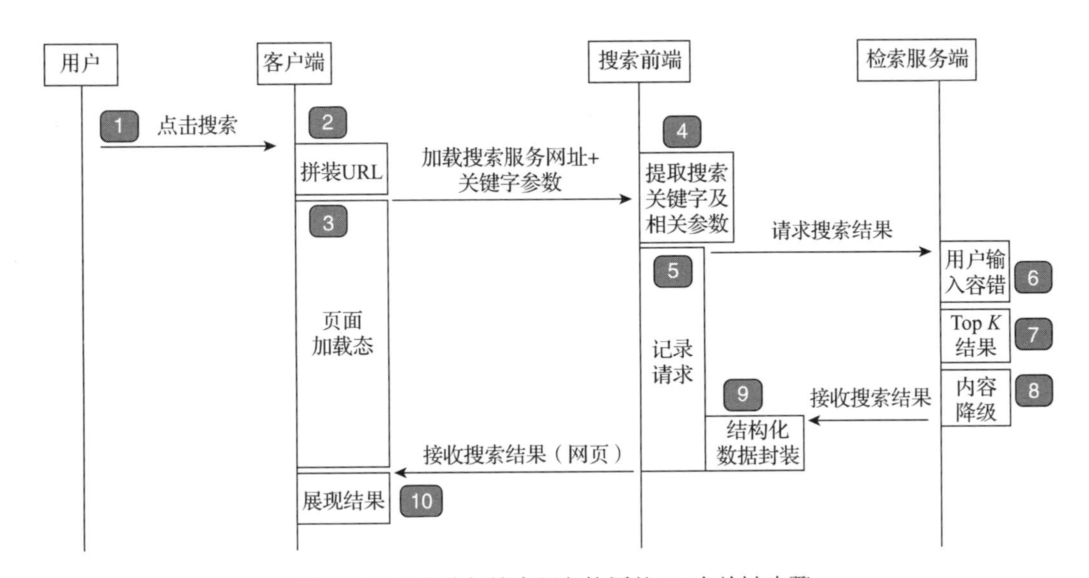

图 3-10　客户端与搜索服务协同的 10 个关键步骤

1）**用户**输入搜索关键字后，点击搜索。

2）**客户端**响应搜索指令，将用户输入的搜索关键字拼装到 URL 中，并通过浏览内核请求加载该 URL。

3）**客户端**展现页面加载态，为用户指示页面加载过程，避免用户因等待时间过长误以为无响应的情况发生。

4）**搜索前端**接收网络请求，从 URL 中提取搜索关键字及相关参数，并将搜索关键字和相关参数提交给检索服务端。

5）**搜索前端**记录客户端的请求，也记录予检索服务端的搜索请求。

6）**检索服务端**对用户输入的搜索关键字进行容错处理，得出用户可能想要输入的内容，这一步在用户输入的都是没有歧义的搜索关键字时可以省略。

7）**检索服务端**取 Top K 结果，根据用户输入的搜索关键字（系统容错处理后的），进行相关内容的检索。

8）**检索服务端**进行内容降级，将检索到的 Top K 结果中的一些不适合的内容移除，不作为搜索结果展现给用户。

9）**搜索前端**接收搜索结果，对结构化的数据进行产品化封装，即将搜索结果按照可展现、可交互的格式进行封装，对于浏览器产品通常是网页格式，对于自有客户端既可以是网页格式，也可以是自定义格式。最后，把封装后的数据返回给客户端。

10）**客户端**收到搜索前端返回的结果，加载相关的内容及资源，在客户端解析渲染，将结果展现给用户。

上述 10 个关键步骤基本覆盖了在满足搜索需求的过程中，搜索客户端、搜索前端及检索服务端的协同过程。实际中，为了支持深度的优化及定制化，该协同过程的设计与实现要比这个更复杂和精细。

3.3 自有搜索客户端对搜索服务优化的支持

自有搜索客户端可以实现许多原本在浏览器中无法实现的功能。与在浏览器中打开的页面相比，自有搜索客户端可以构建与搜索引擎相关的指标，从而为优化搜索引擎结果提供数据支持。本节主要讨论自有搜索客户端相对浏览器在支持搜索服务优化方面的技术可行性，仅代表个人从客户端视角看到的可优化点。

1. 搜索结果精细化

在浏览器中打开搜索引擎页面进行搜索和浏览时，由于搜索引擎页面和第三方页面的生命周期差异和数据隔离，导致用户的行为是不连续的。在自有的搜索客户端中，用户从输入搜索关键字到打开搜索结果页，再到打开某个结果的落地页，整个搜索流程的数据是完整的、可知晓的，如图 3-11 所示，因此可以更精确地追踪搜索行为的来源。

同时，在搜索客户端中可以获取更多与用户相关的特征信息，这些特征信息可以在搜索过程中一同上报到搜索引擎，从而实现搜索结果的精细化。例如，用户浏览某一类内容的时间较长，可以说明用户对这类内容感兴趣。

2. 搜索结果的异常识别

搜索引擎中的内容数据一旦入库，相关网页信息将被存储在系统数据库中，直到在下一个周期更新数据库时，才对数据库中的相关网页信息进行更新。这个过程存在时间窗口期，并非实时的运行。当某个站点或页面出现异常时，无法立即发现。

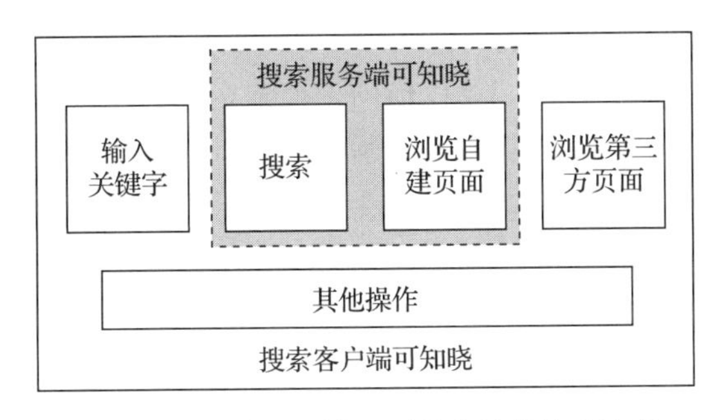

图 3-11　搜索客户端可覆盖完整的搜索流程

自有搜索客户端可以在用户打开落地页产生了异常时捕获到异常信号。当一个页面有多个用户在相近的时间段内打开浏览时，出现了异常，那么这个页面就存在异常的可能。

如果同一个站点下的多个页面在同一时间段内均出现异常，这可能意味着该站点或其子路径出现了异常，如图 3-12 所示，第三方页面异常识别上报到服务端后，服务端可通过多方认证确定站点或页面是否存在异常。为了确保用户检索结果的有效性，更新该站点在搜索引擎中的数据及排序权重，这时搜索客户端和浏览器，均不会搜到这个异常站点的内容了，用户的搜索体验得到了保障。

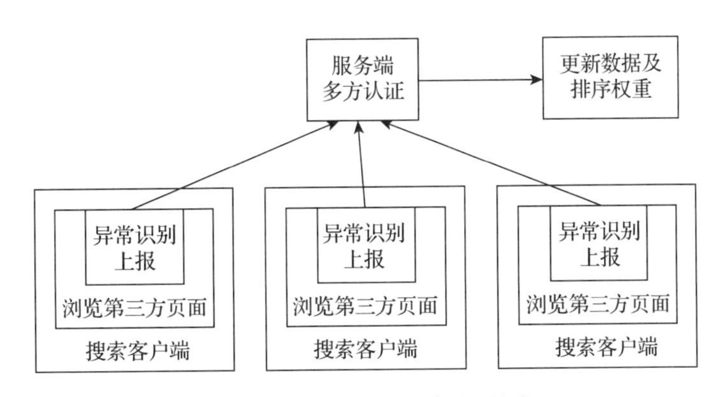

图 3-12　多方认证识别页面异常

3. 搜索结果安全状态识别及干预

搜索引擎也是个产品，不仅可以为用户检索到想要的内容，还可以根据自身的产品定位，对用户优先展现与产品定位最相符的内容，产品定位也会影响搜索引擎的入库和检索策略。但是，互联网是一个开放的生态，总会出现一些与产品定位不符的内容，比如涉及黄色、暴力的信息，以及窃取用户隐私、财产信息和违反政策法规限定的内容等，这些一般不会推荐给用户。

然而，一些站点也在与搜索引擎进行博弈，以便上述不良内容也可以被用户搜索到，例如，利用搜索爬虫抓取内容的时间周期性，调整站点在爬虫抓取时和用户浏览时的内容。为了实时发现和精确识别这类内容，可以借助于搜索客户端，在用户浏览的过程中提取关键的特征信息，以进行页面类型的识别及干预，之后将这些信息同步至搜索引擎进行内容的优化。如图 3-13 所示，搜索客户端识别并上报页面的安全状态，服务端经过多方认证发现不安全的页面，从而进行搜索干预即更新数据及排序权重，干预效果同样也影响浏览器用户，基于这样的思路，因为有了搜索客户端，使得搜索服务的体验在各端均变得更好了。

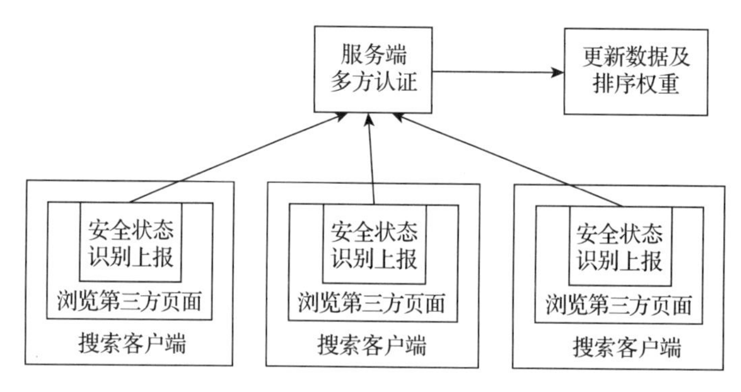

图 3-13　多方认证识别页面安全状态

高级篇

- 第 4 章　搜索客户端中并行化响应输入的实现
- 第 5 章　设计可扩展网页能力的搜索客户端架构
- 第 6 章　设计场景容器化的搜索客户端架构
- 第 7 章　设计可定制安全策略的搜索客户端架构
- 第 8 章　设计可持续优化指标的搜索客户端架构
- 第 9 章　设计可统一管理网络通信的搜索客户端架构
- 第 10 章　设计可支持移动端 AI 预测的搜索客户端架构
- 第 11 章　设计可变体发布的搜索客户端架构
- 第 12 章　设计可支持质效提升的搜索客户端架构

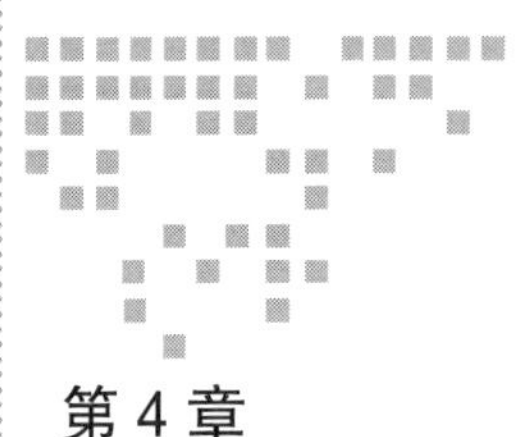

Chapter 4 第 4 章

搜索客户端中并行化响应输入的实现

人机交互输入能力是搜索客户端的核心能力之一。用户通过不同的输入方式输入需求，客户端对输入进行接收和处理，然后与服务端通信完成搜索流程。对于用户来说，只能看到客户端展现的内容，具体的业务实现逻辑则是一个“黑盒”。

本章将重点介绍搜索业务中的文本输入、语音输入、图像输入等基础的交互输入过程，包括它们的相关任务、任务执行依赖关系及设计实现。

4.1 并行化响应用户输入的意义

在实际研发过程中，用户的输入会触发系统中多个子任务的执行，每种输入方式触发的子任务都有所不同。用户的输入过程通常是持续的，系统需要实时反馈并执行相关的子任务。为了不影响用户的输入，子任务通常在子线程中执行，这就需要并行化的架构支持，以统一调度分发事件、数据和响应任务执行的结果。

4.1.1 搜索是强依赖输入的业务

近年来，随着短视频、Feed 流等推荐类产品的兴起，用户获取信息更加便捷。服务端通过大数据算法为用户推荐内容，并提供轻量级交互，使用户能够方便地浏览感兴趣的内容，端与云的协同更为用户创造了沉浸式的浏览体验。

尽管搜索类产品也可以基于较少用户的输入作决策，但从经验来看，现阶段的搜索业务仍然依赖于通过用户的输入产生搜索结果。在实际使用过程中，搜索类产品的使用时机和方式与推荐类产品的有所不同，主要体现在需求的时机、范围、变化和处理 4 个方面。

- **需求的时机**。用户使用搜索类产品时，往往是带着问题打开搜索 App 的，且在任何场景下都可能产生搜索需求。相比之下，使用推荐类产品的原因是因人而异的，它取决于用户的需求偏好。
- **需求的范围**。用户使用搜索产品是为了解决具体问题，获取精准内容以满足当前需求。而在使用推荐类产品时，是没有要解决的具体问题的，推荐类产品根据用户历史选择的内容偏好，对用户进行分类，然后个性化地推荐相关内容。如果用户有具体的需求，同样也可以使用搜索进行精准的查询。
- **需求的变化**。用户的搜索需求与他们的生活状态相关，具有时效性，当有搜索需要时输入相关内容就能得到相应结果。推荐类产品受用户历史偏好的影响，根据分类识别算法向用户推荐内容。但过细的分类会导致分类算法置信度降低，因此推荐类产品要向用户推荐一些他们可能喜欢的、随机的内容，以发现用户兴趣点的变化。
- **需求的处理**。用户每一次搜索均需要进行一次输入和选择，搜索引擎需要精确理解用户需要什么，再返回给用户对应的检索结果。而推荐类的产品为用户推荐的内容不需要过于精确，推荐的内容已经提前与用户建立联系，用户在内容展示页中上下滑动就可以直接浏览不同的内容。

总的来说，就是用户是带着问题和需求打开搜索客户端的，并在搜索客户端中输入需要检索的内容。为了支持用户更好地表达需求，在搜索客户端中要为用户提供便捷的搜索入口，以及辅助输入的功能，这样搜索引擎才能准确地理解用户需求，精准地为用户检索他们所需的内容。搜索结果页中的内容通常为多种类型，如网页、视频、歌曲、小说等，对应的交互方式也有所不同，一些第三方页面的交互方式也不统一。推荐类的产品的内容通常是同类的自有内容，可统一管理交互方式，输入、交互的方式单一一些。

随着移动智能设备硬件配置的不断升级，越来越多的传感器成为了标配，这也为搜索 App 的输入方式提供了更多可能。目前主要有文本输入、语音输入及图像输入三种方式，结合触摸屏的手势交互，基本可以满足用户在搜索全过程中不同阶段的输入需求。

现阶段一些 App 开始借助外部设备来建立数据输入功能，根据业务需要定制不同的输入硬件，实现特定的数据输入方式，这也是客户端的核心价值之一。随着技术的发展，将来会有更多的传感器接入智能设备中产生数据。用户对搜索内容的表达仍需要客户端来承载，在整个搜索业务的不同阶段，对于任务的处理、用户的交互及信息的展现，仍需要客户端来支持。

4.1.2 App 可并行化响应用户输入的价值

在用户输入过程中，每一个输入事件发生后，产生的数据均需要计算及为用户反馈，随着业务发展和用户隐私保护的不断升级，需要在客户端中计算的任务会越来越多。

原则上来讲，只要用户输入过程对数据处理的结果没有依赖，那么数据的处理就应该是并行调度的、有序的，并且可并行化按策略调度执行，这样不仅可以降低任务执行对用户使用客户端的影响，还可以高时效性地响应用户交互，同时还具备以下几个优势。

- **提升多核 CPU 计算效率**。多内核的处理器架构对多线程的支持有着质的变化。原来在单内核的单 CPU 中，多线程实际上是线性执行的，在同一时间内只有一个线程在运行，而此时进行多线程执行时，不过是单内核的单 CPU 通过在多个线程间来回切换来实现多线程的能力的。而多核的单 CPU，可以真正实现多个线程同时进行（当然线程数超过 CPU 核数，还是需要在线程间进行切换）。在一个 CPU 中，多个内核间的缓存、内存可以共享，这对多个线程间的虚拟内存共享提供了较好的支持。
- **用户数据可实时预计算**。随着硬件设备的优化和升级，基于传感器产生的数据的精确度会越来越高，数据量也会越来越大。为了支持业务，在客户端要进行数据预处理，常见的有数据的压缩、裁剪、转换等操作。在部分场景中，用户的输入数据或传感器的数据是较为敏感的信息，这些信息需要在客户端进行预处理或预加工之后，再与服务端进行通信，甚至在一些场景下，客户端的数据计算，就可以满足用户的需要，几乎不需要将数据上传到服务端。
- **提升客户端与服务端通信效率**。在移动设备中，客户端与服务端可使用同步或异步的网络 API 通信。在用户输入过程中，通信相关逻辑通常在独立线程中运行。这样做的好处是在网络通信时可以避免阻塞用户界面线程，确保用户的输入操作能够及时得到响应。网络模块与响应用户输入模块可以并行运行，以提高应用的响应效率和用户体验。

很荣幸，我参与了文本、语音、图像三种输入方式的能力构建及优化。早期的 App，业务流程还不是很复杂，只实现基本的输入能力，并行任务较少。但随着产品的迭代和对输入过程的技术优化，我逐渐发现客户端和服务端为产品赋能时需要执行的任务在逐渐增加，并行化技术架构的优势越来越明显。

4.2　输入过程并行化任务的分类

用户输入的过程通常是持续的，这个过程中产生的事件在 App 中是可以感知的。以文本输入为例，用户想输入“刘俊启”，拆解为输入法对应的组合，比如“刘”字需要用拼音输入 l、i、u 三个字符，在输入过程中，系统接收键盘的输入事件并转发到客户端，客户端先接收到用户输入的数据，再处理输入的数据，最后基于处理结果响应用户，这三步工作形成了一个完整的闭环。

- **接收用户的输入：**主要为满足业务的需求，客户端响应输入的相关事件和接收输入的数据，比如监听某一个按钮的点击事件、监听页面滚动或手势滑动的事件、接收文本输入、语音录制和图像采集实时产生的数据。
- **处理用户的输入：**主要是对用户输入的事件或数据进行处理，如验证数据的有效性，识别图像数据中的二维码，以及根据用户点击“前进”“后退”按钮的操作，计算浏览历史的状态并进行页面切换等；此外，还有一些场景需要依赖服务端进行处理，如在输入文本内容时向服务端请求搜索建议，或者在输入语音或图像数据时对其进行压缩并提交给服务端，这些数据都需要先在客户端进行处理，然后再传输给服务端。
- **响应用户的输入：**主要是指客户端针对用户输入内容做出反馈。如当用户输入文本时，搜索框中会显示相应内容；在搜索推荐区，会展现搜索建议；用户输入的语音会根据声音大小，以声波的形式展现；当用户拖拽某个页面时，页面会根据滑动手势进行跟随。这些都属于响应用户输入的方式。

总的来说，在用户输入的过程中，搜索客户端是不同类型数据输入的接收方、处理方和响应方。为了给用户提供更好的产品的使用体验，客户端需要有序、有策略地管理和分发这些任务。

4.3　文本输入搜索过程的并行化任务与支持

文本输入搜索能力主要通过键盘或触屏，使用不同的输入法，如拼音、五笔、手写等来实现。输入的方式与用户的偏好有关，系统 API 会整合不同的输入方式，抽象通用的接口及事件，支持 App 中的文本输入。在搜索 App 中，输入文本最终会成为搜索关键字，向服务端提交搜索请求，之后接收服务端返回的搜索结果，并展现给用户。

4.3.1　接收用户的文本输入

文本输入主要使用系统提供的文本编辑框控件实现，一般把这个文本编辑框叫作搜索框。用户点击搜索框，启动文本输入的模式，这时系统键盘弹出，用户输入字符，在客户端中收到搜索框的输入状态变化事件通知，并获取到当前输入的内容。文本编辑框控件在 iOS 平台使用 UITextField，在 Android 平台使用 EditText，均支持文本输入、接收输入状态的变化通知和获取用户输入的内容。

以 UITextField 为例，系统提供了设置字体、颜色、对齐方式及边框色等 UI 层面的能力，同时通过 UITextFieldDelegate 协议，可以接收用户输入过程的各种事件，包括用户开始输入、输入内容产生变化、内容被清除、点击返回键及结束输入等，在客户端借助这些事件，可以完成校验输入的数据、获取搜索建议及发起搜索等任务。

同时系统也提供了通知机制，在客户端可以基于通知机制，响应 UITextField 特有的事件，包含

1）UITextFieldTextDidBeginEditingNotification：当用户开始编辑 UITextField 时发出该通知。

2）UITextFieldTextDidChangeNotification：当 UITextField 内容产生变化时发出该通知，在输入框输入 / 删除文字、剪切 / 粘贴文字、清空文字时会触发这个通知。

3）UITextFieldTextDidEndEditingNotification：当用户结束编辑 UITextField 时发出该通知。

因为 UITextField 状态变化时，软键盘的状态也会变化，下面为软键盘展现及隐藏的事件。

- UIKeyboardWillShowNotification：软键盘显示之前发出该通知。
- UIKeyboardDidShowNotification：软键盘显示之后发出该通知。
- UIKeyboardWillHideNotification：软键盘隐藏之前发出该通知。
- UIKeyboardDidHideNotification：软键盘隐藏之后发出该通知。

在实际的研发过程中，通常需要关注与输入内容变化相关的事件和回调，以便对用户当前输入的内容进行预处理。输入状态的变化也是一个切入点，常用于控制搜索建议视图的显示和隐藏。搜索建议视图的高度通常在软键盘显示之后，可以根据软键盘的高度进行调整。

4.3.2 处理用户的文本输入

对于文本输入的处理，业界中很常见的做法是，根据用户输入的内容生成一组搜索建议，实现纠正搜索关键字和可快速选择搜索关键字的目的。这部分的工作由客户端与服务

端协同完成，客户端将用户输入的内容上报到服务端，服务端接收上报的内容，生成搜索建议的数据，并在客户端展现，详细的流程如下。

- **客户端网络请求生成**。用户输入是一个持续的行为，客户端收到输入变更的事件后，将用户输入的文本内容提交到服务端，请求获取搜索建议的数据。客户端按照与服务端约定的通信协议，将文本内容作为参数拼装到协议中，再向服务端发出获取搜索建议的网络请求。
- **服务端收到请求及处理**。服务端在收到客户端的请求后，解析文本内容参数，根据文本内容预测用户可能输入（搜索）的内容，预测的结果通常包含多条推荐的条目，同时服务端将这些结果以结构化的数据返回到客户端。
- **客户端收到返回数据**。客户端收到服务端返回的数据后，将搜索建议的数据解析并展现给用户，以支持用户选择。客户端与服务端的通信过程中，可能会遇到网络连接不稳定、服务器计算耗时不同等情况，导致最新收到的搜索建议数据并非最新的服务器计算结果。为了保证搜索建议的匹配度，需要采取一些策略进行干预。例如，当用户的输入从“ liujun”变为“ liude”时，接收到“ liujun”的搜索建议就不再有意义。
- **搜索建议的匹配**。从技术角度来看，获取搜索建议的网络请求可以是单发或并发的。当网络请求是单发的时，意味着在获取新的搜索建议时，如果前一次的搜索建议任务还在进行中，就会取消前任务，然后执行新的搜索建议获取任务。这时只要任务执行成功，客户端收到的搜索建议数据就与当前输入匹配，是可用的。而当网络请求是并发的时，需要将收到的搜索建议数据与用户输入的内容进行匹配，以确认数据是否可用。

还有一种情况，就是用户从剪贴板中粘贴的字符的处理，这种文本的输入存在不确定性，如输入的文本长度过长、输入的内容中有换行符的情况，需要对粘贴的内容进行处理，之后再提交到服务端。

在浏览内核中 URL 的长度通常有限制，不同服务器可接收的 URL 长度也有不同，搜索引擎搜索中关键字也有长度的限制（图 4-1 为百度搜索关键字长度处理逻辑，感兴趣的朋友可以复制一段较长的文本，在不同的搜索引擎中粘贴并发起搜索，看看不同搜索引擎的处理方式），关于文本过长的处理，需要在客户端增加文本输入的长度限制，截断超出的字符，这样可以避免因 URL 过长而导致的异常。

对于一些不符合标准的字符，客户端需要进行预转换。以换行符为例，通常换行符会被转为空格。这与服务端的处理逻辑有关，感兴趣的话可以使用带换行符的关键字发起搜索，看看各搜索引擎处理的方式有什么不同。

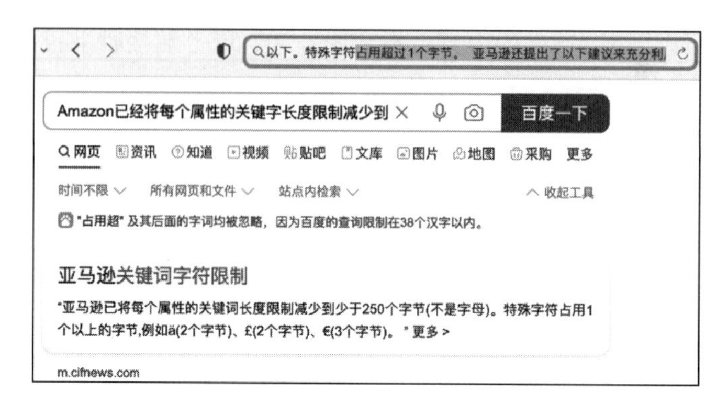

图 4-1 百度搜索关键字长度处理逻辑

4.3.3 响应用户的文本输入

在用户输入搜索关键字的过程中，客户端会持续接收用户输入的数据，并向服务器发出获取搜索建议的请求。当客户端接收到服务器返回的搜索建议后，会以列表形式展示搜索建议，如图 4-2 所示。用户看到系统推荐的搜索建议后，就可以根据搜索需要选择推荐条目，客户端响应用户选择，使用该条目中的文本发起搜索，这样一来，搜索需求表达的效率得到了提升，也起到了对文本关键字的纠错作用。

用户点击每个条目区域最右侧向左上方向的小箭头，可以将这条搜索建议条目中的文本填写到搜索框中，点击其他区域则可以直接使用这条搜索建议作为搜索关键字发起搜索。

系统产生的搜索建议条目，与用户输入的内容相关，也会出现是网址的情况，如图 4-3

图 4-2 百度 App 中的搜索建议展现

图 4-3 网址类的搜索建议

所示的搜索建议 sina.com，当用户选择这个条目时则不是发起搜索，而是直接加载该网址、进入该页面。常见的技术实现方式为匹配站点数据，或识别为网址的格式，之后加载该页面。

4.3.4 文本输入过程并行化模型

在文本输入过程中，用户通过键盘输入文本数据，输入过程持续的时长与用户的习惯有关，故输入的时间周期是不固定的。在接收用户输入阶段，客户端可以收到搜索框的输入状态变化的事件通知，并获取当前输入的内容。

在处理用户输入阶段，客户端基于用户输入的文本执行任务。任务类型与产品及优化策略有关，通常需要构建一个数据处理调度模块，统一对输入的事件进行分发，图 4-4 是以搜索建议的获取为例的文本数据并行化处理模型，客户端有三种获取搜索建议的策略。

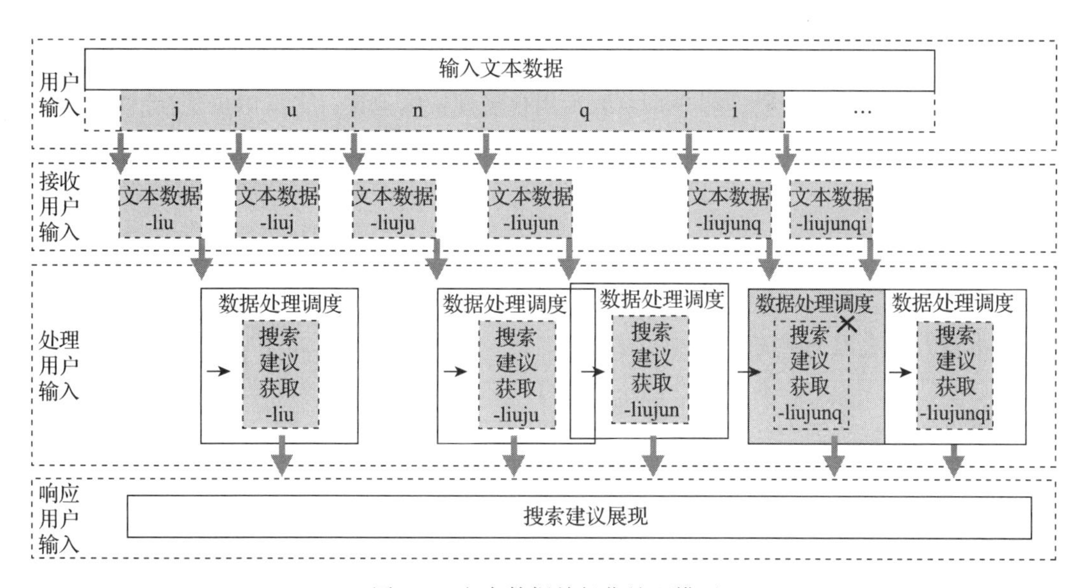

图 4-4　文本数据并行化处理模型

- **保持当前任务执行，忽略最新的输入。**收到新的文本输入事件时，判断当前获取搜索建议的任务是否在执行，如果在执行，忽略最新的输入。如果空闲，则使用最新的输入内容发起获取搜索建议任务。如图 4-4 所示，用户输入 j，这时输入框中的内容为 liuj，然而当前正有任务（文本数据 liu）执行，则继续执行当前任务，忽略新输入的事件。
- **保持当前任务执行，启动新任务。**收到新的文本输入事件时，创建新任务，使用最新的输入内容获取搜索建议数据，接收到服务端返回的数据时，匹配最新的输入内容进行展示。如图 4-4 所示，用户输入 n，这时输入框中的内容为 liujun，当前正有任务（文本数据 liuju）执行，继续执行当前任务，同时基于文本数据 liujun 创建新的搜索建议获取任务。

- **取消当前任务执行，启动新任务**。收到新的文本输入事件时，判断当前获取搜索建议的任务是否在执行，如果在执行，取消当前的任务，使用最新的输入内容发起获取搜索建议的任务。如果空闲，直接使用最新的输入内容发起搜索建议获取的任务。如图 4-4 所示，用户输入 i，这时输入框中的内容为 liujunqi，当前获取 liujunq 搜索建议的任务正在执行，则取消执行当前任务，同时基于文本数据 liujunqi 创建新的获取搜索建议任务。

这三种方式各有利弊，第一种方式可以平衡网络和服务端资源的消耗，但存在搜索建议与当前输入不完全匹配的情况；第二种方式可以更正输入不匹配的问题，但是对于网络要求较高，当网速较低时，并行的网络请求就会存在相互影响；第三种方式，获取的搜索建议，通常都是用户最新输入相关的，但是当用户输入速度较快时，就会存在搜索建议的获取一直处于启动与取消状态的情况。

在响应用户输入的阶段，客户端主要为用户展现搜索建议，支持用户选择，客户端会根据用户的选择将推荐的内容填充至搜索框，也会根据用户的选择发起搜索或者加载网页。

4.4 语音输入搜索过程的并行化任务与支持

文本输入代表以文字表达的输入方式，而语音输入则代表了以口头语言表达的输入方式。在以手机为代表的移动智能设备还没有普及之前，大部分个人计算机中并没有配备麦克风，而在移动设备当中，麦克风是标配，移动设备的便携性也增强了语音输入场景的应用。在搜索 App 中，语音输入搜索的能力分为识别和搜索两个步骤，客户端支持语音输入，通过语音识别技术将语音转成文本，再对文本进行搜索。

4.4.1 接收用户的语音输入

在搜索 App 中，语音搜索的入口一般是按钮。用户点击按钮开始录音，用户边说边将语音识别为文本，最后使用完整的识别结果进行搜索。语音识别是一个持续输入的过程，在语音输入的过程中，系统同时也在并行地执行语音识别的任务，即实时获取用户的语音数据，进行语音识别和给用户反馈，而不是等待用户完成语音输入之后，再进行语音识别。

在 iOS 平台，使用系统提供的音频队列服务（Audio Queue Services）可以实现实时获取录音数据的能力，使用该服务中的 API 可以连接到音频硬件，并管理语音录制或播放的过程。如图 4-5 所示，在 Audio Queue Services 中，将录音产生的音频输入数据放到了缓冲队列中，在缓冲队列中有 3 个独立的缓冲区，在语音输入的过程中，一个缓冲区将从麦克风获取音频数据，剩余的缓冲区等待依次被音频数据填充，一旦缓冲区被音频数据填满，就会以回调（Callback）的方式通知客户端，在客户端中接收到的回调及缓冲区数据是有序的。

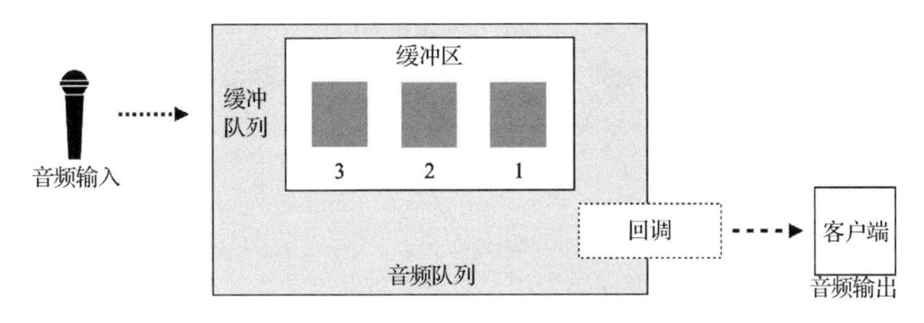

图 4-5　音频队列服务录制音频流程

使用系统提供的 API，当缓冲队列中的缓冲区被填满（或者结束录音时也会回调），客户端响应音频队列的回调。也就是说，在语音输入的过程中，当第一个缓冲区填满后，客户端才接收到语音数据，并进行语音识别。缓冲区的大小影响了录音时间与处理时间的时间差，这个缓冲区大小的设定需要参考音频录制参数和系统设计的时间长度来计算。音频录制参数通常在启动录音前设定，主要分为以下 3 个参数。

- **采样频率**：每秒对声音进行采集的次数，相当于对声音转换为数字信号的每秒样本数，采样频率越高，声音还原越真实，越自然；一般来讲 8000Hz 对于语音识别已经够用了，常用的为 16000Hz 或 8000Hz。
- **采样位数**：音频转换为数字信号样本后，记录所需要的数字量大小；数据量越大描述得越精细，常用的为 8bit 或 16bit；相当于每个样本有 256 个度量值和 65536（64 k）个度量值。
- **声道数**：相当于录音时有多少个声源，也就是有多少个录音设备在同时录音，最少有一个，多的如 2.1 声道、5.1 声道等；语音识别单声道已够用，如需实现其他的能力，比如语音降噪，可以借助于多声道。

参考上面的参数，每秒音频数据需要的存储空间为：采样频率 × 采样位数 × 声道数。以采样频率为 16000 Hz、采样大小为 16 bit、双声道来计算，每秒的音频数据需要 $16000 \times 16 \times 2 = 512$ kb 的存储空间，换算为字节（Byte），约为 64 kB。如果需要每次缓冲 0.25 秒的语音数据后再进行客户端的语音识别处理，那这个缓冲区应该设定为 16 kB。实际的开发要比这个复杂，需要考虑客户端的计算时间、通信时间、服务端处理时间等，还需要通过端云协同看整体的效果再进行调优。

注意 在 Android 平台可使用 AudioRecord API 支持语音识别。

4.4.2 处理用户的语音输入

通过接收系统的回调可以有序地得到缓冲区的语音数据，参考语音录制时设定的参数，进行语音数据的处理。在业界，一些比较明确的内容可以在客户端识别，比如“嗨，Siri”指令（Siri 为苹果的智能助理）在脱机的状态下也可被识别。而语音输入搜索关键字的识别存在多样性，还得依赖服务端，客户端与服务端协同实现语音识别的核心的流程如下。

- **声波检测**：语音声波检测，根据输入的语音数据，分析用户说话的状态，主要为检测用户说话的音量，在展现层为用户展现音波状态。
- VAD（Voice Activity Detection）：语音活动检测，又称语音端点检测、语音边界检测。目的是从声音信号流里识别和消除长时间的静音期，以达到在不降低业务质量的情况下节省通信和计算资源的目的，在语音识别的过程中，可以借助 VAD 算法识别用户是否停止了说话，从而自动地停止语音输入，降低非用户输入的信号对识别结果的干扰。
- **客户端网络请求**：语音识别过程中客户端与服务端的通信是多次的，客户端数据量上行得也会比服务端高，需对数据进行压缩、加密等处理。在客户端发送网络请求的过程中，重点关注数据的有序性、有效性、安全性及整体体验。

a）**数据压缩**：系统录制的语音数据均是没有进行过压缩的，直接用于客户端与服务端的通信会花费大量时间成本。需要对数据进行压缩，可以使用传统的压缩算法或音频专用压缩算法对语音数据进行压缩，使得数据的传输量与数据传输效率达到平衡。

b）**数据加密**：数据加密的工作同样也需要在客户端实现。语音识别能力可以作为一个独立的服务，支持不同的产品，而使用公开的接口很难有效对语音服务的接入方进行管理及差异化的定制，因此需要对客户端与服务端通信的数据实现加密，并且与产品线绑定，这样才是长期的运营之道。

c）**有序性**：在持续的语音输入过程中，客户端会不断产生新数据。为了确保服务端能够有序地处理数据，客户端需要与服务端约定排序标识及规则，以便对不同的数据包中进行排序。这样，服务端在收到数据后就能够按照顺序对数据进行拼装和识别。

d）**异常处理**：在客户端与服务端通信的过程中，由于移动设备的网络状态容易受到环境影响，可能会出现网络信号不稳定的情况，从而导致异常。典型的处理方式是重试或及时通知用户当前网络状态。

- **服务器端语音数据处理**。服务端在接收到客户端的数据请求后，依次地对数据进行解压缩，解密、有序性保证，之后进行语音识别，再将识别的结果返回给客户端。参考相关的资料，个人认为语音识别服务需要先对语音信号进行特征提取和建模，并与具体发音建立关联。这些特征和模型存储在服务器中，当用户提交语音时，系统提取特征并进行匹配，再根据概率最高的字和词生成识别结果。整个系统基于大数据，使用多种算法和策略，包括声学模型、语言模型、词典、语音信号处理和深度学习等。

- **客户端收到返回数据**。客户端收到服务端返回的数据后，需要将语音识别结果展示给用户。由于用户的输入过程是持续的，而网络连接和数据通信过程可能不稳定，服务端的计算耗时也不同，因此最新收到的识别结果数据不一定是最新的服务端计算结果。为了保证语音识别结果相对最新，需要一些策略进行干预。

4.4.3　响应用户的语音输入

在语音数据处理的过程中，至少有三个线条在展现及交互的层面响应语音的输入，分别为语音输入的状态控制、声音输入的状态展现和语音识别结果的展现。

- **语音输入的状态控制**。在客户端产品中语音识别的交互主要有两种，一种是长按语音按钮录制语音（类似微信语音输入），用户松开按钮之后，语音输入过程结束；一种是点击按钮启动语音输入，点击按钮结束语音输入，该过程中当 VAD 模块发现一段时间内没有语音输入，则自动结束当前的语音输入。
- **声音输入的状态展现**。在语音输入的过程中，通过监听语音输入的状态变化，如是否开始说话、说话的声音大小、不同的动效绘制，为用户的输入给出明确的响应。
- **语音识别结果的展现**。客户端收到服务端的识别结果后，将最新的识别结果展现给用户。用户输入完成时，以最终的结果发起搜索，服务端返回搜索结果，当次的语音搜索过程结束。

4.4.4　语音输入过程并行化模型

如图 4-6 所示，用户在说话时，客户端接收用户输入的语音数据，并对其进行处理，最终响应用户输入即展现输入状态及识别结果，这个过程中，有多个任务在并行执行。

在接收用户输入阶段，系统会将用户输入的语音转换为语音数据，并通知客户端。客户端通过响应相应的回调函数来采集这些数据，并确保数据的有序性。

在处理用户输入阶段，在客户端对语音数据进行预处理，之后再将语音数据上传到服务端。其中数据预处理任务包括 VAD 识别、数据压缩、音波计算等（图 4-7 中的灰底实线长方形部分内容），这些任务在数据处理调度模块中统一地管理。当接收到语音数据时，数据处理调度模块根据需要对不同的数据处理任务进行调度。数据处理任务完成后，可执行下一任务，或将任务执行结果分发到其他的模块（图 4-7 中的白底虚线长方形部分内容，包括语音采集控制、输入状态更新和识别结果更新）。基于这样的设计，不同语音数据处理任务可作为独立的模块，接入数据处理调度模块中，约定输入、输出及运行方式，像流水线一样有序执行。

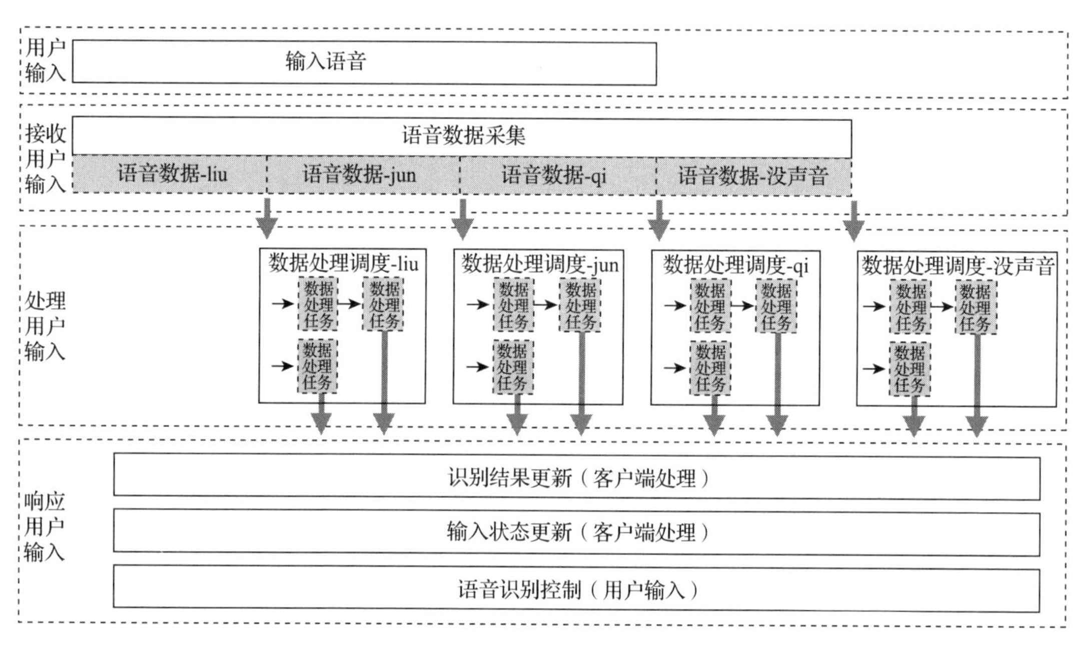

图 4-6　语音数据并行化处理模型

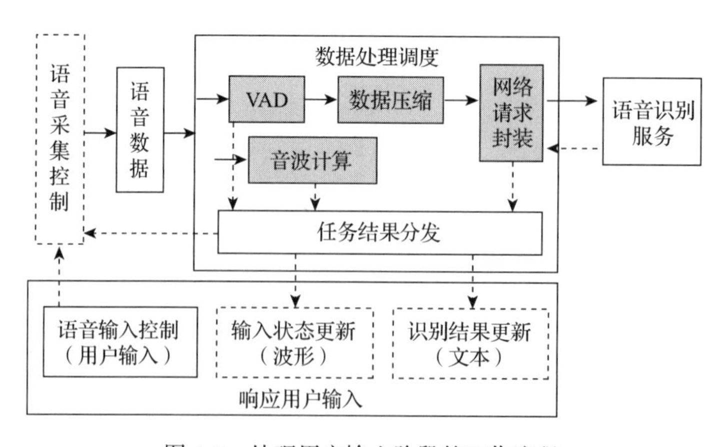

图 4-7　处理用户输入阶段的工作流程

如图 4-7 所示，在实际执行过程中，当数据处理调度模块接收到语音数据后，会以并行的方式启动 VAD 和音波计算这两个任务。音波计算执行完成后，由任务结果分发模块将结果同步到输入状态更新模块。在 VAD 执行完成后，如 VAD 执行结果为用户有说话，这时执行数据压缩，之后封装网络请求，与语音识别服务进行通信，收到识别结果后，由任务结果分发模块将结果同步到识别结果更新模块。如果 VAD 执行结果为用户长时间没有说话，则由任务结果分发模块同步到语音采集控制模块停止录音。

注意　任务结果分发模块在同步至识别结果更新时，需要保证分发的语音识别结果为最新。例如，当用户输入 liujunqi 时，客户端将其分为 3 个数据包（liu，jun，qi，可参考图 4-6）发送到服务端。如果 liujunqi 的结果先返回，而 liujun 的结果之后再返回，则不需要将 liujun 的结果展示给用户。

在响应语音输入阶段，通常在客户端展现本次语音输入的识别结果，及用户当前语音输入的状态。可以是用户控制语音输入的结束，也可以是系统在检测到一段时间没有声音后自动结束语音输入。

4.5　图像输入搜索过程的并行化任务与支持

语音输入是识别口头语言表达的内容并进行搜索，而图像输入相当于是识别眼睛看到的内容并进行搜索。相较于人脑，计算机的智能程度还远远不够，现阶段图像识别的能力仅限于一些特定的格式和特定领域的内容，如条形码、图中文本及图中物体的识别等。

4.5.1　接收用户的图像输入

图像的输入方式主要有 3 种，选取相册中的图片、相机拍照和相机获取实时数据流，不同客户端接收图像输入的方式也有不同。

1）**选取相册中的图片**。客户端使用系统提供的图片选择视图控件，用户可以从相册中选择已经存在的图片。之后客户端根据用户选择的图片数据，进行图像识别。

2）**相机拍照**。客户端通过调用系统提供的拍照控件，拍摄新的照片。拍摄完成后，客户端会接收到新拍摄的照片数据，并进行图像识别。

3）**相机获取实时数据流**。客户端使用系统提供的设备层实时捕获相机数据流接口，响应相机实时产生的数据。在调用该接口之前，会根据需要对其进行配置。配置完成后，客户端可以实时获取相机产生的数据，并进行图像识别。配置项常见以下 7 项。

- **前后相机设定**：根据业务的场景，设定默认使用的相机，比如美颜、测肤一般默认使用前置相机，而二维码、文字识别一般默认使用后置相机。

- **自动对焦**：自动对焦是一种通过软硬件系统控制来调整相机焦距的技术，它可以使焦点区的图像在整张图中变得清晰。这样，对于焦点区的图像数据计算会更加准确和有效。通常使用实时的数据流获取方式进行图像识别时，会将自动对焦设定为开，并会根据业务需要和交互布局来设置焦点区域。
- **白平衡**：白平衡是一种用于解决在不同光源下拍摄时出现的偏色现象的技术，通过加强对应的补色来进行补偿。它的基本概念是“不管在任何光源下，都能将白色物体还原为白色”。在图像识别过程中，由于所在的场景会遇到各种光源，光源的不同会导致色温的不同，从而使画面出现偏色。白平衡就是用来解决这一问题的，同时也可以减少图像识别算法中由于色值临界值产生的影响而导致的错误。
- **自动曝光**：自动曝光是相机根据光线的强弱自动调整曝光量，以防止曝光过度或者不足。在拍摄过程中，相机会根据测光系统所测得的被摄画面的曝光值，按照预设的快门及光圈曝光组合，自动地设定快门速度和光圈值，以实现焦点区的效果最优。在使用实时的数据流获取方式进行图像识别时，建议将自动曝光参数设定为开。
- **输出帧率**：输出帧率是客户端每秒接收到的图像次数，它决定了用户输入响应的速度。帧率越高，每秒接收到的图像数据越多，响应速度就越快。如每秒 24 帧、每秒 30 帧、每秒 60 帧等。
- **输出数据格式**：输出数据格式是相机产生的图像数据的描述方式，它影响着后续的本地化计算。常见的格式包括 RGBA 和 YUV 等，每一个像素点都由对应的编码格式和数据描述，通过解析数据可以得出像素点的颜色。
- **输出分辨率**：输出分辨率是相机产生的图像数据的大小。虽然现在相机的像素可以达到亿级，但在大部分图像识别场景中，百万级的像素基本上就够用了。一般来说，只要用户在屏幕上看到的是清晰的图像，程序和算法就可以进行识别。因此，图像的分辨率接近或略小于屏幕分辨率就可以满足图像识别的需求。

在搜索 App 中，通常默认使用相机获取实时数据流进行图像识别。图像搜索的入口一般是一个按钮。当用户点击该按钮启动图像识别时，相机捕获的图像数据即为用户需要识别的数据。

相机和图像数据涉及用户的隐私，因此在使用之前，App 需要获得用户的授权。如果没有获得相应的授权，那么相关的流程将无法正常工作。因此，在技术实现过程中，需要考虑没有获得用户授权的情况，并采取相应的措施来保护用户的隐私。关于安全、隐私相关的内容在本书的第 7 章介绍。

4.5.2 处理用户的图像输入

基于上面提到的 3 种图像输入方式，在客户端可以对相册中的图片、新拍摄的照片以及实时的图像数据流进行图像特征提取和识别。相比于图片处理，实时图像数据流的处理更加复杂，因为客户端需要实时接收每一帧数据并进行识别，然后根据识别结果进行用户的交互反馈及相机参数的调整。这个过程基本上涵盖了图像识别的所有步骤。

本节主要介绍以实时数据流输入的方式输入的图像数据的处理，主要分为数据预处理、设备调整、图像识别 3 类。

1）**数据预处理**：对于图像数据，常见的做法是进行裁剪，将整张图片裁剪为一个固定的区域。然后，再对该区域内的图片进行识别。这样做不仅减少了计算的数据量，还过滤了同张图片中的其他内容的干扰，从而实现了提升图像识别准确率和效率的目的。裁剪区的设定，主要分为 4 种。

- **无裁剪**：全图识别，但可能会有缩放。
- **系统预设**：如早期二维码识别，二维码需要放到中心的框内。
- **用户选择**：如识别文字，需要提取这张图片中的前两行字，进行圈选，或者涂抹选择。
- **App 推荐**：通过 App 中的算法识别出多个物体，选取其中的一个进行识别，如扫码时屏幕中有多个二维码，提示用户选取哪个二维码进行识别。

2）**设备参数计算**：设备参数计算是通过程序实现设备参数值的计算，目的是获取高质量、可用的图像数据。常见的设备参数调整包括调整焦距、对焦点和打开 / 关闭灯光等。通过对采集到的图像数据进行分析，确定需要调整的设备参数，可以通过自动调整或提示用户调整。例如，图片中的关键区域需要设定为对焦点；当物体离得远时，设备可以自动调整焦距，以确保拍摄到的图像清晰；当环境较暗时，设备可以提示用户打开手电筒，以提供足够的照明。这些能力现在大部分 App 中的图像识别都支持。

3）**执行图像识别**：到了这一步，将需要识别的图像数据交给图像识别的引擎处理，主要有 3 类方案，系统方案、三方方案和自研方案。

- **系统方案**：以 iOS 平台为例，提供了 Vision 框架，对输入的图像和视频采用计算机视觉算法实现各种任务的执行，比如实现对人脸和人脸的关键点检测、文本检测、条形码识别、图像特征跟踪等。Vision 还允许将自定义 Core ML 模型用于分类或对象检测等任务。
- **三方方案**：使用第三方开源或闭源的项目 /SDK，比如 zbar 和 zxing，国内的一些平台均有提供图像识别，人脸，手势识别等服务。
- **自研方案**：通过客户端或服务端提供图像识别的能力，或者客户端与服务端组合实现图像识别、物体分类、增强现实、二维码识别、特征跟踪等能力。

上面的这 3 类计算，通常是客户端在实时地获取相机数据时，并行执行的任务，每一帧的图像数据均需要处理。任务的执行需要不影响图像数据的获取，减少相互等待，避免执行路径过长，这样才能实现整体的识别效率最高。比如每秒 30 帧的图像获取帧率，基本上 33 ms 就会产生一张新的图片，但执行图像数据的任务，需要 39 ms 的时间，那就相当于至少有 39 ms 的延时才能看到识别的结果，并且还有丢帧的情况（哪一帧会丢掉取决于实现的算法），但当执行图像数据处理任务的所需时间小于 33 ms 时，就相当于不会产生丢帧的情况，延时也会降低。

4.5.3 响应用户的图像输入

参考业界的多个 App 的图像识别能力可知，通常进入图像识别功能之后，系统一直处于实时的数据流获取的状态，直到确定了需要识别的这一帧数据流后，识别才结束，进入识别结果的展现阶段。

从实时的数据流获取图像数据的处理过程来看，至少有 4 个线条在展现及交互的层面响应图像数据的输入，分别如下。

1）**实时的图像数据流展现**。前面的内容有讲过语音输入和文本输入，它们与图像输入看似都是输入方式，实际上图像输入有所不同，主要在于表达方式的不同，文本输入和语音输入均是由用户来表达自己的所需，而图像输入是用户借助相机或图片来表达所需。实时的图像数据流呈现可以帮助用户对需识别的图像进行选择。在屏幕上显示的图像数据是由相机捕获到的，其中包含了需要识别的数据。

2）**设备参数控制**。设备参数控制可以采用自动控制和人工控制两种方式。自动控制主要参考 4.5.2 节中的设备参数计算控制信号对设备参数进行调整。而人工控制则需要在人机交互界面中展示对焦点、焦距和手电筒这 3 类功能的状态，并提供相应的交互能力，例如用户可以通过点击或滑动等方式来调整对焦点和焦距，也可以通过按钮来打开或关闭手电筒。

3）**识别的结果展现**。图像识别结果的展现方式与语音输入不同。图像所承载的内容是多样的，不局限于文字这一种形式。具有明确信息的图像，App 识别后会执行具体的动作，例如扫码支付，直接提取二维码中的指令进行支付。而一些内容多样、不易明确后续的识别结果处理逻辑的图像，需要进行二次操作，例如文本提取、拍题、商品搜索等。在这些情况下，需要对图片进行圈选，明确需要识别的图像区域，以获得更精准的识别结果。

4）**图像采集控制**。图像采集控制用来确定使用哪一帧的图像数据作为图像识别的结果输入。一旦确认了输入图像帧，图像采集就结束了。采集控制分为自动控制和手动控制采集结束两种方式。

- 自动控制采集结束通常是指在图像中发现了与业务匹配的内容之后，系统自动结束数据采集。例如，在扫码时，如果系统检测到图像中有二维码，它会自动停止采集。但如果图像中包含多个二维码，系统可能会要求用户选择要识别的二维码，然后才结束图像采集。然而，在一些与二维码无关的业务场景中，即使图中只有一个二维码，系统也不会自动停止采集，如以图搜图业务。
- 手动控制采集结束则是指在系统没有触发自动停止时，用户可以主动触发停止图像的采集，并进入图像识别及后续的业务流程。

对应地，在响应的输入图像数据时，App 需要为用户提供人机交互的界面。为了更好地组织和呈现这些内容，通常会将其分为不同的视图层级，以展现不同类型的内容。这种设计和实现方式可以使系统具有更好的扩展性和独立性，如图 4-8 所示。

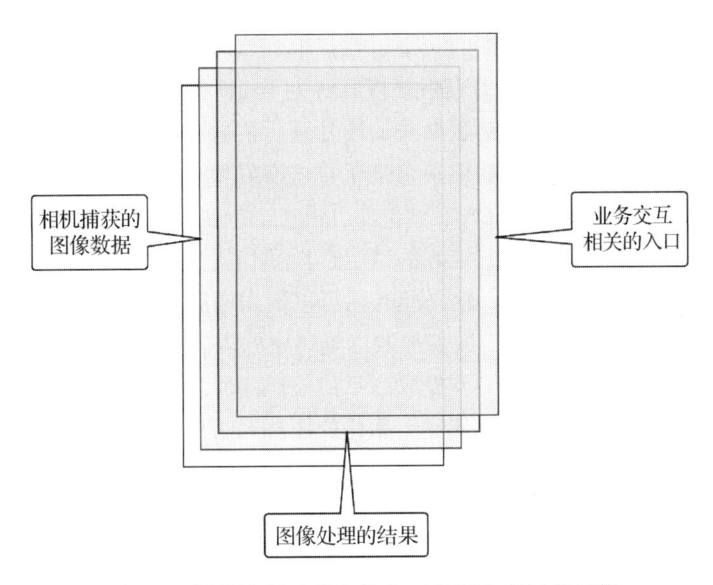

图 4-8　图像识别过程人机交互界面内容展现层级

第一层内容为当前相机捕获的图像数据，也是用户选择的输入数据。

第二层内容为结合业务场景图像处理的结果，不同的业务所展现的内容不同，比如当实时翻译时，翻译的结果在这一层展现。

第三层内容为业务交互相关的入口，比如子分类切换、关闭、设备参数控制、图像采集控制及从相册选择图片等功能的入口。

在实际中，除了上述提到的视图层级，还可能会有其他类别的层级，比如运营活动。为了更好地管理和扩展视图的展现，我们应该明确视图层级并对其进行分类管理，以提高复用性和可维护性。

4.5.4 图像输入的业务流程支持

按照用户的真实使用场景，图像的输入数据主要受外部因素影响，图片中承载的内容比较丰富，表达的信息也有很多种。对于不同类型的图像内容，需要建立不同的业务支持线条，使得这类图像的输入可以有一个完整的、可应用的流程支持，常见的业务如下。

- **以图搜图：**一种常见的搜索方式，通常用于拍照或对相册中的图片进行搜索。例如，通过拍摄照片来搜索相关商品。通用的图像搜索能力主要由服务端完成，因为服务端在处理海量图像检索方面具有绝对优势。以图搜图的场景与文本搜索相似，在客户端需要进行数据的预处理、结果的呈现和闭环流程的实现。
- **图像增强：**常见于对当前输入的图像进行显示增强，比如虚拟试妆、虚拟试衣镜、虚拟表情、实时翻译等。
- **文本提取：**常见于对图片中的文字进行提取，再对文字进行搜索、复制等操作，有的 App 还可以识别图片中的表格并将其转为 Excel 文件。
- **特定内容提取：**对于特定排版格式的图片进行内容提取，比如身份证信息，手机扫一扫，姓名和身份证号码就识别出来了；还有发票、快速填写报销单等这些都可以提升效率。
- **指令执行：**常见于输入是二维码的情况，以微信支付为例，二维码中保存了支付的指令，及支付的相关参数。感兴趣的话可以使用通用的扫码（能提取二维码的内容）工具扫一下商家的二维码，试着提取二维码中的内容。
- **条码搜索：**常见于扫描条码，提取商品的条码编号，进行商品的检索，前提是需要构建商品数据库，或者形成其他产品化的闭环，否则即便识别出了条码的信息，为用户提供的价值也是有限的。

4.5.5 图像输入的服务依赖保障

图像输入对比文本和语音输入略有些特殊，因为图像识别涉及的分类较多，App 中图像识别的一些细分场景，存在与第三方合作的可能，常见于图像数据的识别支持及识别结果支持。

第三方服务的可用性可能会受到合作期限、不可抗力等因素的影响，存在服务不可用的风险。因此，在接入第三方服务时，架构设计需要考虑当第三方服务不可用时，如何确保不影响用户的使用体验。推荐以下 3 种方式来为第三方服务变化做好准备工作。

1）**统一服务入口。**当 App 使用合作的第三方服务时，建议将整体服务入口统一设置为自有服务端，如图 4-9 所示，让自有服务端作为客户端与第三方服务的中转方。这样做的好处是可以更好地保证服务的稳定性和可优化性，同时也更具扩展性。如果直接让客户端直联第三方服务，那么服务的稳定性和可优化性就较难保证，扩展性也不好。而使用自有服务端作为中转，一旦出现了合作层面的变动或第三方服务不可用时，自有服务端可以对接其他的第三方服务，对线上发布的不同版本的 App 都可以兼容。

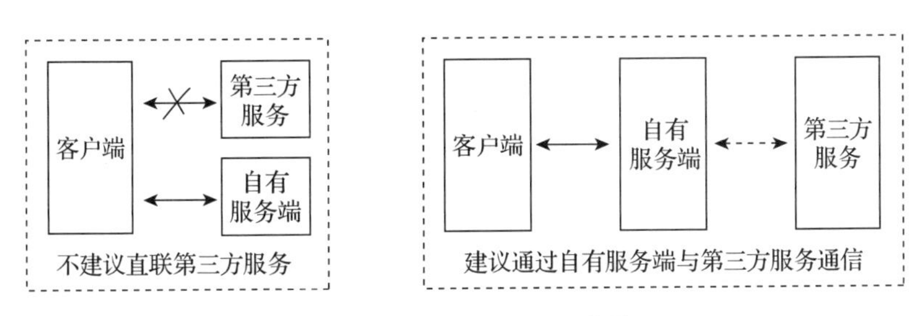

图 4-9 统一服务入口的优势

2）**统一用户状态**。如果涉及用户的信息，应该使用 App 中的账号体系进行关联。至少需要保证相关的流程在自有的账号体系中是可以完整地跑通的。否则，用户在使用过程中，需要登录多个服务的账号，且这些账号之间还需要进行互通，长期来看还会有管理成本。既然用户在使用自有 App，那么在使用其中的服务时，应该保持账号的统一，并且在服务端实现用户状态的统一。

3）**服务可降级**。在 App 中，部分图像识别工作为与第三方合作完成，通常有合作期限，且由第三方服务控制。当这部分的能力无法使用时，可能会对整体的识别流程产生影响，导致用户的使用体验变差。因此，在技术实现时，依赖该能力的部分应该设计为可降级。以避免用户点击或第三方调起与这部分能力相关的功能时，出现无法正常使用的情况。

4.5.6 图像输入过程并行化模型

因为处理图像数据的资源消耗比较严重，这会对相机采集数据的过程产生影响。按照图像数据的处理和响应方式，图像输入过程并行化模型主要有 3 种，分别为并行处理图像数据模型、可暂存数据的并行处理图像数据模型和串行处理图像数据模型，这 3 种模型对接收到的图像数据处理及响应方式均有不同，下面进行介绍及对比。

1. 并行处理图像数据模型

如图 4-10 所示，在使用并行处理图像数据模型进行图像识别时，在 App 进入图像识别功能后，相机捕获图像数据，客户端接收图像数据，展现业务相关的状态、相机配置更新，这个过程中的多个任务并行执行。

在接收用户输入的阶段，客户端调用系统的相机 API，启动捕获图像数据帧，客户端按照设备参数设定，实时地接收相机捕获的图像数据，每捕获一帧数据时客户端会收到系统 API 的通知。

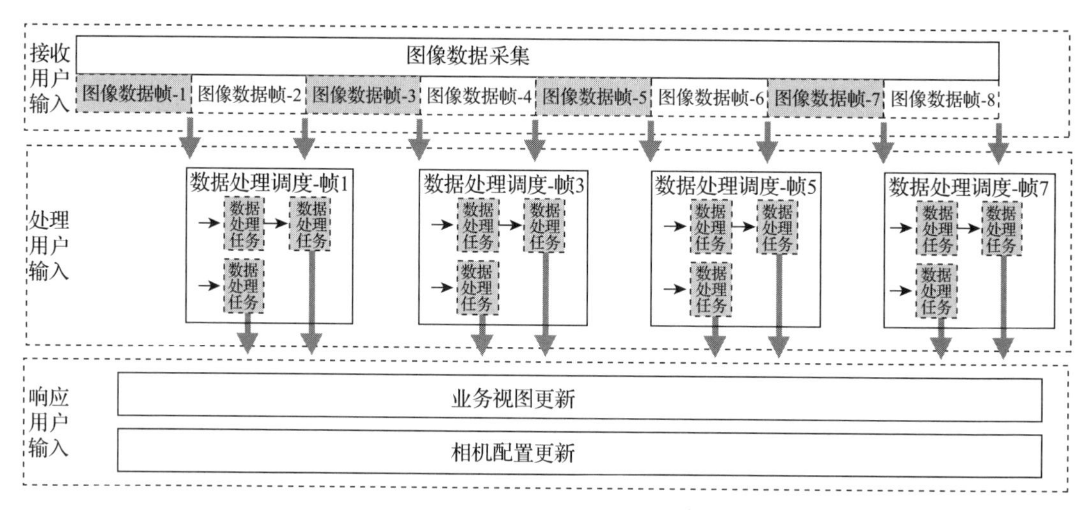

图 4-10　并行处理图像数据并行化模型

在处理用户输入的阶段，客户端调用数据处理调度模块，统一数据处理入口，并提供通信标准支持子任务接入。结合 4.5.2 节的内容，其中子任务分为以下几类。

- **图像数据处理类**：输入为图像数据，输出为图像数据，如对图像缩小、裁剪、旋转、二值化等。
- **设备参数控制类**：输入为图像数据，输出为设备参数控制信号，如判断当前环境是否过暗，图像是否模糊等。
- **图像数据识别类**：输入为图像数据，输出为识别结果，识别结果与识别算法有关，如二维码扫描、OCR 识别、翻译、物体识别等，对应的结果的处理方式也有不同。

在具体实现时，每个图像识别业务都有一个**数据处理调度模块**，不同的图像处理任务被抽象为**数据处理任务**，并按照标准接入该模块。数据处理调度模块负责衔接业务并管理数据处理任务之间的依赖关系。当数据处理调度模块接收到新的图像数据时，首先判断是否有数据处理任务在执行，如果所有任务都处于空闲状态，则使用并行化的方式，将当前数据帧作为参数交给模块中的相关数据处理任务执行。否则，当前数据帧不会被处理。数据处理任务完成后，数据处理调度模块根据需要整合及分发结果，直到所有数据处理任务完成，当前的数据帧处理才完成。如图 4-10 所示，图像数据帧 1、3、5、7 被处理，而 2、4、6、8 没有被处理。在这个过程中，图像的输入、处理及响应，都在并行地运行。

在响应用户输入的阶段，根据处理用户输入阶段的输出结果和用户的交互操作，通过人机交互界面展示当前与业务相关的数据，包括采集的图像、图像识别的结果以及设备参数设定的提示信息等。该界面还支持用户对识别过程进行控制。

2. 可暂存数据的并行处理图像数据模型

前面提到的并行处理数据方式存在一个明显的问题，即当数据处理调度模块中执行任务的时间超过了一帧图像数据产生的时间，会出现处理任务跳帧执行的情况。以图像文本识别场景为例，如相机前方有一段文字“相机捕获的文字展示结果”。当相机捕获到“文字展示结果”时，数据处理调度模块中的数据处理任务开始进行图像识别。在图像识别任务完成之前，相机向左移动并且角度发生了变化。这时识别任务完成，用户看到的是前几帧图像的识别结果，而不是当前帧的结果，这就出现了跳帧现象，如图 4-11 所示。

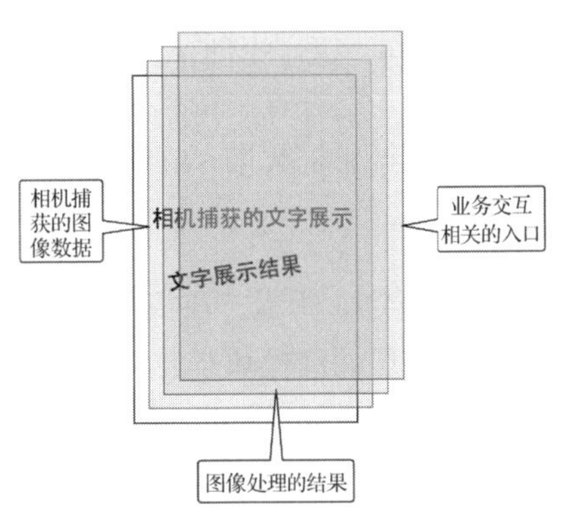

图 4-11　跳帧现象

为了解决跳帧现象，在数据处理调度模块中引入了图像数据暂存模块。当数据处理调度模块接收到新的图像数据时，首先判断是否有数据处理任务在执行，如果所有任务都处于空闲状态，则将当前数据帧作为参数交给数据处理任务执行。否则，将数据进行暂存。数据处理任务执行完成后，使用暂存的数据启动新的任务。

在接收用户输入的阶段把图像数据存入图像数据暂存区。在处理用户输入阶段，数据处理调度模块根据需要进行数据处理任务的调度。响应用户输入阶段的流程没有变化。如图 4-12 所示，经过优化，跳帧现象得到了改善，在收到 5 帧图像数据时，数据帧 1、2、3、5 均可识别，数据处理任务的执行时机提前，识别结果展现也更加及时，跳帧的现象基本得到了改善。

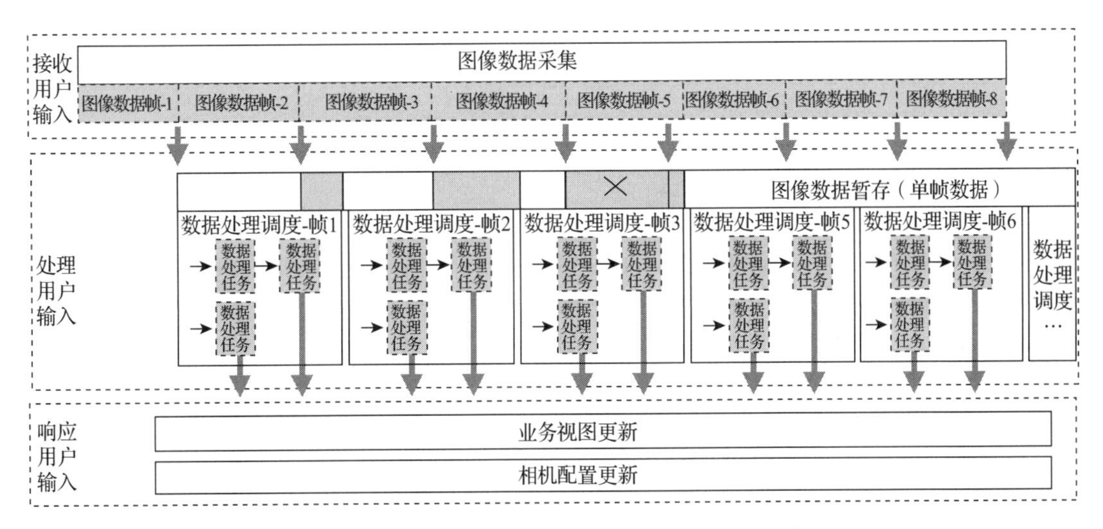

图 4-12　可暂存数据的并行处理图像数据并行化模型

3. 串行处理图像数据模型

数据处理之所以采用并行方式，是因为数据处理任务和相机捕获数据的渲染在两个线程中执行，没有直接依赖关系。然而，数据处理任务的计算会消耗时间，导致用户看到的识别结果与相机数据存在一定的不同步问题。为了解决这个问题，可以使用串行方式处理图像数据。

如图 4-13 所示，在接收用户输入阶段同步调用数据处理调度模块，在处理用户输入阶段数据处理调度模块根据需要进行数据处理任务的调度，数据处理任务可按需并行执行，但需要等所有数据处理任务完成后，数据处理调度模块的任务才算完成，响应用户输入阶段的流程没有变化。这时用户看到的相机捕获数据及识别结果就是同步的。但是这样的方式会阻塞相机数据的采集，在数据处理任务处理时，收不到相机 API 的新数据通知，要想解决该问题，需要优化整体任务的执行耗时。

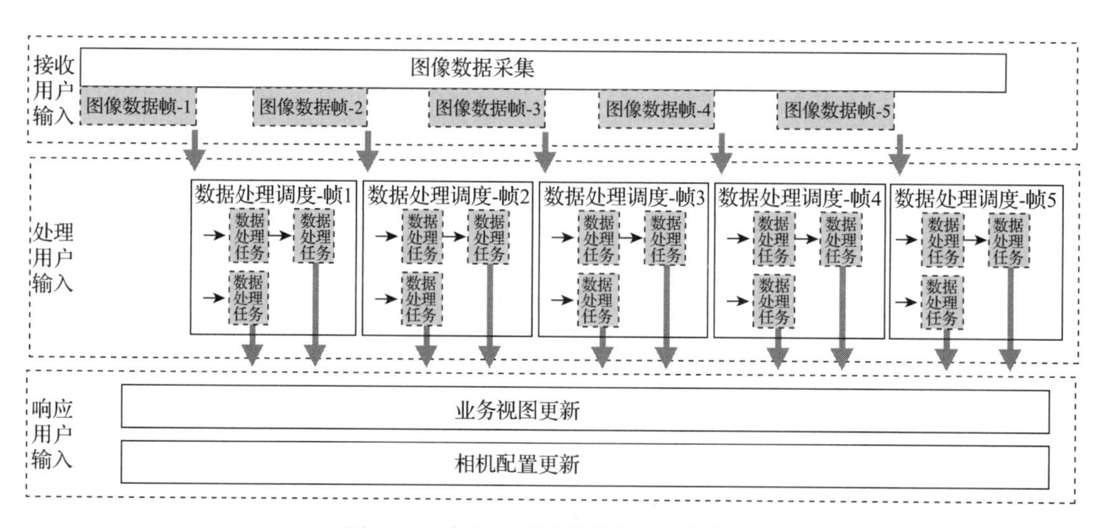

图 4-13 串行处理图像数据并行化模型

4. 不同处理图像数据模型的总结

在实际的研发过程中，图像数据的处理方式不限于本节中提到的这 3 种，具体的实现细节也有不同。相对来讲，个人比较倾向使用并行处理 + 统一调度的方式，原因有 3 个方面。

- 从图像数据接收的角度来看，并行处理相对串行处理可以不阻塞图像接收的过程，可以接收到更多的图像数据输入，对数据的处理有更多的优化空间。
- 从图像数据处理过程的角度来看，图像数据处理的子任务通常有多个，在多核的 CPU 及 GPU 设备中，并行处理方式可以提升子任务的执行效率。但任务设计需要尽可能独立，避免或减少子任务在执行时的相互依赖及等待。

- 从图像数据处理结果的角度来看，数据处理的结果通常涉及多个子任务的执行，子任务之间会存在协同，包括执行顺序的先后，多任务结果的整合等，使用统一调度管理的方式，任务的输入输出边界会更加清晰，定制的成本也会降低。

总的来说，就是以并行方式接收图像数据，并统一数据处理过程的输入和输出。在数据处理调度模块内部，根据数据处理的需要，并行或串行地调度子任务，并整合及分发子任务的执行结果。这时，数据处理调度模块中的子任务可以最大限度被复用。此外，可以在不同的识别场景中，以较低的成本优化任务的执行策略，并根据业务需求定制不同的子任务。

4.6　网页浏览过程的多进程模型

前面介绍了文本、语音、图像这 3 个典型的输入数据如何在 App 中进行处理及响应。用户每次与 App 交互时，App 都在响应用户的输入。用户在输入后发起搜索，在结果页中点击链接打开落地页，在浏览网页时长按页面中的图片进行图片识别和在上下滑动页面等，这些事件触发的任务在执行时都有一定的数据处理和计算量。

在页面加载过程中，浏览内核会向服务器请求网页数据，接收并解析数据，同时还能响应用户在当前页面的输入，这些任务可以并行执行。以 Webkit 源码为例，不同类型的任务以进程的方式独立管理，如图 4-14 所示，主要包含 Networking 进程、WebContent 进程和 UI 进程。在页面加载过程中，这些进程之间通过 XPC 机制进行通信。

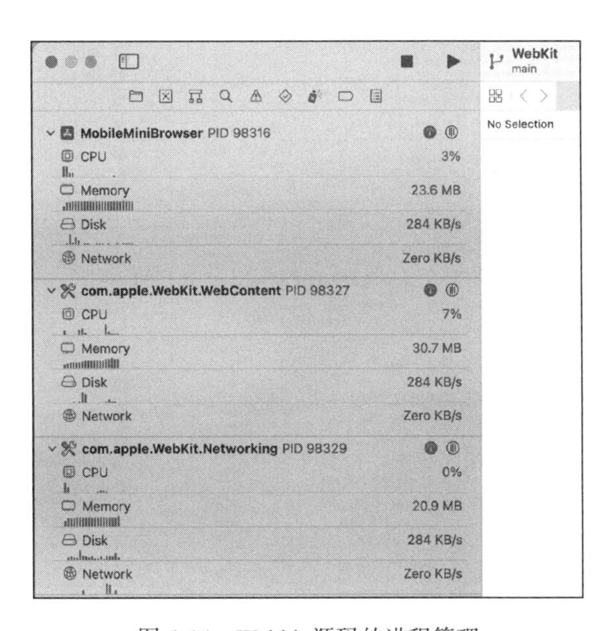

图 4-14　Webkit 源码的进程管理

iOS 及 Android 平台的浏览内核均基于 Webkit 源码之上构建

4.6.1 Networking 进程

Networking 进程主要负责网络请求相关能力的实现，与 App 都是通过封装的 NSURL Session 发起及管理网络请求，但与 App 中网络请求开发略有不同的是，Networking 进程会实现一些网页相关标准支持，如资源缓存、webrct、ServiceWorker 和 cookie 管理标准等，图 4-15 为 Webkit 源码中的 NetworkProcess 目录下的子目录结构，感兴趣的话建议看一下 Webkit 源码。

4.6.2 WebContent 进程

WebContent 进程主要负责页面资源的管理，包含前进后退历史，pageCache，页面资源的解析、渲染。并将该进程中的各类事件通过代理方式通知给 UIProcess。图 4-16 为 Webkit 源码中的 WebProcess 目录下的子目录结构。

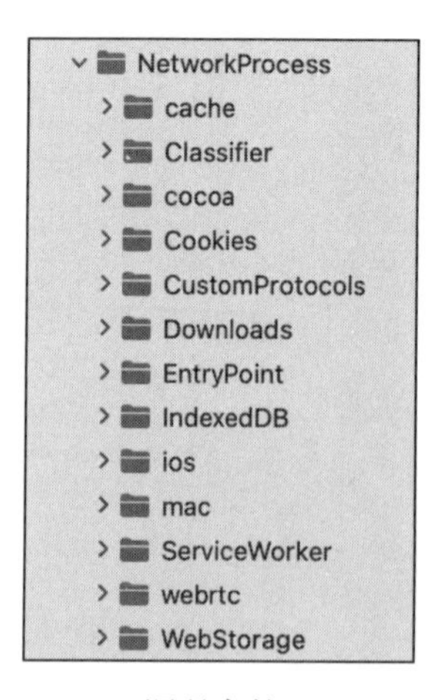

图 4-15 Webkit 源码中的 NetworkProcess 目录下的子目录结构

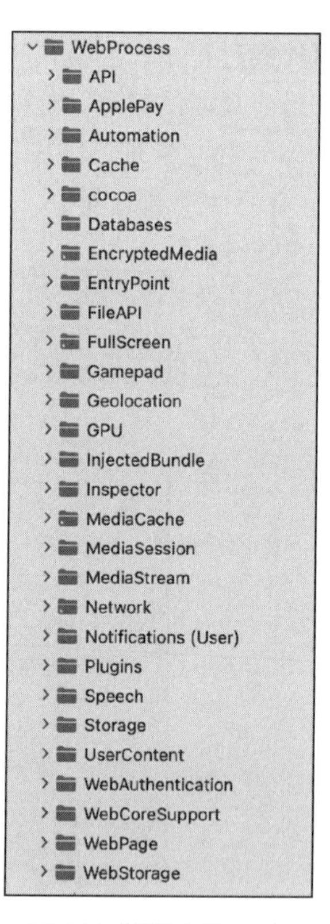

图 4-16 Webkit 源码中的 WebProcess 目录下的子目录结构

4.6.3　UI 进程简介

UI 进程主要负责与 WebContent 进行交互，与 App 在同一进程中，可以进行 WebView 的功能配置，接收来自 WebContent 进程的各类消息，并配合业务代码执行任务的决策，例如是否发起请求，是否接受响应等。图 4-17 为 Webkit 源码中的 UIProcess 目录下的子目录结构。

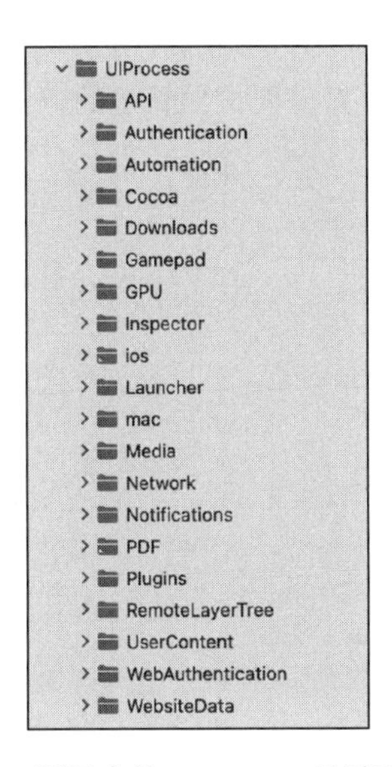

图 4-17　Webkit 源码中的 UIProcess 目录下的子目录结构

4.7　并行化实现的 3 个条件

在实际的开发过程中，由于业务场景和处理事件的方式不同，执行的任务也有所不同。并不是所有任务都适合使用并行化的方式来执行。只有当任务符合下面 3 个条件时，并行执行带来的收益才会明显。否则，拆分任务进行并行化执行可能会增加代码的复杂度，提高维护成本，且带来的收益不易被感知。

- **可多任务并行**。并行化的思想不是将一个计算量较大的任务交给一个线程执行，而是将其设计成更符合当前 CPU/GPU 架构的形态，并由多个任务并行处理，以实现整体效率最高、任务处理时间最短。在单核的 CPU/GPU 架构中使用多任务方式执行，虽然整体效率提升不大，但可以降低长时间执行任务导致的卡顿问题。现在移动设备中的 CPU/GPU 大多采用多核架构，因此如何提高多核 CPU/GPU 的执行效率也是架构设计需要重点考虑的。
- **可独立运行**。可独立运行指的是，需要并行执行的任务应该是相对独立的，它们在执行时不需要依赖其他任务。一旦明确任务的参数，它们就可以独立地完成，无须等待其他任务完成。这样做的好处是可以减少任务执行过程中的相互等待和线程切换所带来的时间开销。在实际的研发过程中，大多数任务都可以被拆分成一个个可独立执行的子任务。

- **可有序执行**。当多个任务同时执行时，它们的执行时间和完成时间可能会受到操作系统调度的影响，因此存在不确定性。为了避免因任务间相互等待导致死锁的情况发生，需要提前设计好执行顺序，确保子任务间没有依赖关系。如果无法实现无依赖的多个任务并行执行，那就需要按照特定的顺序执行。

第 5 章 Chapter 5

设计可扩展网页能力的搜索客户端架构

搜索业务的典型特征是搜索结果页和落地页主要以网页形式呈现，而网页的展现依赖于浏览内核。在搜索客户端中，网页浏览主要使用系统提供的原生浏览内核 API，同时也基于该内核进行搜索全流程能力的建设和扩展。对于搜索客户端而言，浏览内核的使用相当于一个黑盒，我们需要了解其基本功能，并根据业务需求进行差异化定制。

本章结合搜索客户端的业务场景，介绍网页内容的加载、展现和交互等，同时介绍在搜索客户端需要建立哪些基础通路来支持搜索业务的定制化，如何低耦合、可复用地对网页功能进行扩展。

5.1 搜索客户端实现网页能力扩展的意义

在 2011 年初，我在负责百度搜索 App（iOS 版）初版的构建时，客户端中搜索结果页和落地页均是网页格式，十多年过去了，现在搜索结果页和落地页中大部分的页面还是网页格式，也依然有用户还在浏览器中使用搜索服务，搜索引擎一直以网页的格式为用户提供服务，支持自有的搜索客户端和浏览器（含第三方）的访问。

在搜索客户端中，结果页和落地页的浏览依赖于浏览内核。在技术实现上，可使用系统提供的浏览内核，也可以使用自研的浏览内核。系统提供的浏览内核在不同平台中 API 会有不同，在 iOS 平台中，系统提供了 UIWebView 及 WKWebView 供研发人员使用，在

Android 平台中，系统提供了 WebView 供研发人员使用。

浏览内核作为基础模块，仅提供网页浏览相关的能力，不能独立为用户提供服务。搜索客户端中的功能根据需求对浏览内容进行扩展定制，如前进与后退的控制、进度条显示、网页的标题显示、广告过滤、智能预加载等。这些功能不在浏览内核的能力范围内，需要在客户端中扩展实现。

5.1.1 基本概念及互通模型

在开始正式讲解之前，先对几个相关的概念及其关系进行介绍，明白了这些概念和关系可以更好地理解本章内容。

- **网页**：搜索结果页、落地页的主要格式。在一些 App 中搜索业务的结果页和落地页也可能是非网页格式的，本章重点说明网页结果页和落地页的能力扩展。
- **NA 功能**：指通过系统提供的原生 API 实现的功能，在操作系统提供的能力之上，App 中的能力主要以 NA 方式实现（不包含网页部分）。
- **网页功能**：指网页相关编程语言实现的能力，网页功能可以实现的能力是基于浏览内核的能力，**而 NA 功能可以实现的能力则是操作系统提供的 API 能力**。
- **浏览内核**：提供网页的浏览能力，在原生系统中均有 API 支持在 App 中嵌入浏览内核以支持网页浏览。
- **NA 与网页互通**：指在 App 中通过浏览内核打开的网页，NA 功能的能力和网页功能的能力是互通的，可以相互调用。

在搜索 App 中 NA 功能与网页功能互通的模型如图 5-1 所示。NA 功能与网页功能互通，并扩展网页功能的能力，主要借助浏览内核提供的 API 接口、事件通知及基本运行机制实现。

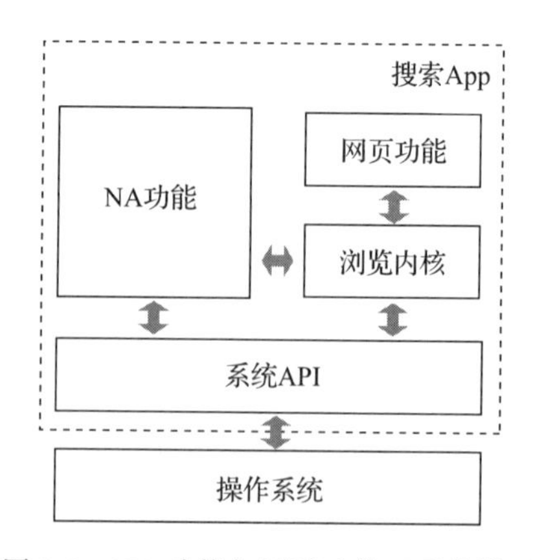

图 5-1　NA 功能与网页功能互通的模型

5.1.2　搜索客户端支持网页扩展及互通的价值

搜索客户端支持网页的扩展，相当于是把网页的能力扩展为 NA 的能力，这种能力扩展决定了搜索客户端与其他浏览器的差异，也决定了与其他搜索产品客户端之间的差异。在搜索客户端中支持网页能力的扩展是一个必然的选择，主要原因有 4 个。

- 网页是搜索引擎依赖的基本数据格式，这在今后的一段时间内依然不会改变，除非整个生态中有新技术改变了现有搜索引擎的服务方式。否则，在互联网搜索引擎中所检索的内容依然以网页格式为主。
- 浏览器是搜索的核心渠道，浏览器产品一般都会跟随系统进行预置，iOS 和 Android 系统中均有预置的浏览器产品，不同的厂商也会在手机出厂时预置各自的浏览器产品。基本上所有设备中预置的浏览器都会与搜索引擎合作。用户打开浏览器，在地址栏中输入关键字，直接就可以搜索，搜索结果主要还是网页的格式。
- 浏览内核的能力比较有限，只能提供网页的基本浏览功能，而对于与浏览控制相关的交互、网址或关键字输入、浏览历史记录及收藏等功能，需要在搜索客户端中进行定制实现。
- 差异化定制是搜索客户端的核心价值，在没有搜索客户端产品以前，用户在浏览器中使用搜索服务，有了搜索客户端产品后，搜索客户端与搜索服务端可以协同定制一些在浏览器中无法实现的功能。浏览内核提供的功能是所有浏览器功能的最小集，差异化的能力需要在客户端通过扩展网页功能及与网页互通来实现。

5.2　使用基础 API 支持网页浏览

在 iOS 及 Android 系统中，系统内置的浏览内核均是在 Webkit 源码的基础之上构建及演化的，并提供了相关 API 支持 App 实现网页浏览的能力，这两个系统中的 API 提供的能力及使用流程比较相似。本节以 iOS 系统的 API——WKWebView 为例，介绍结果页和落地页的浏览过程、浏览内核提供的能力和 NA 功能的调用及扩展。

5.2.1　请求加载新页面

当用户输入关键字后确认搜索，客户端需要加载携带搜索关键字的 URL，先对 URL 进行拼装（携带搜索关键字），再基于这个 URL 构建网络请求，调用浏览内核的页面加载接口进行结果页的加载。

浏览内核提供了多种加载网页的能力，比如，通过 loadRequest 指定 URL 加载网页，通过 loadFileURL 指定一个文件加载网页，通过 loadHTMLString 指定一段 HTML 代码加载网页，或者通过 loadData 指定一个 Data 数据加载网页，这些能力适用于不同的场景。WKWebView 的网页加载的相关接口的定义如代码清单 5-1 所示。

代码清单 5-1 WKWebView 的网页加载相关接口定义

```
/*! @abstract Navigates to a requested URL.
    @param request The request specifying the URL to which to navigate.
    @result A new navigation for the given request.
    */
- (nullable WKNavigation *)loadRequest:(NSURLRequest *)request;

/*! @abstract Navigates to the requested file URL on the filesystem.
    @param URL The file URL to which to navigate.
    @param readAccessURL The URL to allow read access to.
    @discussion If readAccessURL references a single file, only that file
    may be loaded by WebKit.
    If readAccessURL references a directory, files inside that file may be loaded
    by WebKit.
    @result A new navigation for the given file URL.
    */
- (nullable WKNavigation *)loadFileURL:(NSURL *)URL allowingReadAccessToURL:(NSURL
    *)readAccessURL API_AVAILABLE(macos(10.11), ios(9.0));

/*! @abstract Sets the webpage contents and base URL.
    @param string The string to use as the contents of the webpage.
    @param baseURL A URL that is used to resolve relative URLs within the document.
    @result A new navigation.
    */
- (nullable WKNavigation *)loadHTMLString:(NSString *)string baseURL:(nullable
    NSURL *)baseURL;

/*! @abstract Sets the webpage contents and base URL.
    @param data The data to use as the contents of the webpage.
    @param MIMEType The MIME type of the data.
    @param characterEncodingName The data’s character encoding name.
    @param baseURL A URL that is used to resolve relative URLs within the document.
    @result A new navigation.
    */
- (nullable WKNavigation *)loadData:(NSData *)data MIMEType:(NSString *)MIMEType
    characterEncodingName:(NSString *)characterEncodingName baseURL:(NSURL *)
    baseURL API_AVAILABLE(macos(10.11), ios(9.0));
```

如果加载页面的过程需要依赖服务端，那这时需要提前对当前的网络状态进行判断，如果网络不可用，可以提前提示用户，网络状态的判断由客户端实现。

搜索结果页的加载，需要服务端的支持，使用 loadRequest 指定 URL 加载网页，不同关键字加载的网址有所不同，这里主要是因为 URL 中的关键字参数发生了变化。关于网页加载的参数拼装，需要单独的模块实现，以支持在不同的场景下调用，与服务端的通信参数也需要统一管理。

5.2.2　同步网页加载状态

浏览内核加载新页面的过程是多任务并行的，加载状态通过 WKNavigationDelegate 协议接口（类似于回调函数）约定并向 NA 功能发出通知。在 NA 功能代码中实现 WKNavigationDelegate 提供的接口，该接口可以接收当前页面加载的状态。结合文档及使用经验，本节重点介绍几个常用接口的含义及如何在 NA 功能中响应这些接口的通知。

1. 将要加载一个新的请求

代码清单 5-2 为 WKWebView 在加载一个新的请求时的通知接口，在 NA 功能的代码中实现该接口，并决定是否允许加载当前请求。比如，如果当前加载的请求是一个自定义的 Scheme，则可以告知 WebView 取消本次加载。

- **允许加载当前请求**：使用 decisionHandler（WKNavigationActionPolicyAllow）。
- **取消加载当前请求**：使用 decisionHandler（WKNavigationActionPolicyCancel）。

代码清单 5-2　WKWebView 在加载一个新请求时的通知接口

```
/*! @abstract Decides whether to allow or cancel a navigation.
    @param webView The web view invoking the delegate method.
    @param navigationAction Descriptive information about the action
    triggering the navigation request.
    @param decisionHandler The decision handler to call to allow or cancel the
    navigation. The argument is one of the constants of the enumerated type WKNavigationActionPolicy.
    @discussion If you do not implement this method, the web view will load the
    request or, if appropriate, forward it to another application.
    */
- (void)webView:(WKWebView *)webView decidePolicyForNavigationAction:
    (WKNavigationAction *)navigationAction decisionHandler:(void (^)
    (WKNavigationActionPolicy))decisionHandler WK_SWIFT_ASYNC(3);
```

2. 开始加载 main frame

代码清单 5-3 为 WKWebView 在开始加载页面 main frame 时的通知接口，在 NA 功能收到该接口的调用时，webView 开始加载 main frame。

代码清单 5-3　WKWebView 在开始加载页面 main frame 时的通知接口

```
/*! @abstract Invoked when a main frame navigation starts.
    @param webView The web view invoking the delegate method.
    @param navigation The navigation.
    */
- (void)webView:(WKWebView *)webView didStartProvisionalNavigation:(null_
    unspecified WKNavigation *)navigation;
```

3. 主文档请求服务端已经有响应

代码清单 5-4 为 WKWebView 在主文档请求服务端有响应时的通知接口，在这个阶段，主文档请求服务端已经有响应，Header 信息、MIME 信息等都可以获取。可以在 NA 功能的代码中实现该接口，也可以决定是否允许加载当前请求。

- **允许加载当前请求**：使用 decisionHandler（WKNavigationActionPolicyAllow）。
- **取消加载当前请求**：使用 decisionHandler（WKNavigationActionPolicyCancel）。

代码清单 5-4　WKWebView 在主文档请求服务端有响应时的通知接口

```
/*! @abstract Decides whether to allow or cancel a navigation after its
    response is known.
    @param webView The web view invoking the delegate method.
    @param navigationResponse Descriptive information about the navigation
    response.
    @param decisionHandler The decision handler to call to allow or cancel the
     navigation. The argument is one of the constants of the enumerated type
    WKNavigationResponsePolicy.
    @discussion If you do not implement this method, the web view will allow the
    response, if the web view can show it.
 */
- (void)webView:(WKWebView *)webView decidePolicyForNavigationResponse:(
    WKNavigationResponse *)navigationResponse decisionHandler:(void (^)
    (WKNavigationResponsePolicy))decisionHandler WK_SWIFT_ASYNC(3);
```

4. 加载 main frame 数据时发生错误

代码清单 5-5 为 WKWebView 在加载 main frame 数据发生错误时的通知接口。若 NA 功能收到该接口的调用，则说明在加载 main frame 数据时发生错误，系统会通过 error 参数描述错误信息。在 NA 功能中可以使用具体的信息为用户进行提示，或者对错误进行处理。

代码清单 5-5　WKWebView 在加载 main frame 数据发生错误时的通知接口

```
/*! @abstract Invoked when an error occurs while starting to load data for
    the main frame.
    @param webView The web view invoking the delegate method.
    @param navigation The navigation.
    @param error The error that occurred.
    */
- (void)webView:(WKWebView *)webView didFailProvisionalNavigation:(null_
    unspecified WKNavigation *)navigation withError:(NSError *)error;
```

5. main frame 的内容开始到达

代码清单 5-6 为 WKWebView 加载 main frame 且内容开始到达时的通知接口，这时相当于 main frame 内容正式开始加载，开始解析及渲染主文档。

代码清单 5-6　WKWebView 在 main frame 内容开始到达时的通知接口

```
/*! @abstract Invoked when content starts arriving for the main frame.
    @param webView The web view invoking the delegate method.
    @param navigation The navigation.
    */
- (void)webView:(WKWebView *)webView didCommitNavigation:(null_unspecified
    WKNavigation *)navigation;
```

6. main frame 加载完成

代码清单 5-7 为 WKWebView 在 main frame 加载完成时的通知接口，这时 main frame 已经加载完成。

代码清单 5-7　WKWebView 在 main frame 加载完成时的通知接口

```
/*! @abstract Invoked when a main frame navigation completes.
    @param webView The web view invoking the delegate method.
    @param navigation The navigation.
    */
- (void)webView:(WKWebView *)webView didFinishNavigation:(null_unspecified
    WKNavigation *)navigation;
```

7. 处理接收到的内容时出错

代码清单 5-8 为 WKWebView 在处理接收到的 main frame 内容时出错的通知接口，在 NA 功能收到该接口的调用时，说明已经开始接收 main frame 数据，并在接收或处理数据时发生错误，系统会通过 error 参数描述错误信息。在 NA 功能中可以使用具体的信息为用户进行提示，或者进一步处理错误信息。

代码清单 5-8　WKWebView 在处理接收到的 main frame 内容时出错的通知接口

```
/*! @abstract Invoked when an error occurs during a committed main frame
    navigation.
    @param webView The web view invoking the delegate method.
    @param navigation The navigation.
    @param error The error that occurred.
    */
- (void)webView:(WKWebView *)webView didFailNavigation:(null_unspecified
    WKNavigation *)navigation withError:(NSError *)error;
```

8. WebContent 进程产生异常终止：

代码清单 5-9 为 WebContent 进程在异常终止时的通知接口，4.6.1 节中介绍了 Webkit 源码运行时会有多个进程，WebContent 是其中之一，负责页面的资源管理、解析及渲染等工作。当 WebContent 进程异常终止时，说明当前页面在加载时出现了异常，需要在 NA 功能中处理。

代码清单 5-9　WebContent 进程在异常终止时的通知接口

```
/*! @abstract Invoked when the web view's web content process is terminated.
    @param webView The web view whose underlying web content process was terminated.
    */
- (void)webViewWebContentProcessDidTerminate:(WKWebView *)webView API_
    AVAILABLE(macos(10.11), ios(9.0));
```

9. 加载过程通知流程及常用的成员属性

典型的页面加载过程的接口通知流程如图 5-2 所示。

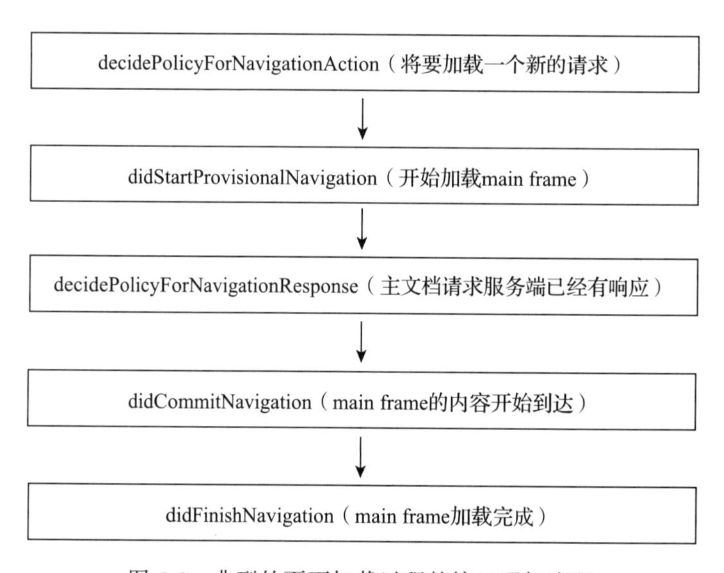

图 5-2　典型的页面加载过程的接口通知流程

除了这些通知接口，在客户端中，还可以通过 KVO 的方式监听成员属性的变化。可以基于这些事件及状态的变更，实现自有业务逻辑处理。下面为常用的 6 个成员属性的定义及介绍。

- title：页面的标题。
- URL：页面的 URL。

- estimatedProgress：进度指示，区间为 0～1，浮点类型。
- loading：当前页面是否为加载态。
- canGoBack：是否可以返回到当前页面的前一个页面。
- canGoForward：是否可以前进到当前页面的下一个页面。

5.2.3　管理网页加载状态

在加载一个新页面时，如果当前页面正在加载中，需要停止当前页面的加载，这时可以使用浏览内核提供的对应接口。代码清单 5-10 是 WKWebView 提供的停止页面加载接口。

代码清单 5-10　WKWebView 提供的停止页面加载接口

```
/*! @abstract Stops loading all resources on the current page.
 */
- (void)stopLoading;
```

页面在加载过程中，也会出现异常的情况，通常在搜索客户端中会提供刷新按钮，用户单击按钮即可重新加载当前页面，WKWebView 浏览内核提供了两种刷新方法，对应不同的缓存策略，接口定义及说明如代码清单 5-11 所示。

代码清单 5-11　WKWebView 提供的重新加载页面接口

```
/*! @abstract Reloads the current page.
    @result A new navigation representing the reload.
    */
- (nullable WKNavigation *)reload;

/*! @abstract Reloads the current page, performing end-to-end revalidation
    using cache-validating conditionals if possible.
    @result A new navigation representing the reload.
    */
- (nullable WKNavigation *)reloadFromOrigin;
```

- - (nullable WKNavigation *)reload：重新加载当前的页面。
- - (nullable WKNavigation *)reloadFromOrigin：重新加载当前的页面。由 Webkit 源码 FrameLoader:: updateRequestAndAddExtraFields (...) 可知，reloadFromOrigin 在重新页面加载时会把 HTTP Header 中的 Cache-Control 和 Pragma 字段设置为 no-cache，而 reload 仅会设置导致 max-age = 0 的 Cache-Control 头字段。代码清单 5-12 为在 Webkit 中对加载类型是 Reload 及 ReloadFromOrigin 时处理的代码片段。

代码清单 5-12　Webkit 中对加载类型处理的代码片段

```
if (loadType == FrameLoadType::Reload)
    request.setHTTPHeaderField(HTTPHeaderName::CacheControl, HTTPHeader-
        Values::maxAge0());
        else if (loadType == FrameLoadType::ReloadFromOrigin) {
        request.setHTTPHeaderField(HTTPHeaderName::CacheControl, HTTPHeader-
            Values::noCache());
        request.setHTTPHeaderField(HTTPHeaderName::Pragma, HTTPHeader-
            Values::noCache());
    }
```

5.2.4　切换页面浏览历史

在用户搜索浏览过程中，WKWebView 会被添加到搜索 App 的视图栈中，以支持网页的内容呈现及交互。用户在浏览网页时产生的历史由浏览内核记录，但页面历史管理的操作入口需要在客户端内实现，这样可以更好地支持用户操作及调用浏览内核历史操作的 API，实现页面切换的能力。代码清单 5-13 是 WKWebView 提供的页面历史切换管理的 API。

代码清单 5-13　WKWebView 提供的页面历史切换管理的 API

```
/*! @abstract Navigates to the back item in the back-forward list.
    @result A new navigation to the requested item, or nil if there is no back
    item in the back-forward list.
    */
- (nullable WKNavigation *)goBack;

/*! @abstract Navigates to the forward item in the back-forward list.
    @result A new navigation to the requested item, or nil if there is no
    forward item in the back-forward list.
    */
- (nullable WKNavigation *)goForward;
```

用户在搜索及浏览过程中会产生浏览历史，需要在搜索客户端中提供控制浏览历史的能力，可以调用相关的 API 实现对浏览历史的控制。相关的 API 提供的能力如下。

- - (nullable WKNavigation *)goBack：实现返回到当前页面的前一个页面。
- - (nullable WKNavigation *)goForward：实现前进到当前页面的下一个页面。

有上述这些能力，在客户端内实现对应的交互入口，然后调用对应的 API 即可由浏览内核完成网页历史的切换。通常在客户端实现的交互入口，需根据当前的历史状态确定是否可交互，比如 goBack 的按钮是否可交互需根据 canGoBack 的属性值确定，当页面可以返回时，goBack 的按钮才可以交互，否则即使单击了 goBack 按钮，当前也没有历史可以返回，即无法响应。

5.2.5　响应页面浏览滑动事件

在搜索客户端中打开的搜索结果页或落地页，通常都是为移动设备适配的网页，页面布局按屏幕的宽度进行适配。大部分页面的内容在渲染后展现的区域高度超过了屏幕的区域高度，如图 5-3 所示，用户可以通过上下滑动的方式查看页面不同区域的内容，页面滚动的交互及逻辑的计算由浏览内核实现。

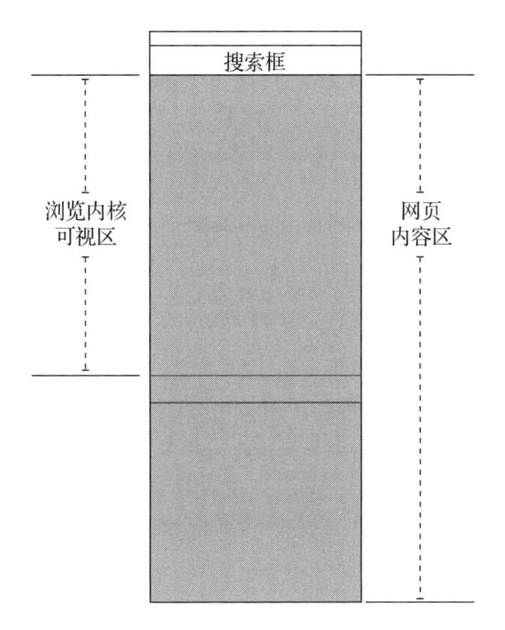

图 5-3　浏览内核可视区与网页内容区的关系

在客户端中，用户在滑动网页时，NA 视图与网页可产生联动的效果，比如为了向用户提供更多的区域以展现网页内容，向上滑动页面时隐藏搜索框；在同一层视图中有 NA 视图（非搜索框，如 1.1.2 节中提到的 Ding 和 1.1.4 节中提到的结果 NA 化）和浏览内核的视图，上下滑动时相互影响，可支持场景切换；下拉刷新当前页面（页面滚动到顶时，手势再向下滑动时触发刷新当前页面）。这些功能均依赖浏览内核的页面滚动事件来实现。

代码清单 5-14 是 WKWebView 的 API 中提供的关联 Web 视图的成员变量，即一个滚动视图类 UIScrollView，可以直接使用。

代码清单 5-14　WKWebView 中 UIScrollView 成员变量的定义

```
/*! @abstract The scroll view associated with the web view.
 */
@property (nonatomic, readonly, strong) UIScrollView *scrollView;
```

UIScrollView 类提供了两个成员变量，基于 KVO 的方式可以监听内容区的变化。

- @property(nonatomic) CGPoint contentOffset：内容视图的原点与滚动视图的原点之间的偏移点，主要是 *Y* 轴的变化。当该值产生变化，说明用户有滑动页面的行为，NA 功能根据业务需要进行相关视图的坐标计算或状态切换。
- @property(nonatomic) CGSize contentSize：内容视图的大小，当该值产生变化，说明页面的大小产生了变化，与页面加载过程和布局方式有关，异步加载的资源也会对其产生影响。知道了 contentSize，就能知道页面的滑动是否已经到底部。如果需要实现无限加载（内容快看完了再加载新内容），可以结合 contentOffset 及 contentSize 一起进行逻辑的计算，或者两个同层的视图进行切换，一个视图在浏览内核底部时，用户上滑的操作可以切换到另一个视图。

5.2.6 定制手势响应快捷指令

第一代 iPhone 中使用的 Multi Touch（多点触摸）技术，可以比传统触屏设备识别更多的手势，比如放大、缩小、抓取、旋转、多手指点击等，现在多点触摸和手势已经成为智能移动设备上交互的标配。在移动设备中，屏幕就是信息输出的主要设备，同时也是信息输入（软键盘 / 按钮）的主要设备。故在 App 中设定功能入口（如按钮）时需要进行权衡，对于高频使用的功能，应为用户提供更便捷的操作入口，同时也要避免对用户浏览内容时产生过多干扰。一个功能在页面场景中操作一次就可以进入，和需要多次操作才可以进入，使用成本有一定的区别。如果在页面场景中提供过多的可直接交互的入口，必然会占用屏幕可视区域，从而影响用户的浏览体验。

手势操作恰好具备无需交互入口且进行一次操作即可触发指令的能力。在特定场景下，通过手势执行具体指令，这种操作更加直接。但在设计指令时，需要符合用户习惯，并处理好手势间的冲突。

用户习惯的一些操作方式，如长按及滑动手势，可以结合页面状态进行页面级快捷实现：左右滑动手势可用于控制浏览历史，实现页面的切换；捏合手势可用于放大或缩小页面；长按链接可进入多窗口；长按图片可弹出图片处理菜单；长按文字可选取一段文字进行搜索。这些手势及关联的功能都可以定制，并可以在 NA 功能中实现，从而对当前浏览的页面进行交互扩展。

手势操作是系统提供的基础能力，NA 功能及网页功能中都可以使用，在使用手势操作时，NA 功能中的手势应该与浏览内核中的手势进行整合，避免相同手势产生冲突。

5.2.7 关联规则过滤网页内容

WKWebView 在 iOS 11（2017 年）版本开始支持内容过滤的能力，包括不加载指定资源，或加载过程中让某类内容不可见等，图 5-4 所示为内容过滤的工作原理。

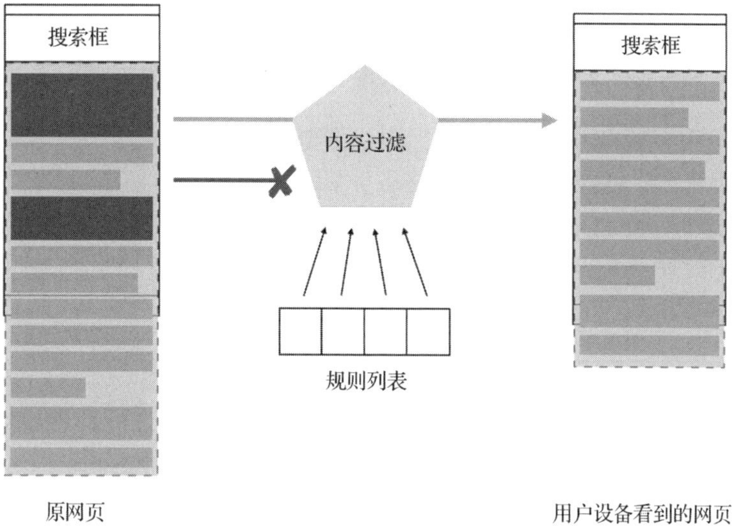

图 5-4　内容过滤的工作原理

如用系统浏览内核实现内容过滤，可以通过设定 WKContentRuleList 规则的 JSON 数据，WKWebView 基于该数据在页面加载的过程中对内容的加载及展现进行干预。

与内容过滤相似的能力是广告过滤能力。对于广告过滤能力，业界比较有影响力的开源解决方案就是 Adblock Plus，其技术实现也是使用过滤列表屏蔽页面中的内容元素，感兴趣的读者可以自行研究其具体实现。

5.3　定义数据通路标准扩展网页能力

本节的内容与数据通路能力的构建相关，是 NA 功能与网页功能互通的基础，覆盖了 Custom URL scheme、JS、网络、Cookie 这 4 个层级的互通。

5.3.1　关联 Custom URL scheme 实现 URL 调用

在正式开始本节介绍之前，先介绍一下 URL scheme 和 Custom URL scheme 是什么。URL scheme 是 URL 的协议字段部分，比如 URL http://www.example.com，其中 http 就是 URL scheme。Custom URL scheme 是 App 绑定的 URL scheme，是能让其他 App 来访问你的 App 的一个比较特殊的 URL scheme（比如 searcharc://www.example.com），通过 Custom URL scheme 关联 App，可实现 App 响应其他的 App 的调起及参数接收。

在App的内部，当浏览内核加载一个页面时，会发起**加载一个新请求**的事件，NA功能接收到事件后，先对将要发起的URL进行分析，确定是否将本次的页面加载请求交给浏览内核执行，一旦本次需要加载的URL是客户端需要处理的URL类型，则通知浏览内核停止本次加载，并将本次页面加载的URL交给客户端，由NA的代码来实现。

比如在网页中有拨打电话的链接，当用户点击网页中的链接后，在NA侧收到了事件的通知，在该方法内对将要打开的URL进行分析。先分析URL的scheme是否为tel协议，然后调用[[UIApplication sharedApplication] openURL...]（Android系统也有对应的机制）方法将这个协议的处理交给系统来分发，示例代码如代码清单5-15所示。

代码清单5-15 在App内部分析tel协议并交给系统来分发

```
- (void)webView:(WKWebView *)webView decidePolicyForNavigationAction
   :(WKNavigationAction *)navigationAction decisionHandler:(void (^)
   (WKNavigationActionPolicy))decisionHandler {
    NSURL *URL = navigationAction.request.URL;
    NSString *scheme = [URL scheme];
    if ([[scheme lowercaseString] isEqualToString:@"tel"]) {
        if ([[UIApplication sharedApplication] canOpenURL:URL]) {
            [[UIApplication sharedApplication] openURL:URL options:@{}
                completionHandler:nil];
            decisionHandler(WKNavigationActionPolicyCancel);
            return;
        }
    }
    decisionHandler(WKNavigationActionPolicyAllow);
}
```

tel协议的URL包含的URL scheme是一个标准的URL scheme，在移动设备系统中tel、sms、mailto等协议均在系统中有默认的App支持，使用[[UIApplication sharedApplication] openURL...]可以打开该URL关联的App。如果URL由另一个App处理，系统会启动该App并将URL传递给它，已经在后台的App会把这个App带到前台。

iOS及Android系统对Custom URL scheme均有支持，在官方文档中有明确的Custom URL scheme的实现标准及处理流程。搜索App需要遵循系统提供的标准实现Custom URL scheme，关联自定义格式的URL，可以被其他的App调起，并执行对应的指令。

在搜索App中，如网页中打开的URL包含搜索App定制的URL scheme，那这时会在App中按照功能的定义完成能力扩展。

同样，搜索App也会存在被其他的App调用的情况，比如在系统浏览器中打开的URL与搜索App所定制的Custom URL scheme相同，操作系统会先把搜索App打开，再把URL传给搜索App，在其中解析URL并执行对应的动作。

总的来说，URL scheme 调用的处理，主要分为以下 2 种情况。

1）在搜索 App 中对用户浏览网页时打开的 URL 进行处理，主要可以分为 3 种。

- **URL scheme 是 App 定制的 Custom URL scheme**。解析 URL 并在搜索 App 内执行对应的动作。
- **URL scheme 是标准的 URL scheme**。比如 HTTP/HTTPS，则交给浏览内核处理，一些特定标准的 URL scheme，如 sms、tel、mailto，不在搜索 App 中处理的，调用系统的分发机制，打开关联该 URL 的 App 并在这些 App 中执行关联的动作。
- **URL scheme 是其他的 URL scheme**。调用系统的分发机制，打开关联该 URL 的 App 并在这些 App 中执行关联的动作。

2）搜索 App 被其他 App 通过 Custom URL scheme 调用，这时搜索 App 也被操作系统调用，之后按照 Custom URL scheme 的标准接收和解析 URL，并在 App 内执行对应的动作。

可以看出，不论是在搜索 App 内打开的 URL，还是在其他 App 中打开的 URL，只要这个 URL 的 scheme 是搜索 App 关联的 Custom URL scheme，代码逻辑在搜索 App 中都是一样的，只是调用来源略有不同，不同来源调用的 URL 可以整合到一个模块中处理。

Custom URL scheme 的处理及分发能力应该由一个独立的模块实现，该模块专门支持搜索 App 被外部调用和在 App 内部打开 URL。调用 Custom URL scheme 分发模块主要有两个线条，如图 5-5 所示。

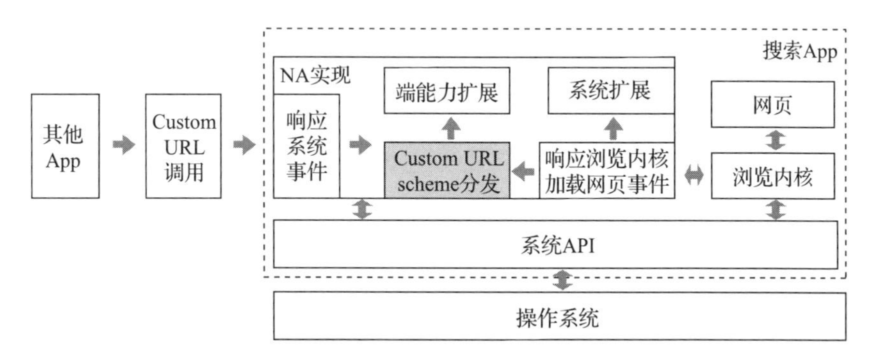

图 5-5　客户端响应内部 / 外部的 URL 调用

第一个线条为其他 App 的线条，比如在 App 中自定义了一个 URL scheme，scheme 为 searcharc，在系统的浏览器中输入 searcharc:// 就可以直接调用这个 App。如需要在打开 App 时携带一些信息，可以在 searcharc:// 后面增加参数，比如需要在调用 App 时打开 App 中的图像搜索 NA 功能，配置的 URL scheme 格式为 searcharc://imagesearch?caller=666；

App 被调用后会收到通知，还会接收到调用 App 的完整 URL，此时先提取 URL scheme，之后根据约定解析 path，当 path 为 imagesearch 时，就执行打开图像搜索 NA 功能对应的代码。

第二个线条是使用 App 中浏览内核的事件线条。在 App 中打开的网页中调用客户端内其他功能，也是基于这个线条来处理，这样就可以做到 App 的功能在客户端外调用和客户端内调用的统一实现及复用。比如在 App 内通过浏览内核加载网页，网页中包含了一个客户端调用图像搜索 NA 功能的实现，配置的 URL 为 searcharc://imagesearch?caller=888，当这个 URL 被触发，客户端收到来自浏览内核的**加载新页面的事件**，并得到 URL 值。在客户端中先确定该 URL 的 URL scheme 是否为自有 App 的 Custom URL scheme，之后解析 path 参数，如果 path 为 imagesearch，则打开图像搜索 NA 功能。在这个 URL 中携带的 caller 参数表示调用的来源，在实际的应用中参数会有很多个。

随着 App 功能的增加，NA 功能支持网页扩展的能力也会增加。URL 的设计不仅会影响前端网页的设计，还会影响 Custom URL scheme 分发模块的设计，需要考虑该模块的扩展性及可维护性。原则上每个 NA 功能与 path 是一对一的关系，NA 功能的基础参数的命名和定义应该在客户端中保持统一。图 5-6 为 Custom URL 基本格式说明。

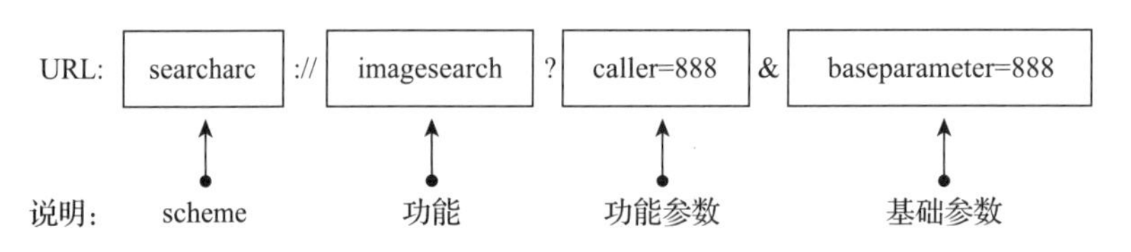

图 5-6　Custom URL 基本格式说明

5.3.2　通过 JS 实现 NA 功能与网页对话

在搜索客户端中，如果 NA 功能需要与当前浏览的网页进行通信，常用的方法就是使用 JS(JavaScript) 或调用系统原生 API。NA 功能通过 JS 与页面通信主要使用以下 3 种通路。

1）**注入 JS 通路**。NA 功能在页面文档开始加载或加载完成时注入 JS，注入的 JS 为网页提供基础能力，如监听页面的事件、获取页面的状态等。

2）**实时执行 JS 通路**。NA 功能使用浏览内核提供的执行 JS 的接口（如 evaluateJavaScript），实时通过 JS 获取或更新网页信息。与注入 JS 的主要区别在于，注入 JS 通常作为页面的基础能力，而实时执行的 JS 主要由用户的交互或其他特定的事件触发，JS 内容通常与当前网页状态 / 业务状态有关。

3）**JS 消息分发通路**。网页中的消息分发至 NA 功能，具体实现如下。

①NA 功能在浏览内核初始化时添加一个名为“name”的脚本消息。

②在 NA 功能的代码中实现用于接收脚本消息的回调函数（WKScriptMessageHandler）。

③在网页的 JS 中通过消息分发方法（messageHandlers）发送消息。

④当消息被发送时，NA 功能的回调函数会收到事件及 messageBody，在 NA 功能中对 messageBody 进行解析及执行。

messageBody 中可以包含 URL 数据，故 Custom URL scheme 的分发机制也可以使用这个通路。如图 5-7 所示为 JS 消息分发与 Custom URL scheme 分发融合。

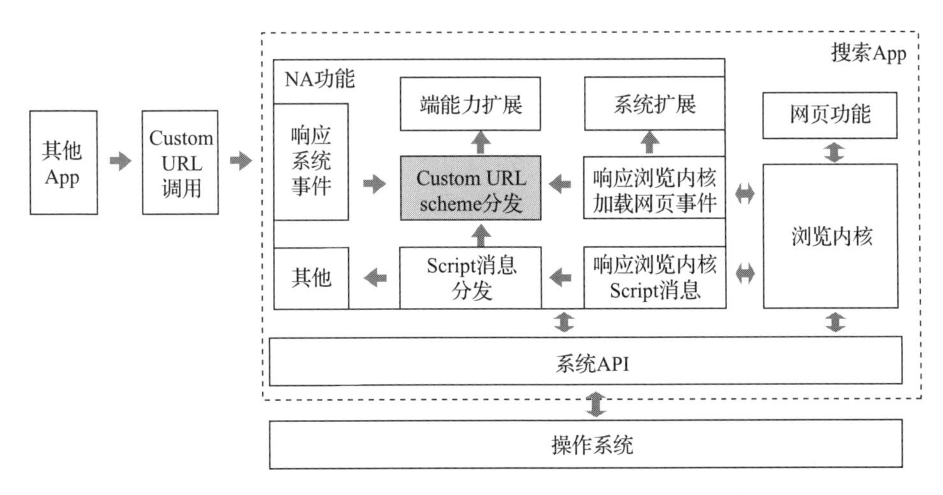

图 5-7　JS 消息分发与 Custom URL scheme 分发融合

JS 通路是基于浏览内核提供的 API 建立的，可以覆盖从网页加载到用户触发具体事件的整个过程。JS 通路包括 NA 功能调用 JS 与网页通信和网页通过 JS 与 NA 功能通信，是可双向通信的数据通路。在大多数业务场景中，可以使用 JS 通路实现 NA 功能与网页功能之间的互通。

由于系统原生浏览内核 API 提供的功能有限，因此使用 JS 通路具有更好的灵活性和扩展性。与浏览内核提供的其他与网页通信的 API 相比，JS 对跨平台的兼容性更好，还可以通过云控机制支持在线功能的更新。关于架构的设计及实现，JS 通路的能力重点在于：JS 能力生效范围是可控的，JS 通路是安全可靠的，JS 内容是防窃取和防篡改的，JS 执行性能是高效的，JS 的执行性在极端情况下是稳定的。

5.3.3　接管网络请求实现数据互通

在搜索 App 中，网络请求的产生可以分为两类：一类由浏览内核发起，另一类由 NA 功能发起。这些请求通常使用 HTTP/HTTPS 通信协议。接管浏览内核发出的网络请求有一个优势，即可以使用同一套网络模块来服务浏览内核和 NA 功能发起的网络请求，这样可以在 App 内对所有网络请求进行统一管理，并且复用网络通信产生的资源。

以下两个例子说明使用接管浏览内核网络技术可使一些功能的技术方案变得可行。

- **资源缓存复用**。在浏览器或搜索 App 中，通常提供长按网页中的图片弹出提示框的功能，用户可以选择对图片进行图像识别、保存、分享等操作。在执行这些任务之前，需要先获取网页中的图片数据。如果网络请求可统一管理，那么浏览内核请求的这张图片的数据可以被缓存下来，在 NA 功能中可以直接复用，不需要再次获取网页中的图片数据。即浏览内核中的网络请求产生的数据能被 NA 功能复用。
- **网页内容预加载**。iOS 版 Chrome 浏览器中提供了预先加载网页的能力，如图 5-8 所示。如果需要在搜索客户端构建该能力，可以由 NA 功能调用网络模块请求预加载网页资源，之后在浏览内核需要时，再将预先加载的网页交给浏览内核展现。这相当于 NA 功能发起的网络请求下载到本机的资源，在浏览内核中有相同的网络请求时可被复用。

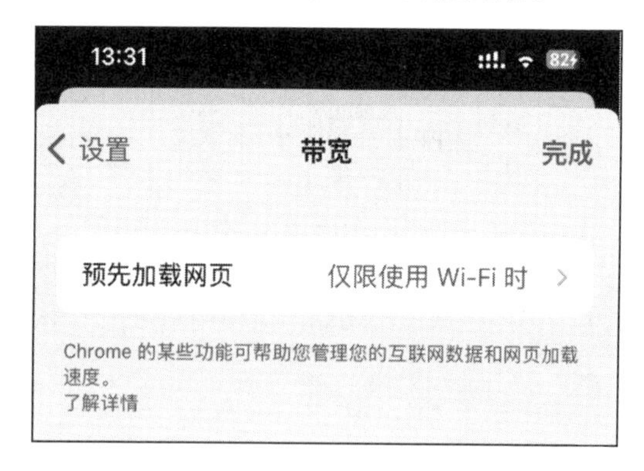

图 5-8　iOS 版 Chrome 浏览器中设置预加载网页

接管了浏览内核的网络请求，相当于在搜索客户端中，NA 功能实现的网络能力可被浏览内核复用，实现了网络层的统一管理，数据互通复用所解决的问题不限于上面所说的几个场景。关于网络统一管理的相关的内容将在第 9 章介绍。

5.3.4　同步 Cookie 变化实现状态统一

在搜索 App 中，浏览内核加载网页与站点数据通信时主要使用的是 HTTP/HTTPS（本节以 HTTP 代指）协议，部分站点只支持 HTTP 协议，在搜索 App 中 NA 功能发出的网络请求也会使用 HTTP 协议来支持客户端与服务端的数据通信。

HTTP 是一种无状态的协议，本身不对请求和响应过程的状态进行保存。也就是说 HTTP 协议对发送的请求或响应不做持久化处理，为了实现保持状态的能力，在 HTTP 引入了 Cookie 技术。在发起 HTTP 请求时，Cookie 可以通过服务下发 HTTP Header 中 Set-Cookie 响应头内容以更新客户端中的 Cookie 状态。这会涉及多个进程中的 Cookie 存储。在搜索 App 中对于 Cookie 的更新主要分为两类。

1）App 进程中的 Cookie 更新。

- NA 功能发出 HTTP 请求，服务端以可控制方式更新 Cookie。
- NA 功能通过系统 API 更新 Cookie。

2）浏览内核网络进程中的 Cookie 更新。

- NA 功能通过系统 API 更新 Cookie。
- 在浏览内核中发出 HTTP 请求，服务端以可控制方式更新 Cookie。
- 用网页中的 JS 更新 Cookie。
- 网页中的 ajax 通过浏览内核发出 HTTP 请求，服务端以可控制方式更新 Cookie。

这两类 Cookie 更新因为存储与使用的进程不同，所以在搜索 App 中需要实现实时同步 Cookie 的能力（接管网络请求只能同步网络层的 Cookie 更新），来保证客户端中的 Cookie 状态对于服务端是一致的。当搜索 App 中一个域名下的 Cookie 在一个进程中产生了变化，而在另一个进程中没有更新，这时在没有同步更新 Cookie 的进程中发出的网络请求，就会被这个域名的服务识别为另外一个用户发出的网络请求，流程状态衔接不上。当 App 中有两个不同的浏览内核，且每个内核中的 Cookie 是独立管理和非实时同步时，也会出现这类问题，例如，App 中有自定义浏览内核与系统原生的浏览内核时。如图 5-9 所示，网页 ××× 的登录状态在同一个 App 内不同浏览内核没有同步。

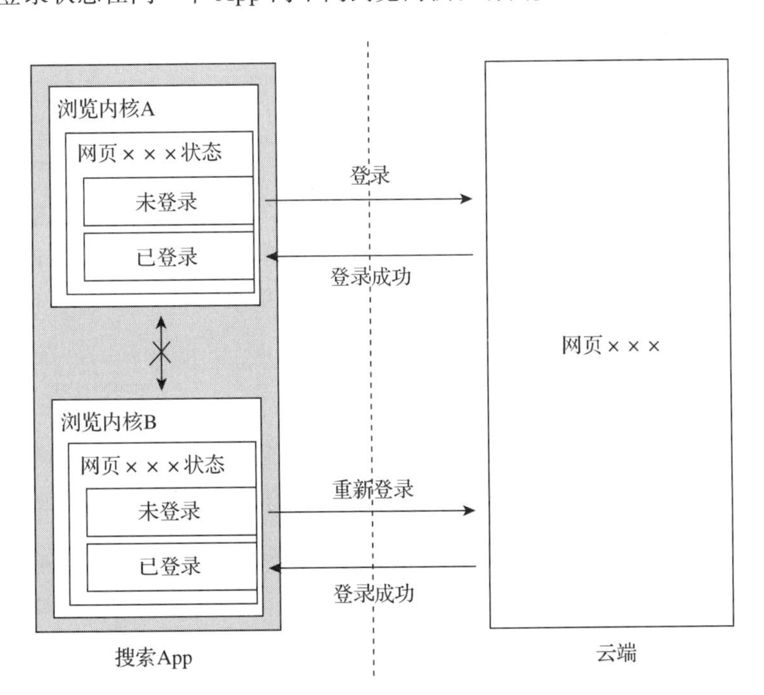

图 5-9　多种内核之间切换时状态不同步

为了保证端上发起网络请求时，Cookie 的状态是最新的，需要按照 Cookie 存储标准、更新时机及请求时机主动对相同域名下的 Cookie 进行同步。

1）在 iOS 系统中，只能使用原生浏览内核 API，主要是 WKWebView。WKWebView 的 Cookie 与 NA 功能的 Cookie 使用的是两套不同的管理机制，为了保证这两套机制之间的同步，需要采取以下主动措施。

- NSHTTPCookieStorage：主要实现 NA 功能的 Cookie 存储管理，UIWebView 浏览内核中产生的 Cookie 与 NSHTTPCookieStorage 可实时互通。
- WKHTTPCookieStore：在 iOS 11 系统后，用于管理 WKWebView 进程产生的 Cookie 存储。按照经验来看，系统实现了与 NSHTTPCookieStorage 同步的机制，但不是实时的。需要根据不同场景中的 Cookie 更新情况，单独分析及实现同步方案。

2）在 Android 系统中，同样也有主动同步 Cookie 状态的需求，特别是自研的浏览内核与系统浏览内核的 Cookie 的同步。自研的浏览内核的 Cookie 管理能力不同，提供的 API 也不同，具体的实现思路与 iOS 系统相似。

通过主动同步 Cookie 的状态，可以实现多种浏览内核间以及 NA 功能与浏览内核间的 Cookie 状态的统一。对于服务端来说，接收到的同一个设备发出的网络请求所携带的 Cookie 状态是一致的。这样业务的状态是可衔接的，业务逻辑能按照预设的状态进行跳转。

5.4 NA 与网页互通的能力总览

基于浏览内核提供的基础能力，搜索客户端的 NA 功能与网页的互通能力已经构建完成，包括加载互通、交互互通和数据互通。如图 5-10 所示，这些能力主要围绕网页内容的处理和呈现构建。下面将分别介绍每个层级及其对应的互通能力。

5.4.1 网页加载过程互通

网页加载过程互通（即加载互通）使得搜索客户端能够控制网页加载过程、响应事件及根据需要处理不同的逻辑，确保用户在使用搜索客户端时能够快速、安全、顺畅地访问网页内容。互通的方式主要有如下 3 种。

- **网页加载控制：**浏览内核提供网页加载控制相关的 API 供 NA 功能调用，比如加载、刷新、前进、后退等相关 API。
- **网页加载事件响应：**在网页加载过程中，浏览内核提供协议接口通知 NA 功能当前网页加载的相关事件，包括加载的进度、异常等。在客户端需要对网页加载进度、完成或失败等事件进行处理。

- **网页内容过滤**：浏览内核提供了设定过滤内容规则的 API。在网页加载过程中，根据 NA 功能设定的规则，可以实现对网页中资源的加载或展示进行控制，从而对不合规的内容进行干预。

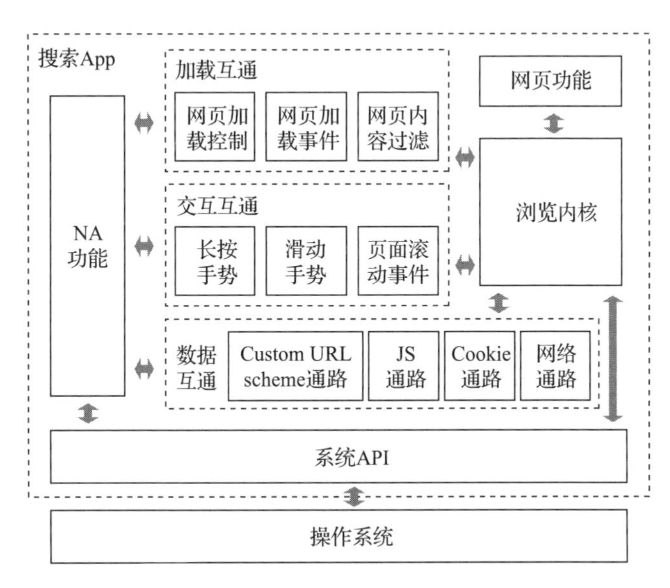

图 5-10　客户端 NA 功能的代码与网页的互通能力模型

5.4.2　网页浏览交互互通

网页浏览交互互通功能实现了在搜索客户端中，NA 功能和网页功能之间的交互操作的统一，也就是衔接了 NA 功能与网页功能，为用户提供了更加便捷和自然的体验。互通方式主要有如下 3 种。

- **长按手势定制**：长按手势通常用于对网页中某个元素的操作，当长按手势产生后，需要提取网页中的元素信息再执行下一步的任务，例如长按链接可以打开新网页，长按图片可以下载，长按文本可以选择或发起搜索等。
- **滑动手势定制**：在浏览网页时，用户可以通过上下滑动来滚动网页，通过左右滑动来切换浏览历史。滑动手势是一种全局性的能力，但响应方式需要根据具体情况进行调整。由于多个手势的响应可能相互影响，因此需要根据手势的触发区域和上下文状态来响应对应的业务逻辑。在同一触发区域中的多个手势应该具有明确的优先次序，以确保用户体验的一致性。
- **网页滚动监听**：滚动事件通常用于实现浏览内核与 NA 视图的联动。浏览内核内部有滚动视图，可以响应用户的滑动手势。NA 功能可以通过设定滚动视图的坐标偏移，或者按照滚动视图的标准监听坐标偏移，来接收当前网页中的滚动事件及坐标变化。根据业务需求，可以进行相关的功能定制，例如，用户向上滑动网页（网页向下滚动）时隐藏搜索框。

5.4.3 网页数据通信互通

网页数据通信互通使得搜索客户端能够与网页之间进行数据的交换和共享，从而实现更加智能和 NA 化的搜索体验。互通方式主要有如下 4 种。

- **Custom URL scheme 通路**：Custom URL scheme 通路常见于 NA 功能响应网页调用、在 NA 功能中接收 URL 开始加载的事件、分析 URL 是否为 App 可响应的 Custom URL scheme，解析 URL 中的参数（具体的指令在 App 内执行），比如内部调用登录模块、进入设置中心、外部调起发起搜索等。
- **JS 通路**：JS 通路的实现方式包括 JS 注入网页、实时执行 JS 及 JS 消息分发 3 种，JS 是浏览内核支持的标准语言，可以直接与网页进行交互，具备较好的灵活性及多平台通用性。可以获取网页的信息、操作网页中的元素、元素参数信息等，也可以在网页中通过 JS 给 NA 功能发送消息。
- **网络通路**：网络通路借助于网络请求相关 API 及接管浏览内核的网络请求，实现了浏览内核和 NA 功能中发出的网络请求的统一管理，在网络层面产生的数据 NA 功能及网页功能均可以复用。
- **Cookie 通路**：Cookie 通路主要实现 NA 功能中的 Cookie 和浏览内核中的 Cookie 的统一。在搜索 App 中，存在浏览内核的 Cookie 管理与 NA 功能中的 Cookie 管理相隔离的情况，因此需要实现 Cookie 通路，以确保搜索 App 中每个域名下的 Cookie 的状态都是最新的。

5.5 管理多种浏览内核共存

在搜索 App 中，使用多种内核的情况还是比较常见的，但多种浏览内核同时处于活动状态的情况不是很常见。如 iOS 系统浏览内核从使用 UIWebView 升级到 WKWebView 的过程，其业务目标是全量地切换至 WKWebView 内核。在实际执行过程中，需要先评估各项指标或能力是否达到预期，之后决定是否可以全量切换。这个过程通常使用 AB 测试机制将 App 的用户划分为多组样本，一组用户的设备的浏览内核使用 UIWebView，另一组用户的设备的浏览内核使用 WKWebView，通过对照这两组用户的 App 数据指标，发现差异并进行分析优化，直到相关的指标或能力达到标准要求，才可以将 App 的代码全量切换至 WKWebView，将原本的 UIWebView 相关代码移除。

在 Android 平台的 App 中有自研的浏览内核，存在同时使用系统浏览内核及自研浏览内核的情况，甚至一些合作的组件中也有自带浏览内核。在 Android 系统中，自研的浏览内核通常可作为插件以云控方式下发，这样可以减少 App 的安装包体积，当自研的浏览内核还没有更新到设备中时，App 中默认使用系统浏览内核来支持业务的正常运行。

当 App 中只使用一种浏览内核时，业务层可以直接与浏览内核进行通信。然而，在使用多种浏览内核的情况下，需要有明确的策略来管理业务应该使用哪种浏览内核来支持其功能实现。如图 5-11 所示，通常有 3 种策略：AB 分组、云控开关和优先策略。每次业务层调用或扩展网页的功能时，都需要通过策略计算来确定与哪种浏览内核进行通信，这会增加业务层的复杂度。此外，当新的内核升级后，如果业务的效果良好且指标符合预期，就需要将旧的内核下线，并删除相关代码。这时对多种内核的调用就会变为对一个内核的调用，这时业务层还需要重新适配。

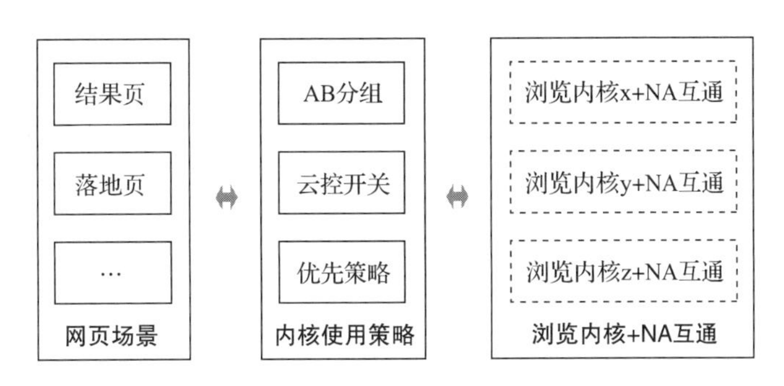

图 5-11　多种浏览内核共存策略公开

5.5.1　针对多种浏览内核的约束

从技术实现的角度来看，浏览内核属于基础服务，原则上应该是与业务不相关、不绑定的。但是因为内核切换对业务方来讲也是变化的，故在多种内核的使用层面应该尽可能地规避变化，通过接口、事件、生命周期和状态的一致性这 4 个维度来约束。

1）**接口一致性**。接口是指由 NA 功能调用的浏览内核 API。在搜索 App 中浏览内核需要支持多个业务场景的功能实现，当有多种内核时，调用关系就会变得复杂，浏览内核的接口调用会出现多个分支。我们可以单独抽象出通用代理层，为业务层提供稳定的接口，并在代理层内部实现不同内核的流量分配，当不同浏览内核提供的接口有差异时，优先在代理层内部进行能力对齐，如不可对齐，再在业务层进行兼容。

2）**事件一致性**。事件是指由 NA 功能按照浏览内核的标准响应具体的函数或消息，由浏览内核通知 NA 功能当前网页加载及操作状态。根据经验来看，多种内核间的事件不会完全一致，但事件的定义及响应流程基本是一致的，需要结合业务及内核间的差异进行合理设计。涉及事件一致性的典型场景主要有两个。

- 升级覆盖：常见于新版本内核覆盖旧版本内核（自研内核或系统内核的升级均属于这种情况），或由系统内核升级为自研内核。旧内核中的事件在新的内核中通常会有对应的实现，大部分事件节点是可以对齐的，但事件命名可能会有变化，这部分的事件可以保持一致。新的内核中新增的事件，在现有 NA 功能中是不依赖的，可以根据相关性在后期实现及扩展。
- 功能降级：常见于从自研浏览内核切换到系统浏览内核（如自研浏览内核还没有下载到 App 中），或自研内核的功能降级（如新版内核有质量问题，需要降级）。业务通常基于新内核版本中的事件进行设计，部分业务依赖的事件在旧的内核中存在缺失或差异，所以在设计及实现业务时需要关注不同内核带来的差异。对业务所依赖的事件和在不同内核中特有的事件在内核层单独支持。

3）**生命周期一致性**。生命周期一致性是指浏览内核的生命周期与业务的流程周期绑定，不会出现业务的流程周期还没有结束就切换浏览内核继续支持业务运行的情况。内核的切换状态需要在 App 内统一管理，并全局覆盖。App 从启动到退出的生命周期内，使用的浏览内核策略应该是一致的，而不应该在云控、脚本、插件等因素变更时对浏览内核立即进行切换。

4）**状态一致性**。状态主要包含用户浏览某个网页的状态，多种内核之间的状态不同频。常见的与网页状态相关的数据包括 localStorage、sessionStorage 和 Cookie。在内核切换时是否需要主动同步，取决于新旧内核的切换策略，例如 App 冷起动时就不需要同步 sessionStorage。如果新内核与老内核的数据存取能力由一个模块支持，那也不需要同步。

一致性目标是实现多种浏览内核在切换过程中对业务的影响最小，尽可能让业务层对内核的变化无感知。技术方案既要考虑当下实现成本的可控性，也要考虑长期维护成本的可控性。基于一致性目标，在业务场景及内核使用策略间增加一个统一接口层，如图 5-12 所示，多种浏览内核的接口及事件被统一封装，内核的切换策略对于业务功能来讲是隐藏的，那么浏览内核切换对业务层的影响就是近零的状态。

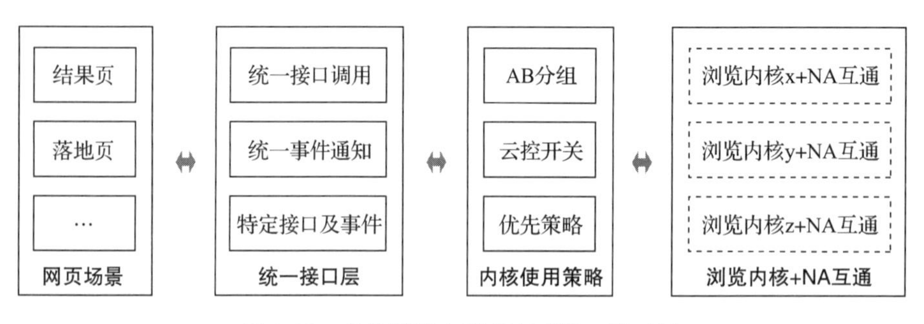

图 5-12 多种浏览内核共存于统一接口层

上述方案实现的前提是多种内核之间的接口及事件可以归一化，根据经验来看，会有部分接口或事件做不到统一，只能按特定的接口及事件来处理。这时需要以浏览内核提供的实际能力来实现具体的业务功能，这主要有 3 种情况。

- 如果某个浏览内核没有支持特定接口及事件，优先参照 App 中已使用的内核提供的接口及事件进行能力的补齐。在没有对应的接口及事件的浏览内核之上进行定制及扩展，业务依然生效。
- 如果特定接口及事件是业务依赖的核心能力，那么当没有这些接口及事件的浏览内核，且这些接口及事件无法通过技术手段对齐时，业务不生效。
- 如果特定接口及事件是业务依赖的附加能力，那么当没有这些接口及事件的浏览内核时，业务可保持生效，仅在涉及这些接口及事件的环节缺失时，以相近的效果实现业务。

5.5.2　以系统浏览内核为基点进行扩展

在搜索客户端内，浏览内核主要分为系统提供的和自研的两种。系统提供的浏览内核通常在客户端中可以直接使用，自研的浏览内核通常作为组件接入客户端中。一旦客户端使用自研的浏览内核，就意味着客户端需要对自研的浏览内核进行适配。

从兼容性的角度来看，自研浏览内核的设计方案应该是以系统浏览内核提供的 API 为基础进行，无论从技术可行性，还是从能力及业界标准来看，都应是可行的，主要依据如下。

1）自研的浏览内核和系统提供的浏览内核，实现的网页加载、解析及渲染均等能力均是基于 W3C 标准构建的，包括 HTML、CSS、JS、DOM、HTTP 等，且这些在浏览内核中所依赖的技术，也均遵循 W3C 的标准规范。

2）系统的浏览内核不仅可以支持完整的网页浏览体验，还可以支持在 App 中解析及显示 HTML、CSS 和 JS 内容，只是提供的 API 及事件有限。客户端的 NA 功能需要借助已公开的 API 及事件才能使用及扩展。而自研的浏览内核可以根据业务的需要进行优化，并提供更多的 API 和事件，在 API 及事件的层面是系统浏览内核的超集，**但在涉及网页相关技术的实现时，依然需要遵循 W3C 的相关标准规范**，否则就会在网页加载、解析及渲染过程中出现不兼容的问题。

3）W3C 的相关标准仍在不断升级，无论是系统还是自研的浏览内核均需要按照 W3C 的标准实现，并兼容历史版本。在技术升级过程中，浏览内核 API 的稳定性也会影响 NA 功能的维护成本。对于自研的浏览内核，提供基本的 API 及事件应该尽可能与系统浏览内核对齐，差异化定制应该以新增接口和事件的方式进行。如果 API 及事件没有对齐，差异化定制与基本 API 的融合过多，将会增加多内核切换的管理成本，导致业务层的使用难以统一。

5.6 以插件的形式扩展网页功能

在搜索 App 中，与网页相关的场景主要为结果页和落地页（本节以**网页场景**代指这两类页面），在网页场景中 NA 功能实现的网页功能扩展（本节中以**功能扩展**代指）分为两类，一类是**对网页中整体内容的优化在 NA 层面实现的功能扩展**，包括预加载、广告过滤、浏览安全、TTS 播报、字体调整、翻译等，使得页面的整体浏览体验超越浏览内核所支持的浏览体验；另一类是**对网页中特定内容的优化在 NA 层面实现的功能扩展**，包括对网页中的图片、音频、视频及小说等内容的浏览在 NA 层面进行定制，使得这些特定内容的浏览体验超越浏览内核所支持的浏览体验。

功能扩展在实现过程中会与浏览内核产生交互，包括浏览内核提供的 API、事件通知及数据通路，本章前面提到的这些互通能力，为网页场景中功能扩展的实现提供了基础的支持。本节以 **NA 互通浏览内核**指代具备了这些互通能力的浏览内核。

网页场景的基本组成如图 5-13 所示，在网页场景中接入了功能扩展，且网页场景与功能扩展是一对多的关系。在网页场景中，通常会包含搜索框、NA 互通浏览内核及工具条等模块，这些模块与功能扩展也是一对多的关系。

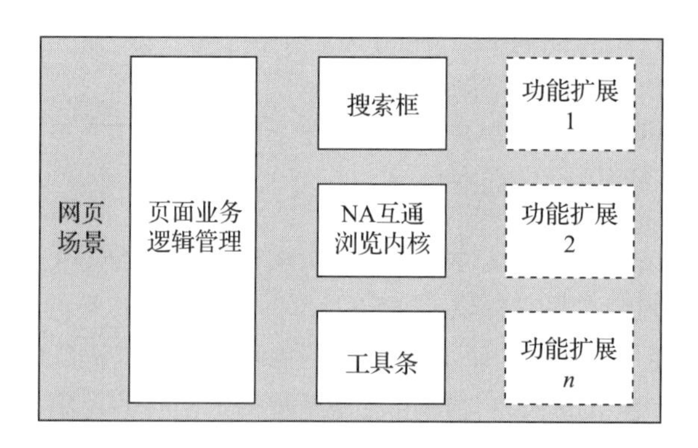

图 5-13 网页场景的基本组成

功能扩展的实现依赖网页场景提供的能力，需要响应网页场景中产生的事件，甚至功能扩展之间也会存在相互调用及响应事件的情况。这时功能扩展、NA 互通浏览内核、搜索框、工具条及页面业务逻辑管理等模块之间因为缺少调用约束，所以调用关系成为网状，如图 5-14 中虚线部分所示，耦合比较严重，任何一方变动都会对相关模块产生影响。

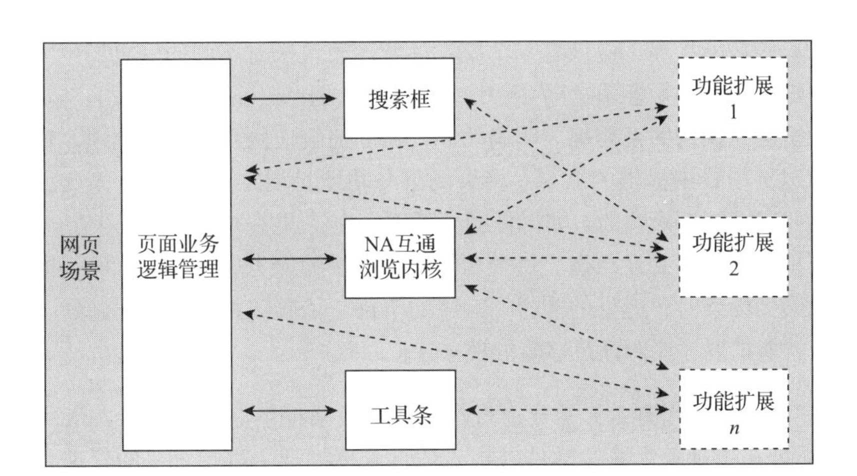

图 5-14　网页场景中的网状调用关系

随着 App 的迭代，在网页场景中会不断构建新的功能扩展或对已有功能扩展进行升级。网页场景及功能扩展之间的关系不断变化，而页面业务逻辑管理模块为了支持定制的功能扩展，变得越来越臃肿，功能扩展也几乎无法复用。理想情况下，功能扩展应该能够在多个网页场景中复用，并且与网页场景之间保持低耦合。图 5-15 所示是在结果页和落地页场景中功能扩展的复用目标模型。

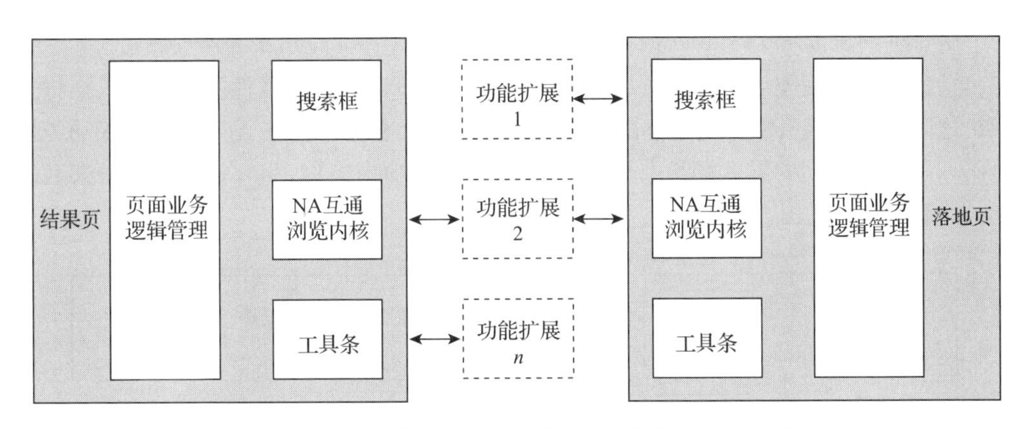

图 5-15　功能扩展在结果页及落地页的复用目标模型

5.6.1　网页场景插件化模型

要实现功能扩展在不同网页场景中的复用，需要将功能扩展与网页场景解耦，并确保其具有较好的独立性，这要求具备以下 3 个条件。

- **功能扩展的所属关系明确。**功能扩展与网页场景是多对多的关系，即一个功能扩展可以在多个网页场景中使用，一个网页场景也可以使用多个功能扩展。为了更好地管理这些功能扩展，应该有一个统一的管理模块来对不同的网页场景中使用的不同功能扩展组合进行管理。

- ❑ **功能扩展的调用关系明确**。明确功能扩展如何响应网页场景的调用，功能扩展如何调用网页场景中提供的能力。网页场景与功能扩展之间的调用，应该是可约束的、线性的、有先后依赖的，如果依赖关系不存在，调用关系也就不存在。
- ❑ **功能扩展的边界关系明确**。每个功能扩展提供的能力应该是明确的，即功能扩展在接入网页场景时，提供的能力、响应的事件、依赖关系应该是明确的。只有边界清晰，功能扩展才能保证足够高的独立性。

为了上述条件的长期有效，需要通过技术的手段来提供保障，即在 App 中实现插件管理框架，将功能扩展抽象为功能插件并接入插件管理框架中进行统一的管理。该框架主要由 3 个模块组成。

- ❑ **插件管理模块**：实现插件的管理能力，包含功能插件的生命周期管理，及与宿主网页场景的关系管理。
- ❑ **页面功能调用模块**：建立调用网页场景相关功能的通路，为插件提供网页场景的功能调用，基于该通路，插件可调用网页场景所提供的能力。
- ❑ **插件事件分发模块**：建立响应网页场景相关事件的通路，接收当前页面加载及浏览过程中产生的事件，并把接收到的事件分发至该网页场景中的功能插件。

实现插件管理框架后，原网页场景中的功能扩展按照标准以插件的形式接入插件管理框架，这时功能扩展升级为功能插件。功能插件通常会有多个，在 App 中应提供功能插件的全集，以便在不同的网页场景中可创建及使用这些功能插件。引入插件管理框架后的网页场景的基本组成如图 5-16 所示。

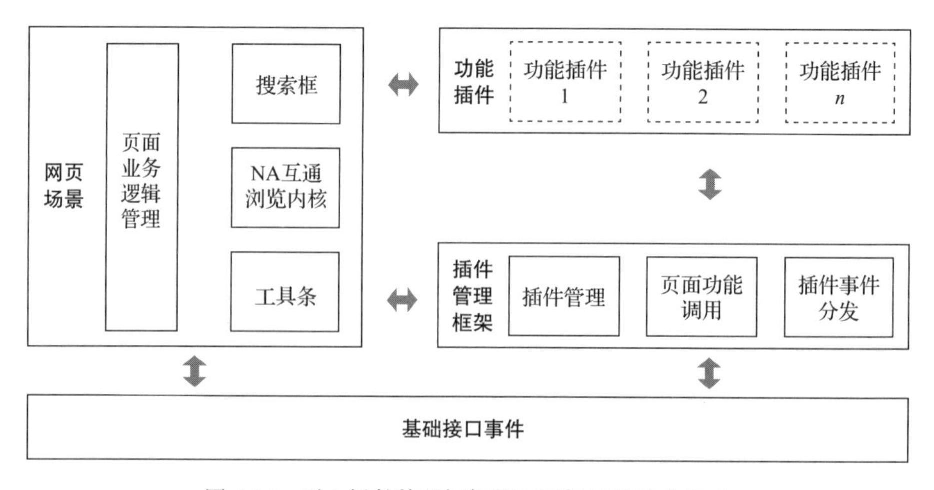

图 5-16　引入插件管理框架的网页场景的基本组成

5.6.2　功能插件管理、调用及事件响应

将功能扩展升级为功能插件，并将其接入插件管理框架后，功能扩展的生命周期、功能调用以及事件响应都需要遵循插件管理框架的标准。

本节将会讲解插件管理框架是怎样对功能插件进行管理的，同时还会介绍如何支持这些插件的功能调用和事件响应。

1. 插件的生命周期管理

功能插件的生命周期由插件管理模块来实现，插件管理模块由网页场景创建，它与网页场景是一对一的关系。在创建插件管理模块同时，网页场景与插件管理模块是弱引用的关系，支持功能插件调用，以及网页场景向插件管理模块添加当前网页场景所需要的功能插件。如图 5-17 所示，插件管理模块主要提供网页场景关联、插件注册、插件注销 3 个功能。

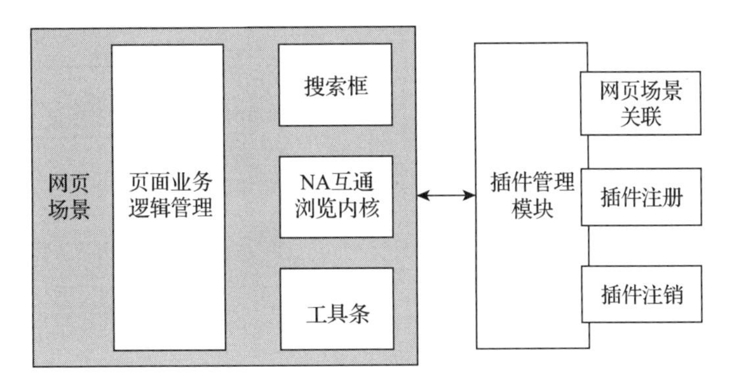

图 5-17　插件管理模块主要功能

功能插件由网页场景注册到插件管理模块中，插件的生命周期与当前的网页场景相同。如图 5-18 所示，插件管理模块与功能插件是一对多的关系，网页场景不同时功能插件也不同。

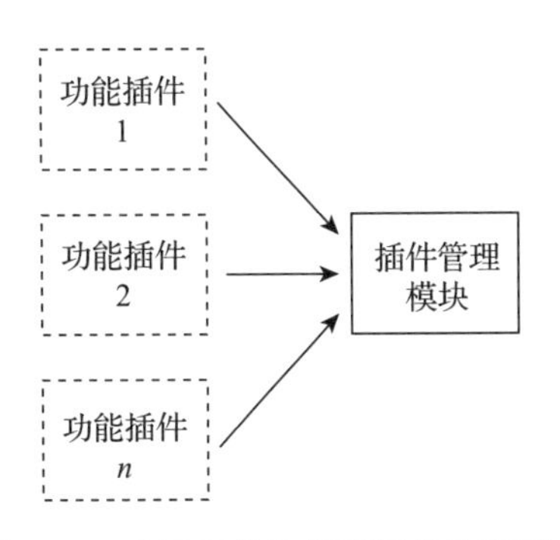

图 5-18　功能插件注册到插件管理模块

2. 插件调用网页场景中的能力

功能插件注册到插件管理模块之后，插件中的功能调用分为以下 3 类。

- **插件调用网页场景相关的能力**。功能插件通过页面功能调用模块来调用网页场景提供的能力。在页面功能调用模块封装了一组接口，供功能插件调用。在调用接口时，会获取当前网页场景的相关实例，之后再进行相关功能的调用，如图 5-19 所示，主要调用的是 NA 互通浏览内核的能力和页面逻辑管理模块的能力。
- **插件调用 App 中的基础能力**。与当前网页场景无关的基础能力，可直接在插件内引入及调用，如网络能力、URL 处理、JSON 解析等基础能力。
- **插件调用插件的能力**。一个插件调用另外一个插件提供的能力，需要通过插件管理模块获取需要使用插件，再调用插件的功能接口。从架构层面来讲，插件之间是平级的关系，需要在低一层中定义功能插件的接口，这样可以基于接口对该插件进行调用，避免插件之间的相互依赖。

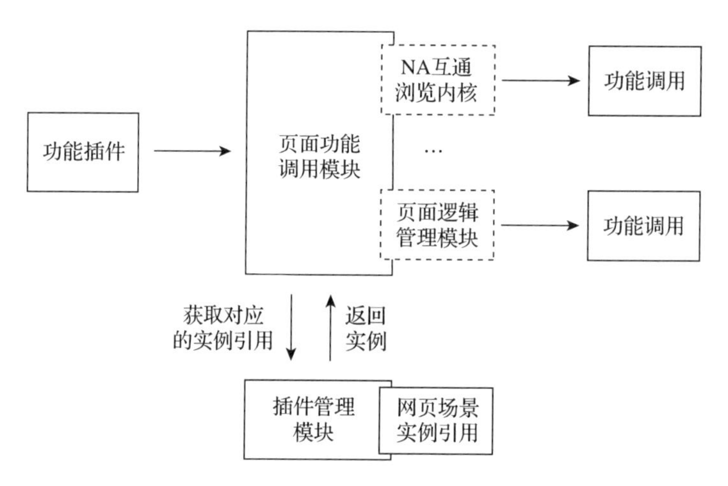

图 5-19　功能插件调用网页场景中的能力

总的来说，功能插件对其他插件或网页场景相关功能的调用，需要在插件管理框架内建立引用关系后再进行。图 5-20 所示的基础接口，增加了网页场景相关的基础接口定义。网页场景按照其定义实现，功能插件按照接口对网页场景进行功能调用。而 App 中的基础能力，插件可以直接调用。基于这种调用关系，插件对当前网页场景的依赖在插件管理框架中实现了解耦，每个插件都是独立的个体，可以在不同的网页场景中复用。

3. 插件响应网页场景中的事件

功能插件在网页场景初始化时被创建，并注册到插件管理框架中进行统一管理。功能插件的实现，对网页加载过程及用户浏览过程中产生的事件以及 App 中的部分全局事件都有依赖。

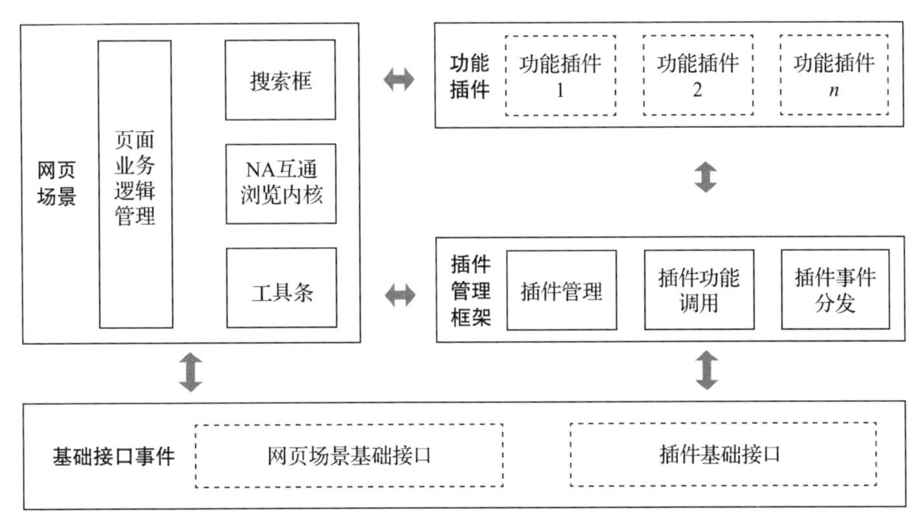

图 5-20　插件的功能调用基础接口定义

在插件管理框架中，引入事件分发模块。如图 5-21 所示，事件分发模块用于统一接收与功能插件相关的事件，并将其转发给需要的功能插件。这样事件的产生与接收就变成了多对一的关系，实现了事件与功能插件的解耦。在插件管理框架的内部，事件分发模块接收到事件后，会使用分发的方式将事件发送给需要响应该事件的功能插件。在事件分发之前，先判断该功能插件是否可以响应该事件，之后再向可以响应该事件的功能插件发送事件，从而实现功能插件与事件分发模块的解耦。

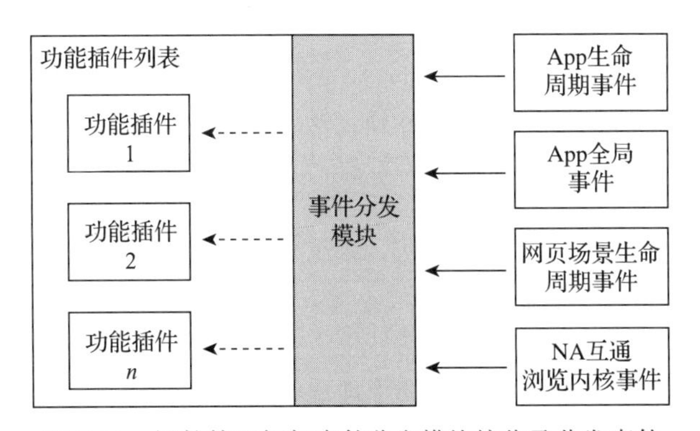

图 5-21　插件管理框架事件分发模块接收及分发事件

这种实现方式还有一个好处，就是每个功能插件的下线成本较低。当网页场景中没有初始化某个插件时，该插件处于非活动态，不会响应外部事件，相关代码也不会执行。

根据实现逻辑可知，功能插件所依赖的事件有多种，这些事件在事件分发模块中进行了统一接收及分发，在基础接口事件层约束的事件，如图 5-22 阴影部分所示，主要包含以下 4 类。

- **App 生命周期事件**：与 App 生命周期相关的事件，如切前台事件和切后台等事件。
- **App 全局事件**：与 App 的全局设置有关的事件，如暗黑模式和功能开关的更改等事件。
- **网页场景生命周期事件**：与网页场景的状态有关的事件，如页面将要展现和将要消失等事件。
- **NA 互通浏览内核事件**：与页面加载、展现及交互有关的事件，如页面加载相关、手势、页面历史变更及数据通路等事件。

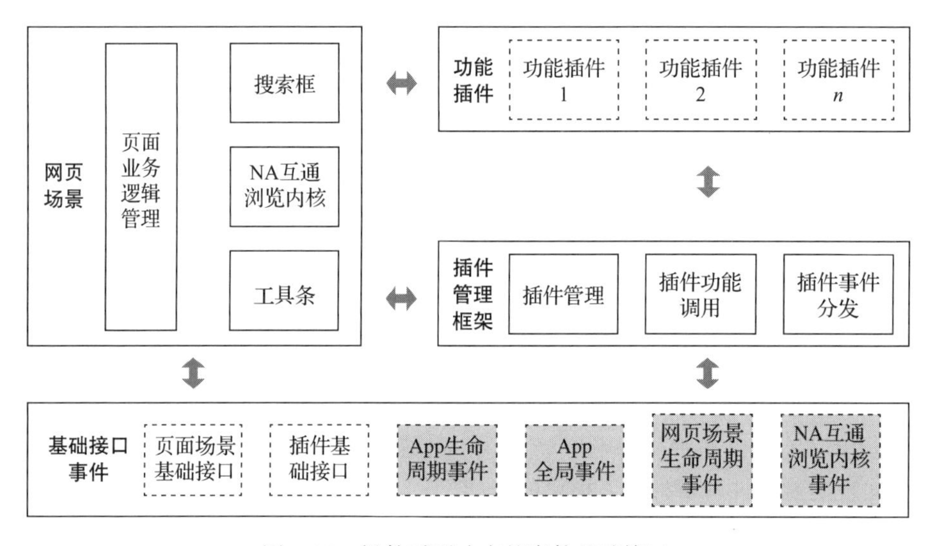

图 5-22 插件需要响应的事件基础接口

这些事件由事件分发模块来统一接管和分发。当接入新插件时，网页场景和插件管理框架无须进行二次开发，功能插件只需要根据需求来响应相应的事件，以此实现业务逻辑的构建。

5.6.3 网页场景使用插件管理框架

用于功能扩展升级的功能插件被插件管理框架管理之后，网页场景与功能插件的关系也会产生变化。在网页场景中使用功能插件时，需要通过插件管理框架进行管理及通信，这主要涉及以下 3 种情况。

- **功能插件的注册**。功能插件由插件管理框架管理后，其管理方式从由网页场景管理变为由插件管理框架管理。在每个网页场景中接入哪个功能插件，仍然由网页场景决定。在网页场景初始化时，绑定所需的功能插件，功能插件由插件管理框架管理。

- **网页场景调用功能插件**。原来直接使用功能扩展的实例调用功能扩展，升级后则先向插件管理框架获取功能插件的实例，然后使用功能插件的实例调用功能插件。
- **网页场景响应功能插件事件**。原来在网页场景中需要响应的功能扩展的事件升级为功能插件后，事件的响应方式及逻辑没有变化。由于功能插件更加独立，为了避免插件的事件命名重复，同时为了在网页场景中便于识别不同插件的事件，事件的命名需要增加与功能插件有关的标识。

Chapter 6 第6章

设计场景容器化的搜索客户端架构

第5章介绍了在搜索客户端内实现网页功能扩展的方法。然而，在搜索客户端中，也有一些场景是非网页或网页+非网页的复合格式的内容，这时内容的解析及渲染需要自行实现，无法接入单浏览内核管理框架中，以至于无法有效地衔接不同类型内容的展示。

本章会介绍如何在搜索客户端解决这类问题，以及在解决这类问题过程中的方法及思考。

6.1 构建多容器管理机制的意义

6.1.1 单浏览内核管理框架面临的挑战

1.1.1～1.1.5节中的搜索客户端的搜索和浏览内容主要是网页格式，技术框架为单浏览内核管理框架，在这个框架中，使用单浏览内核就可以支持搜索全流程的所有需求。如图6-1所示，单浏览内核管理框架下，App实现了文本输入、网页浏览及浏览控制等功能，基础的搜索业务流程得以运行。

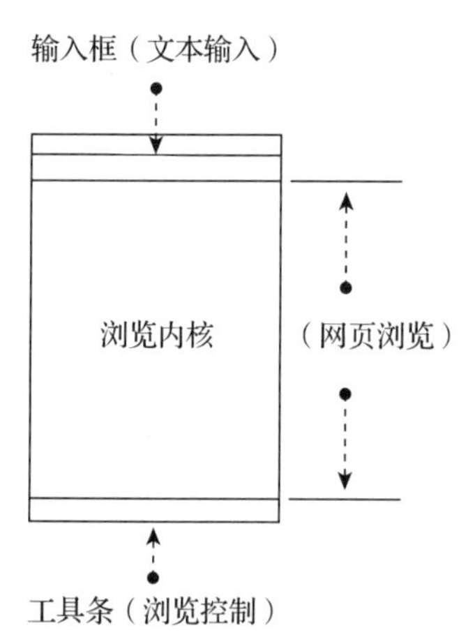

图6-1 单浏览内核管理框架支持搜索全流程

在这个阶段，搜索结果页和落地页的浏览都是网页的格式，在搜索客户端使用单浏览内核管理框架就可以实现对它们的浏览。搜索客户端的功能主要围绕网页格式来构建。

- **输入层面**：如搜索历史、搜索建议、语音搜索、图像搜索等，这些功能主要使用 NA 化方式的实现，最终与浏览内核产生交互，实现页面的加载。
- **网页浏览层面**：如浏览安全、广告屏蔽、下载等，这些功能在与浏览内核互通之后，在技术层面可以按生态标准对浏览体验进行优化。
- **基础层面**：如收藏、浏览历史、网络检查、清除缓存和多窗口等，这些功能主要通过 NA 化的方式实现，并为页面场景提供支持，它们的构建依赖于浏览内核的当前状态。

上面提到的这些功能，在单浏览内核管理框架中不需要太多的改造就可以实现，每个功能可以根据需要与浏览内核进行通信及扩展。但是也受限于浏览内核，在网页的加载、展现和交互过程中，优化手段是缺失的。即使有端与云的协同，优化依然很难实现最佳效果。特别是在 iOS 平台，只能使用系统提供的浏览内核 API 进行基础的网页浏览，但并没有为搜索业务定向优化，一些在搜索场景中的优化方法无法在单浏览内核管理框架中实现，如网页预渲染。

2.4.2 节介绍了在搜索 App 中结果页和落地页可以是网页、非网页及复合格式。当页面的内容中包含了非网页格式的数据时，页面的展现超出了单浏览内核管理框架的管理范围，需要从技术架构层面实现统一管理，单浏览内核管理框架下的多种类型的页面切换场景如图 6-2 所示。

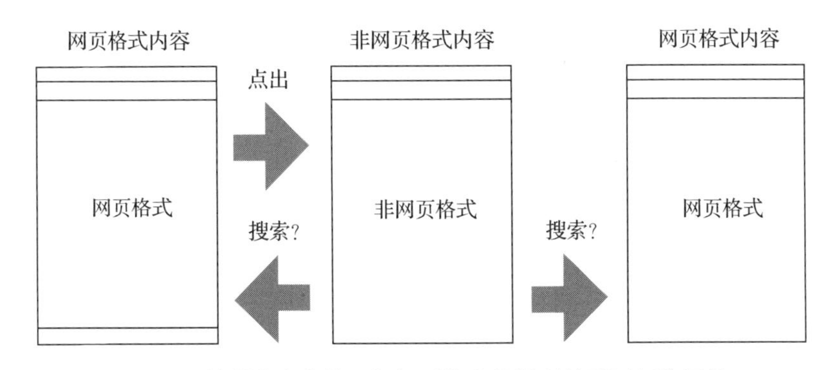

图 6-2　单浏览内核管理框架下的多种类型的页面切换场景

总的来说，单浏览内核管理框架可以支持搜索全流程中的内容浏览，但限制了技术和产品的想象空间，基于未来的发展趋势，会有更多的场景内容包含非网页格式的数据。技术层面需要提前准备，以支持 App 的需要，这件事情迫在眉睫，越往后投入的成本越高。

6.1.2　构建多容器管理机制的必要性

得益于过去的项目经验，每个网页场景中的内容可以是网页格式、非网页格式，或者两者组合的复合格式。因此，在技术实现层面，可以将不同格式的内容载体抽象为容器。如图 6-3 所示，在容器内可以实现具体的业务逻辑、内容的数据请求、解析、渲染及交互等。这样，业务变化就可以在容器内实现，横向的影响较小，管理的成本也较低。

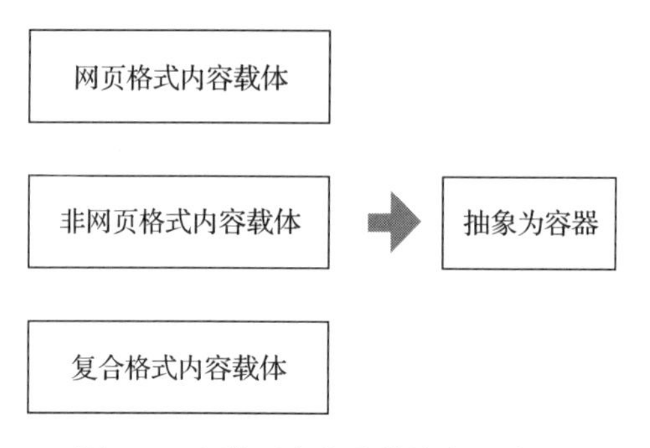

图 6-3　多类型内容载体抽象为容器

对于框架层而言，需要建立统一的容器管理机制，并制定明确的标准，以支持不同类型的容器接入。在容器内部实现不同内容的数据处理、解析、渲染及交互，可以最大程度减少容器之间的耦合，并降低容器内变更的影响范围。

将现有的单浏览内核管理框架升级为多类型容器统一管理的框架，这个框架类似于操作系统，支持不同类型的容器接入。容器像 App 一样可以自定义协议解析、加载、展现及交互，并且每个容器可以独占全屏视图，以满足用户的需求。

基于这个思路，在框架层实现多容器的管理能力，抽象容器的公用能力，并结合搜索全流程的需要提供框架的基本能力及流程规范，可以弥补单浏览内核管理框架的不足，为不同类型的内容接入搜索全流程中提供全面的、清晰的、高效的支持。

6.2　多容器管理框架的核心能力及收益

技术框架由单浏览内核管理框架向多容器管理框架的升级，也是对搜索全流程中内容承载能力的升级。多容器管理框架对容器的管理能力须至少对齐浏览内核对网页的管理能力，只有这样才能保证搜索全流程中不同类型内容的浏览能力是一致的、有效的、可以形成闭环的。

6.2.1　多容器管理框架核心能力对齐

搜索结果页和落地页均是网页格式，依赖浏览内核展现，如图 6-4 所示，浏览内核的生命周期与搜索场景实时绑定，用户进入搜索场景时浏览内核被创建，浏览内核一直处于可见、可交互的状态，该状态即**活动态**，可以响应用户的输入，浏览历史和页面切换由浏览内核来管理，架构层不需要过多干预，用户离开搜索场景时浏览内核就成了不可见、不可交互的状态，即，**非活动态**此时浏览内核被销毁。

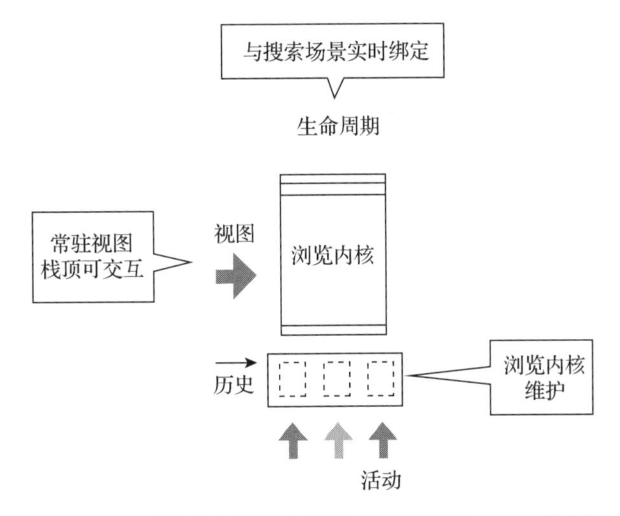

图 6-4　浏览内核与搜索场景支持搜索全流程网页浏览

在多容器管理框架中，接入的内容类型可以是多样的，内容的解析、加载、展现及交互在容器内管理。因为有多种容器，每个容器的生命周期与搜索场景是阶段绑定的关系，在需要时创建，不需要时释放。当用户在搜索场景中搜索或浏览时，框架会根据内容的类型创建相应的容器，或在不同容器之间切换，以展示不同的容器。框架需要具备容器的生命周期管理能力、展现与事件管理能力和浏览历史管理能力，才能在流程能力上与原单浏览内核管理框架对齐，如图 6-5 所示。

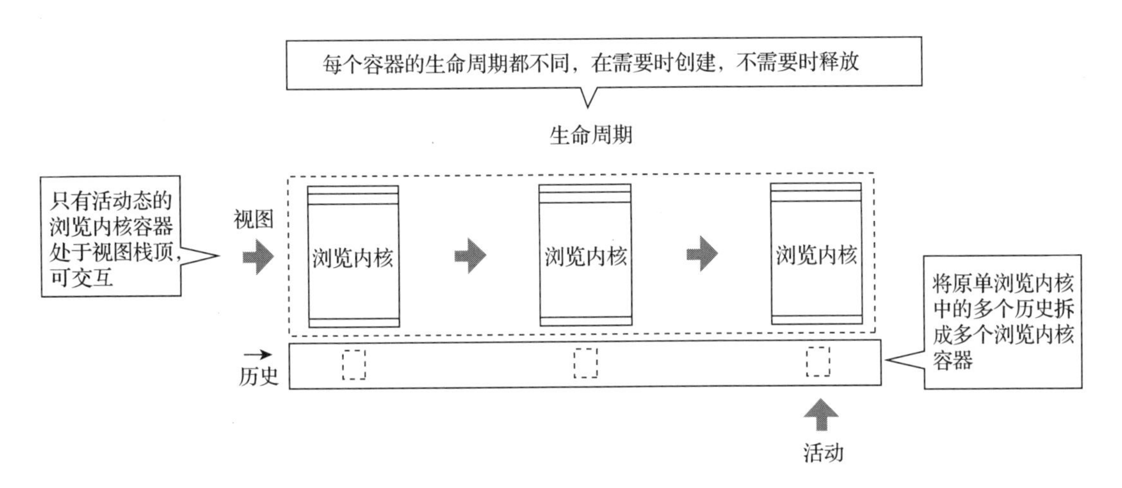

图 6-5　以浏览内核为例对齐多容器的能力

1. 容器的生命周期管理能力对齐

在单浏览内核管理框架中，浏览内核在用户首次进入搜索场景时被创建，而框架层不关心内容的类型。而在多容器管理框架中，用户进入搜索场景时创建的容器类型是不确定的，并且在用户浏览过程中打开的内容类型也是不确定的。此外，多容器管理还需要支持对容器进行回收，以确保较低的资源消耗。因此，在多容器管理框架中，还要根据策略创建和销毁对应的容器。

不同类型的容器如何构建、容器增加时系统资源是否足够、性能和稳定性如何保证，这些需要在框架层进行确认与管理。

2. 容器的展现与事件管理能力对齐

在单浏览内核管理框架中，只要用户进入搜索场景，浏览内核就会一直处于活动态，以响应用户的输入事件。而在多容器管理框架中，会管理多种不同类型的容器，内容的展现和交互也会变得更加复杂。每个容器内部都有其对应的业务需求需要满足，同时容器之间的事件也会相互影响。因此，如何处理和分发这些事件需要由框架层来管理。

多容器管理框架就像系统的输入输出层一样，需要有标准化的、统一的处理和分发机制。容器按照这个标准实现事件的接收和分发，从而实现有序、有效的管理，避免混乱的状态产生。

3. 容器的浏览历史管理能力对齐

在单浏览内核管理框架中，浏览历史的管理由浏览内核负责，框架层不需要参与。当不同类型内容的载体被抽象为具体的容器后，框架层需要实现统一的浏览历史管理能力，管理容器间和容器内的历史切换。

6.2.2 多容器管理框架核心能力模型

多容器管理框架核心能力模型如图 6-6 所示，不同类型的内容，以容器的方式接入多容器管理框架中，在框架中统一对容器的生命周期、展现及事件、浏览历史进行管理。这三大基础管理能力作为多容器管理框架的核心，它们看似比较明确，但又相互影响，整体以历史管理作为多容器管理框架的主体逻辑。具体的实现方式和模块承接需进一步拆解，将在本章后面的内容中详细介绍。

6.2.3 多容器管理框架的收益预估

框架升级对齐了原来的单浏览内核的能力，同时也为产品提供了更多的想象空间。因为框架升级影响较大，团队的资源投入成本较高，收益是决定资源投入的重要因素，所以在多容器管理框架启动研发之前，需要提前对收益进行预估，可以从以下 5 个方面预估收益。

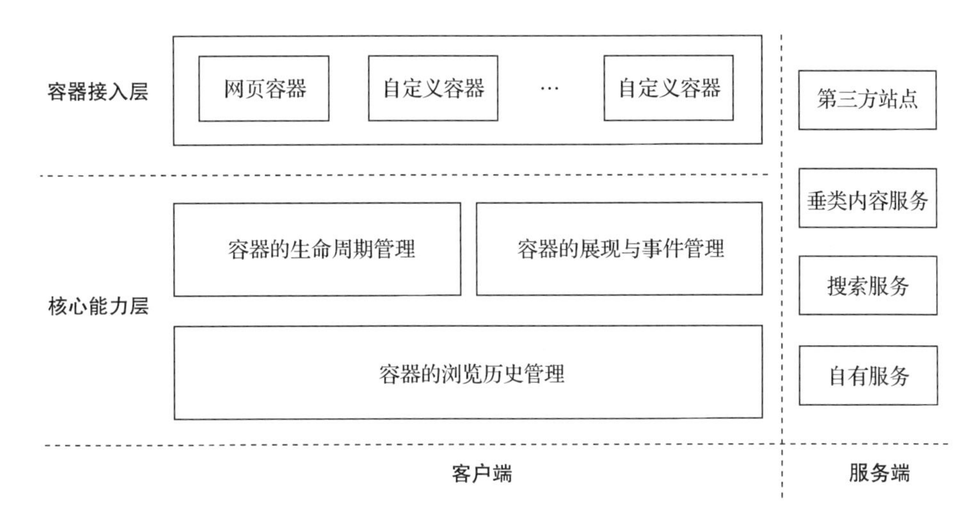

图 6-6　多容器管理框架核心能力模型

- **内容承载能力升级**。内容不局限于网页格式，还可以是自定义组合的格式。自定义组合格式的内容以 NA 的方式实现，内容展现与交互的体验要优于网页，是拉开与竞品的差距的一个常用方法。
- **展现、交互机制统一**。通过框架层实现容器展现、交互事件及分发的统一管理，降低了接入成本，同时在用户使用过程中交互手段的统一，使得效果可预期，操作可预期，简单易用且成本低。
- **性能优化手段升级**。在单浏览内核管理框架中，客户端优化的手段主要在网络层。多容器管理可支持容器预创建、内容预加载、内容预渲染、异步搜索框架预加载等优化手段，直接收益就是搜索提升浏览的速度，搜索体验变好。
- **页面缓存能力升级**。每个用户搜索需求的满足，都需要多次进入结果页并选择不同条目进入落地页。虽然浏览内核支持页数据缓存（如 Page Cache）能力，但由于安全、页面复杂程度等因素的限制，无法实现真正的页面级缓存。而容器级缓存可以实现落地页与结果页容器级的缓存，从落地页向结果页切换时可以直接展现结果页。
- **并行研发效率提升**。通过使用不同的容器承载不同类型的内容，并按照标准将容器接入多容器管理框架中，这种方式使得功能模块分工明确，降低了容器间的耦合，更便于研发人员并行研发。框架层实现基础能力，容器中依赖的能力可以更好地复用，研发成本也相应降低。

6.3 框架升级潜在风险及解决

虽然框架层由单浏览内核管理框架升级到了多容器管理框架，但在业务形态上，结果页仍主要以网页格式展现，落地页可能是网页或自定义格式。多容器管理框架除了实现容器的生命周期管理、浏览历史管理及展现事件的管理之外，还存在一些因为框架升级产生的问题，这些问题也影响着多容器管理框架能否上线。

6.3.1 并行研发的影响

多容器管理框架的实现，是对搜索业务基础架构的升级，而基础架构的升级，也意味着对搜索相关的业务都有影响。搜索业务的每期迭代版本，都是由近百名工程师协同开发的，为降低架构升级风险、规避质量问题、保证功能完整性，需要提前制定流程和规范标准，以降低架构升级与版本功能迭代并行研发带来的影响。

1. 多线条并行研发目标

技术架构的升级是一项长期的工作，需要以季度为单位投入资源。在整个升级过程中，不仅需要在研发阶段投入资源，还需要保证架构的上线质量，关注相关指标的变化，并与业务层面的能力对齐。所有与架构相关的业务都会受到架构升级的影响，直到所有能力、业务和指标都达到预期标准，架构升级工作才算完成。

在这个过程中，不能仅依靠人力的堆积，还需要开发人员有计划地协同。同时，产品需求相关的功能也在开发迭代中，相当于研发层面至少有两个线条在并行迭代研发。技术方案的实现既要保证产品功能可以正常上线，又要保证架构升级对业务的影响最小。

2. 并行化研发方案

为了完成上述目标，技术方案中需要包含以下 4 点。

- 将原有单浏览内核管理框架中的结果页和落地页模块进行容器化的封装，原有单浏览内核管理框架中的结果页和落地页模块作为网页容器接入多容器管理框架，在多容器管理框架中管理。网页相关的业务需求继续在原结果页和落地页模块中进行研发，同时在网页容器中衔接多容器管理框架及原结果页和落地页模块。
- 增加云控能力，以控制客户端打开多容器管理的能力。当云控打开多容器管理框架时，任何已接入的容器，在打开新内容时，如果识别出不需要在本容器中打开，则交给框架层处理。当云控关闭多容器管理框架时，默认只有网页容器，相当于与原有单浏览内核管理框架能力对齐，原有功能可以正常迭代升级。
- 增加客户端状态同步到云端的能力。将客户端当前是多容器管理框架还是只有网页容器的状态同步给搜索服务端。服务端在返回搜索结果页时，根据客户端的状态对页面链接参数进行适配，并调整页面内容。

- 增加核心指标标识。对搜索业务场景中的指标增加当前架构的状态，用来区分数据指标产生时的架构状态，可以实现数据指标的分析及优化。

并行化研发方案的实现，使得 App 可以在云端控制使用多容器管理框架还是单浏览内核管理框架，同时对原有单浏览内核管理框架中的结果页和落地页模块进行容器化的封装。如图 6-7 所示，网页结果页和落地页可直接复用。在网页容器层中，可以实现与多容器管理框架或单浏览内核管理框架之间的功能调用及事件衔接。业务功能的迭代直接在网页结果页及落地页中修改，多容器管理框架的实现与业务需求的迭代几乎是零冲突。

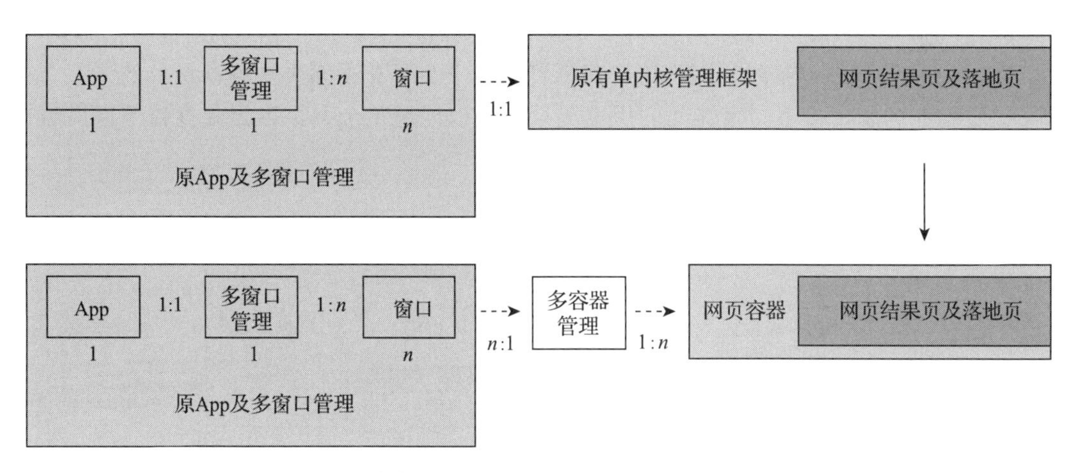

图 6-7 多容器管理框架并行研发的模块关系设定

基于这样的模块关系，对于框架层和业务的并行研发，可以带来 3 个维度的可控性。

1）**并行研发过程可控**。网页浏览能力可在新老框架中复用，可并行研发，框架升级的研发与业务需求的研发不相互影响或相互阻塞。

2）**新老框架流量可控**。在上线之后，可以实现精确控制多容器管理框架和单浏览内核管理框架的流量，带来的收益有两个。

- 当线上多容器管理框架出现异常时，可快速止损，对用户的影响面最小，使得质量可控。
- 通过对单浏览内核管理框架和多容器管理框架进行抽样，实现核心数据的采集对比，得出二者的优劣势，从而驱动优化方向，支持指标优化。

3）**固化过程可控**。当确定多容器管理框架可全量上线之后，固化过程只需要改动云控开关分支中与单浏览内核管理框架相关部分的代码，代码变动范围明确、影响面小、评审成本低、质量风险低。

6.3.2 Web 生态标准的兼容

客观地讲，架构升级对网页场景的适配造成的影响和风险最大，因为搜索业务主要基于网页闭环构建，且多年的历史功能的积累需要在新的架构上适配。改变架构的过程实际上也是改变团队成员认知的过程。将多容器管理概念应用到纯网页浏览的环境中，相当于对多个网页容器进行管理。这部分的工作需要以 Web 生态的标准作为基础，在确保网页容器的功能有效的前提下，再进行框架层的功能构建。

1. 是否需要拆分网页容器的评估

当采用多容器的方案时，因为用户在浏览过程中会存在不同类型容器切换的情况，如图 6-8 所示，为了衔接不同容器间的历史关系，可以使用**多个网页容器共存或单网页容器复用**这两个技术方案。

图 6-8　用户浏览历史多种容器共存

多个网页容器共存是指在用户浏览过程中，可以有一个以上的网页容器支持用户浏览页面的加载，如图 6-9 所示，在浏览历史中有非网页容器时，分别使用不同的网页容器加载页面，由框架控制不同容器的展现及隐藏。

图 6-9　多个网页容器共存支持历史衔接示例

而单网页容器复用是指在用户浏览过程中，只有一个网页容器支持用户浏览页面的加载。由框架控制不同的容器的展现及隐藏，网页容器根据当前状态加载对应的历史，如图 6-10 所示，在浏览历史中有非网页容器时，只有一个网页容器加载网页，当前历史在网页容器 1 历史 2，用户在后退两次后，由框架控制展现网页容器 1，同时网页容器 1 还需要切到历史 1，这样才可以衔接完整的浏览历史。

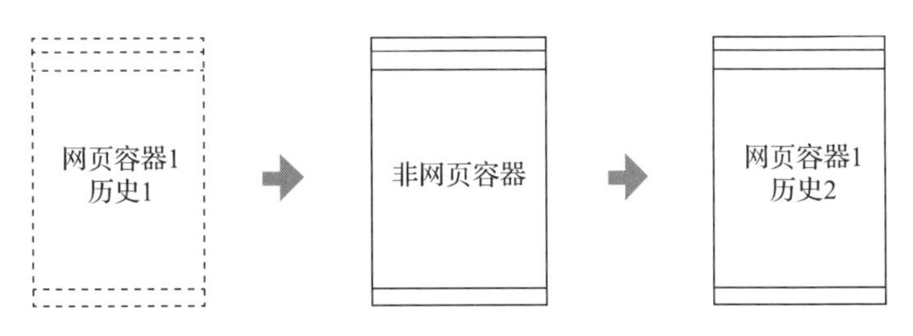

图 6-10　单网页容器复用支持历史衔接示例

最终，我们团队决定使用**多网页容器共存的方案**，支持网页的加载，主要综合了以下 3 点思考。

- **性能优化方法**：如果使用单网页容器复用的方式来支持网页内容的浏览，相当于框架升级对于现状没有改变，一些预处理的方法无法实现，从而无法获得更大的收益。
- **维护成本**：多容器管理框架上线之后，搜索浏览的内容包含网页及非网页的格式，这时就需要不同类型的容器承载。不同的容器之间的切换在搜索浏览过程会很常见，单网页容器复用的方式为了支持不同类型的容器历史衔接，需要单独记录容器内的历史数据，也需要记录每一条历史与整体历史之间的关系。当容器在切换时需要重新加载页面及更改在容器在视图栈中的位置时，维护成本高。对于框架层来说，历史管理标准很难统一。
- **技术可行性**：在浏览器中也支持多窗口（新窗口打开 / 新标签），这相当于创建了一个新的浏览内核实例来加载网页。这与新建网页容器的技术实现很相似，因此可以说明在技术层面是可行的，但需要详细确认技术方案。

2. 网页容器切换原则

在确定可以使用多个网页容器支持框架的历史衔接之后，我们综合考虑了搜索全流程的场景需求、不同类型页面之间的相关性以及多容器管理框架的收益目标。之后，将网页容器分为网页结果页容器和网页落地页容器这两种类型，并制定了多容器管理框架中多个网页容器之间的创建和跳转策略。具体而言，如果当前活动页面的类型与将要打开的页面类型不同，则需要创建不同的容器来加载新页面。网页内容容器切换如表 6-1 所示。

这意味着网页容器被分为两种类型，网页结果页容器和网页落地页容器。当不同类型的页面之间进行切换时，使用不同类型的容器来承载，这样做不仅保留了搜索分发过程中的一些优化手段，还实现了技术风险的可控。预计多容器管理框架上线后，可以在网页内容浏览场景中获得以下 4 个维度的收益。

表 6-1　网页内容容器切换

当前页面类型	新页面类型	是否打开新容器
网页结果页	网页结果页	否
网页结果页	网页落地页	是
网页落地页	网页结果页	是
网页落地页	网页落地页	否

- **统一搜索结果页的点击转场动画效果**。在单浏览内核中，因为大部分落地页为第三方服务，所以结果页点击切换至落地页时的转场动画效果无法统一管理。当实现了结果页与落地页的拆分后，容器间的转场动画效果可以作为基础能力，支持不同容器在打开时以统一的动画效果呈现给用户。
- **结果页和落地页之间可快速的切换**。众所周知，用户在搜索浏览的过程中经常切换结果页与落地页，直到搜索需求满足。当把结果页和落地页划分为不同的容器后，在容器间切换时页面不需要重新加载，使得落地页和结果页可立即切换及展现。
- **可预加载异步搜索框架**。在框架中创建多个结果页容器，提前加载异步搜索框架，当用户进行搜索时，只需更新与结果相关的资源和数据，从而提升搜索体验。
- **可预渲染落地页**。在用户浏览结果页时，创建一个或多个落地页网页容器，进行页面的预加载预渲染，当用户点击对应的落地页时，可以立即展现已经预渲染完成的落地页容器给用户。

将网页容器划分为结果页容器及落地页容器这两类容器来管理，研发方式依然遵循并行化研发的方案设计，相关的变动主要在容器这一层体现，原有的网页加载及业务扩展逻辑并不做改变，并行研发方案依然有效。

从多容器管理框架的角度来看，这是两种不同类型的内容，需要使用两种不同类型的容器来承载。在多容器管理框架中，当在一个容器中打开新页面时，如果当前容器不支持打开该页面，就应该将事件分发到框架层，框架层会根据页面类型创建对应的容器并加载该页面。

3. 页面依赖 referer 问题兼容

页面切换原则确定下来后，网页的切换逻辑就清楚了。在一个容器中，如果需要加载不同类型的页面，则需要创建新的容器。因为部分站点的服务端会根据 referer 进行页面的逻辑处理，如图 6-11 所示，如果只将 URL 作为参数，打开新页面时就会存在异常的情况，如白屏、排版异常等，如果将整个请求作为参数在新容器中加载网页，则不会出现异常。

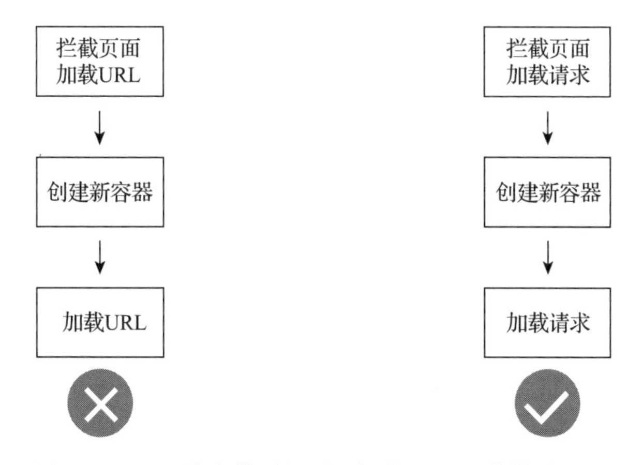

图 6-11　通过请求传递新页面加载 referer 依赖的问题

4. 音视频播放控制兼容

用户在浏览网页时，如果从 A 页面切换到 B 页面，且两个页面是在同一个浏览内核中加载的，那么 A 页面的内容会被覆盖，正在播放的音视频也会停止。如果从 A 容器切换到 B 容器，且 A 容器没有被销毁，那么 A 容器中的音视频仍在播放。此时，用户若想停止 A 容器中的音视频播放，只能切换到 A 容器中进行手动停止。

因此，在多容器管理框架中，需要确保在同一时间点，最多只有一个音视频处于播放状态。如图 6-12 所示，当从一个容器切换到另一个容器时，应先停止容器内的音视频播放。具体的音视频播放控制逻辑应遵循所属关系的管理原则，从而在容器内实现对音视频播放的控制。

在 iOS 平台，因为使用的是系统级浏览内核，可操作手段较少，业界常用的方案为使用 JS 控制页面中音视频的播放状态。在非网页内容的容器中，打开或切换新的容器中时，同样也需要停止音视频的播放，以及停止执行一些比较消耗资源的代码。

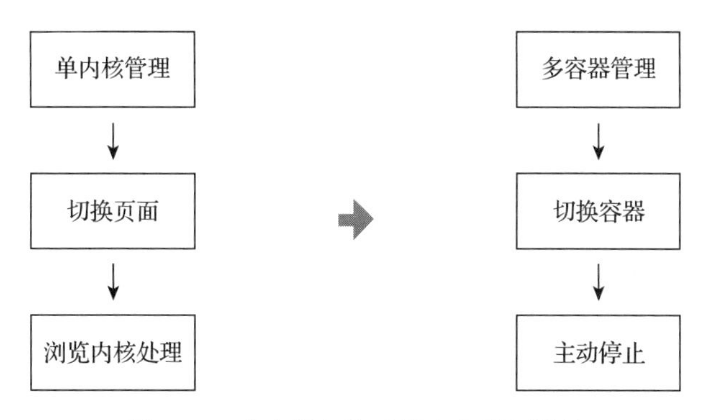

图 6-12　多容器切换时停止音视频播放

5. 共享数据兼容

Cookie 和 SessionStorage 这两类数据的作用范围分别为页面级和域名级的，当应用使用了结果页与落地页的分类原则后，在结果页和落地页间使用多容器，基本上可以规避跨域或页面数据在多浏览内核中的数据同步的问题，是没有技术风险的。

6.3.3 页面加载速度指标劣化

在单浏览内核的管理框架下，从结果页中打开落地页是在同一个浏览内核实现的。但在多容器方案中，浏览内核附属于容器，打开新页面时需要创建一个新容器（同时也创建浏览内核），这个过程是有时间消耗的，对页面加载速度指标有负收益，需要在多容器管理框架升级过程中解决。

框架升级为多容器之后，从技术的角度来看，可以支持预创建容器、预加载网页、预渲染网页，这些能力的目标是对页面加载速度指标提供正收益，这也是本次架构升级的目标之一，详情在 6.8 节中介绍。

6.4 容器生命周期管理能力建设

多容器管理框架支持不同类型的容器接入，并统一的管理，随着用户的使用次数增加，创建的容器会越来越多，消耗的资源也会越来越多，这会对 App 的稳定性产生影响。容器的创建和销毁，需要在多容器管理框架中管理，框架层应该明确生命周期管理的标准及转换流程，每个容器按照标准实现内部功能。

6.4.1 抽象容器的基本生命周期事件

基于业务中页面加载过程的依赖及兼容性，结合多容器管理框架的目标和搜索浏览过程中页面的切换变化，可以将多容器管理框架中容器的生命周期事件分为以下 3 类。

- **创建容器**。当在一个容器打开的内容需要另外一个容器支持时，根据将要打开的内容类型创建一个新容器，并传入相关的数据参数。典型的场景如：在网页结果页容器中，点击打开的内容类型是网页落地页，则在创建网页落地页容器之后再加载网页落地页。
- **更新容器内容**。在容器要展现的内容有变化时，更新容器的内容，典型的场景如：使用一个已经创建的容器来加载新的内容，常见于在容器切换时更新容器的内容。
- **销毁容器**。销毁一个容器，释放容器相关资源，典型的场景如创建一个新容器展现内容，原容器在不需要时被销毁。

框架层定义了基本的生命周期事件，在多容器管理框架中统一管理 App 中接入的不同容器，并结合框架的设计目标及业务实现进行合理的调度。不同类型的容器在接入时，需要按照标准响应基本的生命周期事件。

6.4.2　统一容器生成入口和数据结构

容器在创建时通常是由调用方传入调用相关参数的，不同容器的参数不同，调用的来源主要为网页。多容器管理框架实现了统一的容器生成入口，可全局使用，我们把这个能力叫作**生成器（容器生成管理）**，生成器根据将要生成的容器类型，按照协议标准创建容器和透传调用参数。

在数据层，将网页调用容器时传给客户端的数据统称为容器调用协议，容器调用协议主要分为两部分，如表 6-2 所示，容器的类型和容器的自定义数据（参数）。基于这样的数据格式，生成器可直接提取及使用容器类型字段，创建对应的容器，并将容器的自定义数据透传给该容器并进行解析。相当于生成器与容器调用协议解耦，容器自定义数据的变化与生成器无关，生成器长期处于稳定的状态。

表 6-2　容器调用协议的数据结构

字段	说明
Container Type	容器的类型
Custom Data	容器的自定义数据

整体的流程就是当有一个新容器接入时，向框架的生成器模块注册关联对应的“Container Type”及对应的容器。当需要打开一个新容器加载内容时，生成器模块会根据“Container Type”确定关联对应的容器，按照协议约定创建容器并透传自定义的数据初始化该容器。容器创建后遵循框架的生命周期管理标准，在多容器管理框架中统一管理，默认容器在创建之后就会展现，原容器设为**非活动态**，新的容器为**活动态**。

容器的创建由生成器根据其类型进行管理，容器的自定义数据在容器的内部进行解析及处理，容器的生命周期由框架统一管理。遵循这样的标准，可以快速接入容器，实现框架层与容器的解耦，因此，业务引入新容器或容器的自定义数据升级时，框架层基本上是近零变动的。

6.4.3　资源消耗和收益的平衡

容器的创建、更新、销毁及生命周期相关事件，在多容器管理框架中都有了对应的标准。理想的状态是每个历史容器都不会被销毁，这样就能在切换到历史容器时实现即时展现。但拉长用户的操作路径看，这个想法是不现实的，因为用户的搜索及浏览行为是不确定的，创建的容器个数也随用户的操作而变化。如图 6-13 所示，容器的个数随着用户搜索浏览而变化，资源的消耗随着容器的增加而增加，当用户使用搜索客户端一段时间后，系统资源必然不够用，稳定性也会受到影响。何时销毁这些创建的容器，需要在多容器管理框架中有明确的标准及调度实现。

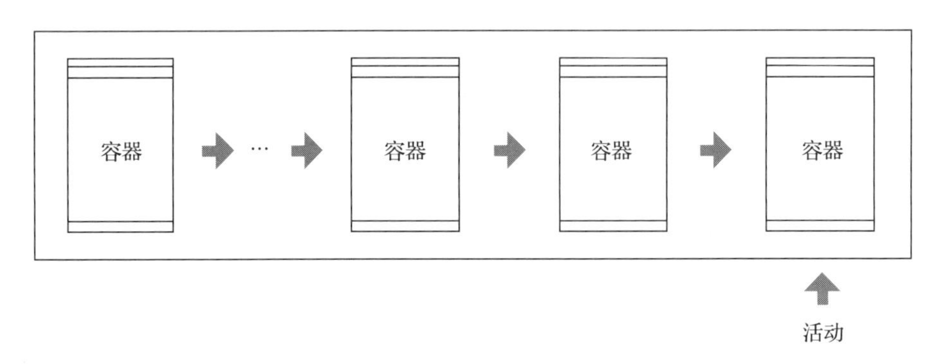

图 6-13　资源的消耗随着容器的增加而增加

1. 多容器与资源消耗的逻辑关系

容器创建后不被销毁虽然会消耗资源，但在某些场景下也有技术收益。例如，如果浏览历史中的容器没有被销毁，当用户进行前进后退操作时，就可以直接切换及展现，让用户立即看到之前加载的内容，这可以提高用户的浏览体验。反之，如果历史容器被销毁了，那么当用户进行前进后退操作时，需要重新加载，这时会增加用户等待时间和网络资源的消耗。

另外，也有一些容器需要被提前预创建出来。当用户打开不同类型的页面时，直接使用对应的容器加载页面，这样可以节省容器创建的时间。甚至可以实现预加载和预渲染页面，从而实现页面秒开的极致体验。

结合用户的使用情况，在多容器管理框架下，资源消耗是线性增长且可预期的。随着活动容器的增加，资源消耗也会增加。不同的方案会有不同的收益和资源消耗，需要在资源消耗和收益之间找到平衡点，不能无节制地创建容器。因此，多容器管理框架应该统一管理所有容器，并制定容器的创建及销毁策略，以确保资源的高效利用，实现资源消耗与收益的平衡。

2. 多容器资源消耗优化策略

从上述逻辑关系可以知道，多容器管理框架需要从整体来考虑资源的消耗与收益之间的平衡，不能只关注当前的收益影响，应制定合理的策略来统一管理所有容器的创建和销毁，以确保资源的有效利用和平衡。可以基于以下 3 个维度进行权衡。

- **容器数量多导致资源消耗大，如何解决？**为了解决资源消耗问题，在多容器管理框架中实现容器池管理机制，用来存储已经创建的容器，并对容器的生命周期事件进行管理。在容器池管理机制中，设定了最大容器数量的限制，且引入了容器状态的概念。只有在当前视图栈顶的容器才处于**活动态**，非当前视图栈顶的容器为**非活动态**（容器没有被销毁），当容器池中的容器个数超过最大容器数量时，非活动态的且最长时间没有使用的容器才被销毁，这样就可以实现容器间平滑切换的体验及资源的消耗的平衡。
- **限定容器池最大容器个数，销毁的容器如何管理？**限定了容器的最大容器个数，当用户浏览历史个数超过容器池最大个数时，一些容器就会被销毁，但这些容器对应的历史关系还存在，存在再次被打开的可能。如果再次打开时，能快速地恢复容器之前的状态，那依然可以实现容器间的平滑切换。可选的方法就是在多容器管理框架中增加容器缓存机制，支持容器的数据缓存，在容器被销毁时，其中的数据已缓存。当这个容器被再次需要时，直接从缓存中读取数据，相较于从服务端拉取数据，速度和可用性得到了保证。
- **销毁的容器数据需要缓存，恢复机制如何实现？**当容器被销毁时，容器的生命周期已经不存在了，无法实现自恢复。但容器产生的历史还在 App 的整体浏览历史中，用户在浏览时存在重新打开该容器的可能，故恢复容器的逻辑需要在**容器的浏览历史管理**模块中实现。

总的来说，在 App 中应当限制最大可用容器个数，并通过容器池进行统一管理。当容器数量超过上限时，需要销毁多余的容器，但要将其数据缓存到本机。当需要恢复容器时，直接从本机提取数据，恢复相应的容器及内容。如此一来，用户的浏览效果基本上可以与直接切换容器的效果相媲美，同时资源消耗的问题也在框架层面得到了有效的控制。

图 6-14 为容器池管理机制，可以看出，容器历史关系没有变化，只是对容器的最大可用个数进行了限定，在需要创建新容器时，容器池先销毁一个最近很少用到的容器，之后再创建一个新容器供加载新页面使用，这样资源的消耗在达到一定的量级后趋于恒定。

整个调度策略在框架层实现，缓存的数据内容由容器内部来实现，这样可以做到容器的缓存及恢复细节在框架层解耦。进一步地，从框架层面来看，在增加优化策略时，容器可以不进行任何调整，比如在打开新页面时可以复用容器池中同类的容器，这样容器的创建成本也可以优化。当浏览历史有变更时，可以提前对可能要展现的容器进行预恢复，具体细节在 6.7 节中进行介绍。

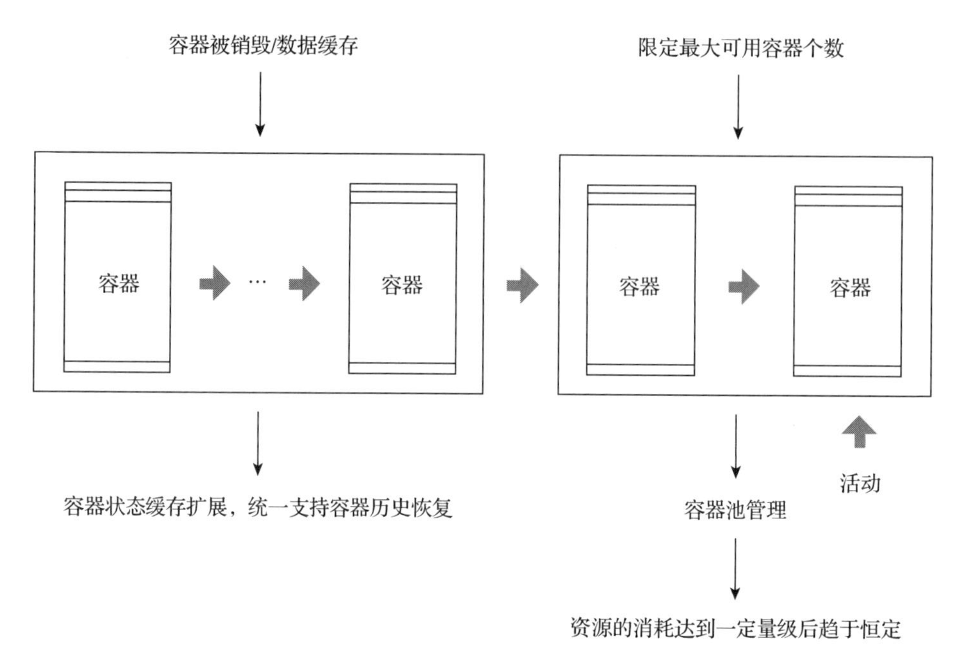

图 6-14　容器池管理机制

6.4.4　小结

容器的生命周期管理工作主要包含容器生成管理、容器状态管理及容器池管理，容器的生命周期管理核心能力模型如图 6-15 灰色部分所示。

- **容器生成管理**。统一容器的调用协议标准、生成标准。根据容器的类型创建容器，传入容器自定义数据初始化容器。容器的调用协议是框架、容器及调用源页面均需要遵循的通用标准，基于该标准，框架不需要更改即可接入新的容器，在不同的调用源页面中只要配置了对应的协议，即可打开对应的容器。
- **容器状态管理**。统一容器的生命周期标准，容器被创建后主要有两种状态，活动态和非活动态。容器的生命周期需要遵循统一的生命周期标准，在容器内部可知晓自身的状态。基于容器的基本生命周期事件定义，容器需要遵循的生命周期事件包括被创建、激活、失活、被销毁、恢复等。这些事件通过接口约定，由容器层来实现，框架层综合多维度的因素对容器的状态进行计算，通知容器层状态的变化，在容器内执行容器内部相关逻辑。
- **容器池管理**。统一容器的创建与销毁入口，在内部实现对容器的创建、销毁、复用、恢复、数量上限控制等。同时根据不同的设备配置和资源使用情况，容器内部会应用不同的策略，以确保资源消耗可控的同时，容器能够有效地复用。

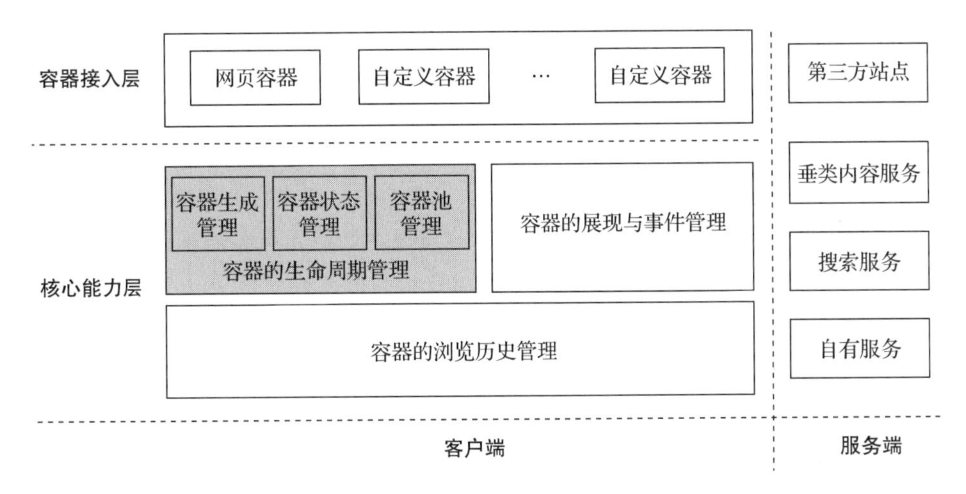

图 6-15　容器的生命周期管理核心能力模型

6.5　容器的展现及事件管理能力建设

在原有单浏览内核管理框架中，结果页及落地页都是网页的格式。用户在首页发起搜索，进入搜索场景，这时浏览内核一直处于活动态，为用户展现网页的内容及响应用户输入的相关事件。用户在切换浏览历史时，页面的加载及展现逻辑由浏览内核来处理。

当搜索 App 中接入了非网页格式的内容后，在网页中打开非网页格式的内容时，需要切换到这个非网页格式内容的业务视图中加载，同时该业务视图可见，是可交互的状态。原网页为不可见，是不可交互的状态，非网页格式内容的业务视图的展现，以及事件的处理均超出了原有单浏览内核管理框架的能力范围。

在多容器管理框架中，这些非网页格式内容的业务视图均以容器的方式接入到多容器管理框架中统一管理。在多容器管理框架中提供了基础的视图栈及相关的管理能力，多容器管理框架有自己的根视图，所有容器视图均归属于根视图，在根视图中的子视图是同层级的关系，如图 6-16 所示，由根视图统一管理，包括容器的视图展现管理、视图生命周期事件管理、手势事件管理。

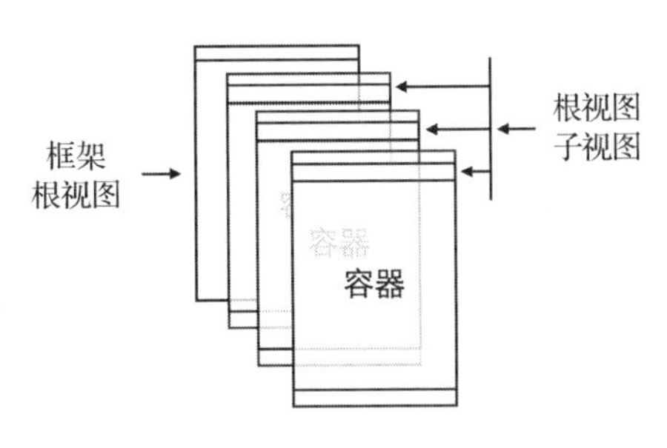

图 6-16　根视图和子视图的关系

6.5.1　容器的视图展现管理

容器的展现和切换由框架来管理。在容器的切换过程中，框架提供了多组基础的容器转场动画效果（即动效），并允许容器通过参数控制所需的转场动效，同时也支持容器自定义动画效果。

整体的转场动效处理流程如图 6-17 所示，容器切换发生在两个容器之间，触发的时机为打开新页面、前进或后退的页面操作时，即从一个容器（切出方）切换到另一个容器（切入方）。在多容器管理框架中实现了获取切出方容器视图和切入方容器视图实例的能力，基于该能力，可以自定义容器切换过程中的转场动效。当框架确定浏览历史产生变化时，会通知当前容器执行自定义或默认的动效。

容器切换的过程，实际上也是在切换容器的活动状态。在这个过程中，先执行当前活动态的容器和将要切换的容器的转场动画，然后分别更改这两个容器的活动状态。每个容器根据状态的变化对内容展现进行相应处理。例如，容器从活动态变为非活动态时需要暂停音视频播放，进行资源释放等。

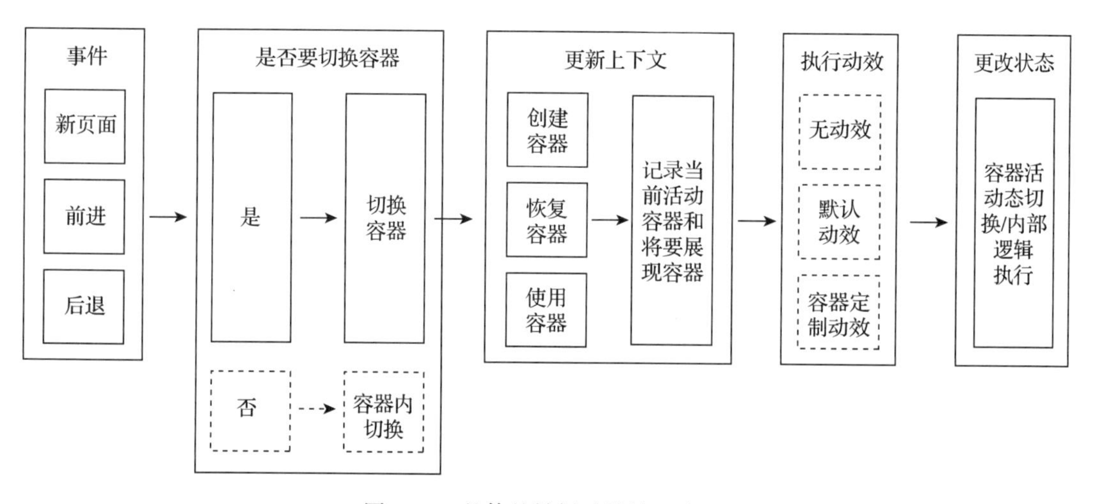

图 6-17　整体的转场动效处理流程

6.5.2　容器的视图生命周期事件管理

当容器视图的可见性发生变化时，框架层需要触发相应的视图生命周期事件，以使业务容器能够响应这些变化。在多容器管理框架中，定义了与原生 API 一致的视图生命周期事件，并实现了相应的事件管理能力。这样做的好处是，容器不仅可以接入多容器管理框架，还可以在没有多容器管理框架的 App 中直接使用，这极大地方便了业务的理解和接入。视图的生命周期事件主要包括以下 4 个。

- **视图即将展示事件**：视图准备在屏幕上显示，在容器入场动画开始前执行，容器收到该事件时，可以做一些视图即将展示的准备工作。

- **视图完成展示事件**：视图在屏幕上显示，在容器入场动画结束时执行，容器收到该事件时，可以做一些展示后的激活工作。
- **视图即将离开事件**：视图准备从屏幕上离开，在容器出场动画开始前执行，容器收到该事件时，可以保存更改信息或其他状态信息。
- **视图完成离开事件**：视图从屏幕上离开，在容器出场动画后执行，容器收到该事件时，可以做一些清理工作。

同时结合容器的生命周期状态，也扩展了 4 个与容器活动状态的事件，具体如下。

- **容器将要激活**：容器激活中，此时容器即将显示到页面。
- **容器完成激活**：容器激活中，此时容器已经显示到页面。
- **容器将要失活**：容器失活中，容器即将不显示。
- **容器完成失活**：容器失活中，容器已经不显示。

容器的扩展状态变化如图 6-18 所示，活动态及非活动态为容器的终态，激活中和失活中是容器转场过程中的状态。在多容器管理框架中，这 4 个事件在产生时向容器传递了一些额外的参数，包括容器的打开方式（新开 / 前进 / 后退）、打开源（调用方）、是否手势切换等，容器可以通过这 4 个事件的通知在内部感知自身的状态变化，并结合相关的参数实现容器中的功能构建。

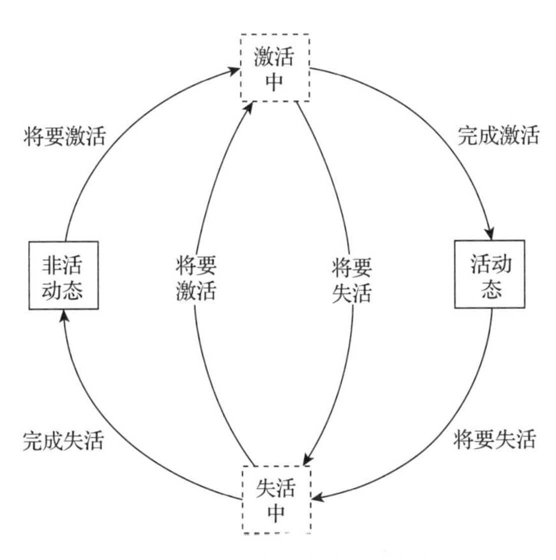

图 6-18 容器的扩展状态变化

在容器创建、销毁和切换之时，可以精准地在框架层触发对应的事件，并能够衔接好原生系统、多容器管理框架与容器之间的关系，这样对于之前已有的 NA 业务，也可以实现低成本地以容器接入到多容器管理框架。

6.5.3 容器及框架的手势事件管理

在移动设备中，点击和滑动是典型的手势输入方式。多容器管理框架支持手势切换容器历史，同时容器内部的手势操作也具有多样性，并且与页面内容相关。手势之间可能存在相互影响的情况，因此需要在框架层进行统一处理。在多容器管理框架中，手势被分为四个级别，分别是页面级、容器内级、容器间级和框架间级，响应的优先级从高到低为 页面内、容器内、容器间、框架间。

举一个典型的案例，如用户的浏览历史为容器 B、容器 A（页面 1、页面 2），容器 A 的页面 2 中有一个区域 A.2.x 可以响应左右滑动事件。这时用户向右滑动手势，其处理优先级如图 6-19 所示，以下依次进行示例描述。

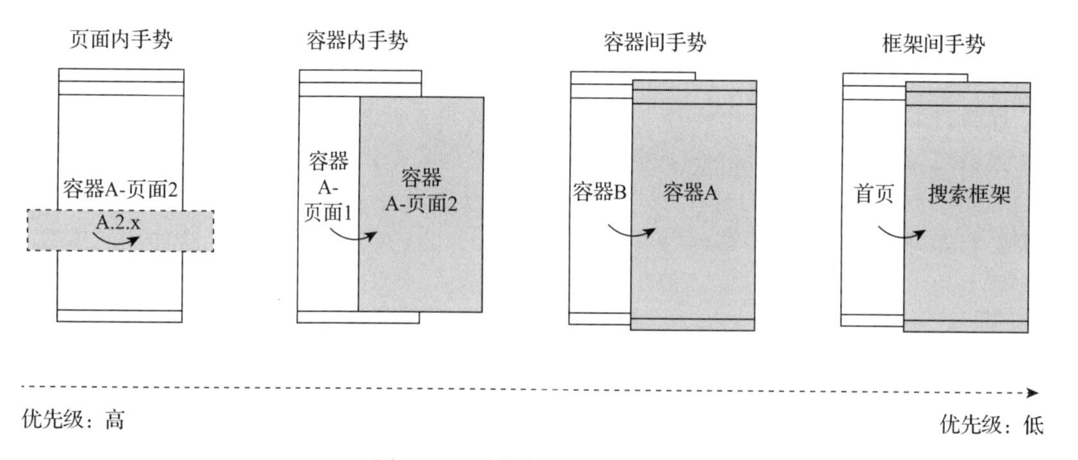

图 6-19　手势事件处理优先级

- **页面内手势**：手势产生在 A.2.x 这个条目上，则属于页面内手势，可滑动该区域，只有当该区域不可响应滑动事件时，将事件传递给容器，在容器内处理。
- **容器内手势**：手势没有产生在条目 A.2.x 中，容器 A 需要处理该手势，则该手势属于容器内手势，页面 2 切换到页面 1，同样也是在容器内处理。
- **容器间手势**：手势产生在容器 A- 页面 1 中，容器 A 不需要处理该手势，交给框架处理，框架确定当前历史中还有容器 B 可以后退，则该手势属于容器间手势。根据历史信息确定，容器 A 切换到容器 B 后，这个手势交给多容器管理框架处理，每个容器可以调用对应的接口。
- **框架间手势**：手势产生在容器 B 中，容器 B 不需处理该手势，交给框架处理，此时该手势属于框架间手势，因为容器 B 已是最前面的容器，则切换到首页。

整个过程中，手势事件管理模块的工作就是手势识别和优先级处理，最终根据识别的结果执行相关动作。

6.5.4 小结

在多容器管理框架中，需提前约定容器展现及交互过程需要响应的事件，并由容器实现对应的逻辑。根据当前框架中的容器状态和用户的实际使用情况，对产生的事件进行统一调度，可以确保接入的容器有序、有规则地响应具体事件。容器的展现与事件管理核心能力模型如图 6-20 灰色部分所示。3 个核心能力主要包括容器的视图展现管理、视图生命周期事件管理以及手势事件管理。

- **容器的视图展现管理**：负责容器的展现过程的管理，包括容器的转场过程的支持，容器切换及活动状态的变更。在容器切换过程中，可以实现默认的转场动画效果，同时支持容器自定义扩展转场动画效果。
- **容器的视图生命周期事件管理**：在框架层定义了与系统原视图生命周期对齐的生命周期事件，同时还扩展了与容器活动状态相关的事件。在容器展现过程中，这些事件会根据容器切换时的状态而产生，并被分发到相关的容器中。
- **容器的手势事件管理**：将手势优先级分为 4 级，支持容器有序地响应手势事件，以及处理多手势之间的冲突。

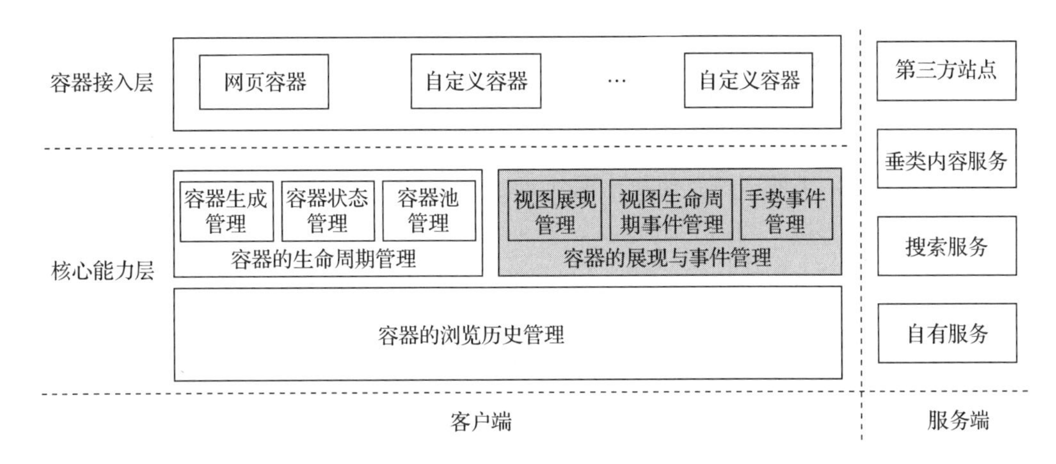

图 6-20　容器的展现与事件管理核心能力模型

6.6 容器的浏览历史管理能力建设

在原有单浏览内核的管理框架下，网页的浏览能力由浏览内核承载，浏览历史也由其管理。浏览历史管理功能作为默认的浏览历史管理能力，支持搜索全流程中的网页浏览。

当 App 中实现多容器管理框架后，容器的类型不再局限于网页格式。在用户进行搜索和浏览的过程中，可能会打开其他不同类型的内容。此时，容器之间的历史管理已经超出了浏览内核的浏览历史管理能力范围，因此需要在多容器管理框架内实现浏览历史管理能力。

6.6.1 容器浏览历史的操作

在实现多容器内的历史管理能力之前，先要明确多容器历史管理能力管理的是什么，应该如何来管理。

可以参考浏览内核中的历史管理能力，浏览历史是以数组的方式存储的，在数组中存着每一条历史条目。历史条目关联的是一个**页面**的基础数据，包括 URL、title 等信息，同时有一个实例记录当前正在展现的历史条目（后面以**当前展现历史**代指当前正在展现的容器历史条目）。历史的操作包含添加、删除、当前展现历史更新等。

在多容器的历史管理能力建设时，每个节点中存储一条历史条目，历史条目关联一个**容器**的基础数据，同样也需要使用一个实例记录当前正在展现的历史条目，历史的操作同样包含添加、删除、当前展现历史更新等，与浏览内核中的历史管理策略有不同。

- **历史的添加**：常见于用户搜索或浏览页面时点击某个链接，打开一个新的页面，在当前的容器中或创建容器后在新容器中打开，这时需要按照历史的顺序，在当前正在展现的历史条目后增加一条新的历史条目。
- **历史的删除**：常见于浏览历史出现分叉时，在删除分叉的历史信息后，对应的历史条目数据被移除，如图 6-21 所示，当前展现历史为 3 时，进入了新的容器 7，这时原历史在 3 与 4 的衔接处就分叉了，4 及之后的历史条目就需要删除。
- **当前展现历史的更新**：常见于用户在浏览页面时，通过按钮或手势，操作当前展现历史的前进与后退。当前展现历史随着操作指令，结合当前的窗口中产生的浏览历史进行当前展现历史的更新。

历史除了通过容器的创建产生外，在容器内打开新页面也会产生。但是在容器内产生的历史，不需要框架层来管理。原则上讲，容器间的历史变化由框架层的历史管理模块负责，容器内部的历史关系由容器内的历史管理模块负责。操作流程及机制与在框架层的标准统一，业务可以按照需要进行差异化的定制，但容器内部历史操作的优先级应该高于容器间历史操作的优先级。

6.4 节提到了容器创建后没有销毁导致资源消耗过高的问题，在多容器管理框架中引入了容器池和缓存的机制来实现效果与资源的平衡。在用户使用的过程中，每个容器的状态会根据用户搜索浏览的情况而改变，有的容器变为活动态，有的容器变为非活动态，有的容器需要缓存后被销毁，甚者有的容器的要从浏览历史节点中移除。

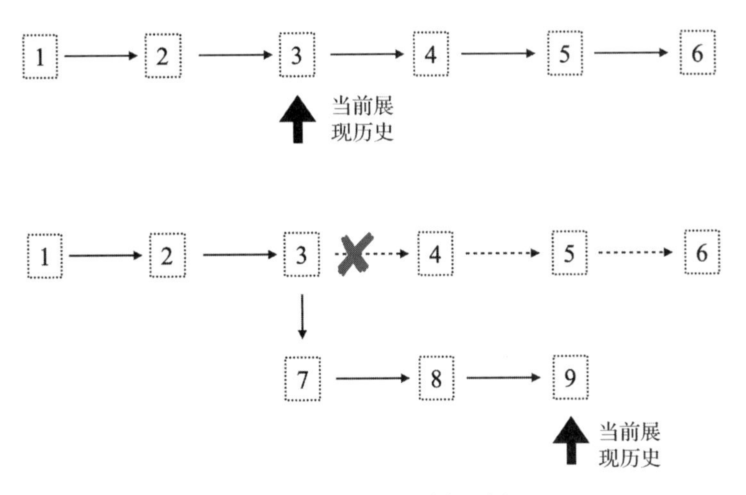

图 6-21　历史的删除示例

用户浏览历史的变化，驱动着容器状态的变化，容器状态的变化又受到历史条目及当前活动容器位置的影响。如图 6-22 所示，容器的历史与容器是一对一的关系，每一条历史数据都可以关联一个容器，当容器被销毁时，历史关系还在，当容器需要恢复时，可以使用历史中的数据进行恢复，并关联该容器。对于容器层的历史操作，在浏览历史的变化过程中统一处理，由容器的历史状态管理模块实现。

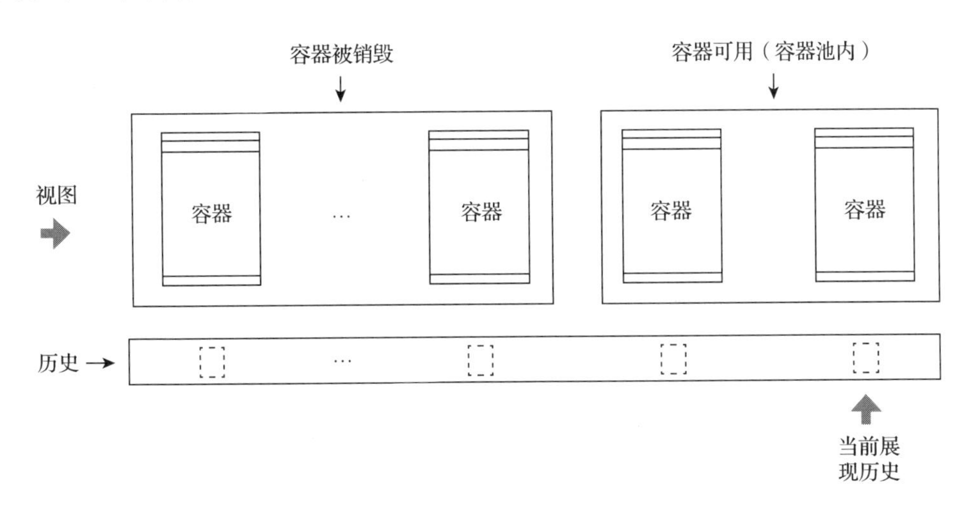

图 6-22　历史与容器的关系

在移动设备上可视区域有限，在多容器管理框架中容器的视图区为全屏。同一时间仅有一个容器处于活动态，即用户可见、可响应及可交互的状态。只有当前展现历史关联的容器是活动态的，当前展现历史的变化才影响着容器活动状态的变化。

当前展现历史的变化由活动态的容器交互产生，常见于打开新页面、前进、后退等操作。这些操作在框架层作为基础能力提供给每个容器使用，在响应这些调用时既更改了历史，同时改变了当前窗口中的容器状态。

6.6.2 容器浏览历史条目的存储

网页浏览过程中产生的历史是线性的，历史节点中存放的是 URL。在非网页内容的容器中，历史可能不是 URL，而是创建容器并初始化该容器时的数据。也就是说，不同类型的容器，历史记录的格式不同，这时需要统一定义。

1. 历史条目的数据管理原则

结合容器状态、视图状态、浏览历史衔接的目标，浏览历史节点条目的管理原则如下。

- **历史数据以容器为独立条目管理**：容器与历史的关系明确，容器的历史条目和容器状态绑定，具备较好的扩展性和适用性。
- **容器内部历史数据由容器自管理**：容器的内部历史数据由容器自管理，框架层不需要关心这些细节。这种方式降低了不同类型的容器在内部定制历史数据的成本，并且在增加新容器时，框架层不需要再适配。
- **历史条目关联多窗口信息**：多容器管理框架与 App 是一对一的关系，而与窗口是一对多的关系，这样的好处在于，不同窗口中的容器可以统一管理、调度及复用。

2. 历史条目的数据基本格式

历史条目的数据格式基于容器调用协议的数据格式进行了扩展，绑定了容器和所属窗口的信息。历史条目的数据结构如表 6-3 所示，其中 Window ID 是历史条目与当前的多窗口绑定的关系；Container ID 是历史条目与容器的关系，如果 Container ID 不存在，则说明该容器已被销毁；Container Type 和 Custom Data 是复用了容器调用协议的数据格式，这样容器被销毁时可以扩展自定义数据进行缓存，被销毁的容器也可以使用自定义数据直接恢复。

表 6-3 历史条目的数据结构

字段	说明
Window ID	窗口 ID
Container ID	容器 ID
Container Type	容器类型
Custom Data	容器自定义数据结构（这个数据结构不限于创建时的数据，容器内部的状态是可以自记录的）

浏览历史使用**双向链表**的方式进行衔接，主要的依据为，历史节点的添加和删除可以

在历史的任意位置，特别是删除，在浏览历史分叉时，某一段的历史都将被删除，当前展现历史的前进和后退都是单步调整，双向链表实现复杂度最优。

3. 历史条目的数据存取方式

基于浏览历史条目的数据结构设计，多容器管理框架相当于管理了 App 中的搜索浏览历史，资源的使用会受多窗口的个数、历史的路径长度及每个历史条目的大小影响。在移动设备中，硬件资源相对有限，用户的手机基本上不会关机，App 在使用后往往被切换到后台，待有需要时再打开。

历史条目的存储的实现上需要考虑资源的消耗，以避免极端情况下资源消耗产生异常。如图 6-23 所示，历史条目的存取管理使用二级存取的方式，分别为内存级及磁盘级，容器的历史默认以内存的方式存取，容器的历史条目更新到内存后，历史管理模块使用异步的方式将对应的条目数据缓存到磁盘，不会因为 IO 读写产生卡顿而影响用户的交互。

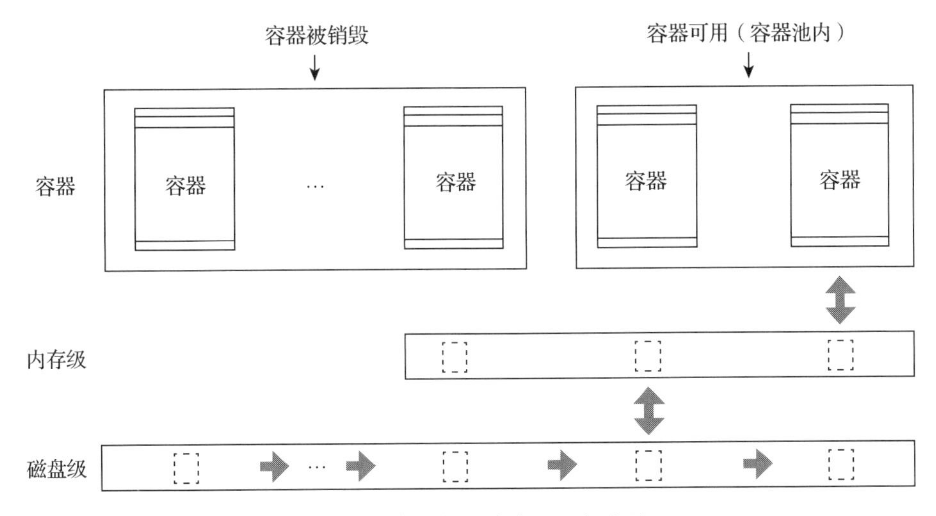

图 6-23 容器的历史条目二级存取

内存能存取的条目有上限，当历史条目超过一定的量级之后，产生新历史条目时将会根据 LRU 算法（近年很少用）移除内存中的某条历史条目，在当前展现历史移动时，对应地也会按照算法将历史数据提前从磁盘读取到内存中。

6.6.3 小结

基于上述介绍，容器的历史管理工作主要包含历史数据存取管理、历史记录管理及历史状态管理，容器的历史管理核心能力模型如图 6-24 灰色部分所示。

- **历史数据存取管理**：实现基础的容器历史数据存取能力，对历史条目的数据结构的存储能力进行封装，包括对该数据的创建及变更，支持数据写内存、写磁盘和数据读写的事件通知等。
- **历史记录管理**：记录当前多容器管理框架中容器间的历史关系，历史管理模块主要用于记录当前窗口的浏览轨迹，提供历史新建、保存、更新的能力。
- **历史状态管理**：根据历史的操作变化，对当前窗口的中的容器状态进行设定。结合当次历史变更的操作，获取完整的浏览历史条目数据，进行浏览历史数据重建，包括关联容器、销毁容器、恢复容器、更新容器活动状态、缓存数据、清理浏览历史条目等。

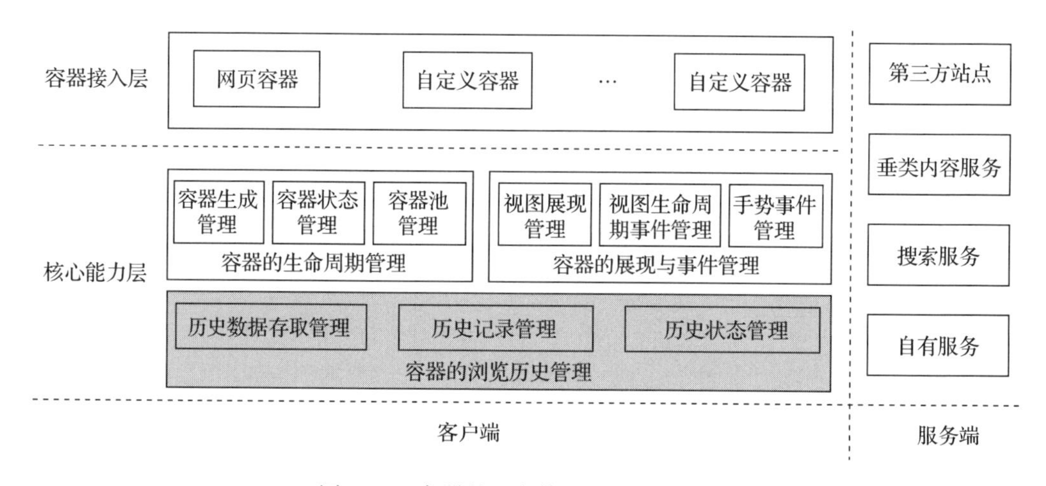

图 6-24　容器的历史管理核心能力模型

6.7　多容器管理框架的应用

前面介绍了容器的生命周期管理、展现及事件管理、浏览历史管理，从功能的构建来看都是静态的，很难理解实际的应用过程中它们是如何衔接及变化的。本节介绍业务如何接入多容器管理框架，并结合实际的应用场景，说明多容器管理框架如何管理容器。

6.7.1　容器接入多容器管理框架

基于框架的实现目标，当多容器管理框架上线之后，业务可基于框架提供的能力，以容器的方式接入到框架中，并实现业务的需要。为了使业务接入到多容器管理框架时较少适配成本，框架层为容器接入提供的接口主要分为以下几类。

- **容器基础类**：在框架中提供了默认的容器基础类，接入方可以直接继承该类，将其作为一个容器直接接入到多容器管理框架中。在容器基础类中，按照默认的容器接入逻辑，实现容器的创建、恢复、转场动效、手势、生命周期等功能以及响应相应的事件。这样，新业务可以以较低的成本快速接入到多容器管理框架中，而无须过多关注框架中的基础事件。如果需要自定义某些功能，则可以通过重写相应的接口事件实现。

- **容器基础数据类**：即容器的数据基类，由容器的数据模块继承。该数据基类提供了基本的数据定义（参考历史存储数据格式）。接入方通过继承该数据基类，可以实现基础数据的解析，扩展数据的更新及解析，以及持久化数据封装。基于这些数据，框架可以衔接容器的打开、缓存、恢复等操作。
- **容器管理能力**：框架为容器提供了容器管理相关能力的集合，包括创建容器打开新页面、管理前进后退历史、容器转场控制等。基于这部分的能力，容器中可以直接使用框架能力实现内容浏览的衔接，将不需要在容器内处理的逻辑交给框架来完成。

业务在以容器的方式接入到多容器管理框架时，需要按照框架提供的接口和事件标准，这样才可以响应多容器管理框架的生命周期、视图变化、历史变化等相关事件的通知，以及按照约定的标准完成对应的内部逻辑。一个容器接入了多容器管理框架，其历史、生命周期及事件处理按照框架标准和业务的需要进行研发，业务逻辑在容器的内部实现。

在多容器管理框架中，将容器之间的依赖抽象为通用的能力来支持容器的使用，使得容器之间相互独立，这降低了多团队研发协同的影响，使得整个系统中的框架及业务按照设计标准各司其职，多个线条可并行构建及优化。同时，在搜索场景下，内容扩展的成本也会降低，这也是多容器管理框架的价值之一。

6.7.2　打开新页面时的框架处理逻辑

在打开新页面时，当前活动态的容器先根据要打开的页面类型确定该页面是否可以在容器内打开，如不能则调用容器池管理获取一个同类型的容器，如果容器池中有同类型的容器可复用则直接返回该容器复用，如果没有则调用生成器创建一个同类型的新容器，之后在这个容器中打开新页面，下面以这两种情况作示例说明。

- **容器内打开新页面**。如图 6-25 的左侧所示，当前容器 A 中有两条历史记录，当在容器 A 的页面 2 中接收到了打开新页面的事件时，容器 A 先判断新的页面是否可以在容器中打开，如果可以则在容器内直接打开新页面，对应地在容器 A 内增加新历史页面 3；
- **其他容器打开新页面**。如图 6-25 的右侧所示，当新页面在当前活动态容器 A 中不可打开时，容器 A 则把打开新页面的事件发送给框架，框架根据页面的类型创建容器 B，容器 B 切换到视图栈的栈顶展现，设为活动态，容器 A 从视图栈顶移除，设为非活动态，并在容器 B 中加载新页面，页面加载完成后，容器 B 记录页面 1 历史。经过这样的历史变化之后，多容器管理框架中容器的历史条目共有两条，这两条分别关联容器 A 和容器 B。

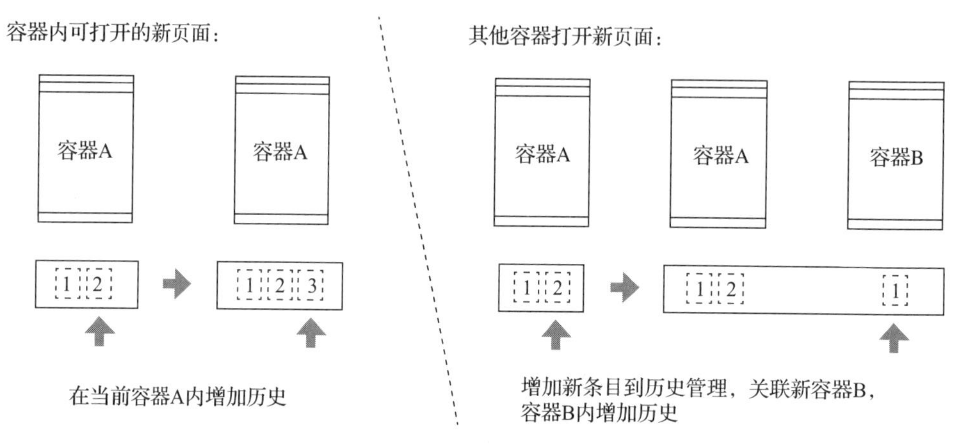

图 6-25　添加新历史的过程示例

在一个容器中可以打开相同业务中的多种类型的内容，同一个业务中的不同类型内容也可以在不同的容器中打开，这些都是可以按需配置及实现的，区别在于是由容器内部还是由框架来管理历史。

如果在打开新页面时需要创建新容器，结合容器生命周期管理的逻辑，当前容器个数超过容器池的最大个数时，历史最久没有使用的容器会被销毁或会被新页面复用，该历史条目关联的容器缓存内部历史数据。历史条目与容器的关系解除（浏览历史条目中的容器 ID 字段为空）。

6.7.3　页面历史切换及优先级处理逻辑

用户在浏览过程中产生了页面历史切换的行为，如果是内部历史切换则由容器内部的历史管理模块负责，如果是容器间的历史切换则由框架的历史管理模块负责。图 6-26 为历史切换的过程示例，图 6-26 的左侧为框架中当前历史状态，共有 A、B 两个容器，每个容器分别有两个页面，当前容器 B 为活动态，展现的页面为容器 B-2。

用户的历史操作行为主要为前进和后退这两种，在移动设备中，可以通过按钮或手势触发，每个容器的视图都独占设备的全屏，按钮及手势均在容器内定制。整体的原则为优先执行当前活动态容器内部的历史切换，如当前活动态容器的历史不可响应，再执行容器间的历史切换，只有当前活动态的容器内的历史不能按照用户的输入而进行历史切换时，才会执行容器间的历史切换，下面以这两种情况作示例说明。

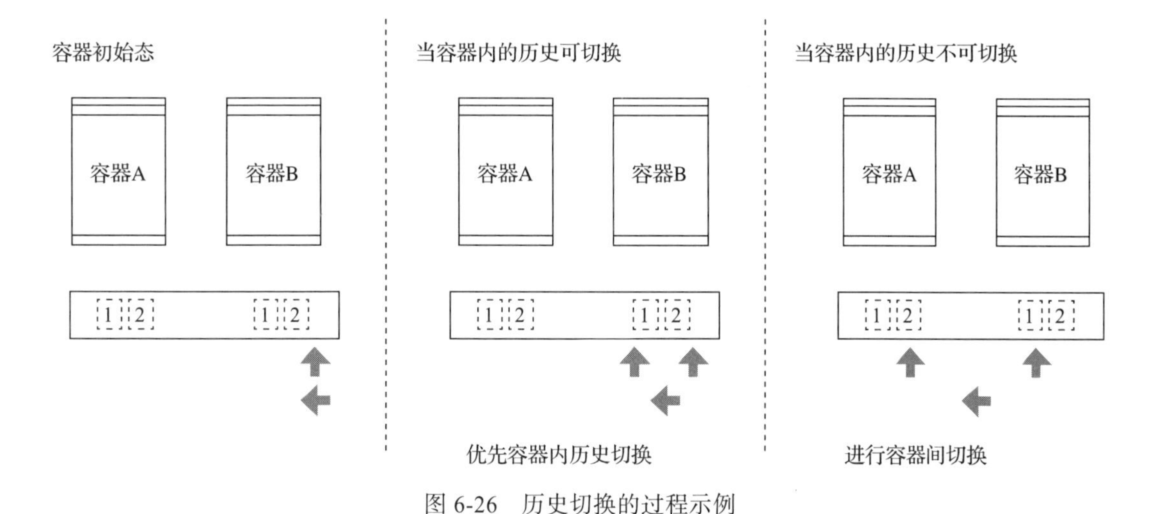

图 6-26　历史切换的过程示例

- **容器内切换历史**：如图 6-26 的中间部分所示，当用户产生了一次后退操作时，容器 B 响应历史切换，判断容器内部有历史可以后退，此时切换历史，展现容器 B-1 页面。
- **容器间切换历史**：如图 6-26 的右侧所示，当用户又产生了一次后退操作时，容器 B 响应历史切换，判断容器内部没有历史可以后退，交给浏览历史管理模块执行容器切换，容器 A 变为活动态，容器 B 变为非活动态，展现容器 A-2 页面。

6.7.4　容器的销毁与恢复逻辑

用户在新建、前进、后退等操作时触发了切换容器的行为，框架层会以更新后的变化，对容器进行缓存、销毁、恢复和创建等。本节重点讨论容器的销毁及恢复。通常容器在销毁之前会对容器的数据进行一次缓存，更新历史节点，故后面的内容提到容器销毁时也代表了容器的数据已缓存。

而在恢复容器时，框架通常会取历史队列中最近一条没有关联容器的历史条目进行容器的恢复，这个策略会受容器池大小的影响，下面以容器池中最多只有两个容器时作示例。

如图 6-27 左侧所示，历史中容器 X 为缓存状态，容器 A 为非活动态，容器 B 为活动态。当产生了后退的操作时（图 6-27 的右侧），容器 A 变为了活动态，框架预测用户大概率还会回退，将销毁容器 B，容器 B 收到将要销毁的事件后，内部缓存自身数据，变为缓存态。同时框架再根据容器 X 的历史数据恢复容器 X，目的是用户再有后退操作时可以快速切换到容器 X（这个与具体的策略有关），此时容器 X 为非活动态。

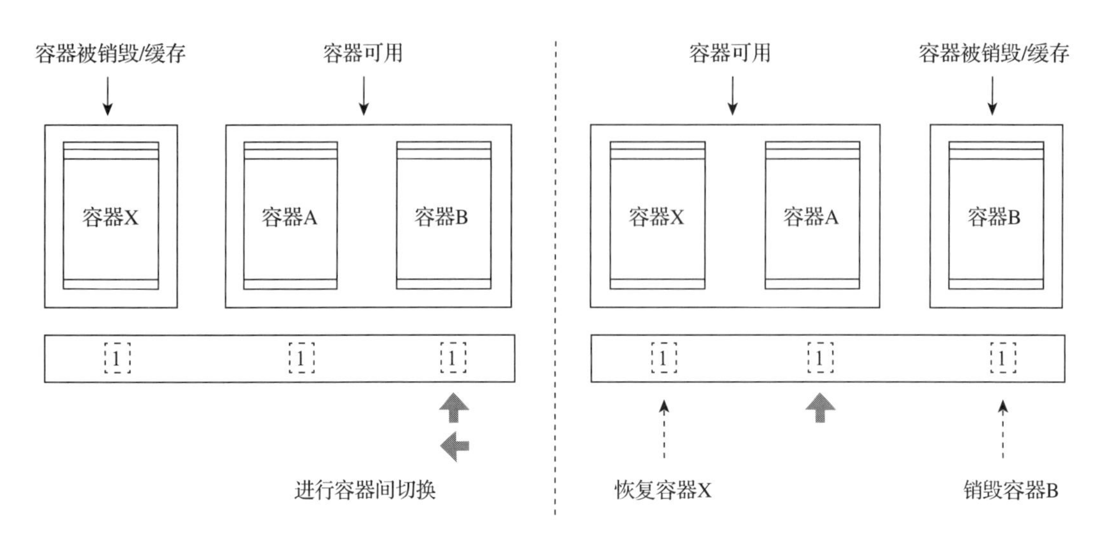

图 6-27　容器的销毁与恢复示例

容器缓存、销毁和恢复的具体策略，与容器池的大小有关，也与页面的类型有关，在上述示例中，如果容器池的最大个数为 3 个，容器 B 就可以不被销毁。也可以为 5 个，这样容器就有更高的概率被用户的操作行为命中，或者在用户从落地页切换到结果页时，大概率还需要再打开落地页，这时这个落地页容器可以不销毁。

6.8　网页加载性能指标优化

前面提到，相对于单浏览内核管理框架，打开网页时，需要先创建网页容器，之后在该容器中加载页面，预计有 100 ms 左右（与机型有关，现在主流的机型应该低于这个数值）的耗时，主要为创建容器、浏览内核，以及浏览内核中的网络，渲染引擎的初始化的时间，如图 6-28 所示，网页结果页和网页落地页均会产生影响。

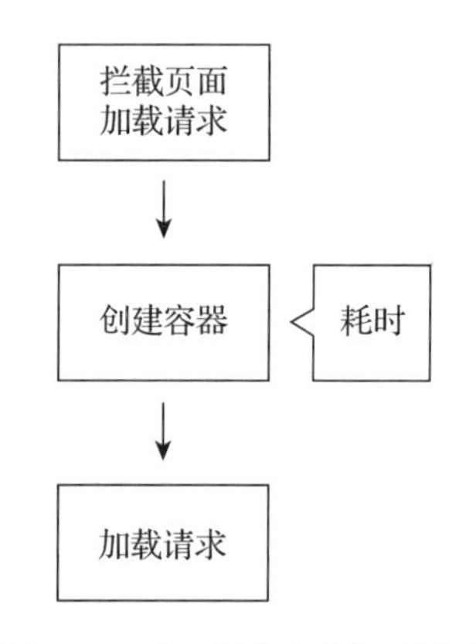

图 6-28　打开新页面主要耗时

结合搜索业务的现状，优化的思路为从框架层统一支持，这样既可以适用于网页的情况，也可以适用于非网页的情况，基于多容器管理框架可使用的手段为预创建、预加载和预渲染。

6.8.1　通过预创建容器优化容器创建的耗时

用户在搜索及浏览过程中，如果打开的新页面需要先创建容器后再在该容器中加载，那么创建容器的时间就会影响页面加载的时长，也就是用户多了等待的时间。在多容器管理框架中，可以实现容器预创建，如图6-29所示，当页面需要加载时，直接使用这个预创建的容器，这样页面在加载时就不需要创建新的容器，创建容器过程所产生的时间消耗就抵消了。

在容器池管理模块中，预创建某一类容器，并在需要时使用这个容器加载页面，当一个预创建的容器被使用了，再预创建一个新的容器备用，或者使用相同类型的缓存态的容器直接复用，也可以优化创建容器所带来的时间消耗。

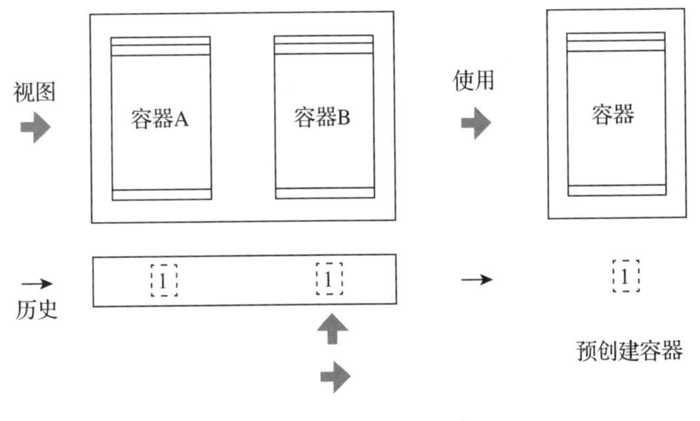

图6-29　预创建容器及使用

6.8.2　通过预加载优化静态资源加载耗时

因为有了客户端，搜索服务可以实现差异化的定制，在搜索客户端中，**搜索结果页**有两个分支，分别为**同步搜索**和**异步搜索**。同步搜索为使用浏览内核直接加载携带搜索关键字的URL。异步搜索为先在浏览内核中加载框架类的资源，当用户发起搜索时，异步地从服务器拉取搜索关键字相关的结果页资源，并异步渲染出来，通过这种方式能够减少用户搜索时的网络资源和计算资源的消耗，从而实现快速响应。

在单浏览内核管理框架下，异步搜索框架只有第一次搜索时才有价值，当用户打开其他页面后，这个异步搜索框架就会被覆盖。如果用户再发起新的搜索，只能使用同步搜索，异步搜索框架带来的收益也就不存在了。如图6-30所示，当用户进入落地页再次搜索时，因异步框架未加载，只能采用同步搜索的方式加载结果页，这样就会导致在异步框架内的搜索覆盖度变低，异步搜索带来的收益达不到预期。

如图6-31所示，多容器管理框架因可支持多个容器共存，当一个异步搜索框架的容器被使用时，可以再构建一个新容器加载异步搜索框架，这相当于一直有一个容器可以处于异步搜索框架可用的状态支持搜索服务，这样异步搜索的覆盖率和页面加载速度均有明显的提升。

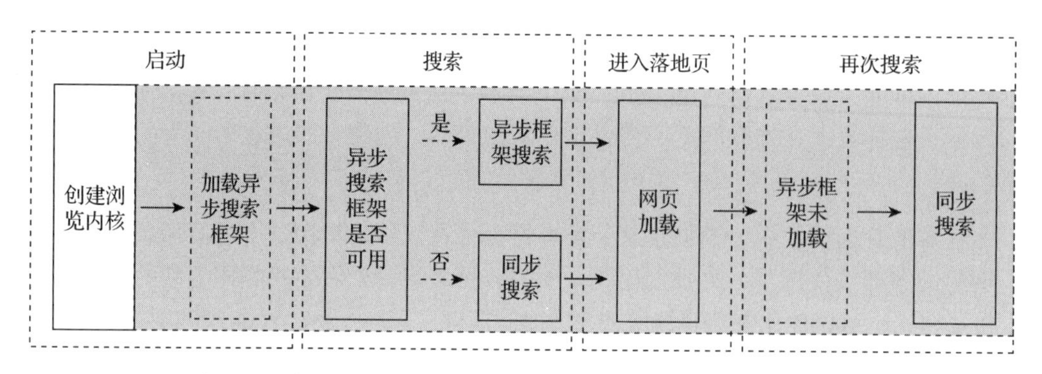

图 6-30 单浏览内核管理框架只能支持第一次异步框架的预加载

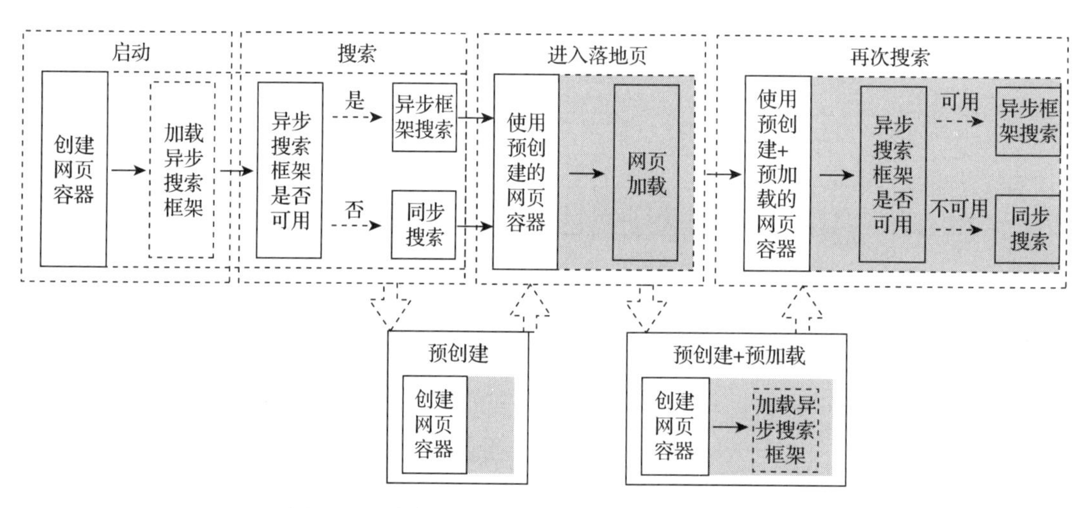

图 6-31 多容器管理框架支持异步框架的预加载

6.8.3 通过实现预渲染优化页面整体耗时

用户浏览当前页面时，系统会提前预加载并渲染用户可能点击的下一个页面的内容，这样当用户点击链接跳转到该页面时，就可以省去页面加载和渲染的时间，从而能够快速响应用户的交互。

实现预渲染需要单独的空闲容器来支持。在多容器管理框架下，可以通过预创建容器并加载将要加载的页面实现页面预渲染。这种以空间换时间的策略，关键在于管理机制和预测的准确度，其收益非常明显。由于已经提前完成了预加载和渲染工作，当预渲染的页面与用户打开的页面相匹配时，用户点击进入就可以直接展示该页面。

在多容器管理框架内，可以通过提升预渲染的容器个数间接地提升预测的准确度，但也需要平衡资源的消耗，从这个角度来看，自有内容的搜索能力构建和页面的复杂度，也会影响预渲染的策略，需要客户端与服务端一同来协同优化。

6.8.4 小结

本节以网页场景描述了在多容器管理框架中如何实现预创建、预加载、预渲染的能力构建。如图 6-32 所示，这些均需要预创建容器，并需要提前对容器中内容进行加载。这些可以作为通用能力支持不同类型容器的指标优化，对于容器的管理来讲，容器也增加了多种预处理的状态，在后台完成对应的任务，之后根据用户的操作，展现对应的容器。

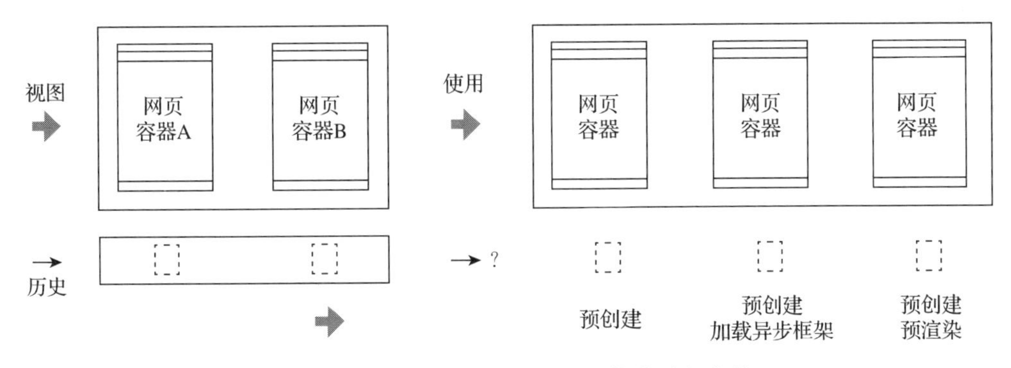

图 6-32　多容器的架构下不同的优化手段支持

在实现了这些基础能力之后，各种类型的容器便能够根据自身优化需求，并利用框架所提供的能力，在核心指标层面进行优化。

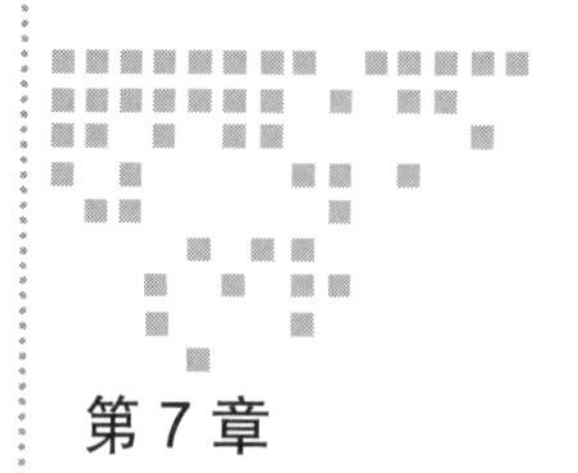

Chapter 7 第7章

设计可定制安全策略的搜索客户端架构

第6章介绍了单浏览内核管理框架升级为多容器管理框架的过程。基于多容器管理框架，搜索App中可以接入不同类型的内容，同时支持预创建、预加载及预渲染。框架层提供了生命周期、浏览历史及事件的管理能力，使得在搜索App中接入新容器的成本降低，容器间相互隔离，多业务线并行研发过程中的相互影响也得到了有效控制。

本章将重点介绍搜索App在使用过程中可能产生的安全风险，并结合技术架构的设计及实现，探讨如何规避这些安全风险，在本章中安全问题泛指违规、隐私窃取、对产品或用户产生影响及伤害的行为。

7.1 搜索客户端可定制安全策略的意义

搜索生态是一个开放的生态，在这个生态中，大部分技术均基于W3C标准实现（比如HTTP、HTML、CSS、JavaScript等）。W3C的标准是公开的，每个企业基于这些标准定制自有的服务供用户使用。同样因为生态的开放性，也会存在因为利益等原因，基于公开的标准对用户和产品产生影响及伤害的行为，这时原本安全的上网环境就变得不安全了。

搜索客户端中涉及的安全问题不仅在网页浏览阶段，还在客户端中的功能实现阶段，特别是用户随身携带的移动设备，隐私窃取的用户和违反法律法规定义等问题也需要搜索客户端来解决。

本节将结合我的实际工作经验、生态标准和法律法规中的要求，重点说明在搜索客户端构建安全策略的意义。

7.1.1　移动生态和法律法规中的安全相关标准

App 研发完成后需要提交到各个厂商的应用商店中进行发布，每个厂商都提供应用商店的审核指南，审核指南约定了 App 在应用商店中发布时应该遵循的标准。

1. 应用商店安全隐私的要求

在苹果的《App Store 审核指南》中，安全相关的标准包括以下几个。

1）如果 App 试图欺骗系统（例如**窃取用户数据**），iPhone 会从商店（App Store）中移除相应的 App，并将对应的开发者从苹果开发者计划（Apple Developer Program，加入这个计划就可以开发并上传 App 到 App Store 里进行审核，相当于开发者资格）中除名。

2）在苹果公司产品生态系统中，保护用户隐私是第一要务。在处理个人数据时，务必小心谨慎，确保已遵守隐私保护最佳做法。

- **提供隐私政策说明**：所有 App 必须在下载前或使用过程中可以很轻松地访问隐私政策链接，并且隐私政策必须明确而清楚，主要包含数据的收集、存储、共享及删除等。
- **许可**：如果 App 会收集用户数据或用户使用数据，即使此类数据在收集当时或收集后即刻被匿名处理，App 也必须征得用户的同意。
- **数据最少化**：App 仅允许请求访问与核心功能相关的数据，并且仅允许收集和使用完成相关任务所需的数据。
- **访问权限**：App 必须尊重用户的权限设置，不得操纵、欺骗或强迫用户同意不必要的数据访问。
- **资格除名**：试图利用 App 来暗中收集用户密码或其他用户私人数据的开发者将**被 Apple Developer Program 除名**。

3）数据使用和共享要求如下：

- 除非法律另有许可，否则不得未经用户允许而使用、传输或共享用户的个人数据，如果 App 在未经用户同意或未能符合数据隐私保护法律的情况下共享用户数据，则该 App 可能会被下架，并且可能会导致从 Apple Developer Program 中被除名；
- 除非法律另有明确许可，否则未经用户的额外同意，为一个用途而收集的数据不可用于其他用途。

在《华为应用市场审核指南》中，将应用安全、应用内容和用户隐私的相关标准均单独作为一个小节进行介绍。在安全层面要求 App 不得含有试图滥用或不当使用任何网络、设备以及干扰其他 App 的安全隐患；在内容层面要求不得出现对用户有害或者不当的内容，包括但不限于 App 信息、App 内容、App 广告、互联网弹窗信息；在隐私层面需要小心谨慎处理用户个人信息，确保遵守适用的法律法规，履行个人信息保护义务，并遵循合法、正当、必要和诚信的处理。

在《小米应用商店应用审核规范》中，则将 App 的内容、App 中的恶意行为、隐私保护等相关标准进行分类进行详细介绍。特别是用户隐私方面，如果 App 会窃取用户密码或者其他用户个人数据，将被取消小米应用商店的开发者资格。

2. 法律法规相关要求

在我国关于个人信息保护及网络安全，有对应的法律法规，包含《中华人民共和国个人信息保护法》《中华人民共和国网络安全法》《中华人民共和国数据安全法》《儿童个人信息网络保护规定》等，可以通过官方的渠道了解详细的规则规范。

在《App Store 审核指南》中有明确说明，只要 App 向某个地区的用户提供，那么就必须遵守该地区的所有法律要求。

在《华为应用市场审核指南》中，在 App 的资质、信息、内容、广告、用户隐私、未成年人保护等多个维度的标准中，均有法律法规等相关的标准和要求。

在《小米应用商店应用审核规范》中，法律要求相关标准单独作为一个小节进行介绍，并要求 App 必须遵守当地的所有法律法规，开发者也有义务熟悉并遵守相关的法律法规。条款 1.1 节的第一句为“开发者应该遵守国家的法律法规，同时尊重其他开发者的劳动成果”。

总的来说，在 App 中需要遵守且严格执行法律法规的要求，搜索客户端相较于服务端覆盖了更多搜索业务的场景，面对与用户相关的安全问题也更多，如何发现并解决这些问题是搜索客户端所面临的挑战之一。

7.1.2 客户端是产品提供服务的第一层

当用户有搜索需求时，首先打开搜索客户端，再进行相关的功能操作，这时客户端是与用户会话的第一层，也是离用户最近的一层。客户端不仅可以与用户进行会话，还能够响应用户的需要，并处理与服务端通信传输业务相关的数据。

用户随身携带移动设备，除了搜索客户端中产生的数据外，还有基于设备产生的数据，这些数据也会被搜索 App 使用。常见的与用户隐私相关的数据有拍照、录音、地理位置信息及用户信息等。在搜索的业务场景中（比如图像识别、语音搜索、地点搜索等），需要使用设备中当前（如拍照）或历史（如照片）的数据，因为基于这些数据的可以为用户提供更准确、更有效的服务，然而如何安全、可靠地使用这些数据，也是搜索 App 需要考虑的重点。

同时，搜索客户端也会因为功能的需要，引入第三方的开源库或 SDK，实现其他的功能的建设。第三方在技术实现时，如果存在将涉及用户隐私安全、生态标准及法律法规不允许的行为，当集成到搜索客户端后，很容易被误认为是搜索客户端的行为，所以在第三方开源库或 SDK 引入时，需要有效的评估方法以规避相关的风险。

在搜索客户端内部实现的功能模块，也会以开源或 SDK 的形式输出，供其他 App 使用。这时要遵守用户隐私安全、生态标准、法律法规的基本合规要求。甚至还会对一些 App 进行定向的优化及调整，比如作为出厂预置的 App 时，还需遵循各厂商的预置 App 相关标准，这样才能不对宿主 App 产生安全相关的影响。

7.1.3　客户端具备实时发现及干预安全问题的条件

第 3 章提到了网页爬虫抓取网页内容时效性的问题。在网页爬虫抓取网页内容并收录到搜索引擎的数据库之后，如果这个网页的内容产生了变更，但更新的内容还没有被收录到搜索引擎的数据库时，用户搜索与原网页内容相关的关键字，这个网页就会被检索到并出现在搜索结果页中，这时搜索结果页中的摘要信息依然是这个网页被收录时的内容，但当用户点击这个结果条目进入页面时，实际看到的是更新之后的网页。

搜索引擎为用户提供信息检索的能力，用户使用搜索引擎对所需的信息进行检索，检索到的结果以结果页的形式在客户端展现，用户在浏览结果页时打开了落地页，实际上已经和搜索结果页没有关系了。当用户在浏览器中打开落地页时，落地页的安全状态只有浏览器可以识别，而当用户在搜索 App 中打开落地页时，客户端可以通过技术手段识别到页面中的不安全行为，并进行实时的干预，保护用户不被这些安全问题影响，使得搜索长尾中的内容浏览体验变得更好。

客户端将识别到的安全风险页面信息反馈给搜索引擎，搜索引擎还可以对这些页面及站点进行定向的优化，之后在其他用户发起搜索时，这类页面就不会纳入到搜索结果中。这样搜索引擎就可以基于客户端的识别，实时地发现网页安全风险状态，并对搜索结果进行优化，之后服务所有的用户，避免他们受到安全风险的影响。

安全这个话题涉及的面比较广，产生的原因也有很多，上面提到的这些问题只是冰山一角，在客户端的研发过程中，除了要预防外因导致的一些安全问题，也需要避免内因产生的一些安全问题。

7.2 网络通信安全保障

网络通信是客户端从服务端获取数据的必用能力之一，基于网络通信能力，客户端与服务端可以实现数据的传输。搜索客户端与服务端通信主要使用 HTTP 协议，HTTP 协议是一个公开的协议，基于该协议可能发生一些对攻击方比较有利的事情，常见于域名解析安全问题和数据传输安全问题。

7.2.1 域名解析安全问题及解决方法

域名解析安全问题主要发生在域名解析阶段，其表现为将请求的域名 IP 地址解析为错误的 IP 地址。常见的这种攻击方式是 DNS 劫持，攻击方通过攻击域名解析服务器或伪造域名解析服务器，将用户访问的目标网站域名解析为错误的 IP 地址，达到用户无法访问目标网站或访问到另一个非目标网站的目的。

从客户端的角度来看，在客户端发起网络请求时，在域名解析阶段，收到的是错误的 IP 地址，也就是说网络请求链接的 IP 地址与实际的网站地址不符，在客户端收到的数据不符合预期的，存在风险的（比如钓鱼网站）。要想解决这个问题，可以使用 HTTPDNS。

HTTPDNS 使用 HTTP 协议向 DNS 服务器进行请求，对比传统 DNS 协议使用 UDP 协议向 DNS 服务器进行请求，绕开了 Local DNS，简化了请求的复杂性，避免了使用 Local DNS 造成的劫持和跨网问题。

HTTPDNS 是基础网络通信能力，通常在服务端的自有服务器中搭建，并在客户端以 SDK 形式接入不同的 App 中进行复用，主要实现域名解析请求、域名解析结果本地缓存两个核心功能。如图 7-1 所示，当在客户端发起一个网络请求时，先向 HTTPDNS SDK 请求获取域名对应的 IP 地址，SDK 先查询本地缓存中是否存在该域名的 IP 地址数据，如果存在则直接返回域名对应的 IP 地址，如果不存在则向服务端 HTTPDNS 获取该域名对应的 IP 地址，SDK 收到 IP 地址后，缓存并返回域名对应的 IP，在客户端中该域名的网络请求可以使用 IP 地址直接建立链接。

7.2.2 数据传输安全问题及解决方法

数据传输安全问题主要在数据传输阶段产生，问题的表象为网络传输的数据被篡改，常见的攻击方式为 HTTP 劫持。HTTP 劫持指在客户端与目标网络服务所建立的专用数据通道中，监视特定数据信息，并且当满足设定的条件时，就会在正常的数据流中插入精心设计的网络数据报文，目的是让客户端程序解析“错误”的数据，并在界面展示宣传性广告或者直接显示某网站的内容。

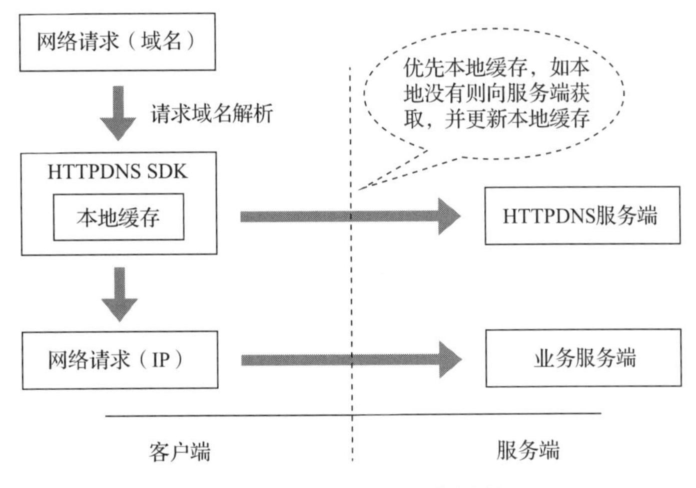

图 7-1　HTTPDNS 工作原理

HTTP 劫持在网页浏览过程中比较常见，由于 HTTP 协议以明文通信，传输的网页内容中包含的 HTML、JS 文件是公开的标准。攻击方监视 HTTP 数据通道中的正常数据，并基于公开的标准分析传输的数据，再按预设的规则对传输的数据进行篡改，植入对自己有利的数据，这样数据的接收方（通常是客户端）收到的数据就是经过篡改的，用户浏览的页面内容也是篡改之后的，攻击方注入的数据产生的行为往往被当成页面自身的行为，且不易被发现。常见于向目标页面中增加广告，达到广告投放的目的。

对于 HTTP 劫持来说，由于 HTTP 基于明文传输，故攻击者很容易对传输数据进行篡改。对于网页来说，想要在数据传输过程中避免数据被篡改，常见的方式就是将站点升级为 HTTPS。这种方法在网页站点中适用性比较好，不同的客户端均可以受益，自有站点应该及时地升级。在搜索业务中，落地页的大部分是第三方站点，升级 HTTPS 的情况对于客户端是不透明的，在客户端打开页面有下面两种常见方式，可以提前知晓站点是否升级为 HTTPS 状态，以减少数据被篡改而带来的影响。

- 在结果页点击某个链接时直接使用链接中的 URL 打开新页面，相当于搜索引擎已知晓页面站点是否升级为 HTTPS 状态。
- 输入网址时可借助搜索建议（或自有服务）确定站点是否升级 HTTPS 状态，如果没有则在网址中默认加上 HTTP 的协议前缀并打开新页面。通常升级为 HTTPS 的站点会声明 HSTS 安全策略，在客户端中第一次使用 HTTP 请求打开该站点的页面时，站点服务端重定向到对应的 HTTPS 页面进行重新加载，并下发响应头中的 Strict-Transport-Security 字段，当客户端下次使用 HTTP 请求同域名下的页面时，则默认使用 HTTPS 协议进行数据的传输。

客户端与自有服务的数据传输，常常是非网页格式内容的数据传输过程，数据协议可自定义定制，此时篡改的成本较高（收益较低），一般不会被 HTTP 劫持。但是对于传输私有协议数据的 HTTP 请求，依然需要提防被劫持（技术原理是一样的），当私有协议数据被篡改时，在客户端就会出现数据解析的异常。客户端与自有服务进行数据传输时需要增加校验数据，这样可以发现传输的数据是否被篡改，规避风险。

7.2.3 网络安全的技术架构支持

网络能力是搜索客户端的基础能力，客户端与服务端的数据通信基于该能力完成。在网络层产生的安全问题，主要在网络层来解决，并作为通用的能力保障客户端与服务端的通信安全，关于技术架构的实现，前提是在 App 内统一管理网络能力，在不同的阶段进行安全能力或安全策略的应用，这样才可能覆盖 App 中所有与服务端通信的场景，将在第 9 章详细介绍。

在第 5 章提到了 NA 功能及网页功能的网络通路互通，如图 7-2 所示，基于网络通路互通的能力，可以在网络层实现 HTTPDNS，升级为 HTTPS 以支持 App 中网络通信的安全。

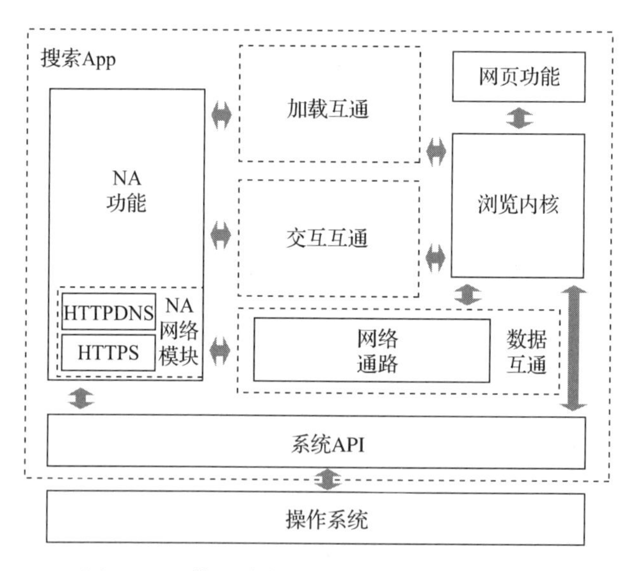

图 7-2 网络通路支持网络通信安全统一管理

7.3 网页浏览安全防护

在搜索 App 中，用户浏览的内容大部分是网页格式，包括搜索结果页和落地页。搜索结果页内容的产生发生在自有搜索服务端，内容质量有保障。而有部分落地页的内容是第三方站点产生，内容的安全问题缺少监管，完全由第三方站点决定。

当用户使用搜索客户端搜索并打开对应的页面时，如果不了解其中的细节，当浏览的网页有安全问题时，会认为是搜索客户端的行为。实际上网页基于公开的技术标准实现，搜索客户端（包含浏览器）中主要使用浏览内核来支持网页的展现及交互。网页的安全问题可以通过公开的标准而构建，且浏览内核也是按网页技术相关标准实现的，故有安全问题的网页也可以在浏览内核中正常运行，所以在搜索 App 使用浏览内核加载网页时也有可能遇到安全问题。

网页浏览安全问题泛指用户在浏览网页的过程中，页面中对用户浏览体验产生影响的行为。在搜索客户端中需要构建不同的能力和策略来规避不同类型的安全问题，以降低安全问题产生时对用户的影响。

7.3.1　网页内容安全问题及解决方法

搜索生态是一个开放的生态，因不同地域的政策不同，对于内容的监管情况也有所不同，一些站点会利用公开的技术，在一些网页中通过文本、图片、视频，传播色情、赌博、暴恐、涉政等内容。如何避免这些内容被用户浏览到？理想的方案是从搜索引擎爬虫侧对这些内容实现过滤，即当爬虫抓取网页时如果发现内容不合规，就不将内容进行入库，这样这些违规的内容就不会被用户搜到。

但是识别这些内容存在一定的困难，技术手段难以完全覆盖，主要体现在准确度和站点攻防两个方面。准确度方面体现在页面安全问题来自多个维度，包括站点本身、合作站点、第三方组件或数据传输过程中的篡改。站点攻防方面体现在一些页面在抓取时内容合规，但在客户端或特定用户群体浏览时，页面内容会变化，搜索引擎无法感知。

从客户端的角度来看，构建识别和干预这些不合规内容的能力，可为搜索的时效性兜底，其中要包含以下 5 个关键能力，网页功能扩展支持网页浏览安全的模块划分如图 7-3 所示。

- **风险识别能力**：识别不合规的页面的能力，在客户端中判断页面是否存在风险。风险识别的方式有很多种，通常需要借助网络通路、JS 通路、页面加载事件、页面交互事件等进行整合及计算。在客户端实现这部分能力可以提高时效性，同时在设计该能力的实现时应规避服务端、网络等因素的影响，还需要考虑效率、效果及用户信息安全。
- **风险提示能力**：对用户提示风险的能力，当在 App 中识别出当前加载的页面存在风险时，对用户进行提示，让用户可感知浏览该页面而产生的风险，这个能力也是浏览器已经具备的比较成熟的能力。
- **页面加载干预能力**：对特定站点或页面禁止加载的能力。通常使用黑名单方式，在客户端接收到页面加载事件或调用页面加载控制接口时，匹配将要加载的 URL，如果页面在黑名单内，则不加载。即便是有些页面不会在搜索结果中出现，但用户也可能会通过输入页面的 URL 或扫描二维码打开这些存在风险的页面，因此在客户端建立这个机制是必要的，该机制是一种兜底的风控能力。

- **资源加载干预能力**：对页面中特定资源不加载的能力，在加载页面时，对页面中的某个资源文件的加载进行干预。通常借助网络通路进行资源文件加载的干预，如果页面中的 JS 脚本执行一些不合规的操作，或者页面中的某张图片不合规，或者 HTTP 劫持后注入的内容，这些资源就需要进行干预，当页面中的其他内容有价值时，就需要该机制来实现部分资源不加载，以保证用户可安全地浏览该页面。
- **元素展现干预能力**：对页面中的某类元素隐藏不展现的能力，通过 JS 通路与浏览内核通信实现。当页面中不合规的资源的技术实现是多类资源在同一个文件中（比如 JS 中的某一段代码加载了违规内容，违规的图片数据在 HTML 中），无法通过资源加载干预能力进行干预。这时元素展现干预能力可以定向地对页面中渲染的元素进行展现控制，实现更细粒度的干预。

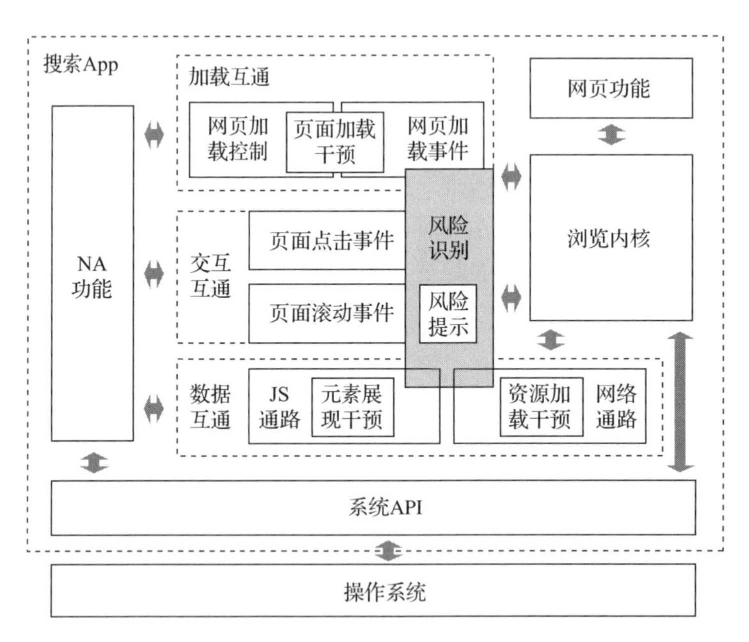

图 7-3　网页功能扩展支持网页浏览安全的模块划分

上述能力均使用公开的技术实现，构建了这些能力后，就可以干预页面中的大部分不安全行为。同时在客户端中还需要支持指定的站点或页面可以不受这些能力影响，减少干预机制在个别的站点或页面中出现误伤，从而减少发生页面的浏览体验变差的情况。

这些能力主要基于系统浏览内核实现，当 App 中使用了自研的浏览内核，可获得更多的页面信号，干预的手段也会更加精确有效。

7.3.2　网页互通安全问题及解决方法

在搜索客户端中，通常使用浏览内核提供的接口向网页注入 JS 与网页进行通信，并通过 Custom URL scheme 的方式扩展网页的能力。

对于注入的 JS，为了防止 JS 的实现细节泄露及与页面中的其他 JS 代码发生冲突，编写和管理客户端与网页通信的 JS 脚本应遵循以下标准，以确保可正常与网页通信。

- JS 脚本随 App 发布或在本机存储时应该加密。
- JS 脚本中的变量应该有特定的与客户端相关的命名规则，避免与网页中的 JS 出现重名。
- JS 脚本的生效范围应该有明确的限定，不应该出现与网页中的 JS 有冲突的情况。
- JS 脚本应该可以云控方式下发，具备较好的可控性，在出现异常时可及时更新。
- JS 脚本需要支持黑名单机制，在出现与页面冲突时可以及时止损。

对于客户端扩展网页的能力，包含其他 App 调用搜索 App，搜索 App 中的网页调用 NA 功能。一旦调用协议被公开，这就相当于给一些非预期内的场景打开了后门。特别是与用户隐私、登录、支付、设备信息获取等相关的客户端能力，并不是所有的页面都可以使用，应该限定调用来源，且这些来源不容易被伪造。如图 7-4 所示，在客户端中，Custom URL scheme 分发模块应该实现调用来源校验和调用协议自校验的能力。

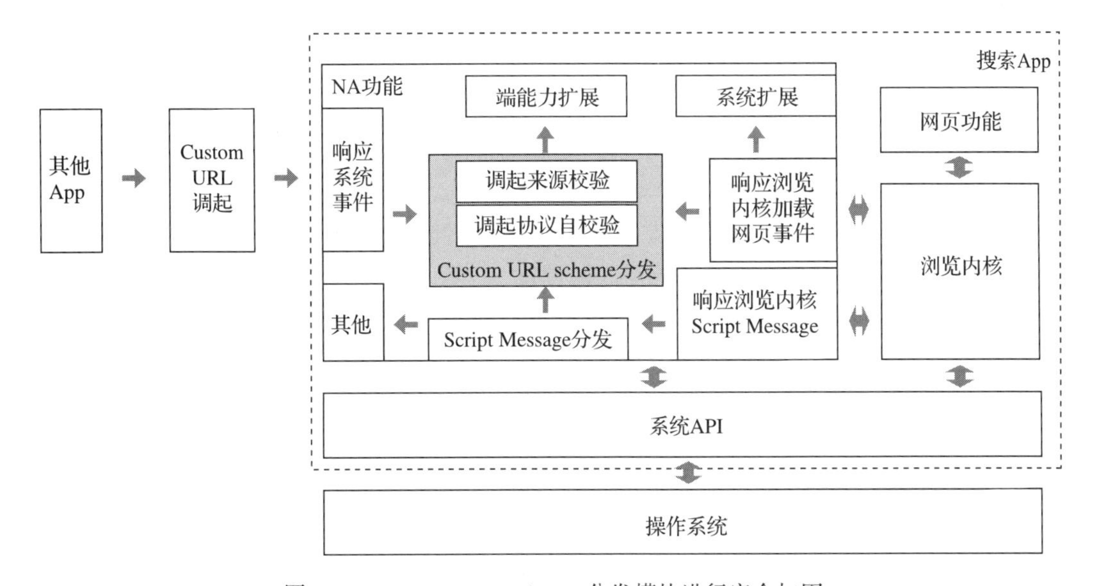

图 7-4　Custom URL scheme 分发模块进行安全加固

- **调用来源校验：** 指客户端响应网页的调用时，校验调用方。只有是已知来源范围的页面或 App 触发的调用才可以执行。包括特定调用来源 App、特定的域名或路径。特定的域名生效的通常是自有服务的域名，支持云控配置，对于业务的扩展也比较友好，特别是针对一些运营活动的支持会比较灵活。
- **调用协议自校验：** 指通过调用协议中携带的信息，就可以验证调用协议的真伪。实现的方法各有不同，通常是结合不同的参数进行取值计算，甚至有时还会加上时间参数和随机数据，这样可以提升伪造的成本。调用协议的内容应该是加密格式，且非公开的、可以自校验是否有效的，这会提高调用协议的伪造和逆向的成本。

7.3.3 网页浏览安全的技术架构支持

网页是搜索客户端中常用的内容格式，大部分搜索结果页及落地页以网页的形式承载，网页的展现及交互基于浏览内核，iOS 系统通常使用系统提供的原生 API，在 Android 系统中可以自实现浏览内核，iOS 系统的浏览内核可使用的接口及事件要少很多，双端可共建的网页浏览安全识别及干预手段主要基于 JS 通路、网络通路、页面加载及页面交互事件实现。

网页浏览安全问题的类型分为很多种。在客户端中，主要构建识别安全状态的能力、干预不安全内容加载或展现的能力、识别效果及干预效果统计的能力等。理想状态是可以形成一个闭环，在客户端中可持续的发现新的安全问题，包括站点的攻防及安全问题的变体（同一类问题通过不同技术实现），并将产生安全问题的页面信息提交到搜索引擎，搜索引擎对该页面进行搜索结果降权，这样其他的用户在搜索相同的关键字时，不会在搜索结果中看到该页面。

7.4 自有服务安全共建

搜索服务基于 Web 生态打造，支持浏览器直接访问，客户端与服务端通信均基于公开的标准实现。本节从客户端与服务端互联的角度，介绍搜索服务在同时支持搜索客户端和第三方浏览器访问时，对搜索客户端的差异化定制服务，怎么样才能够更安全、更有效。

7.4.1 识别自有客户端并实现差异化服务

搜索服务既可以通过浏览器访问，也可以通过自有客户端访问。对于自有客户端来说，端云协同可以实现一些功能的定制，这些定制仅在自有客户端中生效。部分定制的功能以网页的形式承载，在服务端需要具备识别自有客户端的能力，也需要兼容网页相关标准，以实现差异化服务，主要使用公开的标准上传客户端标识。

在业界，使用 UA（User Agent）是识别不同的浏览器的常见方法。UA 是一个特殊的字符串，包含在客户端与服务端通信的 HTTP 请求头中，可被服务端识别，其中包含客户端系统及版本、CPU 类型、浏览器及版本、浏览器渲染引擎、浏览器语言、浏览器插件等信息。这种方式也适合服务器识别搜索客户端，在客户端中设定浏览内核的 UA 信息，服务端根据不同的 UA 提供差异化的服务。不过 UA 的伪造成本较低，重要的功能不建议使用 UA 唯一标识，而应该使用更加通用的、可覆盖搜索业务不同触发场景的、不受用户的操作行为而影响的方式，比如把自有客户端的标识放到 URL 中就不是一个很好的方式，因为页面前进、后退、重新加载、分享、端能力调用都需要覆盖，成本极高。

在公开的协议中增加私有标识，是客户端向服务端请求差异化服务的一种方法。比如搜索客户端对接的服务中有部分是非网页的格式，第三方浏览器无法访问，它们可以用来传输私有标识，将私有协议通信产生的数据项作为网页请求协议中的私有标识，相当于在公开的网页加载请求中增加了私有标识，服务端可通过私有标识区分搜索客户端和浏览器。

7.4.2　关键请求不可重放

关键请求不可重放是指服务端在接收及处理客户端发送的网络请求时，对于同一个请求，在服务端第一次收到时正常响应，之后当作为无效请求处理，不再次提供服务。

攻击者对客户端和服务端的通信请求进行抓包，之后再模拟相同的数据包向服务端再次发出请求，并获取当次网络请求带来的相关红利，常见于用户登录请求、用户信息获取请求、支付请求等，这些请求如果被伪造，且在服务端没有识别出来，那就意味着会对用户的隐私及财产方面产生影响。

搜索服务同样也会面临这个问题，但在搜索服务中需要重点关注的是信息安全问题，包括用户的页面浏览、搜索历史、搜索结果中的高质量内容等信息的泄漏，这些信息也是重要的资产。

从客户端的角度来看，客户端与服务端的通信是高频行为，在客户端对传输的数据协议进行以下 5 步操作，可降低客户端与服务端通信被伪造重放的概率，如图 7-5 所示。

- **对数据协议增加时间戳**。通过时间戳限定请求的时效性，数据协议中的时间戳超出的预设时间时，服务端可拒绝服务。
- **对数据协议增加随机数**。这算是一种迷惑手段，通常这部分数据不作为有效数据使用。
- **对数据协议增加设备标识**。标识一个设备的请求，通过该字段可知晓同一设备的上下文操作，确定业务流程的相关性，进一步预判当前请求的合理性。
- **对数据协议增加校验字段**。数据校验字段目的是预防数据协议被篡改。

- **对传输数据进行加密**。数据加密可以提升数据协议被逆向的成本，加密算法常见的有对称加密算法和非对称加密算法，相对来讲非对称加密算法的安全系数要更高一些。

图 7-5 降低数据协议被伪造的操作

经过这 5 步操作之后，数据协议被伪造的成本就变得很高。在实际的研发过程中，基于这个思路，可以逐步填补数据协议被伪造的各种漏洞。

7.4.3 安全策略要尽早推进

在第 2 章有介绍客户端发版之后要经过很长的一段时间，大部分用户才可以更新至最新版，这个时间通常以月为单位计算，甚至有些用户的设备已经不能更新到最新版，这样就导致这些客户端中的功能对服务端的依赖一直存在，直到这些版本的客户端没有用户使用（或较少的用户量），对应的服务才可以停掉，这样对使用老版本 App 用户的影响是最小的。

也就是说，安全策略在早期的版本没有建立，如果这些版本还有一些用户在使用，那就说明这个服务需要存在，安全隐患也就存在。如果涉及比较重要的服务，还没有安全的策略（或者策略较弱），一旦被利用，这时再补救就来不及了。

而且一旦产品的技术架构成型，再推进安全相关能力及策略的实施落地，也会存在与现有技术架构冲突的情况，这时推动的成本也会变高。所以安全相关的工作需要提前进行规划，在早期进行技术方案的设计时，就需要综合考虑安全相关的因素及应用。

7.5 用户信息安全保护

智能手机作为移动设备，用户经常性使用并随身携带。用户在使用设备及 App 时产生的数据均与用户相关，包括设备中已经存在的数据（比如照片、通讯录等）和当下正在生成的数据（如地理位置信息、拍照等），这些数据都会涉及用户的隐私，如处理不当，必然会产生负面舆论或公关危机，甚至还可能触及法律法规。

如图 7-6 所示，iOS 系统对一些数据提供授权管理的入口，可授权不同的数据为不同的 App 使用。关于用户个人相关数据的获取、存储和使用均需要把安全性排在首位。

图 7-6　iOS 系统隐私与安全性管理

7.5.1　历史数据的读取与技术实现建议

在用户使用搜索 App 的过程中，搜索业务需要手机设备中已经存在的数据支持，常见于对相册、配置文件中的数据进行读取。

1. 相册读取

相册数据通常在图像识别或搜索时使用，用户选取相册中的图片，对图片进行处理、识别或搜索。相册中的图片读取权限由系统管理，经过用户授权后 App 才可以访问，客户端读取相册中的数据时，需要先判断是否有对应的权限，再进行后续的相关流程。

2. App 文件读写

在移动设备中，文件的读取有沙盒（沙盒是一个文件系统读写的管理机制，每个 App 都有一个属于自己的沙盒，App 只能在自己的沙盒目录下读写数据，也就是说 App A 不能访问 App B 的沙盒，它们之间互相隔离）机制管理。但是对于 App 产生的数据可以使用以下几个策略来保证数据的安全。

- **业务的目录独立。** App 中的文件应该分目录分级存储，特别是超级 App，通常会有很多个业务线，业务的文件存储应该有一个明确的标准，包括命名及层级。每个业务在自己的目录下进行数据的读写，不同业务间的文件相互隔离，独立管理。操作影响范围在业务所管的目录之内，避免文件命名冲突的情况。
- **文件数据加密。** 虽然系统提供了沙盒机制，但是也存在系统被越狱获取 root 权限的情况，这时沙盒机制就失效了。App 中存放的数据，如果是明文存储，这时就会很容易被窃取。对数据加密的方式，应尽可能做到与设备有关，也就是说该数据在移植到其他的设备后，是无法解密的。

- **文件数据校验**。数据加密可以防止数据被明文读取，从而保护用户的隐私安全。同时，也需要关注本地数据被篡改的问题，因为这同样会引发安全风险，例如数据解析异常、布局异常、登录状态异常等。增加校验信息是一种常见的验证数据是否被篡改的方法。
- **关键业务数据云端存储**。虽然在端上已经有很多机制来保证数据的安全，但对于端云协同互通的业务，其关键数据仍建议存储在服务端，这包括以下优点。
  - **数据可多端同步**：同一个用户产生的数据可以多在设备中同步，包括 App 设置、使用记录等，用户对 App 的使用体验可以在多个设备中保持连续性。
  - **数据安全服务化**：数据相关读取是基于服务端的接口层提供服务，接口层实现了数据的隔离，安全策略可以服务端的接口层实现内部自治及可随时升级。
  - **数据虚拟化**：在客户端的业务场景中，大多数情况下并不需要依赖真实的、完整的用户相关数据，只需要获取状态信息即可完成业务。将关键信息存储在服务端，并在客户端获取处理后的数据，这实际上也实现了对关键信息的保护。

7.5.2 实时数据的读取与技术实现建议

在用户使用 App 的过程中，搜索业务需要实时使用手机设备当前产生的数据来支持，常见于对麦克风、相机、定位信息等数据进行读取，这些数据与用户隐私相关。

1. 麦克风数据的实时获取

语音搜索业务依赖麦克风数据。用户通过声音表达搜索需求，系统对语音数据进行识别，并根据识别结果进行检索。获取麦克风的数据需要用户授权，如果用户没有授权，则 App 无法获取麦克风数据，语音搜索功能就无法实现，因此语音搜索在技术实现时需要增加对授权状态的判断，确定数据可用之后再为用户提供服务。

2. 相机数据的实时获取

图像识别和搜索业务主要依赖实时的相机数据（实时识别），部分场景也可使用相册数据（在相册中选图识别）。客户端通过调用系统相机 API 捕获实时图像数据，并对其进行处理、分析或发起搜索。同样地，相机数据的获取也需要用户授权。如果用户未授权，App 则无法获取相机数据，依赖于实时相机数据流的业务场景也无法为用户提供服务。因此，图像识别和搜索在技术实现过程中，需要增加对授权状态的判断，以确定数据可用后再为用户提供服务。

3. 定位服务信息的获取

地理位置信息通常在地图相关的场景使用，比如搜索“麦当劳”，显示最近的几家麦当劳店，这时就需要访问地理位置信息。地理位置信息的获取有很多种方式，系统提供的定位服务 API 需要用户授权，搜索 App 中强依赖系统级的定位信息的场景并不是很多，主要为与地理位置相关的信息检索及推荐。

7.5.3　用户信息安全的技术实现原则

前面介绍了在搜索 App 中用到的与用户隐私相关的数据及其使用场景，这些数据部分为历史产生，部分为实时产生，数据的读取在系统层面均有授权机制来管理，且授权的状态随时可以更改。客户端在读取这些数据时，不仅要关注数据读取授权状态带来的影响，也要对数据的使用进行合理的设计，避免这些与用户相关的隐私数据泄漏带来负面的影响，下面介绍客户端处理用户数据的 7 个原则。

- **权限申请范围原则**。业务中需要使用什么数据，则只申请该数据的读取授权。不需要的数据，不要申请该数据的读取授权。
- **权限申请时机原则**。业务在需要使用某个数据时再申请读取该数据的授权，不应该一次性申请 App 中需要的所有数据权限。
- **权限管理隔离原则**。对于需要用户授权的相关数据读取，客户端内应该有唯一并可全局访问的隔离层来实现状态的获取及更新，而避免因为状态不一致导致业务逻辑出错的情况。
- **权限状态明确原则**。对数据授权状态有依赖的业务场景，在没有获得用户授权时，应明确说明当前业务不可使用的原因。
- **数据按需使用原则**。确定了某个数据的使用场景，就不应该在其他的场景中也使用这个数据，数据在非预期或非规划的场景中使用，是潜在的安全风险。
- **数据匿名处理原则**。客户端产生的数据应该进行匿名化处理，数据不直接关联用户的现实生活中的信息，以确保不可以直接通过数据确定是哪个用户。
- **数据存取隔离原则**。业务模块相关的数据读取在内部自行管理，在业务或组件之间相互隔离。

7.6　技术复用安全管理

技术复用是 App 开发过程中常见的手段，即一个功能在实现之后可以输出给其他 App 中使用，这样可以降低研发成本，且可以提供跨团队（公司）服务，实现优势互补和共赢。

从研发所属关系来看，技术复用常见于自研 App 中使用其他第三方技术或自研技术输出到其他第三方 App 中使用。

技术复用过程也会产生一些安全相关的问题，本节介绍一些关于技术复用的安全风险，及如何规避和管理这些安全问题。

7.6.1 第三方技术引进安全评估

在 App 研发过程中，可能需要借助第三方 SDK 或开源代码来实现某些业务依赖的能力。然而，这些第三方组件或开源代码可能存在安全问题，主要是合规性问题。此外，由于外界因素的变化，原本合规的代码也可能变得不合规。

一个典型的案例：2013 年 3 月 21 日，苹果公司通知开发者，从 2013 年 5 月 1 日起使用 [[UIDevice currentDevice] uniqueIdentifier]API 的 App 将不被 App Store 审核通过。该 API 可以获取设备的唯一标识符，通常作为客户端中生成用户 UID 方案的一部分。如果 App 在 2013 年 5 月 1 日后依然使用该 API，则在 App 提交 App Store 时则不允许提交，如图 7-7 所示，提交 App 到 App Store 时被告知不允许使用该 API。

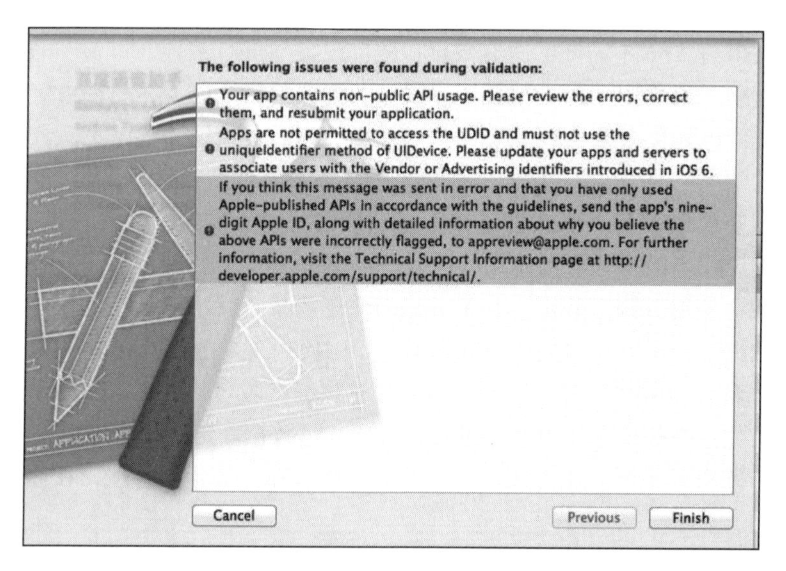

图 7-7 使用了废弃的 API 在提交审核时的提示

如果是在 App 的代码中存在对该 API 的调用，在收到官方的通知后，就要准备在要求的时间前对 UID 的生成方案进行重新设计。而在第三方的组件中有对该 API 的调用时，因为是非源码的方式发布，所以存在以下两种会影响客户端新版本提交的风险。

- 因为是黑盒，不知道在第三方组件中是否使用了将要废弃的 API，对官方废弃 API

政策影响的评估，与团队的经验、流程和机制有关。

- 第三方组件更新版本的时间不确定，所以面对 API 废弃时就会存在与客户端发版周期不匹配的情况，只有深度的合作才会与 App 发版周期同频。

废弃 API 只是影响 App 的一种情况，还有一些其他类似情况同样需要关注，比如在自有 App 中使用的第三方库中存在使用私有 API 以及存在窃取用户隐私及违背法律法规的相关代码的情况。这些代码一旦随 App 发布到线上，用户安装及使用后就会对用户、产品及企业产生影响，甚至会产生法律层面的纠纷。按照我个人的经验，第三方组件或者开源代码中存在的安全问题，是一个广义的安全问题，既属于传统的安全问题，又属于合规问题，如何发现这些安全问题是 App 研发过程需要重点关注的事项。

当第三方 SDK 以开源的方式发布，可以通过代码评审的方式来发现潜在的风险，但评审效果与参与人员的经验有关。使用开源 SDK 最快的方式是直接用来解决具体的问题，但考虑组件的长期维护及后续优化的可能，使用开源组件的理想方式应该是先熟悉组件的实现原理，做好相关（安全、可行性和适用性等）的评估，再应用到产品中。

而对于无法对源码进行审查的 SDK，就需要对二进制产物进行分析，来确定在第三方 SDK 中是否存在对风险代码的调用。常用定制化 Rom（主要是 Android 系统）、逆向二进制文件、二进制文件符号扫描、特定 API HOOK、网络数据分析、功能回归测试等方法来发现风险，下面作简单介绍。

- **定制化 Rom**：相当于在系统层进行 App 的运行分析，可以检测收集第三方 SDK 在运行时的权限调用情况，也可以记录第三方 SDK 在运行时调用 API 的情况，App 在运行时产生的行为，均可以进行收集及分析。
- **逆向二进制文件**：一种常见的分析方法，业界提供相关的工具，通过逆向的方法，获取二进制文件的源代码信息，通常这部分代码的可读性较弱，主要用来辅助动态调试。
- **二进制文件符号扫描**：通过对二进制文件进行解析、扫描关键信息，确定二进制文件中是否存在一些非合规的 API 调用，通常这部分工具是在企业内部开发及维护的。
- **特定 API HOOK**：通过 HOOK 机制，捕获第三方组件在调用一些存在潜在风险的 API 的情况（比如文件读取、Cookie 的读写等），这个方案会影响原 App 的代码调用，故这部分能力应该在内部研发版本中实现，也就是在研发阶段才生效，代码实现与 App 中的业务代码相互隔离。
- **网络数据分析**：使用网络数据抓包工具，对第三方 SDK 与服务端通信时产生的数据进行分析，以确定第三方 SDK 的网络数据是否存在违规行为。该分析包括功能使用情况与网络活动之间的关系。

- **功能回归测试：**常见的测试方法，引入或更新组件时，至少要对相关的功能进行测试，确定功能的有效性，做到接口层的输入完全覆盖。

根据经验来看，尽可能选择有一定市场基础的第三方组件，比如选择在 App Store 和 Google Play 中发布的大多数 App 都会选择并集成的组件，这样可以大大降低出现安全问题的概率。

7.6.2 自研技术输出安全定制

在移动互联网生态中，技术输出的常见方式是以 App 的形态为用户服务，也有一些是以 SDK 形式接入其他 App 或系统中为用户提供服务，具体采用哪种方式取决于研发团队所在企业的产品定位。无论采用哪种方式，都需要根据产品定位进行有效安全定制。

1. SDK 输出的安全定制

技术以 SDK 的形式输出时，通常会接入到其他 App 中，这时 SDK 的运行环境产生了变化，每个 App 的环境均有不同，甚至也会存在为某个 App 深度定制的情况，以下 3 个维度是 SDK 输出需要重点关注的安全点。

- **数据安全。**当 SDK 接入 App 时，App 就成为 SDK 的宿主，因此 App 的安全状态也会对 SDK 产生影响。例如，SDK 产生的文件数据在宿主 App 中很容易被读取或导出。因此，在 SDK 中对敏感数据的处理不仅需要简单进行加解密和校验，还需要综合宿主 App 的一些信息进行定制。
- **服务安全。**像语音、图像识别这类功能的实现，主要依赖于服务端支持，它们又可作为独立的功能集成至不同的 App 中。业界比较常见的开发流程为系统方提供开发者平台，由开发者注册 App，申请 App 的使用功能及对应的 Key，避免服务资源被滥用，并对接入 App 的服务进行管理和配置。对于没有服务端依赖的 SDK，也建议使用类似的管理方式，避免出现没有授权就被使用的情况。
- **基本安全。**SDK 接入 App 后相当于 App 的第三方组件，因此也需要遵守客户端的安全规范。SDK 中与安全相关的数据和权限使用情况应该在使用手册和接口文件中公开、明确地说明，以便开发者了解真实的数据使用情况，合理评估组件的使用范围，并支持 App 的权限请求，以及向用户说明数据的使用情况等。

2. 合规能力隔离定制

产品从研发完成到上线，需要渠道来分发到用户设备中才会被使用。渠道主要为应用商店和厂商预置这两种渠道，二者均有各自的审查标准，安全包括用户隐私、金钱、人身安全、功能及内容的合规、法律法规等多个维度。当自研的技术需要输出复用时，首先需要遵循安全标准，之后才提供服务。在安全合规问题上，相关的标准是在自研产品中要坚守和拥护的底线，App 在提交到应用商店或与预置厂商合作时，必须符合标准规范才可以提交。

这些规范部分是没有公开的，甚至一些正处于逐步完善中，存在变动的可能。从技术实现的角度来看，与安全合规、用户隐私、数据处理等相关的业务逻辑应该在独立的模块中设计，以实现相关能力的隔离，尽可能将变化控制在该模块内。这样做有两个好处：可以避免相关业务进行过多修改；可以保证相关逻辑在 App 中行为一致，在需要调整时可以在较小的变动范围内实现适配。

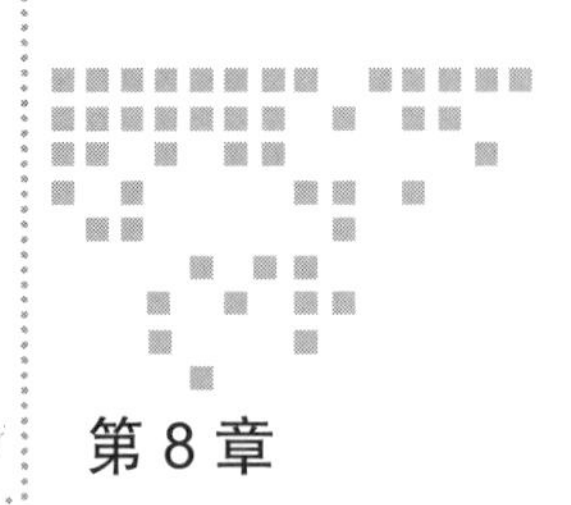

Chapter 8 第8章

设计可持续优化指标的搜索客户端架构

我曾经认为 App 的架构优化工作应该以支持用户的功能需要为主，架构优化的主要产出是为业务赋能，为用户提供更好的产品能力，这样产品才有更多的用户使用，产品才能活下来，这才是技术架构的核心价值。所以，我一直没有将指标优化当作一条主线来跟进，总是把指标可优化当作架构优化的一个目标来跟进。

在参与了多项指标优化工作之后我才发现，指标优化工作是一件系统性较强的工作，也对 App 的技术架构有依赖，只有 App 中提供了基础、有效、稳定的技术架构，指标优化工作的开展才有可能是高效、稳定和可持续的。基于这个思路，我将指标优化纳入了本书的内容中。

搜索 App 的指标优化其实与其他 App 的指标优化是一样的，所以本章不专门针对搜索 App 展开，而是站在 App 的角度进行剖析。重点介绍 App 中常见的指标、指标优化相关方法以及基础技术框架如何影响指标的优化过程。

8.1 客户端指标可持续优化的意义

在移动互联网时代，产品以 App 作为载体为用户提供服务，用户先通过应用商店下载该 App 并将其安装到本机再进行使用。产品提供的服务、内容决定了用户是否选择这款 App，用户在使用 App 过程中的真实体验决定了是否用户继续使用该 App。

产品为了服务更多的用户，不断增加服务和内容，不断优化 App 的使用体验。服务和内容的好坏、用户在使用过程中的体验，都需要有标准来衡量。所以在 App 中增加了与服务、内容、体验相关的指标，来观察用户在使用 App 时的实际情况，同时这些指标也在持续优化。

这些指标可在服务端建设，也可在客户端建设。但从用户使用的角度来看，指标建设如果有客户端的支持，就可以衔接不同的业务场景，这主要体现在以下 3 个维度。

- 该指标是与服务端无关的，可以在客户端建立、统计及优化。部分服务端相关的指标，也可以在客户端建立。
- 该指标是与服务端相关的，并且通常在客户端触发、展现及交互，在客户端可以覆盖完整的业务流程中的更多信号。
- 客户端可以通过系统 API 获取与当前设备相关的信号和业务依赖的上下游信号，这些信号可以辅助指标分析和优化。

8.2　客户端常见指标简介

在不同的 App 中，因为给用户提供的功能及服务不同，指标的定义不同，叫法也有所不同，下面按照 App 从下载到使用的过程，列举一些常见指标，并介绍其定义、影响及优化方式。

8.2.1　安装包体积指标及优化

安装包体积指标是指 App 的安装包体积大小，从用户的角度来看，安装包的体积大小影响着下载的时间和手机存储空间。体积大的安装包被取消安装的概率更高，特别是用户当前是移动网络时，下载 App 时会产生流量资费。而当手机空间不足时，体积大的 App 也容易成为首选卸载目标。

在 2019 年的谷歌开发者大会上，据 Google Play 统计的数据，安装包体积每增加 6MB，应用下载转化率就会下降 1%。不同地区转化率略有差异，安装包体积每减少 10MB，全球平均下载转化率会提升 1.75%。

安装包体积的优化常用的技术手段包括及时下线不再使用的代码及资源、资源在安装后下载、重复资源优化、资源压缩、资源格式调整、工具链升级及编译器配置优化等。

8.2.2　启动速度指标及优化

启动速度指标是指 App 从用户点击图标（或被第三方 App 调用），到用户看到 App 首页的时长。当用户带着目的使用某个 App 时，App 的启动过程的耗时也是用户等待的时间。

《高性能 iOS 应用开发》一书中提到，当应用载入时间超过 3s 时，25% 的用户会放弃使用该应用。

App 在打开过程中，如果出现启动慢、耗时较长、黑屏、闪退或业务界面无响应等情况，这就说明 App 的启动速度指标需要优化。优化启动速度的常用技术手段包括启动任务调度优化、启动任务精简、减少主线程任务、动态库懒加载及二进制重排等。

8.2.3 加载速度指标及优化

加载速度指标通常是 App 中某一类内容的加载从开始到完成的时长，常用于结果页、落地页、音视频等内容的加载速度评估，加载时长相当于用户发出指令到看到对应内容的等待时间。

《Web 性能权威指南》一书中给出了关于速度、性能与用户期望的统计结果：系统必须要在 250 ms 内渲染完页面（至少提供视觉的反馈），才能保证用户不走开。如果想让用户感觉到快，就必须在几百毫秒内响应用户操作。超过 1s，用户的预期流程就会中断，注意力就会向其他任务转移。同时这本书也提到了页面加载速度与收入相关性的数据，具体如下。

- 谷歌、微软和亚马逊的研究都表明，性能可以直接转换成收入。
- 必应搜索网页时如果延时 2000ms 会导致每用户的收入减少 4.3%。
- Aberdeen 一项覆盖 160 多家组织的研究表明，页面加载时间增加 1s，会导致转化率损失 7%，页面浏览量减少 11%，客户满意度降低 16%。

内容加载的过程受到很多因素的影响，包括网络、服务器、内容格式、内容复杂度、内容资源量等，自有服务中的内容可用端云协同的方式进行优化，而第三方内容只能在端上通过技术手段进行优化，加载速度指标常用的优化技术手段包括预处理、内容精简、分段优化、并行化等。

8.2.4 白屏率指标及优化

白屏率是识别客户端渲染内容是否异常的一种手段，是对用户当前浏览内容效果的检测。白屏率的计算方式如下：

白屏率 = 产生白屏的页面 PV / 总浏览页面 PV

相较于速度指标，白屏率并不常见，但从搜索业务的角度来看，白屏率就比较重要了，因为大部分的落地页内容是由第三方提供的，内容质量及服务器的稳定性都不可控。

白屏检测是对当前页面展现结果的检测，需要一个触发的时机。如页面加载完成或页面开始加载一段时间后进行检测，检测的结果需要结合过程相关信息来定位问题产生原因。在客户端代码错误、网络异常、服务端异常、页面数据异常、数据解析及渲染异常时都有可能产生白屏。

8.2.5 卡顿率指标及优化

卡顿是在 App 使用过程中出现的一种现象，主要表现为用户在使用 App 时出现的画面滞帧，该滞帧会让用户感觉到界面变化不连续。卡顿率指标对用户在使用 App 时的流畅程度进行监测，卡顿直接的表现就是 App 当前视图绘制的帧率下降。

卡顿产生的原因主要有当前计算任务量较大、CPU 计算量饱和、App 占用内存较大、内存不足需要频繁与磁盘交换数据或内存对象频繁的创建及释放等，这些因素均会对用户的使用过程产生影响，使 App 无法立即响应用户的交互。

卡顿优化常用的技术手段包括减少过渡绘制、视图层级、主线程的任务量、I/O 读取、并行任务量和调整任务执行时机等。

8.2.6 崩溃率指标及优化

崩溃是 App 中常见的情况，主要表现为：App 因为代码实现缺陷、非预期的输入、系统资源不足等因素产生了使用异常而被终止运行。崩溃率指标的分子通常是崩溃次数，分母根据指标的定义略有不同，可以是 App 或某个业务的 PV 或 UV。

App 在运行时被终止，意味着用户使用 App 的过程被打断，需求还没有被满足。以搜索业务为例，用户搜索需求的满足通常需要多次输入、搜索、选择及浏览，且这几个节点之间还有先后联系。特别是如果在浏览落地页时崩溃，用户在下次启动 App 时还需要重复之前的步骤找到对应的落地页。

对于崩溃率的优化，主要为在研发的不同阶段严把质量关，使用防御性的思维编写代码，合理使用资源等，从技术角度可以增加最近一次浏览页面的恢复能力，但也要避免无限循环的崩溃产生。

8.2.7 磁盘空间指标及优化

磁盘空间的占用主要包含 App 自身体积的大小和 App 产生文件的大小。App 从应用商店下载到本机后，在运行时会产生一些与用户及业务相关的缓存文件，这也会占用磁盘空间。

当用户设备的磁盘空间不足时，需要选择暂时卸载某个 App 以获得更多空间，这时除了高频使用的 App 外，磁盘空间占用较大的 App 就是首选的卸载对象，iOS 及 Android 系统均支持查看 App 的磁盘空间的占用情况，便于用户决策。

从技术实现的角度来看，App 中本地文件应该分级管理，与用户相关的缓存应可支持手动清除，即可以根据用户的选择对数据进行清理。业务相关的缓存应该实现自动清除策略，在 App 运行时可自动清理。App 中清理缓存是基本功能，在 App 中可按标准进行统一管理，不同的业务模块应该按标准接入及实现。

8.2.8 通用业务指标及优化

常见的通用业务指标为活跃用户的量级、用户打开页面的量级、用户点击某个广告的量级、收入变化、用户使用某个功能的时长等。

这些指标反映了用户的 App 使用情况，是用户使用业务功能的真实体现，当 App 中有功能的迭代上线、运营活动或与其相关的重大事件发生，这些指标可以客观地反映出这些因素带来的影响，对业务进一步的优化提供支持。

优化业务指标的方式会因业务不同而不同，主要体现在业务层面的功能构建、优化及推广等方面。

8.3 客户端指标优化基础能力构建

8.2 节提到了指标的定义、影响及优化方法。这些指标在优化的过程需要基础技术架构的支持。

“工欲善其事，必先利其器”。同样地，如果我们想要优化某个指标，也需要提前准备好所依赖的工具，以便有效地支持指标优化的不同阶段。

指标的优化需要评估标准，也需要对比不同优化方案产生的实际数据，以便找出指标的关键节点并确定优化的收益。评估标准需要人工来制定，而对比数据的能力则需要在 App 中构建，包括分组样本设定能力和数据收集能力。

8.3.1 分组样本设定能力的构建

在指标优化的过程中，为了对比不同指标优化方案的实际效果，需要构建分组样本设定能力来控制 App 中指标优化前后的能力，将原始线上能力与优化后的能力进行分组，并对设备产生的数据进行分组标识染色，实现不同分组中的数据的统计及对比，从而选择最优方案提升指标收益。

如图 8-1 所示，分组样本设定主要为：由服务端实现样本分组服务能力，由客户端实现设备特征上报和分组状态获取能。这些能力共同构成了 App 中分组样本设定的核心能力，为指标优化效果对比提供了必要的支持。

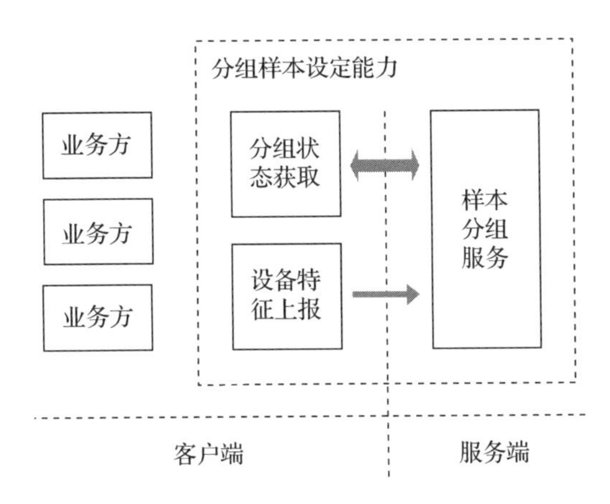

图 8-1　分组样本设定能力模型

1. 样本分组服务

样本分组服务将 App 中的所有用户视为一个全集，先根据样本分组的需要将不同的设备划分到不同的分组中，当客户端请求获取分组状态时，再根据客户端的设备信息设定对应的分组状态标识。

样本分组的工作主要由服务端来完成，通常会提供一个可交互的管理平台，研发人员可以创建不同的**分组变量**以支持 App 中不同指标对比的分组。在这个管理平台中，研发人员还可以**设定分组变量的取值范围**，范围中的每一个取值代表一个分组，可单独为每个分组设定流量占比。通过系统提供的管理平台，研发人员能够更灵活地进行样本分组，并根据实际需求进行分组调整。

如图 8-2 所示，研发人员在管理平台中创建了分组变量 XXX，XXX 的取值为 0 和 1，0 和 1 的流量各自为 10%。这时系统根据分组的策略，在**目标设备**中分别划取 10% 的设备，标记为分组变量 XXX 为 0 和 1。其他的分组变量也是同样的逻辑，同一个设备可以标识多个分组变量。

在进行样本分组时，系统需要考虑目标设备之间的特征差异，包括硬件配置、软件差异以及用户使用情况。这些特征会影响到指标的实际数据，如果分组时特征差距较大，那么分组后产出的数据将不具备可对比的条件。例如一组高端设备偏多、一组低端设备偏多时，基准指标数据会不同，将导致分析数据出现偏差。

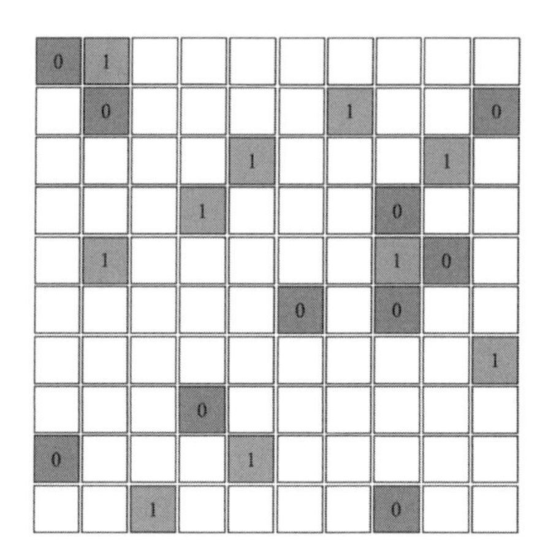

图 8-2 分组变量 XXX 的分组取值关联设备中

为了避免这种情况，样本分组服务需要综合使用设备的特征信息，包括硬件信息、系统信息和用户行为使用信息来进行。每个分组中的设备特征应尽可能相近，以确保每个分组中的基准指标数据平衡。如图 8-3 所示，以硬件特征为例，相同的色块代表着设备相同的硬件特征，分组变量 XXX 根据硬件的特征进行分组，取值为 0 和 1 的设备特征相同（相近），基础数据相似，可以确保样分组的准确性和有效性，并为指标的优化提供有效的数据支持。

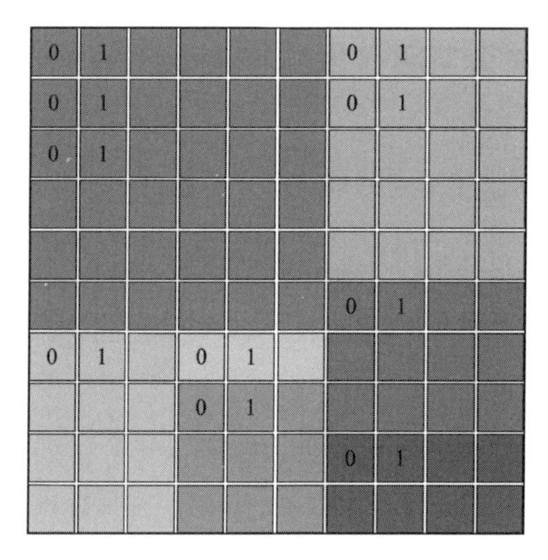

图 8-3 以硬件特征对齐分组特征

2. 设备特征上报

要实现数据基点对齐，需要在客户端提取设备的相关特征，包含硬件信息、系统信息和用户行为信息等，这些信息可以从不同维度描述每台设备的特点。将这些特征提交到样本分组服务中，在有分组需要时，样本分组服务才可以根据分组设定和设备特征信息将设备平均分配到不同的分组中，以确保每个分组中的设备特征尽可能相近，基础指标数据保持一致。特征上报的方式有很多种，也可以通过对用户日常使用产品服务的数据进行分析，在本节中不作过多的介绍。

硬件信息可以反映设备的性能差异，例如处理器型号、内存大小等；系统信息可以体现系统能力的差异，如系统版本、系统配置等；用户行为信息则可以体现不同用户在使用 App 时的偏好和功能使用差异。

有了这些设备的相关属性，样本分组服务就可以实现定向的样本设定。例如，如果想针对某个特定版本的 App 进行定向的样本设定，就可以利用设备的系统信息来筛选出符合条件的设备，并仅对安装这个版本 App 的设备进行分组。

3. 分组信息获取及代码分支控制

分组样本设定的能力作为基础能力为 App 提供服务，在客户端为业务方提供分组信息获取的能力，业务方可以使用该模块获取所依赖的分组变量的取值，从而确定执行的指标优化前或指标优化后的代码分支。

如图 8-4 所示，当分组变量 XXX 的分组设置发布之后，设备被分为 3 种——设备 1、设备 2、设备 3。在客户端的业务方代码中实现两组代码分支（当没有标记为分组变量 XXX 时，默认执行分组变量 XXX 为 1 的分支，但产生的数据关联的分组取值不同），一组执行原代码，另外一组执行优化后的代码，这两组代码在 App 发布之时就预置在 App 中，在用户使用时，根据设备关联分组变量 XXX 值确定执行的代码分支，两组能力在线上用户使用时产生的数据也会记录下来，默认增加分组染色，支持对比指标的优化效果。

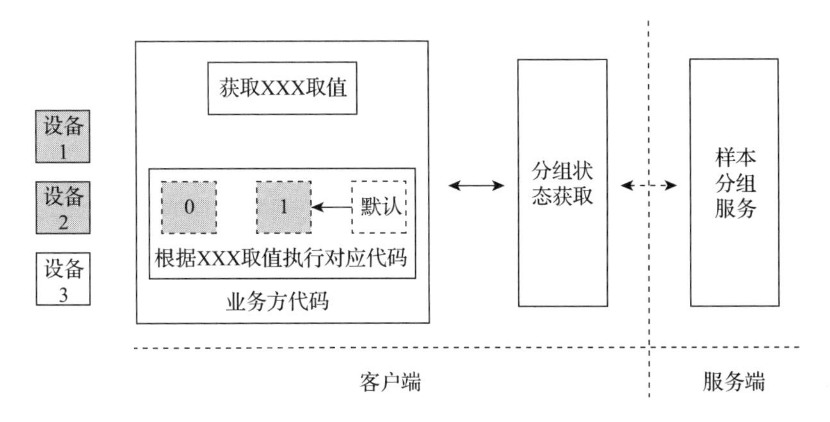

图 8-4　客户端实现不同代码分支根据分组状态执行对应的代码分支

8.3.2 数据收集能力的构建

指标的优化工作需要数据的支持，因为只有通过数据，才能了解当前指标的瓶颈在哪里，以及指标优化是否符合预期。在 App 中，数据收集由客户端和服务端协同完成。客户端提供数据上报的能力，上报的数据通常存储在服务端，用于分析指标的瓶颈，或者实现例行的报表和监控。

如图 8-5 所示，数据收集主要包含 5 个关键能力：数据记录、数据有序管理、基础信息关联、数据上报调度以及数据存储。这些共同构成了 App 中数据收集的核心能力，为指标优化过程中的数据收集工作提供了支持。

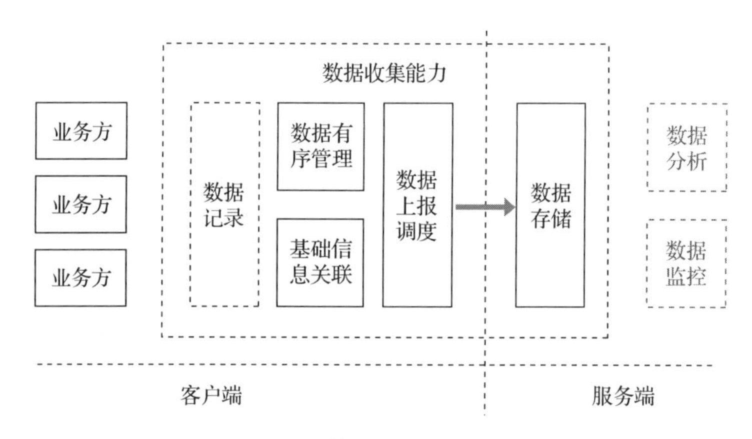

图 8-5　数据收集能力模型

1. 数据记录

数据记录模块提供公开的接口供业务方调用，记录指标相关的数据，接口参数通常包含**上报的数据**和**数据上报的方式**。

数据记录接口**上报的数据**的参数类型是经过序列化之后的数据类型（如 json 格式），可以适配不同业务中的数据接入，而且接口处于稳定的状态，但是在业务方需要对上报的数据进行序列化的预处理。

数据上报的方式分为实时上报和非实时上报两种，实时上报的数据会在收到业务方调用时立即传输到服务端，而非实时上报的数据则在收到业务方调用时将数据先存储在本机，之后在特定时间或条件下将数据批量上传。

2. 数据有序管理

在客户端中记录数据的过程是有序的，与用户和系统的行为有关。但在上报的过程中因上报调度策略或网络状态等因素影响，服务端收到客户端上报的数据的时间不是有序的。

数据有序管理模块主要为了保证数据产生的时间的有序性，为记录的每一条数据增加有序的标识，常见的方式为在上传的数据中增加时间戳，如图 8-6 所示。

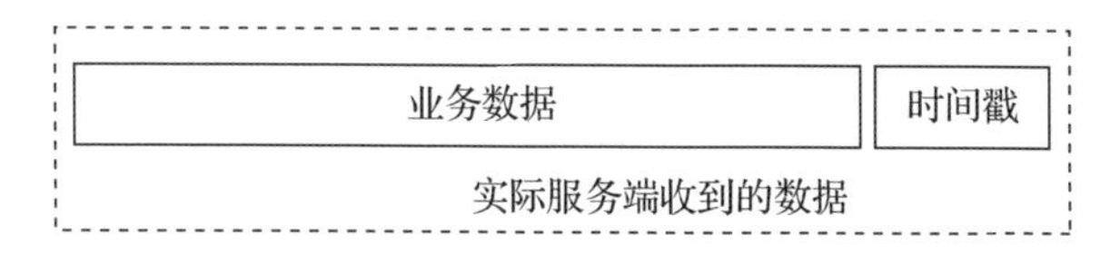

图 8-6　在上传的数据中增加时间戳保证数据时间有序

有序性保证的方案需要客户端及服务端统一标准并实现。客户端在不同阶段记录的数据，为了保证有序性而增加时间戳标识，服务端在收到无序的数据时，基于时间戳标识还原数据产生时的真实顺序，数据依然可按照时间维度进行合并、分析及管理。

3. 基础信息关联

业务方记录的数据与当前设备所处的环境有关，也与 App 功能的状态有关，基础信息关联模块主要为记录的数据添加相关的基础信息，如图 8-7 所示，基础信息包含静态和动态两种，其中静态基础信息在 App 运行过程中不会变化，包含设备的标识信息、产品版本信息、设备信息、系统信息、渠道信息等。其中动态基础信息在 App 运行过程会随着外部环境、用户操作、App 配置等发生变化，包含当前 App 的功能开关状态、分组染色信息（8.3.1 节中有介绍）和设备状态等。

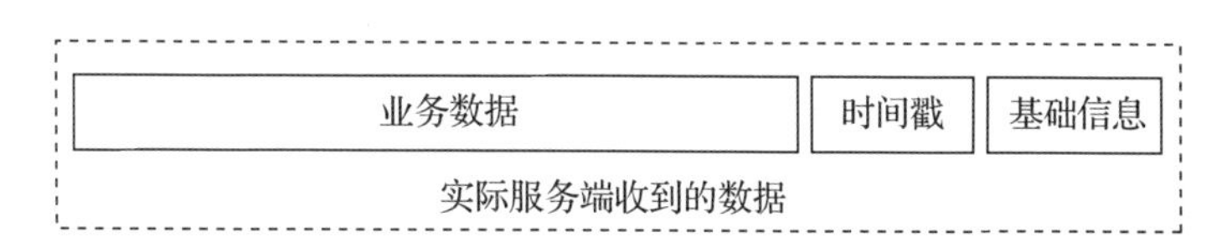

图 8-7　在上传的数据中增加基础信息支持多维度分析

在数据产生时，由基础信息关联模块自动关联设备的静态基础信息和动态基础信息，业务方不需要关注这部分数据的获取及关联。每一条数据在上报到服务端时，均携带这些基础信息。在数据分析的过程中可以使用这部分信息对数据进行类聚。上报的基础信息中的参数越多，分析的结果越精准。

4. 数据上报调度

业务方调用数据记录后，数据经过有序处理、基础信息关联，再根据不同的上报方式上报到服务端进行调度，常见的上报方式为实时上报和非实时上报。

实时上报适合传输对响应速度要求较高的数据，这样在服务端可以实时收到业务运行信息，便于研发人员快速定位并解决问题。但是数据实时上报会与当前活动的业务方共用网络带宽，如图 8-8 所示，如果网络条件较差时，业务方正与服务端进行通信，那么实时上报数据的网络请求和业务方的网络请求均处于活动状态，这会对业务方的网络请求产生影响。

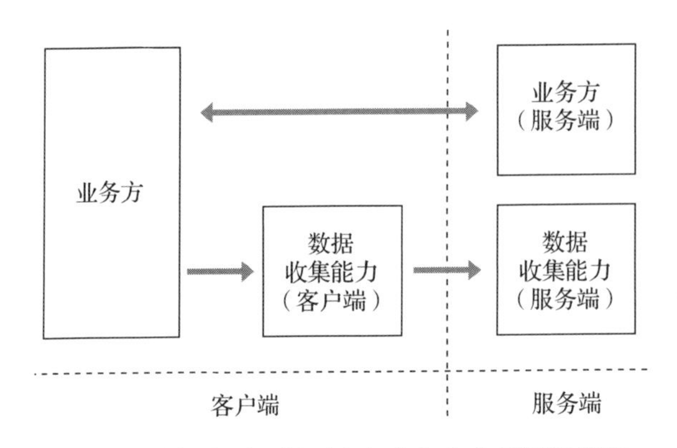

图 8-8　数据实时上报时会与业务方共用网络带宽

非实时上报的方式则适合传输对响应速度要求不高的数据，支持数据批量处理，还可以提高数据的处理效率。根据数据上报的策略进行数据上报的调度，调度的策略不同，实现的效果也有不同，常见的策略分为以下 3 种。

- **按特定的事件调度**：例如 App 从后台切换至前台时、某个任务完成时、网络空闲时或网络类型为 WiFi 时启动数据发送。
- **按时间周期调度**：如果两次数据发送之间的间隔超过一定的时间，则启动数据发送。
- **按数据量调度**：当业务方调用非实时数据发送的次数达到一定数值，或者发送的数据量累积到一定数值时，则启动数据发送。

这些策略可以组合使用，以便在网络条件较差时优先处理业务方的网络请求，如图 8-9 所示。这样可以优先响应当前用户的业务需求，减少并行网络传输的开销的影响。

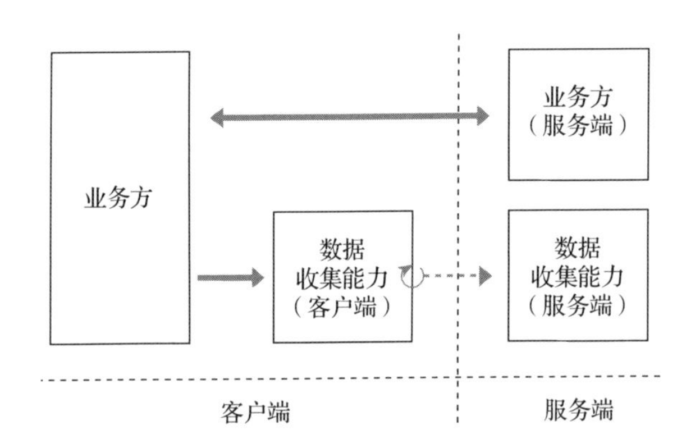

图 8-9　数据非实时上报优先处理业务方网络请求

5. 服务端 – 数据存储

数据主要存储在服务端，即服务端接收并存储客户端上报的数据信息，为后续的分析及监控工作提供数据支持。数据的存储需要一定的资源投入，包括存储设备、管理和维护成本等。这些成本会随着数据量的增加而增加，因此在进行数据存储和管理时，需要考虑收益和实际需求。

数据的存储有效期设定和数据的上报策略均可以降低数据存储的压力和设备的投入成本。数据的上报策略主要在客户端的业务层进行定制，可以结合指标优化的需要进行数据上报策略的定制，在保证数据可用的前提下，以最少的数据量上报。

8.4　客户端指标优化方法及应用

在不同的指标优化过程中，每一类指标优化的方案都有不同，将不同的指标优化方案进行抽象及划分，可以得出优化过程中的方法是基本相似的。如图 8-10 所示，核心指标优化的过程可以拆分为 7 个关键阶段。分别为制定标准、指标建设、数据收集、数据分析、指标优化、指标评估和指标监控。

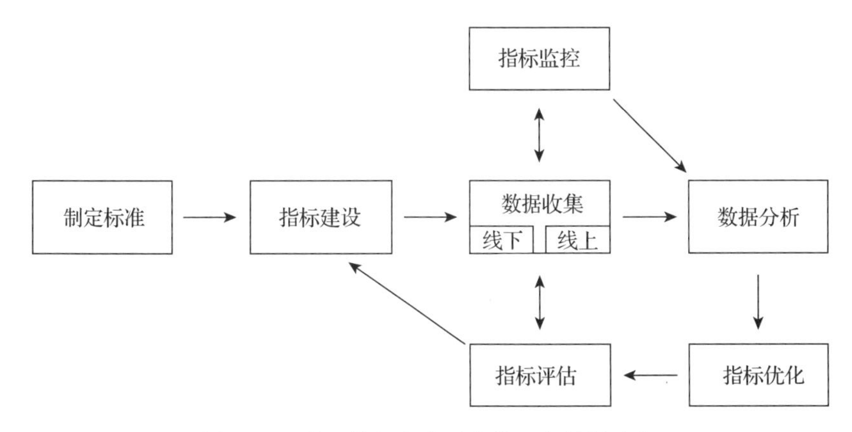

图 8-10　核心指标优化过程的 7 个关键阶段

一旦一个指标的标准确定，相关的指标在客户端建设完成，这时就进入了一个指标优化的循环，该循环持续地为这个指标优化的目标构建相关的数据模型、机制、能力及策略。当这个指标的标准更改时，则其他阶段的工作也需要按照标准进行调整。

这个过程会受研发周期、数据收集、样本、分析方法及优化策略的影响，一般会以季度或年效益为目标进行优化，优化过程中也会基于目标对优化策略进行调整。要做指标优化的工作，就要做好长期投入的打算。

8.4.1 制定标准

在制定标准阶段确定与指标相关的事项，包含需要优化什么指标、这个指标的定义、如何拆分这个指标、如何统计这个指标，也需要说明对应的技术实现流程及逻辑。

对于客户端产品而言，因为数据的收集在 App 发版之后进行，故在制定标准这个阶段，需要覆盖指标相关的场景、拆分关键的节点并尽可能细化每个节点。只有明确这些节点的定义才可以清楚地理解这个指标及相关节点的意义，同时在优化的过程中对指标数据可感知、评估、决策及优化。

指标标准通常包含以下信息。

1）指标的定义：说明指标是什么，如何定义这个指标。例如页面加载的速度指标，即从客户端开始加载页面到页面加载结束的时间，该指标可反映出用户在搜索及浏览过程中加载页面所的等待时间。

2）指标的拆分：将指标拆分为多个子节点，子节点的拆分需要与指标包含的逻辑事件或流程关联。每个节点需要有明确的定义，需要覆盖正常或异常的跳转流程及一些特定的场景下的流程。根据子节点的定义，还可以定义指标中的子指标，举例如下。

- 页面加载的速度指标拆分为客户端开始加载页面、服务端接到请求、服务端处理请求、服务端返回数据、客户端接收数据、客户端解析与渲染数据、页面加载结束 7 个子指标。
- 页面加载结束时间和客户端开始加载页面时间的差为**页面加载速度子指标**。服务端返回数据时间和服务端接到请求时间的差为**服务端处理时长子指标**。
- 客户端开始加载页面的子节点可能是由用户输入关键字搜索、点击链接、扫码、外部 App 调用等方式发起的。记录这些状态对指标优化非常有帮助，对应的页面加载速度指标也可以按调用方式进行分类及定向优化。

3）指标的统计：描述该指标的值如何计算，包括单次页面请求在正常流程、异常流程和特定流程中的计算方法，还包括整个 App 的大盘数据计算方法。通常使用取均值、百分位值和中位数作为大盘数据的计算方法。

4）指标的实现：根据指标的定义、拆分和统计标准，确定如何通过技术手段来构建该指标。如果无法通过技术手段来构建，那么需要明确该指标所依赖的其他实现方法，以避免在不同环境中产生影响偏差。

在工作中，我也遇到过没有标准就直接进行优化的情况。由于前期思考不足，导致后期产出不足，无法持续优化，甚至是指标本身毫无意义，这相当于优化目标在团队内部没有达成一致。

虽然指标定义看起来与具体的研发工作无关，但与研发工作密切相关。指标是团队对齐目标的依据，也是团队资源投入的参考。但是，并不是指标越多越好。当指标数量过多时，容易出现过程目标不够聚焦的情况。这时应该按照类别、线条进行整合，得到几个全局性的指标并进行优化。

8.4.2　指标建设

在指标建设阶段，需要在客户端按照指标相关标准完成指标项的建设工作，这依赖于分组样本设定、数据收集等基础能力，这些能力的建设在前面已有介绍。本节以页面加载速度指标为例，分别借助系统提供的 API 和自建节点数据的方式在客户端建设页面加载速度指标。

1. 借助系统 API 支持指标建设

指标建设的一些场景对于研发人员来说是一个黑盒，以页面加载速度指标为例，系统为开发者提供了一些与页面加载时间相关的数据获取 API 如 Navigation Timing API 来支持指标的建设，它可以在客户端直接使用。

Navigation Timing API 如图 8-11 所示，它由 W3C Web 性能工作组引入，这个 API 在移动设备的系统 API 中已获支持，并为实际的研发工作提供了有效帮助，感兴趣的话，可访问 Navigation Timing 官网相关页面了解更多的细节。

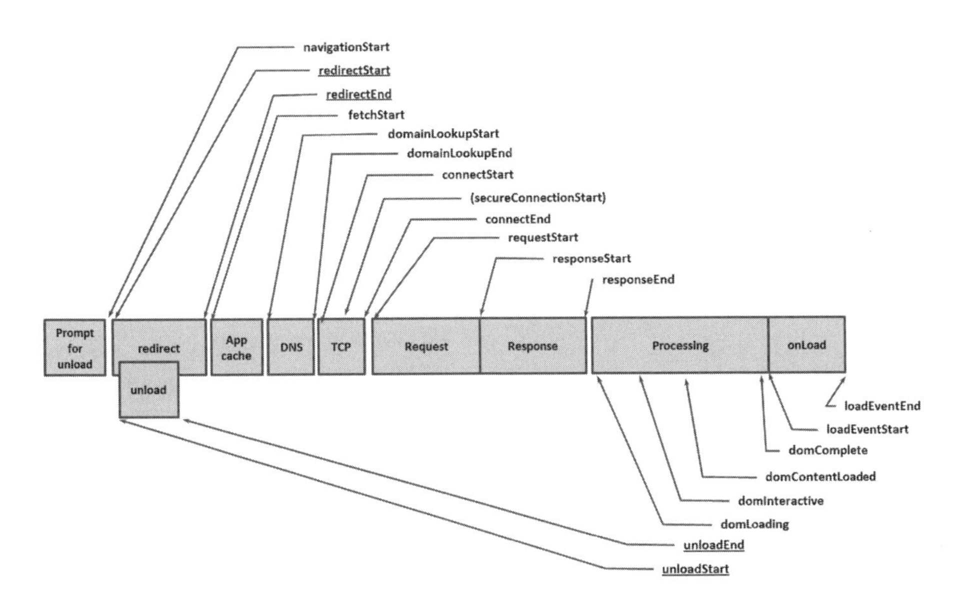

图 8-11　Navigation Timing API 提供的页面加载相关计时数据

通常这部分指标在客户端也无法定制，但通过该 API 获取到的数据可以帮助客户端校正相关指标，间接地也可以指导相关指标的优化。

2. 自建节点数据支持指标建设

系统 API 提供的数据属于基础数据，与业务场景无关。而数据相关指标通常需要结合业务场景来分析，因此这部分指标的建设需要在客户端中进行。根据指标的节点定义，在 App 的业务代码中增加指标节点数据的记录，与系统提供的 API 形成互补，二者共同支持整个指标体系的建设。

例如上节提到的 Navigation Timing API，它获取的是浏览器内核加载页面时的一些计时数据。在客户端发起页面加载时，会有多个场景，包括在一个页面中点击链接、从地址栏输入 URL、图像识别搜索或语音搜索等。这些场景中没有调用浏览内核加载页面，只能由业务模块生成指标相关数据。

通常使用系统提供的 API 或第三方库构建业务功能，这使得调用系统 API 或第三方库功能节点的优化手段不可控。故需要优化的指标所覆盖的节点应尽可能使用较低级的 API 实现。以网络请求优化为例，若浏览内核的网络请求是通过 NA 功能实现的，那么就可以对浏览内核的网络请求进行管理和优化。从**客户端发起请求**到**服务端响应请求**的阶段，一些子指标也可以被建立和优化，如以下两个子指标。

- **DNS 解析时间优化**。众所周知，在打开一个站点时，通常输入的是这个站点的域名，在网络的传输过程中，需要先把该域名转换为该域名对应的主机地址，这个过程就是 DNS 解析，DNS 解析是有时间消耗的，对用户可能访问的域名进行提前解析，可以节省 HTTP 请求时的 DNS 解析耗时。
- **网络建立连接时间优化**。HTTP 请求基于 TCP/IP 协议进行封装，在 DNS 解析之后，需要一次完整的 TCP 握手流程之后才可以发送及接收数据，这也是时间的消耗。提前连接用户可能访问的主机，可以在 HTTP 请求时节省 TCP 握手的时间。

总的来说，在指标建设阶段，相关的节点在 App 或在自有服务中实现，需要优化的节点功能的建设则优先使用自研或开源方案。根据优化的程度使用不同层级的系统 API，否则在 App 中会缺少优化的手段。

3. 指标建设技术实现与分层

8.3.2 节介绍了数据收集能力的建设，该能力作为基础模块支持 App 中不同的业务方调用来支持指标建设。在实际工作中，存在指标建设逻辑代码与业务逻辑代码耦合实现的情况。从技术实现的角度来看，需要将业务逻辑与指标建设逻辑分层实现，还需要在指标建设模块中实现以下能力以支持业务方使用，如图 8-12 所示。

- **基础数据定义**：在客户端定义与服务端收集的数据结构相同的基础数据结构，用于存储不同阶段产生的指标数据。在指标数据产生完成后，对数据结构中的数据进行校验和预处理，然后调用数据收集能力将数据上报到服务端。
- **数据校验**：用于校验基础数据结构中的数据的有效性。在研发阶段，该能力可以快速发现基础数据结构的异常，要求校验的逻辑与最终服务端收到的数据要相同，也需要对不同流程分支产生的数据进行校验。
- **数据调试支持**：提供数据输出到控制台、查看不同阶段产生的数据、实时显示上报指标数据等能力，方便研发人员查看 App 指标数据的产生过程和已经上报到服务端的指标数据。该功能通常在研发版本的 App 中生效。
- **数据预处理**：包括数据脱敏、数据预计算、数据序列化等数据处理操作。当数据中包含与用户个人有关的信息时，为了保护用户隐私，这一类的数据不直接上报到服务端，一般在本机对数据进行预处理，将敏感信息脱敏。在客户端提前对数据进行计算，可以减少服务端在接收数据之后再进行计算及存储的成本。序列化的工作为将收集到的数据转换为序列化的数据格式。

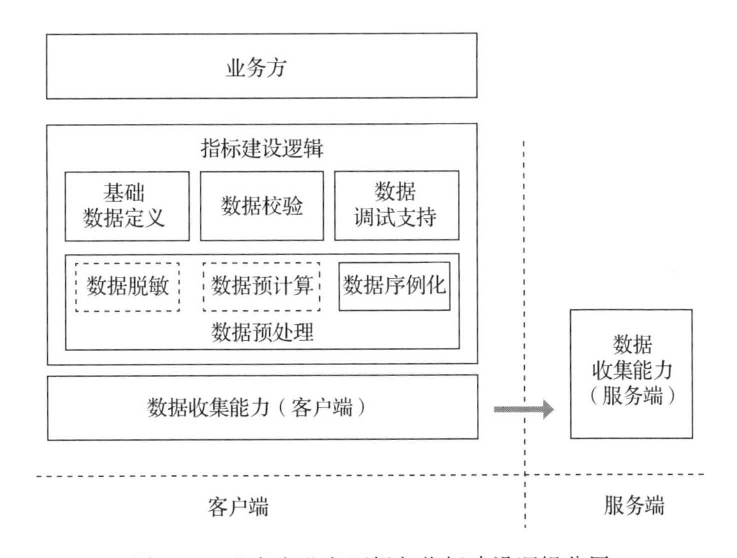

图 8-12　业务方业务逻辑与指标建设逻辑分层

将业务逻辑与指标建设逻辑分层构建，可以提高代码的可维护性和灵活性，使指标建设模块更加专注于数据处理，并为业务提供更好的支持和服务。在指标建设模块中实现基础数据定义、数据校验、数据预处理和数据调试支持等能力，可以提高数据的准确性和可靠性，方便研发人员进行调试和优化。

8.4.3 数据收集

在指标建设完成后，将进入数据收集阶段。App中产生的数据会被上报到服务端，以支持后续的数据分析工作。数据的产生主要有两个来源：一是在内部评估阶段，团队成员使用App时产生；二是在产品上线发布阶段，用户使用App时产生。

1. 评估阶段的数据收集

内部评估通常在研发阶段进行，需要在特定场景和设备中模拟特定行为，以产生具有预见性的数据。尽管样本数量不多，但这些数据具有较强的代表性，能够覆盖不同机型以及特定的流程和场景。

在这个阶段进行数据收集，主要是为了验证指标建设的数据有效性和指标优化方案的有效性。在内部评估阶段，数据的收集应尽可能覆盖指标流程中的不同节点，模拟用户实际使用场景，以便判断用户在真实使用场景中指标数据收集是否可行，以及验证优化方案是否符合预期。

从技术层面来看，在这个阶段需要全流程覆盖数据收集，并且应将数据收集能力设置为任何数据都可以实时上报、快速查看。当有多个优化方案需要对比时，可以通过分组样本设定能力强制切换不同的优化方案。这样研发及测试人员才可以基于特定的流程分支进行功能评估，并快速收集数据和评估数据的有效性。

2. 发布阶段的数据收集

客户端指标建设完成并发布上线后，数据收集方式就只能等到下次发布新版时再进行定制。为了保证数据分析过程中数据的有效性和降低存储成本，常用的数据收集包含以下4种方式，在技术层面可以提前实现及支持。

- **对比数据的收集**：通过**分组样本设定能力**将指标优化前后产生的数据进行收集。通过对分组的指标数据进行对比，可以发现优化前后的能力或策略的优劣。对比数据的收集比较适合指标分析优化的阶段。
- **小流量的数据收集**：通常用于超级App。当App规模扩大时，全量收集数据会增加服务端数据存储成本和计算成本。当数据规模足够大，样本分布足够广且均匀时，即使去除部分样本，剩余样本仍能代表整体数据特征。通过样本分组服务或云控服务设定收集流量比，命中收集数据标识的设备来收集数据，成本问题可以有效解决。小流量数据收集适用于指标的分析优化和指标稳定后的阶段，可以对单条数据量较大的指标进行分析并建立报表进行输出。
- **关键节点数据收集**：常见于指标稳定之后，用于监控指标的变化，发现不同用户层面的指标差异和新问题。使用关键节点方式的数据收集，可以降低数据存储和计算的成本，覆盖所有用户群体，发现指标变化。它适合指标的报表建设及预警的需要，当出现不符合预期的数值或超出预设的阈值时，会自动触发警告通知相关人员。

- **全量数据收集**：通常所收集的数据样本比较少，且样本的特征还具有一定的差别时使用。也用于一些与外部因素相关的数据收集，例如搜索生态有部分场景是第三方的站点，一些页面内容质量不可控即页面中存在对用户的隐私及财产安全有影响的特征数据时，应该使用全量数据收集。

指标建设完成后，App 上线，数据会随着 App 的使用而产生，在指标优化的不同阶段，研发人员对收集的数据进行分析、建立报表及监控指标。

8.4.4　数据分析

在数据分析阶段，可以根据收集到的数据，分析出指标当前的关键问题点。数据分析结果受所收集数据的影响，数据覆盖的场景越全面，发现的问题就越广泛。拆分的节点越细致，问题定位就越精确。在对不同的指标进行分析时，使用的方法也有不同，只有完成数据分析并得出明确结论后，才会指导后续的工作。本节将介绍几种常用的方法。

1. 数值标准

在客户端产生的数据是独立的，每一条数据仅能表示当前设备的指标信息，并不能代表 App 整体的指标情况。数据上报到服务端后，会被合并到一起，之后使用统一标准来对 App 的指标数据进行计算及分析。如果标准没有对齐，分析的结果就会有偏差。常见的数值标准定义包括总数、平均数、众数、分位数、中位数、最大值、最小值等。

- **总数**：用来代表整体指标数据量，通常用作数据计算的分母。数据总数也决定了数据的有效性。当总数较少时，数据分析就不具备指导意义。
- **平均数**：用来反映总体在一定时间、地点等条件下，某一指标特征的一般水平。也就是日常所说的平均数或平均值，通过该值可以比较独立设备指标之间的差异程度。同时，平均值也可以作为统计指标，用来比较不同历史时期指标的变化，以发现趋势和规律。
- **众数**：用来反映数据的一种集中程度。例如最多、最优、最差都与众数有关。从本质上来说，众数反映的是数据样本中发生频率最高的一些数据，在做数据分析时，需要对这些数据提取共性的特点，并进行定向分析，得出相关的数据特征。
- **分位数**：指数据集中排序后处在某个百分位位置的数值，可以反映该分位区间的数据情况。例如，80 分位表示数据集中排在第 80%（例如 100 个数据中的第 80 个）

的数值。分位数可用于对比不同历史时期的变化，也可用于关注某一区间用户群体的指标变化。

- **中位数**：排序后处在中间位置（例如 100 个数据中的第 50 个）的数据值。一般来说，中位数两侧数据较密集，用中位数指标能较容易地发现存在明显偏差的数据。
- **最大（小）数**：在数据分析中常作为典型代表，用于发现数据异常和点位记录异常。例如，如果整体页面加载时间过长或过短，且没有合理解释，那么这很可能是指标建设阶段出现了异常，有些场景没有被覆盖。

确定数值标准后，可利用技术手段进行数值计算来支持分析工作，从而提高指标分析的效率和效果。

2. 对比分析

对比分析是指将两个或两个以上的数据进行比较，分析它们的差异，从而发现这些数据所代表的分组的变化和规律。通过对比分析可以直观地看出不同分组的变化或差距，并且可以准确并量化地表示出这种变化或差距是多少。

对比分析主要分为横向对比、纵向对比两种方法。

1）**横向对比**：指在同一时间条件下对不同分组指标进行比较，包括分组采样对比、相关因素对比、线下线上对比等。

- **分组采样对比**：在 8.3.1 节中提到了建设分组样本设定能力，即在指标优化的过程中，将指标项优化前后的代码随版发布，通过分组服务的抽样，控制用户是执行哪一组代码，产生的数据与分组代码关联，这样就可以确定优化方案对指标的影响。
- **相关因素对比**：例如，对比北京和上海的用户数据、联通和移动的用户数据。对比的前提是有数据。
- **线下线上对比**：指标建设完成后，通常会在线下环境中对该指标进行评估。由于线下产生的数据量及样本丰富度与线上数据存在一定偏差，因此对比的重点是关注趋势的变化。

2）**纵向对比**：指在同一标准条件下对不同时期的指标进行比较，如不同的时间周期对比，同比、环比、定基比等。

- **同比**：与去年相同时间段进行对比分析，可以是季、月、周、天、春节期间、周末等。
- **环比**：与上一个时间段进行对比（也有和下一个时间段对比的，也叫后比），比如本月和上月、本周和上周的对比。

- **定基比**：与某个指定时期进行对比分析，比如将 2023 年每个月的数据都和 2023 年 1 月的数据进行对比取值。

这些方法既可以单独使用，也可以结合使用。关键是看要分析的数据的相关性，也需要看一些外界因素的影响，比如重大事件、技术升级等。

3. 漏斗分析

漏斗分析是对数据进行分组筛选，根据需要优化的指标等相关因素确定筛选条件，从而实现对筛选后的数据进行分析和对比。漏斗分析同样依赖于数据指标的建设，例如，用户进入新页面的方式可能是搜索框输入网址、点击页面链接或扫码。页面加载时的网络类型可能是 WiFi 或移动网络，移动网络运营商也可能不同，且用户设备的配置也各不相同。

图 8-13 所示为漏斗分析示例，可以看出全量数据，经过页面进入类型、联网类型及平台的筛选后，剩下了具有代表性的数据。

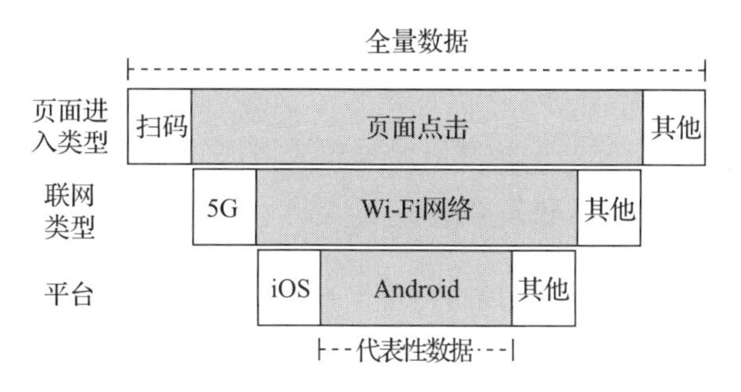

图 8-13　漏斗分析示例

相关因素在客户端指标建设时需要一起考虑，因为每一项因素变化都会影响最终指标，特别是外部因素存在不可控性。有了数据的支持以后，在分析阶段就可以按照条件对数据进行筛选和分类。这样，经过层层选择后的数据更具代表性，更容易发现问题点。

4. 趋势分析

趋势分析是根据当前数据信息进行推理，得出数据的未来发展趋势，可以帮助指标相关能力提前进行调整。例如，某一优化方案在线上流量为 5% 时，页面加载速度有 5 毫秒的收益，当该优化方案调整为全量后，预计整个大盘会有 100 毫秒的收益，那这时流量调整的收益是正向的。

结合当前数据量级和相关因素对指标的影响程度，以及未来相关因素的变化情况，我们可以清晰地预测未来某个时间点指标的变化情况。可以基于这些预估数据提前做出决策。

8.4.5 指标优化

在指标优化阶段，通常会根据数据分析的结论，对指标相关的技术进行优化。优化的方式有很多种，需要结合指标优化的目标来看，重点是通过技术手段解决指标当前的瓶颈问题。依赖的基础能力可以在技术架构层面进行支持，包括任务拆分、管理及调度、模块之间的通信等。

通常速度类指标的优化，重点关注指标在完整流程中耗时较长且不符合常规的节点；而稳定性类指标的优化，则需要先对异常进行分类，然后重点关注占比较高的异常。其他类型的指标优化也类似，优先找到影响面较大、可在短时间内进行有效优化的节点，然后对该节点进行优化。综合不同类型的指标项，指标的优化工作包含以下 5 大类常见的方法。

1. 预处理

预处理优化方法是对用户下一步操作可能产生的任务进行预处理，当用户产生操作行为时，因预处理的任务已提前执行，剩余的任务相对于完整的任务量变少，资源的消耗和耗时变少，这样就缩短了用户等待时间。

预处理方法常用于对速度、卡顿及崩溃等相关指标的优化，常见的预处理方法包含预创建、预连接、预下载、预解析和预渲染 5 种。

- **预创建：**相当于将功能模块提前创建出来，供将来有可能发生的任务使用，在需要使用该功能模块时，可以选择已经创建的模块实例，这样可以减少创建过程中的初始化相关工作带来的资源和时间消耗，比如预创建一个浏览内核实例在加载网页时直接使用。
- **预连接：**相当于提前进行客户端与服务端的通信。在需要传输数据时，该连接已经存在，直接复用该连接进行数据的发送和接收，减少了网络连接相关耗时，降低了整体数据通信的时间。
- **预下载：**相当于实现了对数据自定义缓存的能力，提前获取服务端的数据并将其保存到用户设备中，在需要该资源时可以直接使用，这样就减少了数据传输的时间。使用这种方式将资源预下载到用户设备，在提升加载速度的同时，也可以在重大运营时减少服务器峰值的压力。
- **预解析：**相当于提前把存储（传输）时使用的数据格式转换为业务逻辑计算时使用的数据格式。常见于对缓存或传输的数据协议进行解析，解析之后的数据节点可以在业务切换至活动态时直接使用，适合数据量比较大的业务场景。
- **预渲染：**相当于提前加载页面，包含对渲染过程依赖资源的下载、解析、布局及展现。当用户有需要时将已经渲染好的页面直接展现给用户，实现立即打开的效果。

而当页面正在渲染中，因为预渲染的工作提前了，也会缩短用户看到页面的时间。预渲染能力通常需要技术架构支持，如第 6 章提到的多容器管理框架，对比单浏览内核管理框架，前者就可以实现预渲染的能力。

在客户端具备上述几种预处理能力后，使用预处理策略时还需要考虑**时效性**、**服务端压力**和**命中率**等。用户的操作是不确定的，因此预处理任务的命中率是一个概率问题，如何提高命中率也是预处理方式优化的关键。

当预处理任务量过多时，需要平衡客户端和服务端的资源消耗，优先响应用户当前交互的页面。预处理优化的是用户当前所在场景的下一个场景体验，原则上应该首先满足当前用户所在场景的体验，在不影响当前需求满足的前提下，再对下一个场景进行优化。

2. 精简

精简的思路相当于基于功能有效性的前提，把功能相关的流程、任务、资源及代码等因素进行优化，确保以极致的方式实现能力的构建。精简的思路在客户端及服务端都有应用空间。

精简方法适用于大多数指标优化。在指标优化过程中，可以通过业务优化手段或技术手段来实现精简。必要时，还需要反向从产品层面推动业务流程调整，以保证在为用户提供同等功能的前提下实现精简。常见的方式有以下 3 种。

- **流程精简**：指在满足用户需求的过程中，去除无用的节点以节省计算资源。通常，业务在上线运行一段时间后，由于业务变化和迭代会出现业务逻辑的冗余，这些冗余就是需要精简的过程节点。对业务的理解不足也会导致架构设计的冗余，这也是需要精简的节点。
- **计算量精简**：主要为算法层面的优化，相同的计算任务采用不同的算法得到相同的结果。算法的优劣与业务要解决的问题有关，最合适的算法应该是解决问题效果的，同时还需要考虑算法的适应性、覆盖度和资源消耗，毕竟移动设备中的资源有限。必要时，需要对业务流程、数据结构和算法策略进行调整。
- **信息量精简**：主要指减少需要处理的信息，常见于内容优化，如传输协议、页面资源、页面脚本或通用支撑框架的优化。这些优化可以减少网络数据传输量，同时也可以降低信息处理过程中对硬件的占用和消耗。总的来说，就是在保证能力不变的前提下，简化信息的复杂度。

3. 延时调度

优化延时调度的思路是优先执行重要任务，将非关键路径中的任务分配到其他阶段。

该方法可用于不同的优化方向。在优化过程中，通常将大任务拆分成多个子任务，优先执行关键路径依赖的任务，前一阶段任务完成后再继续执行遗留任务。

任务调度需要关注任务的依赖和事件分发，以保证任务的有序执行，以及在业务需要时对未执行任务进行调度提权。任务本身也需要拆分得相对独立、有先后依赖关系。需要明确哪些任务是当下必须执行的，哪些可以延后执行。在关键路径中不建议将多个任务整合到一起进行统一调用，建议按照整体优化目标对任务进行拆分，并根据实际事件和业务状态进行任务调度。

4. 并行计算

并行计算的思路将一个任务拆分为多个可并行执行的任务且并行执行，以达到在一个时间段内高并发地使用硬件资源。在日常的研发工作中，部分业务逻辑的实现都是基于单核 CPU 设计的，随着硬件设备逐渐升级，单核 CPU 升级为多核 CPU。这时将功能逻辑的实现从线性执行升级为并行执行，同一个任务被划分为多个可并行执行的任务，在多核 CPU 中计算，多核 CPU 的算力被充分利用，整体的计算时长被缩短。

并行计算方法适用于对速度要求较高的指标优化。并行计算的方式有多种，不局限于 CPU，GPU 也常用于计算。GPU 通常比 CPU 更适合处理并行计算任务，因为 GPU 具有大量的核心，可以同时执行相同或不同的指令。例如，在图形处理、视频处理、3D 渲染和 AI 训练等任务中，由于这些任务需要大量并行计算，GPU 比 CPU 更适合这些任务。

5. 策略优化

策略优化主要指对系统提供的优化相关能力进行调度、应用、拆分及组合等不同纬度的优化。主要有以下 4 种策略。

- **命中率优化**：以预处理的策略优化为例，用户浏览搜索结果页时点击任何一个链接都是有可能的。因此，预处理的页面越多，用户命中预处理的可能性就越大，但同时也会消耗更多的资源。为了在保证命中率的前提下减少预处理任务的个数，需要参考多个因素，如用户历史行为、当前浏览内容、当前网络类型及设备状态等，来制定命中率优化策略。
- **任务拆解优化**：将一个复杂的任务分解成多个子任务，以便更好地管理和执行。通过将大任务拆分为多个小任务，可以更好地控制任务的执行时机，精确调度以满足指标优化的需要。
- **优先级优化**：当有多个指标依赖的任务时，需要明确每个任务的执行优先级。优先级高的任务可以先执行，优先级低的任务可以后执行，而那些不重要的任务则可以先不执行。同时，对于并行的任务，也需要进行合理的安排，以避免任务量过大导致资源的抢占和拥塞。

- **执行时机优化**：指在确定需要执行某个任务时，根据当前环境和用户需求，选择最合适的时机来执行该任务，以提高任务的执行效率和质量。在执行时机优化时，需要考虑用户当前所处的场景、系统资源的使用情况、任务的紧急程度等因素，以确保任务能够在最佳的时机得到执行。比如在系统资源紧张的情况下，可以适当延迟一些不紧急的任务，以保证系统的稳定性和流畅性。

8.4.6 指标评估

在指标评估阶段，需要对即将发布的 App 中的指标优化工作进行评估，这个过程主要包含**指标建设的有效性评估、指标优化方案的有效性评估**和**版本迭代的指标例行评估**。

1. 指标建设的有效性评估

指标建设的有效性评估通常在指标建设阶段完成后进行，重点评估与指标相关数据的有效性。该评估基于指标的定义，旨在评估指标数据收集的准确性。通常，需要根据指标的标准，评估该指标中每个节点的取值和计算是否正确。有以下 3 种常用方法。

- **借助工具**：以页面加载速度指标为例，可以借助工具对数据的有效性进行验证。比如使用高速摄像机录制页面加载过程，然后通过分析视频关键帧信息，来验证指标上报的页面加载速度数据是否准确。
- **设定有效性验证规则**：根据指标数据的定义，制定相应的有效性验证规则，包括数据的类型、格式、取值范围等。如果指标数据不符合有效性验证规则，说明指标的建设存在未覆盖的流程节点或极端情况。
- **历史数据对比**：在指标优化的过程中，指标建设的工作也在持续改进，改进方式主要包括两类，一类是在指标中增加更多的指标项，以辅助定位指标的瓶颈；一类是优化已有的指标，提高指标的精准度。通过参考历史数据和指标建设方案，可以预估新版本指标数据的变化。在数据评估时，这种方法能够快速发现异常情况。

2. 指标优化方案的有效性评估

指标优化方案的有效性评估通常在指标优化阶段完成后进行，重点评估优化方案对指标的影响。有时也会出现需要同时评估指标数据和优化方案的情况，此时应优先评估指标数据的有效性，然后再进行优化方案的评估。

与功能迭代工作相比，指标优化工作投入的时间周期较长，评估的工作流程较为固定，可以基于指标标准建立长期可实施的评估工作方法，其中最重要的是明确评估标准，只有基于统一的评估标准，指标优化前后的数据才具有可比性。评估标准包括指标评估过程所需的环境、App 设置、操作流程等。其中，环境包括评估过程中使用的机型、网络、系统等 App 运行环境；App 设置包括 App 对接的服务、样本分组设定、执行当前评估的前置依赖等影响当前评估的设置项；操作流程包括操作步骤、先后次序、使用的测试集等。

确定评估标准后，这时基于标准完成具体的评估动作，然后对比优化之前的数据，判断指标优化方案是否有效。

3. 版本迭代的指标例行评估

版本迭代的指标例行评估工作一般在每个版本开发完成或测试阶段进行，重点在于发现功能迭代过程中间接因素变化对指标产生的影响。

这部分的工作与指标优化方案的有效性评估比较相似，通常使用自动化的方式来执行，不同类型的指标使用的评估方案不同。关于自动化工具的构建，将在本书的第 12 章介绍。

8.4.7 指标监控

指标监控机制的建立旨在防止指标劣化和及时发现线上指标的异常。该机制依赖于指标数据的上报，通过自动化机制完成指标数据的计算，并按照预设的形式将计算结果展示给相关人员，以便于查看指标变化、发现指标异常、定位异常产生的原因并采取有效的止损措施。常见的监控方式分为两种：**报表**和**预警**。

报表通过结构化数据和图形的形式来呈现指标变化情况。一般通过连续的指标特征生成图表，用于例行的指标数据查看和汇报工作。报表既需要有概括性的信息，也需要支持按用户分组、按时间及空间维度进行对比分析查看。同时，还需要支持按设备、时间、系统和网络等不同细分类的查询和展现，以发现相关因素带来的指标变化，来更好地支持决策。

预警主要通过对比发现某一个或某一组指标的变化，当发现不符合预期的指标变化时，将异常信息通知给团队相关人员。指标对比的方式主要为绝对值对比和相对值对比。绝对值对比通常是为指标设定一个阈值，一旦指标数据触发（从大于到小于等于，或从小于到大于等于）这个阈值，就会产生预警；相对值对比则需要一个参照值，基于参照值的变化幅度触发预警。其中，绝对值通常代表指标预警的底线，相对值通常代表周期幅度变化预警的底线。

总的来说，报表偏重于周期性的数据变化，如每天的、每周的指标等；预警偏重于短期的数据变化，例如某个线上崩溃率指标突增，算是突发的异常。无论指标的变化程度如何，指标监控都需要自动化的方式来实现，并可以将当下的指标状态主动同步给相关人员，这样才能达到实时监控的目的，同时持续地支持指标优化工作的开展。

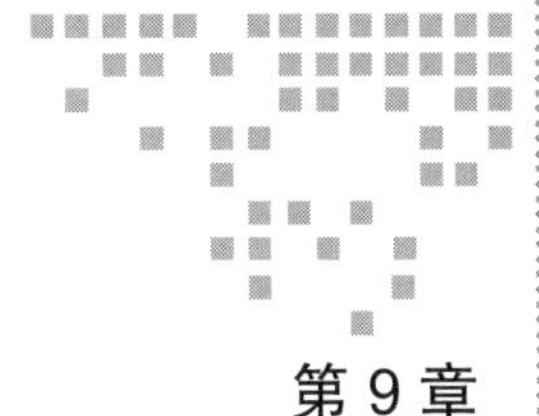

第9章 Chapter 9

设计可统一管理网络通信的搜索客户端架构

从搜索客户端的角度来看，大部分业务场景都依赖服务端产生内容，并在客户端展现及交互，网络通信能力是搜索客户端与服务端数据传输时依赖的关键能力之一。因此，搜索 App 在架构设计及实现过程中，需要考虑网络通信能力的封装。

本章将结合搜索客户端的业务特性，介绍网络通信统一管理的价值以及如何在搜索 App 中实现网络通信的统一管理。

9.1 网络通信可统一管理的意义

在没有接触过网络相关功能的优化工作之前，我曾认为网络功能研发是一件很简单的事情。操作系统提供了基础的 API，模块使用这些 API，就可以实现客户端和服务端的通信。

而在参与和负责了几个与网络功能相关的项目之后，我发现网络通信过程涉及的技术点较多。理解网络通信过程的不同阶段，并合理地使用系统提供的 API，自定义实现这些阶段的能力，可以为网络通信过程的优化提供更多的支持。

在 App 的初期设计阶段，网络通信能力通常容易被忽略。因为在这一阶段，App 对网络的依赖还不是很重，研发的重点在于构建业务能力，对网络通信能力的建设仅限于支持业务。

然而，随着 App 中业务功能的增加，对接的服务变多，对网络通信能力的需求也变得多样化，甚至一些业务指标也需要借助网络通信能力进行优化，这时网络通信能力的价值才日益凸显。承载网络通信能力的网络通信模块不断扩展新的能力为不同的业务赋能，各业务方按需接入网络通信模块之后，最后在整个 App 中实现了对网络通信的统一管理。

在实际的工作中，我也遇见过不同的业务单独构建网络通信模块（也称网络模块）的情况，但随着 App 的迭代，最终同一类的网络通信能力在 App 中还是会进行统一的管理。相比各业务方自建网络模块单独管理，App 中网络模块统一管理的优势有以下几个方面。

- **网络能力统一**。网络模块统一管理可以确保 App 中具有一致的网络通信能力。无论 App 中的哪个业务需要使用网络，都可以使用相同的网络接口和能力，从而确保 App 中网络通信能力的一致性和可维护性。
- **网络参数统一**。网络模块统一管理可以确保 App 中使用的网络参数（例如端口号、公参、UA、加解密、编解码等）是统一的。这有助于减少因参数不一致而引起的错误。
- **维护成本降低**。当多个业务自建网络模块时，每个业务需要单独维护其网络模块。而当网络模块被统一管理时，只需要对一个模块进行维护，这降低了维护成本和出错的可能性。
- **网络优化手段复用**。当每个业务都自建网络模块时，会导致优化手段“各自为政”，网络模块统一管理则能统一管理和复用所有的优化手段，提高优化效率并减少复杂度。
- **业务数据互通**。网络模块的统一管理能让业务数据更容易互通。同类型的网络请求和响应都会经过同一模块，共享和整合不同业务间数据变得更容易，有助于提供全面的业务分析和决策支持。
- **网络能力复用**。网络模块统一管理可以实现且支持网络通信能力的复用，避免重复开发和维护多个相似的网络模块。
- **安装包体积减小**。业务方自建网络模块会增加 App 的安装包体积，降低用户的下载和使用体验。而网络模块统一管理可以减少安装包体积，从而提高用户的下载和使用体验。

综上所述，网络模块统一管理不仅可以帮助 App 更好地支持业务功能构建，还可以通过统一管理网络通信能力、参数、辅助工具等手段来避免不同业务模块之间的代码重复和冲突，同时也可以提高代码的可读性和可维护性。此外，通过统一管理网络请求，还可以对网络请求进行监控和分析，以便及时发现和解决 App 层面的网络问题。

9.2　网络通信优化的实际应用价值

本节以我负责及参与的网络通信优化工作中的一些实际应用，介绍网络通信的优化对于 App 的价值，包括**语音搜索的网络通信管理及网页场景功能的网络通信管理**，二者分别代表 NA 功能的网络通信优化及网页场景功能的网络通信优化。

9.2.1　语音搜索的网络通信管理

语音搜索是搜索 App 中提供的一种搜索方式，用户在客户端进行语音输入，系统进行语音识别，当语音输入完成时，系统根据语音识别的结果进行搜索，并将搜索结果返回到客户端中进行展现。本节重点以语音搜索场景相关的网络优化为例，说明网络通信优化的实际应用价值。

1. 动态联网超时及网络异常检测

我初次进行搜索业务的网络层面的优化工作是在 2011 年，当时移动网络还是以 2G 为主，3G 网络和 WiFi 还没有普及。当时的数据显示，语音搜索的成功率较低，除去用户主动取消的因素外，整体的失败率依然过高，主要原因是受网络环境影响。

网络环境不稳定在 App 中是一个很常见的状态。因为移动设备使用场景的不确定，网络状态会受到当前设备所在场景的影响，从而导致联网方式和网络信号的不稳定。这个因素属于外因，是不可控因素。

通过对代码进行分析，发现语音识别的网络模块中数据传输的超时时长设定为 30 秒（如图 9-1 所示），初步感觉设计明显不合理。因为用户的说话时长不确定，语音识别过程产生的数据量也不确定，并且主要是上行数据。语音数据包作为上行数据，对比常见的客户端与服务端通信，在客户端发送的数据量要大。如果使用固定的 30 秒作为超时时长，当用户说的话比较长时，数据量较大，就会出现数据没有发送完成就触发联网超时的情况，通过日志分析，也证实了这一点，约有 1% 的用户超时（用户等了 30 秒）。

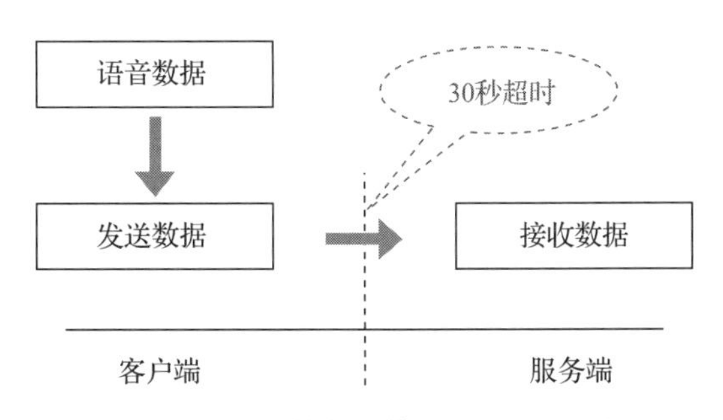

图 9-1　语音数据上传超时时长 30 秒

对用户主动取消的数据进行分析，可以发现大约 3% 的用户在开始语音识别 10 s 后点击了取消，但原因还不清楚，感觉还是与网络有关。线下模拟网络异常的状态，发现数据不传输，但网络状态没有断开（没有收到任何事件通知）。现在想来这种状态就是弱网环境导致的，当时怀疑是语音识别的代码有问题。我单独写了测试用例进行测试，发现弱网状态的确存在。

网络通信的过程中会存在一种网络状态——信号较弱，数据基本上不传输。如果能识别这种状态，并实时提示给用户，就可以减少用户不必要的等待。如何发现这种状态呢？我们用数据传输量除以当前网络的传输速率，得出了数据传输的时间耗时，再加上建立链接和服务端处理的耗时，以及返回时长，可以得出一个精确的联网超时总时长。如图 9-2 所示，相当于实现了联网超时动态计算，同年，我们将这个方案进行了细化，形成了一个完整的创新提案并应用于产品中，语音识别过程可以使用这个方案精确地计算超时时长，相较于固定的时长，动态计算可以精准、有效地发现网络异常。

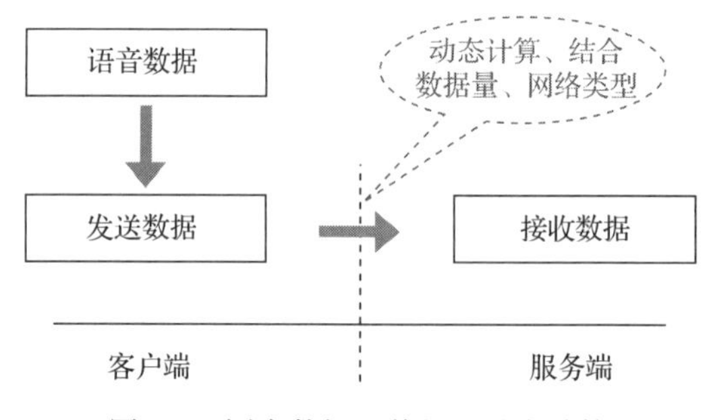

图 9-2　语音数据上传超时动态计算

2. 多通路发送数据

上节提到的语音识别过程的网络是单通路的，通过流式传输（streaming）的方式上传语音数据。语音识别的过程是一个持续的过程，在这个过程中客户端一直产生新的语音数据，不断地向服务端提交，这种方式可以较低成本实现数据的上传。但网络吞吐量不是最优的，处理网络传输过程出现异常的成本偏高，所以不适合在移动网络下进行较大数据量的上传。

借鉴之前在 Nokia S60 平台上的开发经验，在移动网络下使用多通路网络并发方式可以带来更高的吞吐量。在客户端与服务端通信的过程中，一般客户端向服务端发送的数据较少，多通路发送数据的收益很难体现。而语音识别在客户端有较大数据量的网络请求，使用多通路分包发送数据的方法会提升整体的网络吞吐量，优化网络响应时间。在网络通信过程中出现异常时，仅限于重试这几个出错的数据包，整体重试成本较小。

注意　关于网络并发的整体吞吐量会变高仅是实验数据，感兴趣的读者可以试一下在客户端中分别使用多个请求，向服务端发送数据，通过测试得出在一定的时间段内，并行的网络请求数为多少时整体的发送量最大。已知这个数据与当前的网络带宽有关，并不是请求数越大越好。

对于多通路的网络并发架构的实现，主要有以下3个思考点。

1）**最大网络通路设定：**即在同一时间内允许处于活动态的网络通路数量。如果超过这个数量，再提交的网络请求就处于排队等待的状态。这个最大值的确定主要涉及以下3个维度。

- **客户端语音录制处理流程。**在客户端录制语音时，使用多个缓冲区的方式获取语音数据，只有缓冲区满或录音结束时，才从缓冲区获取语音数据。每次发送的数据量应该与缓冲区产生的数据有关，这样可以减少不必要的等待，并较实时地把语音数据提交到服务端。
- **有效数据比率。**传输的语音数据需要用协议进行封装，而传输协议数据也需要一定的时长。网络通路中发送的语音数据和协议数据应该在一个合理的范围内，协议数据需要精简，语音数据不能太小，否则多通路带来的收益将被协议数据消耗掉。
- **服务端处理语音数据的效率。**服务端处理语音数据是有成本的，分包过大时语音识别的结果返回就会存在较大延时，这也就失去了分包的意义；分包过小时就需要考虑有效语音数据比率的问题。

2）**网络通信有序性保证：**客户端按顺序发送数据，在数据的发送过程中，每个通路的数据会受到当下网络状态、路由机制等因素的影响，服务端收到的数据并不一定是有序的。故需要在协议数据中增加语音数据的分组及分包标识，服务端在收到不同包的数据时，根据协议数据中的发包顺序标识进行有序还原。

3）**网络通信异常的处理：**在通信过程中出现异常时，主要的处理手段是重试。当某个通路出现异常时，可以使用高优先级队列进行重试。如果多个通路都出现异常，说明网络不稳定，则无须重试。

网络进行多通路通信时需要端云协同，如图9-3所示，客户端将一次语音识别产生的数据拆分为多个数据包，服务端在接收到数据后，先保证数据有序，再进行语音识别。

基于多通路构建的网络传输能力，可以在较大的网络吞吐量支持下缩短网络通信时长，从而实现语音持续输出，也就是说可以实现结果持续返回的能力。这种能力通过独立模块来实现，可同时获取数据并行化传输及队列管理能力。对于数据传输过程，每个网络通路的异常可单独进行管理。

3. 网络数据传输能力可托管

语音识别能力通常作为公共组件（语音SDK）在不同的App中复用。在这些App中一般都有网络模块，在语音 SDK 中也会构建网络模块。多套网络共存如图 9-4 所示，当在宿主 App 中引入语音 SDK 时，宿主 App 中就会同时存在两套网络模块，这两套网络模块的互通是需要成本的，宿主 App 的安装包体积也会增加。

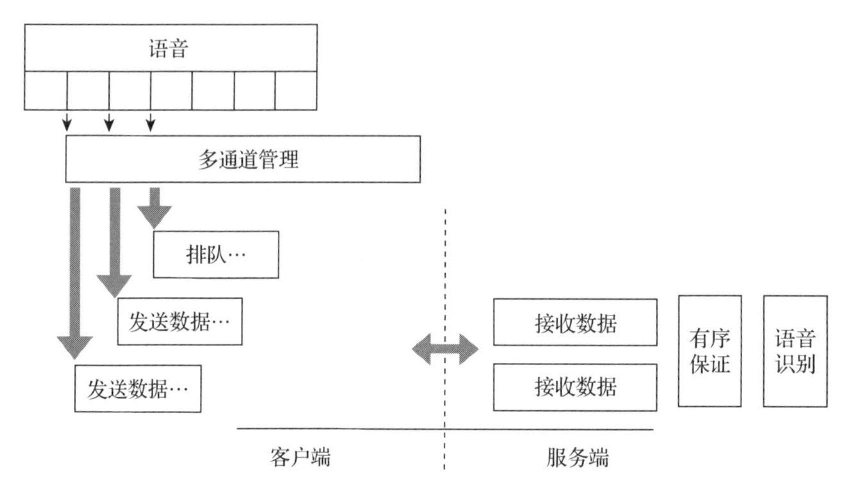

图 9-3　多通路网络通信的端云协同

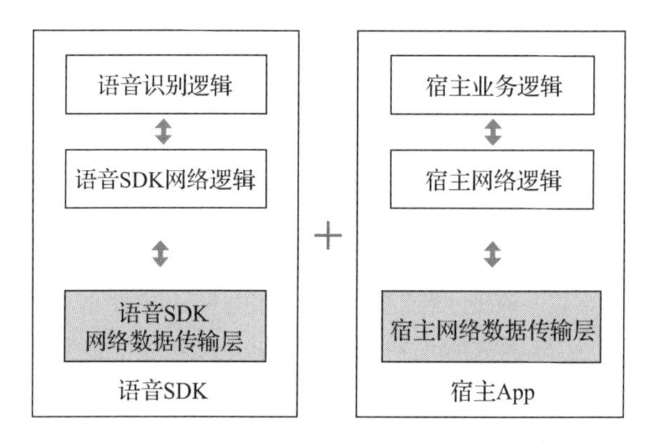

图 9-4　多套网络共存

要解决网络复用及安装包体积问题，需要将这两套网络模块统一，此时通常会优先选择宿主 App 的网络能力。如果 App 是厂商定制的，还有可能以厂商的标准对网络模块进行替换。从技术实现的角度来看，需要提供一种可将**网络数据传输**工作托管给宿主 App 的机制，在宿主 App 中的数据传输层进行定制及复用。这样可以在语音 SDK 输出到不同 App 时减少定制成本，并实现数据处理逻辑的隐藏。

如图 9-5 所示，在语音 SDK 中增加网络托管层，数据传输层实现的能力要在网络托管层进行定义。若是默认使用语音 SDK 中的网络通路，宿主 App 也可以按照托管的标准桥接网络的数据传输能力。由于网络数据传输的过程按可托管的设计进行实现，语音 SDK 在集成到宿主 App 时不需要二次定制及发布，经过宿主网络桥接后，就可以直接使用宿主 App 的数据传输能力。

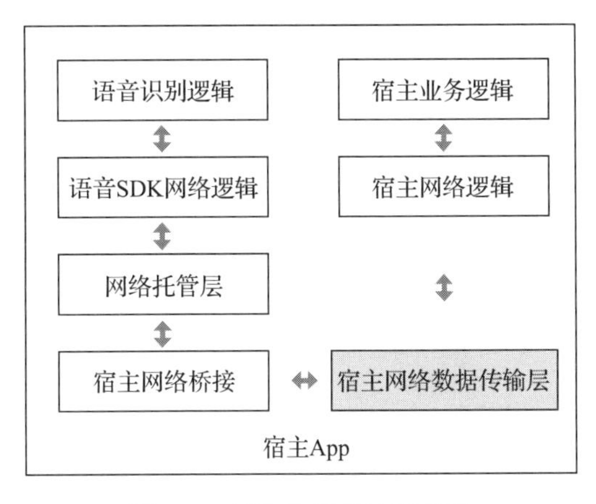

图 9-5　网络数据传输可托管

4. 网络通路复用

不同的 App 在使用语音 SDK 时，因需求不同，语音识别服务返回的结果也可能不同。这时语音服务端需要知晓哪个 App 正在使用，并根据 App 的信息提供不同的服务，返回不同的结果。

从技术实现的角度，把与产品相关的参数设定及数据解析工作从语音 SDK 中剥离出来，作为单独的一层，每个产品线单独定义，支持不同宿主 App 进行参数的设定及数据的解析。如图 9-6 所示，这样可以实现语音识别及网络的最大化复用，从而降低孵化新 App 的支持成本。

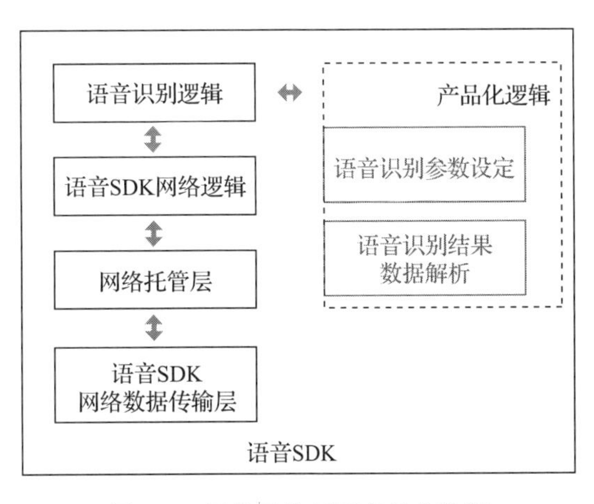

图 9-6　网络通路复用产品化数据

基于这样的拆分，如图 9-7 所示，在宿主 App 中可以设定产品化参数，更改上行数据，从而设定产品线及扩展的相关信息，同时宿主 App 可以接收及解析产品化的相关数据，在宿主 App 中实现定制开发。这相当于把语音 SDK 中客户端与服务端通信的差异进行部分剥离，单独定义和实现。这时语音识别能力和网络传输能力均可被直接复用。

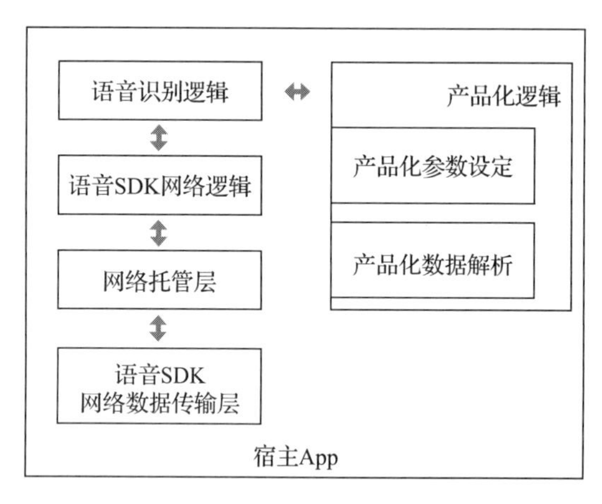

图 9-7 宿主 App 可更新及处理产品化数据

5. 网络请求整合

在搜索 App 中，语音搜索的流程是：先对用户的语音数据进行识别，之后客户端根据语音识别结果提交搜索请求，最后接收结果页数据并展现，如图 9-8 所示。

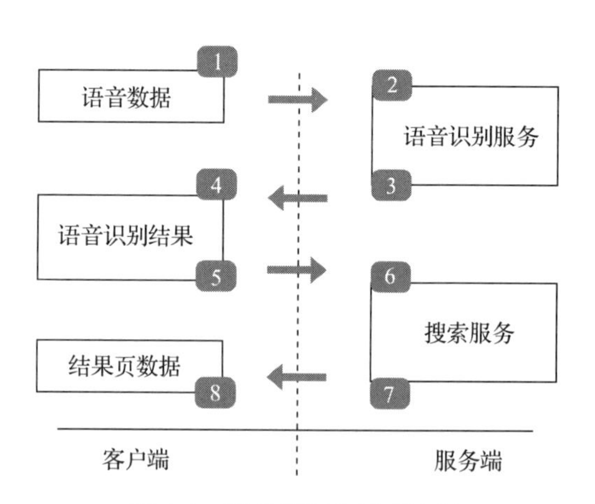

图 9-8 语音识别和搜索流程

在宿主 App 中，语音识别完成之后，因呈现和交互的方式不同，服务端可直接进行业务相关数据的处理，之后再向客户端返回业务数据，最后将两次网络请求需传输的数据整合到一个请求，如图 9-9 所示。对比来讲，这种整合的网络请求更具以下优势。

- **减少一次网络请求**：对比图 9-8 和图 9-9 中的客户端与服务端通信部分，可以看出后者节省了一次客户端与服务端的网络请求。
- **网络稳定性变好**：因为客户端的使用场景不确定，与服务端通信时可能使用移动网络或 WiFi，而服务端与服务端的通信主要使用有线网络（图 9-9 所示的 3～6 步）。客户端与服务端之间的通信稳定性要低于服务端之间的通信稳定性。所以整合网络请求这种方式可以增加网络的稳定性。
- **宿主 App 的业务场景更易优化**：语音识别在服务端的产物与返回客户端的识别结果不同，客户端收到的识别结果仅是服务端语音识别产物的子集。当语音识别产物在服务端之间进行通信时，不需要客户端发版。而涉及客户端后，数据协议及业务逻辑的变化均需要发版。

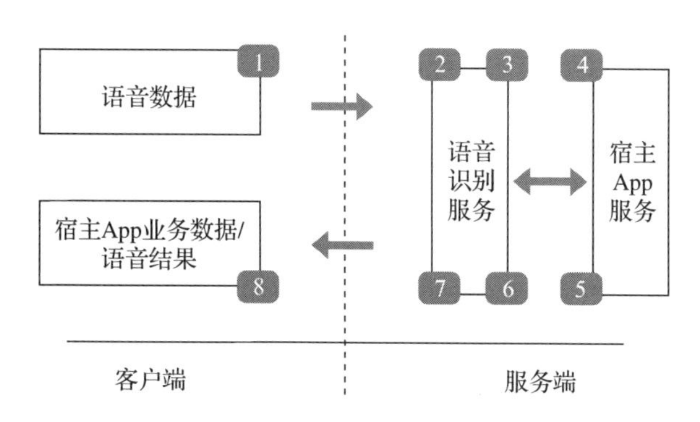

图 9-9　语音识别与宿主 App 业务网络请求整合

实际上，这种网络请求整合的方式也适用于其他业务场景，但需要具备以下 3 个前提条件。

- **自有服务**：可按需进行差异化定制，当网络请求涉及多个自有服务时，服务器间可以互相传递信息，自有服务的可控性更好，安全性更高。
- **请求相关**：多个网络请求之间有相关性，这些相关的数据可以在服务内或服务间互通。
- **无决策依赖**：要整合的多个请求之间无决策依赖。若是当前请求产生的数据需要与用户交互，且与用户交互的结果会影响下一步的网络请求，那么这两个请求就不可以整合。

9.2.2　网页场景功能的网络通信管理

大概在 2013 年，我开始研究如何接管浏览内核发出的网络请求。开启这项工作的主要原因在于 iOS 系统的浏览内核是一个黑盒，提供的接口与事件通知不多。网页加载过程的一些事件在系统 API 中没有提供，部分需求无法实现。

当时使用系统提供的 NSURLProtocol 接口类，在 NA 功能侧自建网络通信的能力，并按照 NSURLProtocol 的接口标准，与浏览内核的网络请求进行桥接，可以在网页加载的过程中，获取网络相关的事件及状态，也就是第 5 章所讲的浏览内核与 NA 功能的**网络通路**。

随着团队中性能优化、落地页体验优化、搜索安全等项目的开展，网页场景中的功能实现对**网络通路**的依赖变得越来越重。下面以实际的应用来说明浏览内核与 NA 功能的**网络通路**的价值。

1. 页面增强浏览能力建设

第 5 章介绍了浏览内核与 NA 功能的网络通路建立之后，浏览内核与 NA 功能的网络能力统一复用，可以支持页面的功能建设。

以用户在浏览网页过程中长按图片并通过弹框选择对图片的操作为例。用户长按图片时，先要获取该图片的数据，分析可以对该图片进行什么操作，之后再通过弹框供用户选择。如图 9-10 所示，操作包含查看图片、保存到相册、保存到网盘、分享图片等。

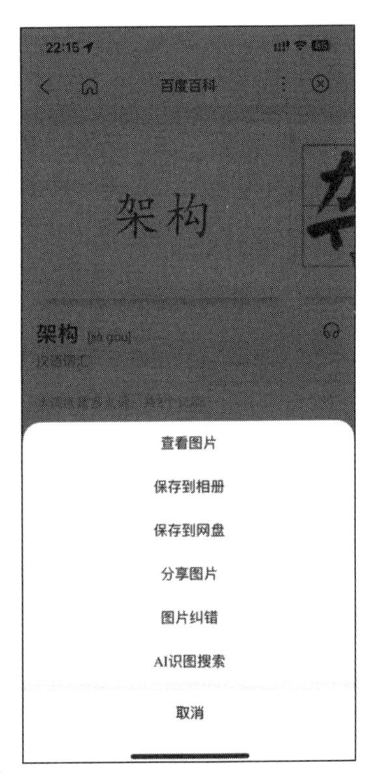

图 9-10　长按图片弹框示例

因为系统没有提供接口来获取浏览内核中加载这张图片的缓存数据，所以当用户对该图片进行长按操作时，如果浏览内核与 NA 功能的网络通路没有互通，则要先通过 NA 功能的网络模块重新下载该图片。这时就需要消耗一定的时间和网络资源，导致用户长按图片到出现弹框有一定的时间间隔，如果再受当前网络影响，就会出现不可控的情况。

而当浏览内核与 NA 功能的网络通路互通后，网页加载时的网络请求可由 NA 功能实现，网页资源的下载都由 NA 功能中的网络模块来完成，缓存策略可以定制化实现。当用户长按图片时，因为 NA 功能中的网络模块之前已经下载及缓存了这张图片，可以直接复用这张图片的缓存数据，这相当于获取本机的数据，可以保证该功能的实现更流畅、及时。

2. 页面安全浏览能力建设

解决**域名解析安全问题、数据传输问题**，及构建**网页内容风险识别能力、网页资源加载干预能力**，均要依赖浏览内核的网络通路。

当浏览内核与 NA 功能的网络通路没有互通时，网页加载过程中的网络通信信号是缺失的，能力也是无法定制的，此时网页加载过程中相关的安全问题就很难被准确识别及解决。

而当浏览内核与 NA 功能的网络通路互通后，网页加载过程中涉及的网络通信信号是可以被捕获的，其能力是可以定制和建设的，网页加载过程中涉及的安全问题就可以被更准确地识别及干预。

3. 页面浏览指标建设及优化

第 8 章提到了通过预先解析域名的方法来**优化 DNS 解析时间**；通过预连接服务主机的方法来**优化网络建立连接时间**；通过预下载数据的方法来**优化数据的获取时间**。同样，当浏览内核与 NA 功能的网络通路互通时，网页加载过程中的网络通信过程可自定义，这些预处理的手段可以应用于不同类型的页面加载速度指标的优化。

9.3　浏览内核的网络通路实现与功能扩展管理

前面通过网络通信优化为 App 提供的价值，说明了网络能力统一管理的意义。在搜索 App 之中，搜索业务主要基于网页的形式承载，客户端使用浏览内核实现网页的浏览及交互，浏览内核的网络通信能力与 NA 功能中的网络通信能力是相互独立的，如图 9-11 所示，网络通信过程和数据传输过程也是独立的，在网络层无法统一管理及共享互通，缺少优化的空间。

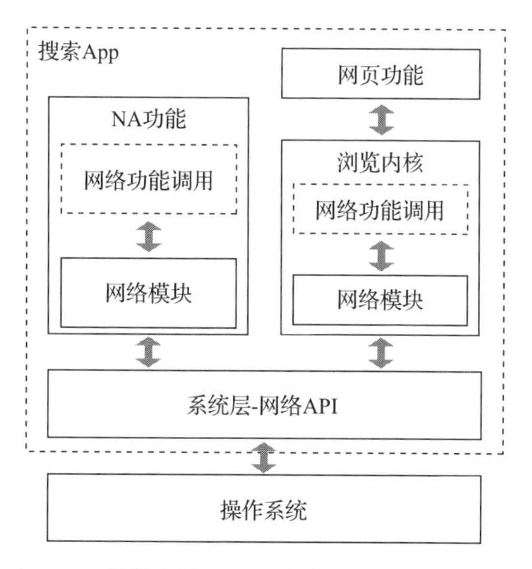

图 9-11　浏览内核及 NA 功能中的网络相互独立

而当浏览内核与NA功能的网络通路互通后，这时网络模块之间是一种复用关系，如图9-12所示，网页功能的网络请求与NA功能的网络请求使用的是同一个网络模块。从实际的应用效果来看，当浏览内核的网络模块可定制及扩展时，针对**网页场景中的功能和指标**均可以有更多的方式进行优化，使整体的使用体验变得更好。所以**建设浏览内核与NA功能的网络通路是一件非常必要的事情，是网络统一管理的关键**。

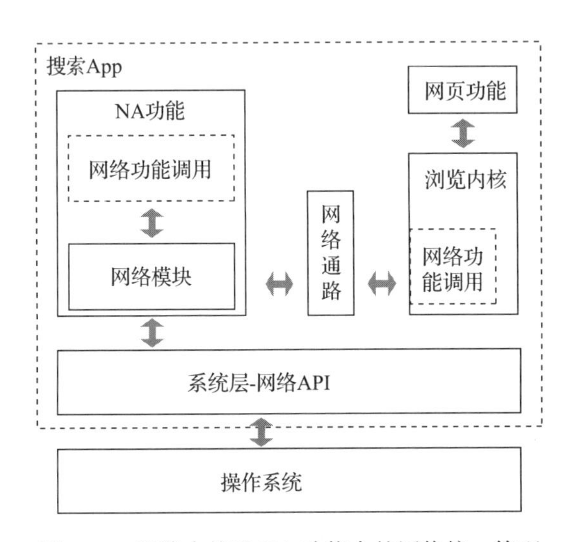

图 9-12　浏览内核及 NA 功能中的网络统一管理

9.3.1　浏览内核的网络请求拦截

要实现浏览内核与NA功能的网络通路，首先需要拦截浏览内核发出的网络请求。拦截浏览内核网络请求的API在iOS及Android系统中均有提供。

1. iOS 系统拦截浏览内核网络请求

在iOS系统的生态中，不允许自定义实现浏览内核的能力，大部分App都是基于原生的浏览内核API支持网页的加载。iOS系统提供了NSURLProtocol类，支持拦截浏览内核发出的网络请求。

NSURLProtocol是一个协议（接口）类，是URL Loading System（这是苹果公司提供的一系列的类和协议，主要通过URL请求获取资源，包括网络请求、Cookie存储、缓存管理等）的一部分，能够帮助拦截所有的URL Loading System API发出的请求，并进行自定义的扩展。

NA功能如果按照NSURLProtocol接口标准实现，就可以拦截App中所有使用URL Loading System API发出的网络请求。浏览内核中的网络请求使用的也是URL Loading

System 中的 API，故在 NA 功能侧可以拦截浏览内核发出的网络请求。

> 注意　如果 NA 功能使用的是 URL Loading System 提供的 API 发出的网络请求，同样也会被拦截。在处理请求事件的代码中，应该区分是浏览内核发出的请求还是 NA 功能发出的请求。

2. Android 系统拦截浏览内核网络请求

Android 系统中没有浏览内核的使用限制，可以使用系统提供的浏览内核相关的 API，也可以按照 Web 生态标准自研浏览内核。自研浏览内核可以实现和搜索 App 共用一套网络的能力。

如果使用系统提供的浏览内核 API，可以在 Android 系统层提供 WebView API 供开发者使用，也可以提供接管浏览内核网络请求的方法。通过覆盖 WebViewClient 的拦截请求方法可以拦截页面中发起的网络请求，并在 NA 功能侧执行网络请求相关流程。

9.3.2　网络通路的工作流程

当在 NA 功能侧对浏览内核发出的网络请求进行拦截时，浏览内核中发出的网络请求事件可以在 NA 功能侧收到。这时还需要将浏览内核发出的网络请求中转到 NA 功能侧，以实现网络模块与服务端的通信，进而保证网络请求的流程是完整的。在这个过程中，依赖网络通信的功能会根据网络通信时产生的事件及参数来实现。如图 9-13 所示，整体的工作流程主要分为 6 个步骤。

第一步：通过系统提供的 API 拦截浏览内核发出的网络请求，并在网络通路中响应该网络请求事件。这一功能主要由内核网络请求中转模块实现。

第二步：内核网络请求中转模块拦截到浏览内核发出的网络请求后，将网络请求相关的事件及参数交给功能逻辑处理模块进行处理，这一过程支持在网页场景中进行功能扩展和实现。

第三步：功能逻辑处理模块处理完请求的事件及参数后，通过 NA 网络调用模块调用网络模块，将该请求重新发到服务端。

第四步：在网络请求发送以及接收服务端返回数据的过程中，产生的事件及参数通过 NA 网络调用模块通知功能逻辑处理模块进行处理。

第五步：功能逻辑处理模块收到事件及参数后，对事件及参数进行处理，之后再调用内核网络请求中转模块传递经过处理的事件及参数。

第六步：内核网络请求中转模块收到功能逻辑处理模块处理后的事件及参数后，按照系统提供的 API 标准，回传本次网络请求产生的事件及参数至浏览内核。

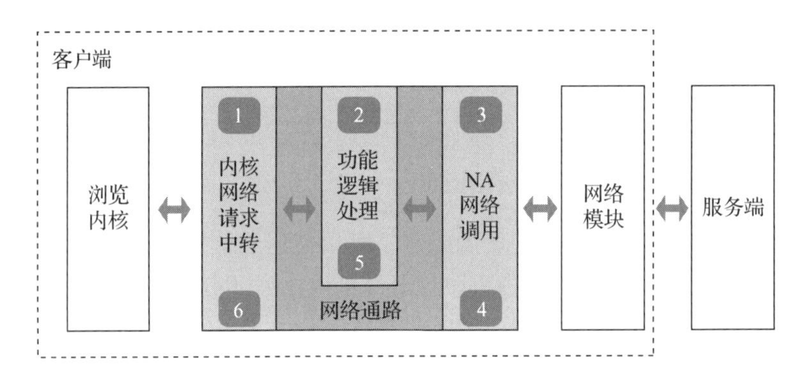

图 9-13 网络通路的工作流程

如图 9-13 所示，在一次网络请求的过程中，第 1~3 步通常只执行一次，第 4~6 步会执行多次，直到网络通信完成、过程取消或过程失败。基于这 6 步可以实现浏览内核与 NA 功能的网络通路。

9.3.3 网络通路中的功能扩展管理

在实际应用过程中，网络请求所涉及的功能逻辑处理模块需要与网页场景中的功能扩展进行通信，这一过程支持网页场景中的功能扩展实现。第 5 章介绍过，网页场景中与当前的页面进行通信的功能扩展被抽象为插件。本章以功能扩展（插件）代指功能扩展中与页面通信的相关实现，以功能扩展（网络）代指功能扩展中与网络通路通信的相关实现。

如图 9-14 所示，功能逻辑处理模块中包含多个功能扩展（网络），网页在加载过程中，发出的网络请求、产生的事件及参数均可被这些功能扩展（网络）使用，如广告过滤、安全识别和指标建设及优化等。同时功能扩展（网络）可以与功能扩展（插件）进行通信，功能扩展（插件）也可与网络模块直接通信。

从技术实现的角度来看，功能扩展（网络）是易变的，需要根据业务的需要持续迭代及优化，这就会带来对网络通路传输的数据及事件影响的不确定。而网络通路是基础能力，应该是长期趋于稳定的。在接入及优化功能扩展（网络）时，如何降低功能扩展（网络）之间的相互影响和功能逻辑处理模块的适配成本，是功能逻辑处理模块建设的关键问题。在功能逻辑处理模块中接入不同的功能扩展（网络），需要满足以下要求。

- **可靠性**：由于在功能逻辑处理模块中处理的事件和参数会对网页加载产生重要影

响，因此功能逻辑处理模块应该具备可靠性，以确保事件和参数得到正确处理和传输。

- **可扩展性**：为了适应不断变化的功能扩展（网络）需求，功能逻辑处理模块应该具备可扩展性，从而保证可以低成本地添加新的功能扩展（网络）。
- **隔离性**：为了降低不同功能扩展之间的相互影响，功能逻辑处理模块应该支持不同的功能扩展（网络）之间的隔离。这样每个功能扩展（网络）都可以独立地处理事件和参数，从而不会干扰其他功能扩展或使自己受到影响。

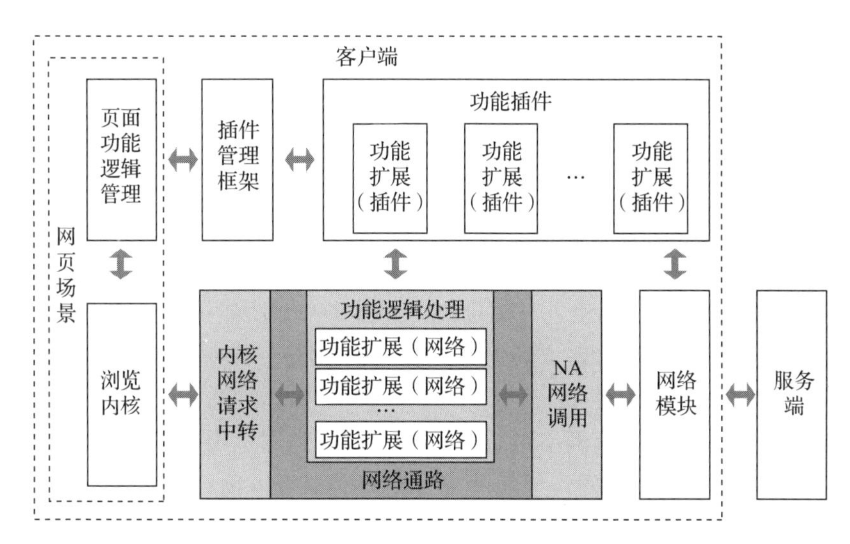

图 9-14　功能扩展在网络层及内核层的互通

通过实现上述能力，功能逻辑处理模块可以更好地支持功能扩展（网络）的接入和优化，同时也可以较好地控制功能扩展之间的影响，并确保网络通路的稳定性和可靠性。需要在功能逻辑处理模块中引入功能扩展（网络）管理框架来实现功能扩展（网络）的统一管理。

1. 功能扩展（网络）对网络请求的依赖分类

要实现**功能扩展（网络）管理框架**，先要弄清楚功能扩展对于网络请求的依赖是什么，之后再确定框架管理什么。依赖于网络请求的功能扩展（网络）主要分为以下 4 类。

- **网络请求干预类**：如广告过滤功能，在拦截到浏览内核发出的新的网络请求时，对网络请求的 URL 进行判断，该 URL 的域名属于某一个域名或者符合某个规则时，这个网络请求就不会发出，直接向浏览内核返回空数据。
- **网络请求监控类**：在异常流量识别过程中，对客户端发起的网络请求和对服务端返回的数据进行分析判定，确定该请求是否存在风险。如在网页加载过程中，服务器返回某张图片的大小（HTTP 协议的 Content-Length）是 500 MB，这明显不符合预期，这样的网络请求就是异常的，可以进行相关安全策略的优化。

- **网络请求统计类：** 如建设页面加载速度核心指标、补全页面加载指标中的网络子指标。在页面加载过程中，可通过浏览内核的事件获取整个页面的加载概况。通过页面中每个资源在网络请求过程中产生的事件及参数，还可以知晓页面中资源在网络层面的加载信息，包括时间、状态及大小等。
- **网络请求支持类：** 如某一个功能扩展的实现依赖网络请求过程中的事件或参数，包括网络事件、联网状态、通信过程中的数据等。基于这些事件及参数可实现缓存资源的自定义复用、发生异常时重试等。

2. 功能扩展（网络）管理框架实现

结合不同类型的功能扩展（网络）对网络请求的依赖，功能扩展（网络）管理框架需要实现功能扩展注册、事件响应、事件分发 3 个关键能力。

- **功能扩展注册能力：** 提供公开的接口，支持每一个功能扩展（网络）注册到功能扩展（网络）管理框架的统一管理，功能扩展（网络）管理框架中维护着每个功能扩展（网络）实例的引用关系。
- **事件响应能力：** 当内核网络请求中转模块拦截到浏览内核发出的网络请求时，或 NA 网络调用模块收到网络模块的事件回调时，可以调用功能扩展（网络）管理框架，同步本次网络请求产生的事件及相关参数。
- **事件分发能力：** 功能扩展（网络）管理框架收到内核网络请求中转模块或 NA 网络调用模块的事件通知时，可以依次将事件及参数分发给注册到框架中的功能扩展（网络）。

对功能扩展（网络）依赖的网络事件进行定义，可以对应形成功能扩展（网络）使用标准，如图 9-15 所示，包括开始请求、请求重定向、接收服务端的响应、接收服务端的数据、本次请求完成和本次请求出错等，参数默认为当前事件产生时具有的所有相关数据项。其中开始请求事件由浏览内核发起，收到这个事件就相当于拦截到了浏览内核发出的请求。其他事件由 NA 网络调用模块调用网络模块之后，在客户端与服务端进行网络通信的过程中产生。在经过功能扩展（网络）处理之后，再通知内核网络请求中转模块，按照标准回传至浏览内核，形成一次完整的网络请求。数据的流向如图 9-15 所示的箭头为准，每个功能扩展（网络）依赖的事件节点略有不同。

3. 网络事件分发及响应

下面以**开始请求**事件和**接收服务端的数据**事件为例，说明这两种数据流向的事件分发及处理流程。

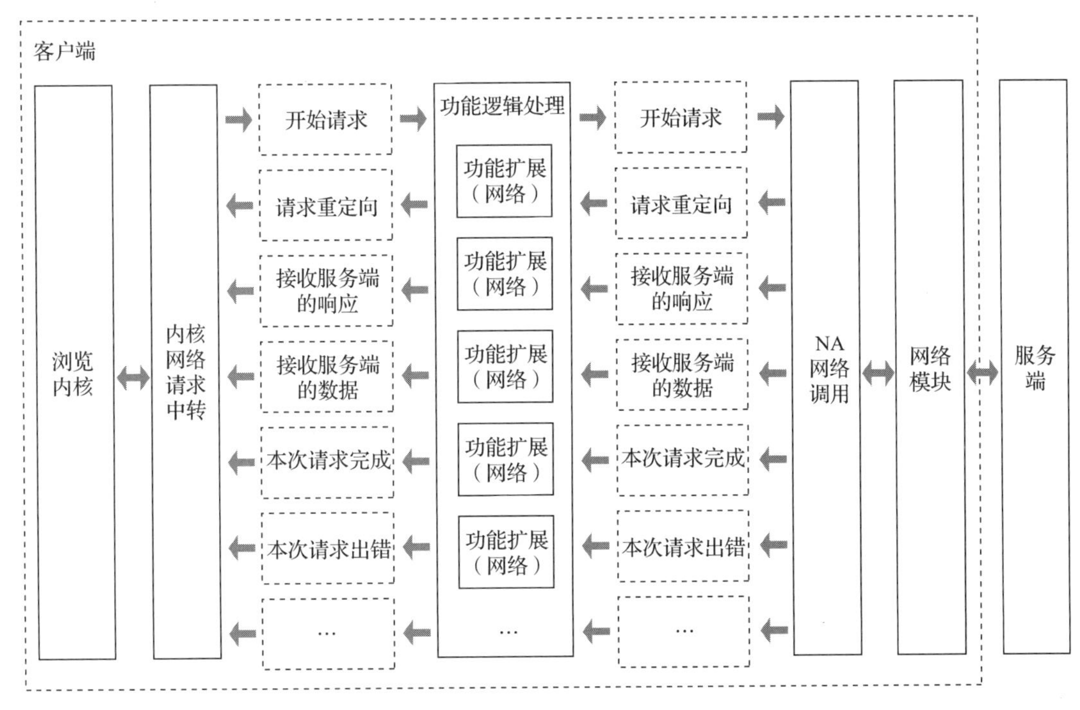

图 9-15　功能扩展（网络）的事件依赖与事件传递

在功能扩展（网络）管理框架收到**开始请求**事件后，在如图 9-16 所示的功能扩展（网络）管理框架中依次将该事件分发给接入的功能扩展（网络），并根据当前功能扩展（网络）的处理状态，确定是否将该事件继续分发到下一个功能扩展（网络）。基于这个逻辑直到最后所有功能扩展（网络）响应该事件并完成处理，这时默认执行 NA 网络调用。其中功能扩展（网络）在响应发送请求事件时返回的处理状态有 3 种，对应的功能扩展（网络）管理框架的处理方式也有不同。

- **完成**：表示该功能扩展（网络）的任务已完成，这时功能扩展（网络）管理框架需要将事件继续发给其他功能扩展（网络）。
- **定制**：表示该功能扩展（网络）的任务需要定制开始请求的过程，由该功能扩展（网络）执行 NA 网络调用，这时功能扩展（网络）管理框架不再将事件分发给其他功能扩展（网络）。
- **中止**：表示该功能扩展（网络）的任务需要中止本次请求，这时功能扩展（网络）管理框架不再将事件发给其他功能扩展（网络），但是需要模拟剩余的网络请求流程，并将事件返回给内核网络请求中转模块，保证按标准完成完整的浏览内核的网络请求接管流程。

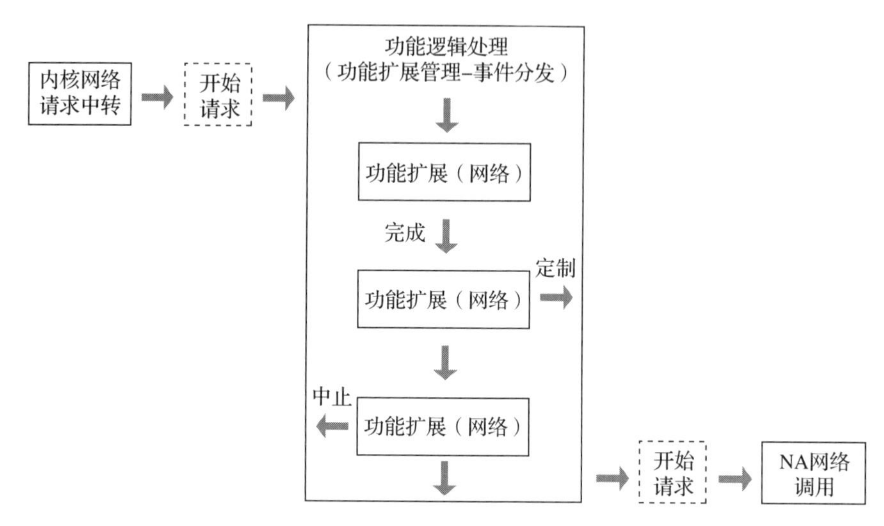

图 9-16　开始请求事件的分发及响应

在功能扩展（网络）管理框架收到**接收服务端的数据**事件后，如图 9-17 所示，功能扩展（网络）管理框架会依次将事件分发给接入的功能扩展（网络），并根据当前功能扩展（网络）的处理状态，确定是否将该事件继续分发到下一个功能扩展（网络）。基于这个逻辑直到所有功能扩展（网络）响应该事件并最终完成处理，这时默认向内核网络请求中转模块返回数据。其中功能扩展（网络）在响应接收服务端的数据事件时，返回的处理状态有两种，这两种状态对应的功能扩展（网络）管理框架的处理方式不同。

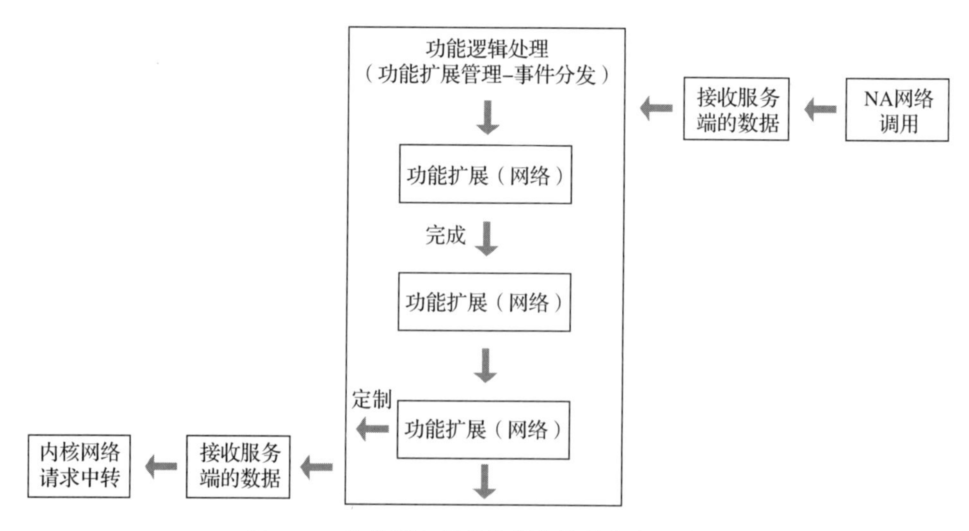

图 9-17　接收服务端的数据事件的分发及响应

- **完成**：表示该功能扩展（网络）的任务已完成，这时功能扩展（网络）管理框架需要将事件继续分发给其他功能扩展（网络）。

- **定制**：表示该功能扩展（网络）的任务需要定制接收服务端数据的过程，由该功能扩展直接定制向内核网络请求中转模块返回数据，这时功能扩展（网络）管理框架不再将事件分发给其他功能扩展（网络）。

4. 解决功能扩展之间的冲突

确定了功能扩展（网络）管理框架的能力、功能扩展（网络）的接入及响应事件的流程后，每个功能扩展（网络）就可以按照标准接入功能扩展（网络）管理框架，响应及实现不同的事件。当有多个功能扩展（网络）接入时，会存在不同功能扩展（网络）之间执行逻辑相互影响的情况。

举个例子，在功能扩展（网络）管理框架中接入了两类功能扩展——**无图模式的功能扩展**和**统计的功能扩展**。**无图模式的功能扩展**在收到开始请求事件时，会分析请求的 URL 是否为图片，如果是则本次请求不发送，在收到接收服务端的数据事件时，会根据多用途互联网邮件扩展（MIME）字段确定是否为图片，如果是则返回空数据。统计的功能扩展（网络）在收到开始请求事件时，会记录请求的开始时间及相关参数，在收到接收服务端的数据事件时，会记录接收数据的时间及相关参数。在实际的运行过程中会产生如下冲突。

- 当收到**开始请求**事件时，如果先执行统计的功能扩展（网络），再执行无图模式的功能扩展（网络），则统计的功能扩展（网络）记录了当次请求的开始时间，接下来无图模式的功能扩展（网络）响应事件会返回中止，本次网络并没有真正发出请求，对于本次网络请求统计的功能扩展（网络）没有记录其他事件和参数。
- 当收到**接收服务端的数据**事件时，如果先执行无图模式的功能扩展（网络），再执行统计的功能扩展（网络），无图模式的功能扩展（网络）确定收到的数据为图片时，则需要向浏览内核返回空数据，这时统计的功能扩展（网络）就不会记录接收服务端数据的时间及相关参数。

在实际的搜索 App 中，功能扩展不止 2 个，这时事件和功能扩展（网络）的组合，就变成了多对多的二维关系。为了解决这个问题，在每个功能扩展（网络）中，对可以响应的每类事件单独定义一个优先级。功能扩展（网络）管理框架以这个事件关联的优先级，从高到低依次向每个功能扩展（网络）分发事件，这样就可以解决多个功能扩展在响应不同事件时会发生冲突的问题。

5. 功能扩展（网络）的实现

基于功能扩展（网络）管理框架的设计，每个功能扩展（网络）的实现应该包含事件响应优先级定义和事件响应的逻辑。下面结合图 9-18 进行详细介绍。

1）事件响应优先级定义。事件响应优先级是指该功能扩展响应每一类网络事件的优先级。每个功能扩展可响应网络请求过程中的每一个事件，对每个事件单独定义响应优先级。功能扩展（网络）管理框架收到网络请求过程的事件之后，按照该事件的响应优先级进行有序分发。

2）事件响应的逻辑。事件响应的逻辑包括触发条件、实现逻辑和响应状态 3 部分。

- **触发条件**：用来判定每个功能扩展（网络）在收到具体的事件时，是否可以响应该事件并执行实现逻辑。触发条件包括请求的 URL 信息、HTTP Header 信息、与服务端通信时的状态和数据等。功能扩展（网络）首先需要明确可以处理的网络请求的条件，同一类网络请求的处理可能涉及多个功能扩展（网络），但是如果有排他性的操作，那么这几个功能扩展（网络）需要整体设计，包括优先级和调用关系，甚至会存在功能扩展（网络）之间相互调用的情况。
- **实现逻辑**：每个功能扩展（网络）在处理网络事件及相关参数时内部的执行逻辑，每个功能扩展（网络）均不同。
- **响应状态**：每个功能扩展（网络）在响应分发事件之后反馈处理结果的状态，即功能扩展（网络）响应事件时**返回的处理状态**，该状态影响同一个事件的框架分发流程。

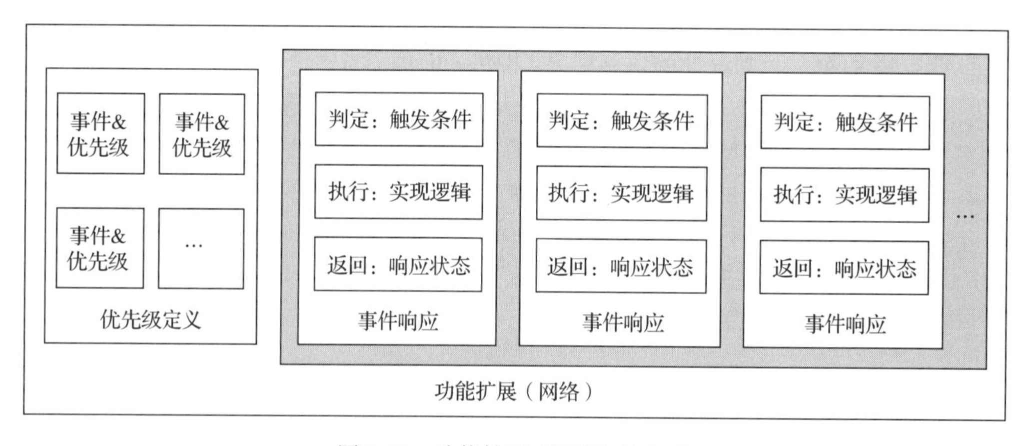

图 9-18　功能扩展（网络）的实现

在创建浏览内核时，会向功能扩展（网络）管理框架注册功能扩展（网络）。当功能扩展（网络）管理框架接收到网络事件时，依次按优先级调用功能扩展（网络）以响应事件。在功能扩展（网络）对事件进行响应时，先判定触发条件，确定该事件及相关参数可处理，再执行实现逻辑。之后，根据实现逻辑确定响应状态，最终将响应状态返给功能扩展（网络）管理框架。功能扩展（网络）管理框架根据返回的状态决定是否需要继续分发事件，若需要则依次向每个功能扩展（网络）分发事件，接收响应状态，直到所有功能扩展（网络）

响应完成该事件，或某个功能扩展（网络）返回中止或定制的状态，至此当前事件的分发流程结束。

9.4　统一管理网络通信及分层设计

当在 App 中实现了浏览内核的网络通路后，就可以在网络层面上构建和优化网页场景中的功能，这时 App 中所有的网络请求都可以得到统一管理。

当统一管理网络请求后，App 中网络模块处理的请求就会变得更加多样，这时需要通过分层的方式来支持 App 中的不同业务对网络能力进行需求定制。

图 9-19 所示是结合本书介绍的 App 相关网络功能的实现，对与网络能力有关的模块进行的整合和分层。基于统一接口和分层管理在业务实现层可以根据不同的业务需求来选择不同的网络能力，可以在为业务赋能的同时提高 App 中的网络相关业务的研发效率。

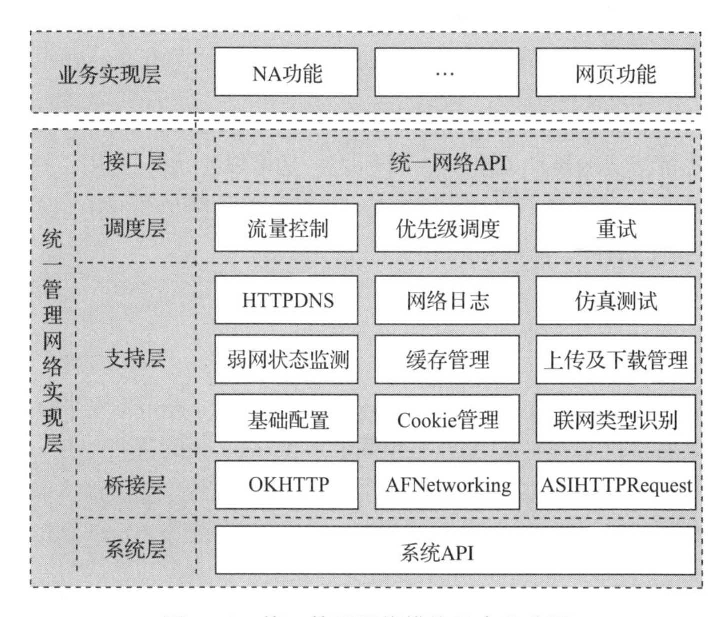

图 9-19　统一管理网络模块整合和分层

9.4.1　系统层的职责与边界

系统层的网络功能为系统提供网络请求相关的 API，这些 API 封装了系统对不同网络协议的支持，包括 HTTP、HTTPS、QUIC、TCP/IP、UDP、FTP 等搜索 App 依赖的基础协议。

这些 API 不仅封装了基础配置和对基础协议的支持，还封装了网络请求全流程产生的事件和同步数据。这些 API 涵盖了网络诊断、与服务端建立链接、上传数据、下载数据、缓存数据、接收服务端的响应事件、更新 Cookie 、身份验证等网络通信过程中的不同阶段。同时，系统 API 也提供暂停、恢复及取消当前网络通信过程的能力。

基于这些系统 API，比如 CFNetwork、NSURLSession、HTTPURLConnection 等，客户端可以使用不同的协议与服务端进行通信，从而满足不同的业务需求。

9.4.2 桥接层的职责与边界

桥接层的网络功能主要为隔离系统层的 API，在桥接层对系统层 API 进行封装，提供基础的网络通信能力，相比系统层提供的 API，桥接层的 API 更加易用。同时在系统层 API 变更、业界标准变更或发布新协议标准时，可以在这一层进行适配，实现外部因素影响面可控。

在实现桥接层的网络功能时，研发人员通常会使用业界的开源方案，如 AFNetworking、ASIHTTPRequest、OKHTTP 等。这些开源方案提供了丰富的功能和良好的扩展性，可以满足大多数 App 的需求。研发人员可以根据需要选择合适的开源方案，并根据 App 的需要对这些方案进行二次设计及优化。

在设计及实现桥接层的网络功能时，目标之一是可以跨 App 复用，提供通用的、易扩展的网络通信能力。这样在进行业务研发时，人们可以将精力集中在业务逻辑的实现上，而无须关注网络通信的细节，从而提高开发效率和质量。

9.4.3 支持层的职责与边界

支持层的网络功能主要为支持 App 中的业务实现，它与 App 业务相关。因为每个 App 都可能不同，所以通常这一层的模块可在相同业务的 App 之间进行复用。如图 9-20 所示，常见的支持层的网络功能包括基础配置、Cookie 管理、联网类型识别、弱网状态监测、缓存管理、上传及下载管理、HTTPDNS、网络日志、仿真测试等，这些功能都有对应的实现模块。

图 9-20　支持层的网络功能

1. 基础配置模块

基础配置模块的主要职责为在 App 中为其他模块提供网络请求相关参数的定义，并支持配置更改。这些参数包括用户代理、公参、缓存、默认超时时长、不同业务服务器的地址、端口号、加密方式等。通过提供网络功能相关的基础配置模块，App 中的业务能够全局访问并方便地使用这些参数。基于这些网络请求相关参数的定义，在 App 中形成标准，支持业务方的扩展，实现整个 App 与服务端通信的标准统一。

基础配置模块为 App 中的不同业务模块提供统一的基础配置管理，这提高了代码的复用性和可维护性，也避免了参数被多处定义的情况。基础配置模块还可以提供一些高级功能，如配置项可自动更新、动态配置等，这些功能使得 App 具有更高的灵活性，从而更容易适应不同的需求和变化。

2. Cookie 管理模块

系统为 Cookie 的存储管理提供了基础的 API，这些 API 支持对 Cookie 进行各种基础操作。在支持层实现的 Cookie 管理模块的主要职责为对业务中 Cookie 相关操作进行封装，提供统一的 Cookie 操作入口及标准，支持 App 中不同业务的调用，以保证数据操作的连续性和一致性。

Cookie 的常见操作为网页功能中的 Cookie 与 NA 功能中 Cookie 同步，客户端与服务端的状态同步，在一些特定场景中关联 Cookie 等。Cookie 是 HTTP 请求携带的基础数据项，Cookie 的修改会对同一个域名下的所有请求产生影响。在客户端内对 Cookie 的基本能力进行封装，限定使用场景及调用方式，可实现对 Cookie 进行操作时的变动范围可控，结合自动化工具及代码评审（CR）工作可以有效避免误操作 Cookie。

3. 联网类型识别模块

联网类型识别模块的主要职责为获取 App 中当前设备的联网类型，包括 WiFi、4G、5G、无网络等。联网类型在当前设备中是一个全局性的状态，获取能力通常由一个比较独立的模块提供。

在搜索 App 中，联网类型不同，对应的业务策略也会不同。比如页面预加载的策略中预加载的页面条数和预加载时机会根据当前用户设备联网类型进行调整。

4. 弱网状态监测模块

弱网状态监测模块的主要职责为在网络请求过程中对网络环境进行实时监测和分析，以便及时发现弱网状态，并对用户同步，或应用于业务策略中进行网络调度的优化。弱网状态监测有多种实现技术，比如前面提到的动态计算超时时间、实现类似于 Ping 的能力等。

弱网状态监测对于整个 App 中的网络调度策略的决策有着关键作用，当网络状态不好时，弱网状态监测模块主动给上层模块发出信号，在 App 中为实现优先保证用户当前需求的网络可用而进行整体的网络请求调度，对于一些后台的、对时效性要求较低的请求，如数据上报类、预处理类的网络请求均可以暂停，等网络状态变好之后再建立网络连接与服务端进行通信。以保证 App 在网络不稳定的情况下能够及时响应和处理用户当前的需求。

5. 缓存管理模块

缓存管理模块主要用于对 App 中的网络请求产生的数据进行缓存和处理。与系统提供的网络请求缓存不同，在自建的缓存管理模块中，缓存策略以客户端为标准进行定制，且可以在 App 中复用，并实现 App 中业务的定制。

在搜索 App 中需要缓存的情况比较多，比如为了保证运营活动正常进行，会提前下载一些运营资源，再比如为了长按网页中的图片进行相关操作更流畅，可直接缓存图片。

6. 上传及下载管理模块

上传及下载管理模块主要用于管理 App 中文件的上传和下载操作。与缓存管理不同，上传及下载文件通常会提供管理界面，下载完成的文件可以被浏览、操作。支持层的上传及下载管理模块，提供文件上传及下载的基础能力，可在 App 中方便地管理上传和下载文件的过程。

上传及下载管理模块提供的基础能力通常包含文件上传、文件下载、本地文件管理、进度同步、错误处理和下载过程控制（暂停、恢复和取消下载）等。上传及下载管理模块通常与文件存储服务（比如云存储服务，文件存储在云端，对于用户来说可以避免更换设备时的文件丢失）配合使用。

7. HTTPDNS 模块

第 7 章介绍过，可以通过 HTTPDNS 解决 DNS 劫持问题。HTTPDNS 模块的主要职责为当客户端在使用 HTTP 协议进行网络请求时，将请求域名解析为 IP 地址，使得本次网络请求通过 IP 地址直接连接服务端。这相当于不走传统的 DNS 解析流程，而是自行完成域名到 IP 地址的转换，这样做可以优化域名解析过程消耗的时间，避免域名缓存过期和 DNS 劫持问题。

8. 网络日志模块

网络日志模块的主要职责为记录和分析 App 网络请求相关的日志，以便对 App 网络请求情况进行监控和分析。

通过网络日志，研发人员可以了解客户端整体网络状态，如 App 的整体联网成功率和失败率、联网类型分布等。研发人员也可以通过网络日志定位并解决具体的网络问题。

9. 仿真测试模块

仿真测试模块的主要职责为在 App 处理网络请求的过程中，对通信过程产生的数据进行仿真操作（Mock 操作，包括对数据协议或通信状态进行仿真等），以测试和验证 App 功能的稳定性。在研发及测试阶段发现与网络请求相关的异常，可以避免将有风险的 App 版本交付给用户。

在实际工作中，研发人员可以借助系统或工具提供的能力，模拟不同的网络环境。比如，在客户端中进行仿真测试通常会与自动化工具组合使用，通过对**业务场景中的网络请求产生的数据及状态进行异常模拟**，可以提前发现因网络通信异常而产生的客户端或服务端异常。

仿真测试模块的实现受到传输数据格式的影响，如 App 中大部分功能数据的格式是统一的，仿真测试可以使用通用的方式对数据进行 Mock 操作。如果不统一，则需要单独定制 Mock 方案。

综上所述，支持层在网络分层架构中扮演着重要的角色，它提供了许多与业务相关的网络功能，以支持 App 中业务的实现，同时提高 App 的联网性能和稳定性。这些功能覆盖了网络通信过程的不同阶段，为 App 中业务在网络层的实现进行赋能。

支持层的模块在 App 中基本上都以单一实例或全局函数的方式存在，并为上层模块提供服务，在设计和实现支持层的模块时，需要考虑模块使用的便利性和模块的独立性，支持层的模块可按需被上层模块依赖及调用，必要时也可支持将某个模块的能力关闭或裁掉而不影响整体的网络通信能力。

9.4.4 调度层的职责与边界

调度层的网络功能主要实现网络资源的管理，即对 App 中的网络请求进行合理调度，实现 App 中网络请求的**流量控制**、**优先级调度**及**重试**。

在客户端与服务端的通信过程中，每个请求都会持续一段时间，在同一个时间点，App 中会有多个请求处于活动态。这些请求包括响应当前用户的操作、预处理操作、同步 App 基础数据、上传日志等。这些请求存在相互影响的可能，在调度层对 App 中同一时间点的并发网络请求进行管理，可避免同一时间点并发请求过多导致网络拥塞。在 App 运行时，当活动态的网络请求超过一定的数量时，对网络请求进行流量控制，并按照请求的优先程度进行调度。一些重要的请求在出现异常时也会进行重试，以保证请求可以正常发送及接收数据。

同时，通过调度层统一管理 App 中的网络请求，可以实现网络复用、数据共享及延时调度等能力，从而减少网络拥塞的情况发生。下面通过应用示例介绍这 3 个能力。

- **网络复用**：如图 9-21 所示，当模块 M1 中发出的请求 R 处于活动态的同时，模块 M2 也发出了相同的请求 R，这时 M2 就可以复用 M1 发出的请求 R，当请求 R 收到服务端事件及数据时，将事件及数据分别分发给 M1 和 M2。
- **数据共享**：如图 9-22 所示，当模块 M1 发出的请求 R 完成时，对请求 R 产生的数据进行了缓存，如果模块 M2 再发出请求 R 时，可以直接使用之前 M1 发出的请求 R 缓存的数据，这就实现了数据的共享。
- **延时调度**：如图 9-23 所示，当模块 M1 发出的请求 R 处于活动态，且当前设备处于弱网状态时，模块 M3 发出一个后台任务请求 R1，这时先暂停请求 R1，执行高优先级的请求 R。等请求 R 执行完成或其他事件触发请求 R1 时再重新发出请求。

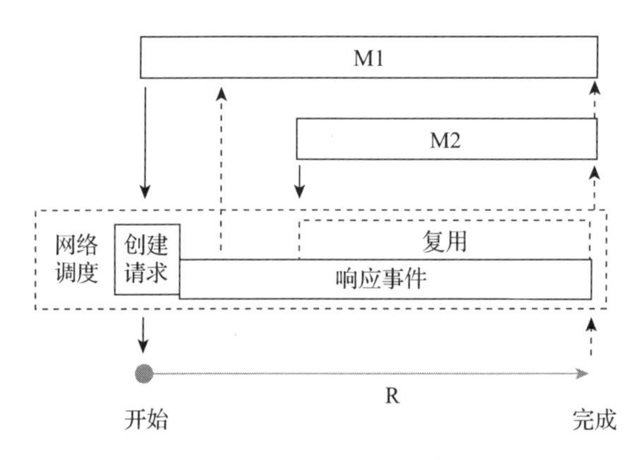

图 9-21　网络复用示例

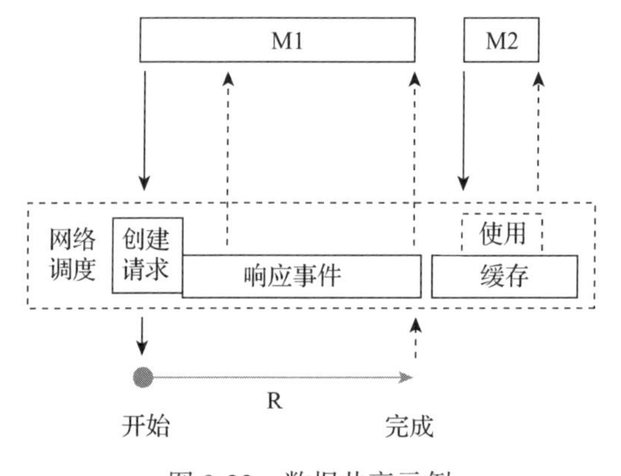

图 9-22　数据共享示例

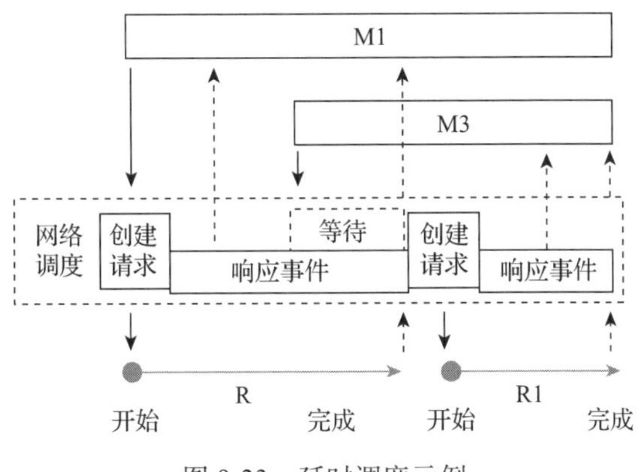

图 9-23　延时调度示例

在实际应用中，实现的策略会比上文描述的复杂很多，特别是在超级 App 中，因接入的业务较多，网络请求也是多样化的，故实现的策略也会有所不同，具体实现细节本节不作过多介绍。

9.4.5　接口层的职责与边界

接口层的网络功能主要是对 App 中提供的网络能力进行统一封装，并通过统一的网络 API 为 App 中的不同业务模块提供服务。

因为涉及的网络模块较多，提供的对应接口会分散在 App 架构的不同层级之中。接口层是一个虚拟的、偏概念的层级。在网络分层中引入接口层，目标是将网络相关功能封装为 App 中唯一的网络功能调用入口，为不同业务模块提供统一的网络 API，使得每个业务模块都可以使用相同的方式来访问网络，从而提高代码的可复用性和可维护性。

通过使用接口层的 API，App 中的每个业务模块都可以享受统一管理网络模块带来的便利。结合调度层和支持层的功能，以接口层为入口对 App 中的网络资源进行统一管理和分配，可提高网络资源的利用率和使用效率。

9.5　业务实现层的网络能力隔离

业务不同，与网络通信的数据、参数、调度方式也会不同，并且也会受服务端迭代的影响。根据网络统一管理和复用的目标，业务实现至少要分为两层：一层是与业务逻辑实现相关的**业务功能实现层**；一层是与业务网络请求功能相关的**业务网络封装层**。这种分层设计可以将业务逻辑与网络通信分离，使业务逻辑更加清晰，且更便于维护和扩展。

根据技术实现的方式不同，可以将搜索 App 中的业务分为**依赖浏览内核构建的业务**和

不依赖浏览内核构建的业务，下面分别介绍二者在功能实现时对网络能力进行单独分层的意义。

9.5.1 依赖浏览内核构建的业务实现分层

依赖浏览内核构建的业务主要为**网页场景**中的业务，通过网页 + 功能扩展的方式实现。其业务的网络封装层主要实现浏览内核与 NA 功能的网络通路相关能力，包括功能扩展（网络）管理框架及不同的功能扩展（网络）等。功能扩展（网络）按标准接入，在网络通信过程中可根据产生的事件及数据来支持网页场景的功能构建。

如图 9-24 所示，网页场景中网络请求主要由浏览内核控制，在业务的网络封装层处理的数据均是网络数据。**也会存在部分功能扩展（插件）使用网络模块直接与服务端通信的情况**，这部分技术实现不依赖于浏览内核网络通路，可单独实现网络封装层。

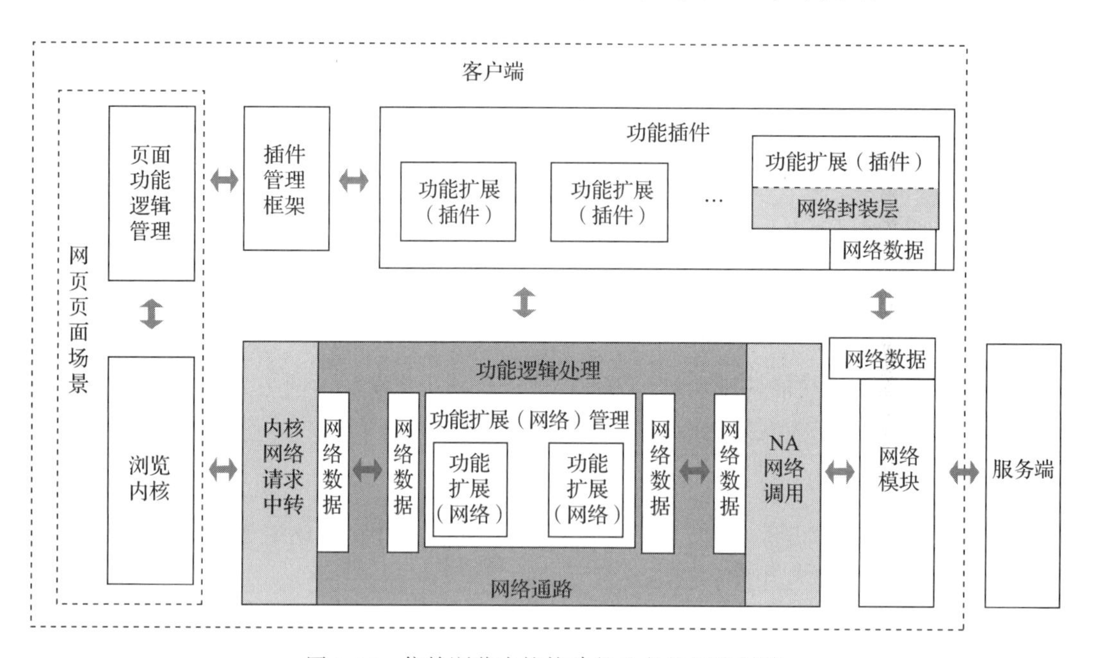

图 9-24　依赖浏览内核构建的业务的网络封装

9.5.2 不依赖浏览内核构建的业务实现分层

不依赖浏览内核构建的业务主要为纯 NA 代码实现的业务，业务功能是网络的生产方，也是事件及参数的消费方。对应的业务的网络封装层的职责为满足业务的网络需要，实现**业务数据（如数据类、业务事件）**与**网络数据（如数据流、网络事件）**的转换。

如图 9-25 所示，功能实现层调用网络封装层时发送的是**业务数据**，在业务的网络封装层对这些业务数据进行封装并将它们转换为**网络数据**，然后调用统一网络 API 将数据发送到服务端。在收到服务端返回的数据后，客户端对网络数据进行解析并生成业务数据供业务使用。一些业务甚至需要客户端与服务端进行多次通信才能完成，在这个过程中，保证数据的有序性和数据的预处理同样需要在业务的网络封装层中实现。

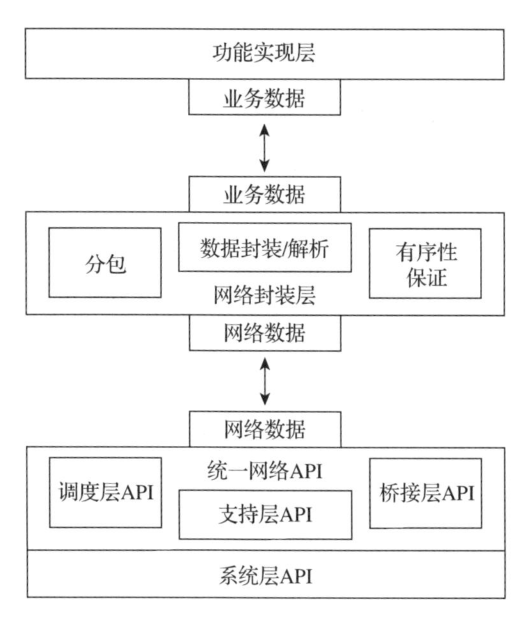

图 9-25 不依赖浏览内核构建的业务的网络封装

基于上述实现分层的方法，业务逻辑与网络通信也可以实现分离，分离后可使业务逻辑更加清晰，同时便于对业务进行维护和扩展。这种分离相当于对业务中的易变模块与稳定模块进行了拆分，这样业务的网络通信模块可以长期处于稳定状态。

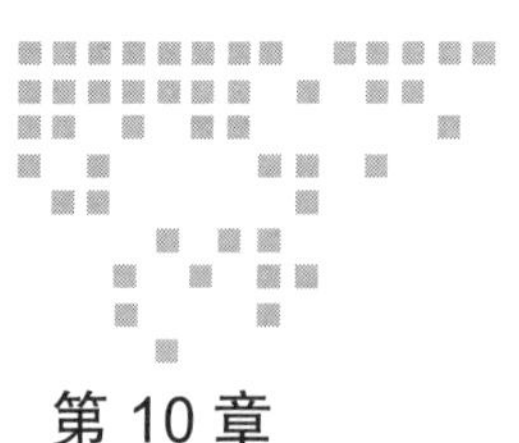

Chapter 10 第10章

设计可支持移动端AI预测的搜索客户端架构

第9章以语音搜索和网页场景功能为例，讲解了网络层优化对App功能实现的影响。网页内容依赖浏览内核来呈现，通过系统提供的API拦截浏览内核的网络请求，建立网络通路，可以感知网页加载过程并进行网页功能的扩展。在此基础上，实现功能扩展（网络）的管理机制，支持不同功能扩展（网络）的接入，可保证功能扩展（网络）的独立性和事件分发的有序性。

之后介绍了统一网络分层的设计和模块组成，两者的目标是实现搜索App中的网络能力统一管理。通过统一网络分层的设计，提高了代码的可维护性和可复用性，实现了App中网络能力的互通，为App中的业务提供了优化的空间。

本章则重点介绍如何在搜索客户端构建移动端人工智能（AI）的运行环境，包括特征的提取、算法的运行及模型的管理，以及移动端AI在搜索App中的应用。

10.1 客户端可支持移动端AI预测的意义

随着移动设备的普及和计算能力的提升，App中的业务越来越依赖移动端AI预测的能力。在本节中，我们先介绍移动端AI预测的基本概念及关系，再从客户端业务实现的角度，看看移动端AI预测能为客户端带来哪些价值。

10.1.1　基本概念及关系

在开始本节的内容之前，先介绍几个相关的概念及关系，明白了这些概念及关系可以更好地理解本节的内容。

- **算法**：实现人工智能的一个重要部分，通过一定的规则和逻辑，对数据进行处理和分析，以获得期望的结果。算法是人工智能技术的核心，是解决问题的程序和方法，由一系列步骤或规则构成。在人工智能领域，算法用于**训练模型**和**进行预测**。例如，FastText 算法用于文本分类，线性回归算法用于预测连续值。在人工智能领域有数以千计的算法，每种都有其特定的用途和价值。
- **特征**：从数据中提取的用于描述数据的属性或变量。通过对特征的提取和分析，可以深入理解数据和获取有用的信息。在实际应用中，通过特征选择、特征提取等手段，可以把原始数据转换为适合模型使用的特征数据。特征的选择和提取对于模型的性能和预测准确性至关重要。
- **模型**：根据特征由算法训练（构建）的预测工具。模型通过对数据的学习和分析，提取出数据中的模式和规律，并用于预测未知数据的结果。例如在训练一个页面是否有安全风险的模型时，可以使用 FastText 算法及页面中的相关特征。在预测这个页面是否有安全风险时，则是通过 FastText 算法以及预测页面是否有风险的模型的组合，传入页面的相关特征，获取页面是否有风险的结果。
- **服务端 AI 预测**：指在服务器或云端运行的 AI 预测算法和模型的组合。可以利用服务器的计算资源和客户端上报的数据（特征），进行大规模计算和预测，并将预测结果返回给客户端。
- **移动端 AI 预测**：指在移动设备（如手机、平板电脑等）上运行的 AI 预测算法和模型的组合。可以直接利用设备上的计算资源和数据（特征），无须连接到服务器就可以进行本机计算和预测。

1. 机器学习的过程介绍

如果没有人工智能相关研发工作的经验，上面的概念看起来会有一些枯燥，此处对机器学习过程中涉及的算法、模型及特征关系进行介绍。

人工智能的理想状态是计算机能像人类那样拥有学习、思考和处理事务。计算机的学习与人类是类似的，学习的输入是数据（含**特征**），学到的结果叫**模型**。从数据中学得**模型**的过程通过执行某个**算法**来完成。之后还需要进行模型评估、模型优化等。这些过程旨在提高模型的准确性和使用效率，以便更好地解决实际问题。

如图 10-1 所示，以 FastText 算法作为机器学习过程的示例，研发人员将业务**数据集**作为输入数据交给算法来训练，**算法**训练完成后，会生成一个**模型**文件供业务使用。因为算法不同，用来训练的数据集也有不同，其中数据集中至少需要包含**特征**信息，一些算法也需要包含标注信息及其他的辅助信息。

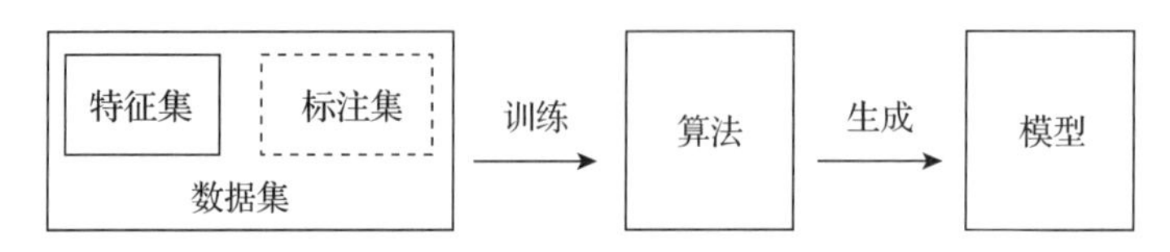

图 10-1　FastText 算法机器学习过程

通常在训练过程中的数据集是一个二维表（行业中也有叫向量），表中的每一行分别存储每一条特征信息和标注信息。以训练预测页面是否存安全的数据集为例，在每一行中，描述每个页面相关的特征信息和标注信息（是否为安全页面），将这批数据交给算法来训练，之后再使用生成的模型预测页面是否安全。还有一些算法的模型训练过程是将文件按类分组，如猫、狗的图像分类。

2. 模型评估及调优的过程介绍

当模型文件生成之后，先要对模型进行评估验证，以确定是否可用，确定可用之后再应用于具体的业务功能中。如图 10-2 所示，模型进行评估前需要提前准备评估的算法和训练好的模型，以配置评估环境。之后再使用待评估的数据进行预测，将预测的结果与实际结果进行对比，确定每一条数据预测是否正确，之后再计算整体的准确率。

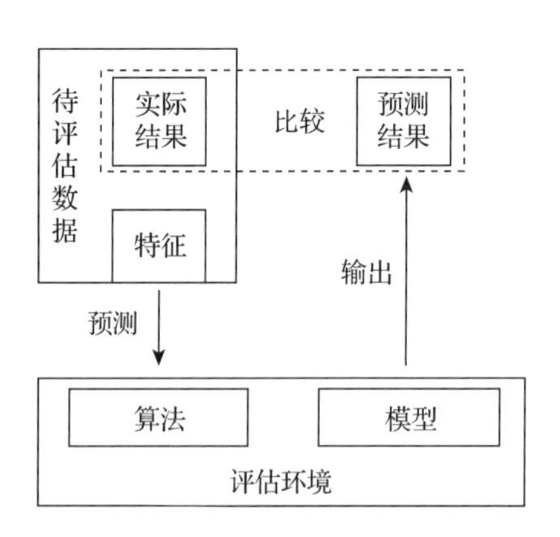

图 10-2　模型评估过程

这个过程通常由自动化的工具来完成，对每一条评估的特征实际结果提前进行标注，不同算法的评估方式不同，关注的指标也不同。在评估完成之后，会根据指标的实际情况进行调优。大部分的算法会提供评估及调优的能力，关于这部分的内容，本章不作过多的描述，感兴趣的读者可以查阅相关资料进行学习。

3. 业务中使用 AI 预测关键步骤

在经过多轮的评估及调优之后，被调优的模型文件达到了一个可用的状态。在业务中使用 AI 预测主要分为 6 个关键步骤。

- **确定应用场景**。在这个阶段需要明确 AI 预测所应用的具体场景，通常是 App 中某一个具体的业务的功能节点，确定了应用场景，后续的工作才可以开展。
- **确定标准**。在这个阶段需要确定使用什么**算法**来支持业务，并制定业务**特征**的生成标准。
- **数据收集和处理**。在这个阶段需要根据特征的标准，采集业务中的数据（或自建数据）形成特征数据集。
- **训练模型及调优**。在这个阶段需要使用特征数据集，训练与业务相关的模型。并对该模型进行评估及调优，使其达到可用的状态。
- **业务预测**。在这个阶段需要客户端将业务中产生的数据按照标准形成特征，并调用对应的算法及模型，进行业务相关的预测，以支持业务决策，如图 10-3 所示。
- **持续改进**。在这个阶段需要根据业务需求和数据变化，定期对模型、特征进行改进和升级，以保证业务使用 AI 预测时能够达到可用的效果。

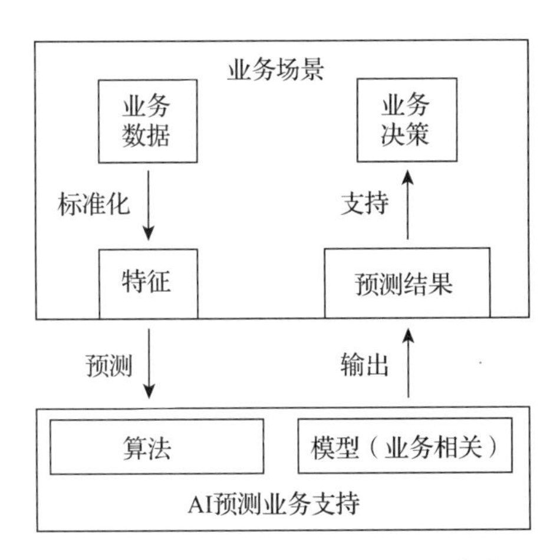

图 10-3 业务中使用 AI 预测的基本流程

经过上述 6 个关键步骤之后，在业务中就可以进行 AI 预测了。接入业务时，需要先选择算法、设计业务需要的特征及训练模型文件，之后将算法和模型文件应用于业务之中。随着不同算法和模型的接入，客户端中可使用的 AI 预测能力越来越强大，应用的场景及解决的问题越来越多。

10.1.2 编程方式的演进：从传统编程到人工智能

随着人工智能技术的发展和普及，越来越多的 App 开始采用人工智能技术来解决业务中的问题，并且在 App 中实现了一些使用传统编程方式难以实现的能力和效果。例如自然语言处理、图像识别、语音识别等技术可以帮助应用程序更好地理解用户的需求和意图，并提供用户更加个性化的服务。

传统的编程方式主要是通过编写代码来实现明确的任务或解决特定的问题。在这个过程中，研发人员需要预先设想出所有可能的情况，并在代码中明确地表达出来。一旦程序完成，除非再次修改代码，其行为将保持不变。而人工智能则侧重于通过机器学习和深度学习技术，让计算机自动调整自身行为来适应不同的情境。相较于传统的编程方式，人工智能的适应性更强，能够根据大量的数据和训练集提取出特征和规律，并根据这些特征和规律进行研判和决策。这就像是通过观察大量的数据和目标，让计算机自己找出解决问题的办法。

相对来讲，传统编程方式适用于已知问题和规则明确的任务场景，它在处理结构化和确定性的问题上表现出色。而人工智能更适用于处理复杂、模糊和不确定的问题。

综上所述，在 App 中，传统编程方式和人工智能可以优势互补，共同实现 App 中功能的构建和问题的解决。借助于人工智能的能力构建 App 中的功能，已经成为每位研发人员需要具备的技能之一。

10.1.3 客户端使用移动端 AI 预测与服务端 AI 预测的对比

参考《2022 年中国移动互联网年度大报告》提供的数据可知，中国移动互联网用户规模突破 12 亿大关，同时，用户黏性也进一步增加，月人均上网时长突破 177.3 小时，平均一天超过 3.5 小时。手机设备被用户随身携带，且长期处于待机的状态，这可以为业务中使用 AI 预测提供更多的信号，使 AI 预测的应用范围更广、结果更准确。

但是，随着用户对个人隐私的日益重视，以及环境和政策对用户隐私信息管理和规范的要求，一些与用户相关的数据不能轻易上传到服务端进行处理。因此，一些在客户端中使用的服务端 AI 预测的功能，就会存在依赖的数据获取不到或违规使用的风险。相对于服务端 AI 预测的能力，在客户端中建设及使用移动端 AI 预测能力具有以下 5 个优势。

- **离线工作能力**：在客户端实现的移动端 AI 预测能力可以让 App 在离线状态下工作。这样，用户可以在没有网络的情况下使用 App，或在网速较慢的情况下也能获得很好的使用体验。
- **安全性**：由于移动端 AI 预测在客户端中进行，因此用户的敏感数据不需要传输到服务端。可以避免将敏感数据发送到云端或第三方服务器，这有助于保护用户隐私、减少数据泄露的风险。
- **实时性**：移动端 AI 预测在用户设备上运行，无须依赖网络连接或服务端处理，因此可以在业务需要时立即执行 AI 预测，实时获得预测的结果。

- **降低网络负载**：在客户端实现移动端 AI 预测能力可以减少服务端的工作量，从而降低网络负载。
- **降低成本**：移动端 AI 预测在用户设备上运行，可以更好地利用设备的硬件和软件资源，以及提供更好用户体验，同时也节省了服务端设备的投入成本，随着业务规模变大，收益会越发明显。

综上所述，移动端 AI 预测可以实现离线工作的能力，达到降低网络负载和成本的目的，在保护用户隐私的同时还可以实时地响应业务需要。因此，在一些业务中，选择于客户端中使用移动端 AI 预测比使用服务端 AI 预测更有优势。

然而，在客户端中实现移动端 AI 预测也存在一些挑战和限制。如移动设备的计算能力和资源有限，无法处理复杂的 AI 模型。业界不同的企业或团队也在不断地将人工智能相关领域应用于移动设备中，推出了不同的解决方案，涉及自然语言处理、计算机视觉、语音合成、异常检测、情感分析等。在不久的将来，随着软硬件的升级，这些挑战和限制会慢慢淡化，移动端 AI 预测的应用范围会越来越广。

10.2　客户端支持移动端 AI 预测的挑战

确认了在客户端中使用移动端 AI 预测的优势后，若要发挥其价值，需要在客户端中实现移动端 AI 预测的能力并且在业务中运用该能力解决具体的问题。

在实际的应用过程中，AI 预测的能力是服务于某个具体的业务的，并不是一个通用的解决方案，需要根据具体业务进行构建及优化，包括算法和模型。图 10-4 所示为业务、特征、模型及算法的关系，因模型文件是基于业务数据提取的特征而训练出的结果，故业务与模型通常是一对一的关系，业务与特征通常是一对多的关系，而一个算法可以与不同的模型组合实现不同的 AI 预测能力，故模型（及业务）与算法通常是多对一的关系。

同时，由于技术专业性的要求，在业务功能构建过程中，业务功能的研发人员、模型训练及算法调优的人员往往不是同一批人，他们甚至可能来自多个团队。为了确保协作的一致性，不同团队需要采用共同的标准和规范，明确各自的责任分工，同时建立有效的沟通渠道。通过这些措施，才能实现高效率的跨团队协同，这也是技术方案实施时需要考虑的事项。

从技术实现的角度来看，在客户端构建移动端 AI 预测能力时，算法通常是使用业界中已有的解决方案，重点是对移动设备中执行效率及效果的调优，本书对此不作过多介绍。

模型的训练过程通常按照算法的标准进行实施，工作人员会根据算法标准采集业务相关数据，并提取特征，然后在计算机中完成模型的训练。之后再将算法和模型集成至 App 中，使其能够为业务提供支持，从而实现支持客户端业务的移动端 AI 预测能力。

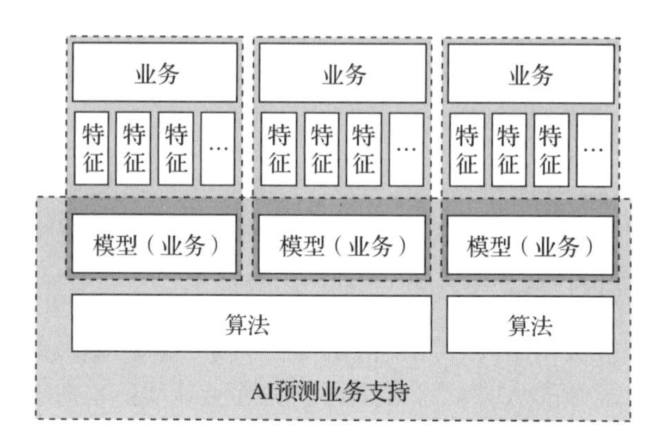

图 10-4　业务、特征、模型及算法的关系

但随着时间的推移，算法和模型所支持业务的预测效果可能会因为业务中的数据变化而有所下降，这时需要训练新的模型以适应新的业务数据，或者是在客户端直接引入新的算法及模型。在客户端，为了保证已发布的版本中业务移动端 AI 预测能力的有效性，需要建立**模型管理机制**来支持不同类型模型的下载和更新，从而不断提高移动端 AI 预测的准确性，保证线上的业务可用。

当在客户端中根据业务的需要实现了移动端 AI 预测的能力后，业务层面需要按照标准将业务数据转换为特征，然后将这些特征作为参数去调用 AI 预测能力，获取预测的结果。注意，这里有一个“先有鸡还是先有蛋”的问题，因为模型训练依赖于特征数据，特征数据既可以使用已有的业务数据，也可以按照需要开发提取特征的能力来采集数据并进行使用。实际的工作中，通常在使用 AI 预测能力之前，先评估使用什么算法可以解决业务问题。确认算法之后，再设计与业务问题相关的特征及提取方式。比如当前业务的数据报表中有相关的数据可转换为依赖的特征数据，那就可以直接使用已有的业务数据。否则就需要实现特征数据的采集能力，之后再通过采集到的数据进行模型训练。

> 注意　有些模型训练使用的是人工整理的数据，比如狗、猫的图片分类，语音识别的标注，这些通识类的模型训练可以直接复用互联网中不同渠道的数据。

在具体的实施过程中，模型训练依赖的特征数据需要客户端提供，故在客户端中实现**特征采集管理的能力**，可以高效地生成大量的业务相关数据供模型训练使用。在客户端业务中使用 AI 预测时，模型应该是可用的状态，也需要业务方提供特征数据作为移动端 AI

预测能力的参数，支持业务功能的预测。**特征数据的生成是在客户端中实现的，应该与训练模型时的标准保持一致。**

同时，相对于通过传统编码解决业务问题的方式，在使用 AI 预测解决业务问题时，通常需要将业务逻辑问题转化为数据问题和策略问题。按照经验来看，AI 预测的准确率几乎都不能达到 100%，且不会像传统编码方式那样具有明确的逻辑关系。在 App 中使用移动 AI 预测的能力时，还需要建设**异常代码块识别及干预机制**，以求及时发现异常，从而降低异常对用户体验造成的影响。

10.3　模型管理框架实现

当 App 中集成了移动端 AI 预测的能力，并在业务中使用，在 App 上线之后当业务中的数据产生了变化（特征依赖的部分，常见于页面内容变化），且与训练模型时使用的数据集存在差异时，App 中的业务使用 AI 预测的准确率会降低。这时需要使用新的数据集进行模型训练，之后再将新的模型文件集成至 App 中随 App 发布，或在 App 中实现**模型更新**的能力，可直接将新的模型文件下发到用户设备中，供用户使用。相较于随版发布的方式，**模型更新**发布的方式可以实现模型文件随时更新覆盖至已发布的客户端中、可以快速地响应线上发现的问题，是客户端类产品需要构建的核心能力。

模型的更新需要客户端和服务端的协同完成，下载过程由客户端触发，更新的策略由服务端实现，通常是同一个模型从低版本向高版本升级。

10.3.1　模型管理服务端支持

当一个模型文件需要更新时，首先需要由研发人员将模型文件上传到模型管理服务端，并配置这个模型文件的相关信息，之后模型管理服务端再根据配置的信息进行模型文件更新管理。

1. 模型文件基本信息

在 App 中，会有多个模型文件可被下载，**每个模型文件需要有一个唯一标识**，模型管理服务端基于这个唯一标识管理每个模型文件的状态。同时因为业务的迭代，对于模型的依赖和客户端中运行的环境也有不同，每个模型文件对应生效的平台及 App 版本也有不同。

因此，每个模型文件需要有唯一标识、版本信息、生效平台及生效 App 版本这些基本信息，基于这些信息，每个模型文件在客户端请求下载时，可与客户端进行精确的匹配，如图 10-5 所示。

	示例
模型文件	本机路径
唯一标识	xxx
版本信息	7
生效平台	iOS
生效App版本	≥8.8.8

模型文件基本信息

图 10-5　模型文件基本信息

2. 模型文件更新状态的确定

当最新模型文件上传到服务端后，并不是每个客户端均需要下载该模型文件，而是与其匹配的客户端才可以下载。匹配的工作由服务端来完成。如图 10-6 所示，客户端在请求更新模型信息时，需要携带客户端的平台信息、App 版本信息、客户端中的模型信息（唯一标识，版本信息）等，本地的模型文件如果有多个则上传多组模型文件信息。

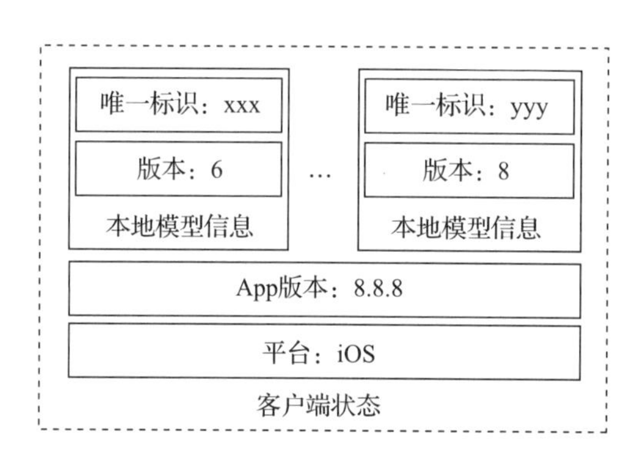

图 10-6　客户端上传的模型状态信息

服务端在收到这些信息时，根据在服务端已存在的模型文件及配置，取相同标识、平台、App 版本均匹配的模型文件最新的版本信息，确定该模型文件是否需要更新。如果需要更新，则将新版本的模型信息返回给客户端，由客户端请求下载。

3. 线下测试环境支持

模型文件在提交到服务端更新前，通常已经过评估，确定在客户端业务中可用。但是在实际的操作过程中，也会存在误操作的情况，比如上传的模型文件不对，直接上线则会影响 App 中的所有用户使用相关功能时的体验。

因此，需要实现可线下测试验证的能力，来支持模型文件上线之前在线下的环境中的验证，确认符合预期之后，再全量上线。如图 10-7 所示，线下测试成功后到线上发布的过程主要为自动化运行，这样可保证发布过程的一致。

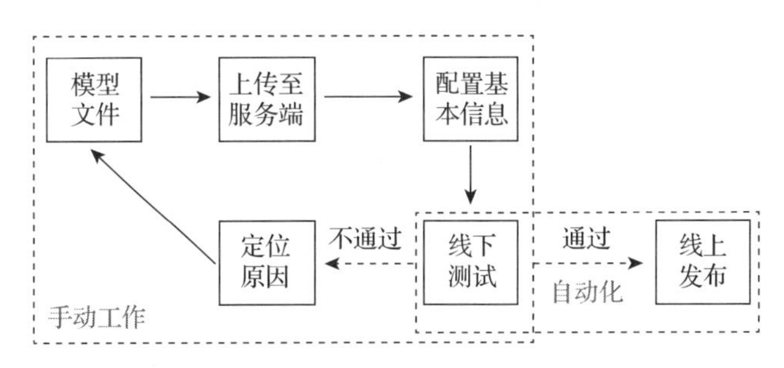

图 10-7　线下测试支持及自动发布

10.3.2　模型管理框架客户端实现

在客户端，每个使用移动端 AI 预测的业务，都需要模型文件支持。不同的业务中模型的下载及本地管理逻辑几乎相同。因此，在框架层需要提供模型管理的基础能力来支持不同业务中的模型管理。由框架层提供的模型文件下载能力，可以实现模型的本地管理，这样，业务方无须关注模型下载及管理相关的逻辑，只需要告诉框架层业务所需的模型文件信息，由框架层确保业务使用的模型为最新的可用版本。模型管理能力在 App 中一致且可复用，对于业务方使用移动端 AI 预测能力时的成本会降低。

基于上述目标，模型管理框架的实现如图 10-8 所示，包括模型文件下载、本机模型文件管理及调度中心 3 个部分组成。

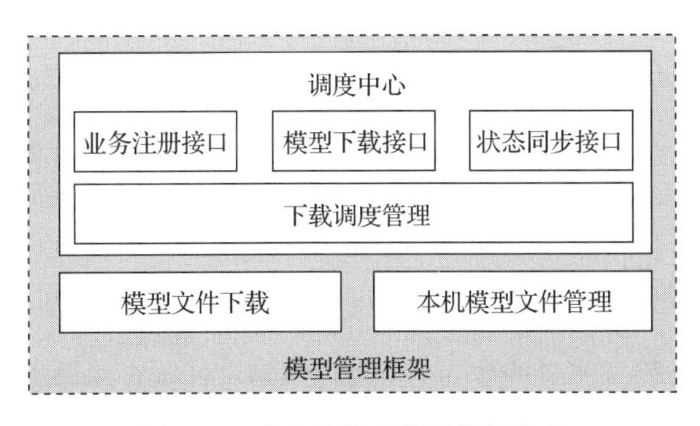

图 10-8　客户端模型管理框架实现

1. 模型文件下载模块实现

文件下载模块主要实现将模型文件下载到本地，同时支持下载的取消、暂停、恢复等操作。

由于在客户端中使用的模型文件通常体积较大，单个模型文件以 MB 甚至是上百 MB 为计算单位，多个模型文件的体积就有可能是以 GB 为计算单位。存在用户单次使用 App 期间不能一次下载完成的情况，故模型文件的下载模块需要支持断点续传的能力。在本机实现模型文件的下载状态的记录，支持 App 退出后，再次进入时可继续下载文件。

在文件下载过程中，下载模块将文件分割为多个文件块，每个块独立进行下载。如图 10-9 所示，模型被分为 25 块，其中纯灰色块的表式文件块已下载完成，已经存储在本地，由文件管理模块提供存储路径，每个模型文件均不同。其中灰白色块表式文件块正在下载中，图中共有 3 块正在并行下载。纯白色的块为还没有启动下载的文件块，当某块文件下载完成后，继续下载没有启动的文件块，直到所有的文件块下载完成。在这期间产生的事件也需要同步至调度中心，再由调度中心同步至业务方，业务方可响应文件下载的相关事件，根据文件下载状态进行相关流程任务的执行。

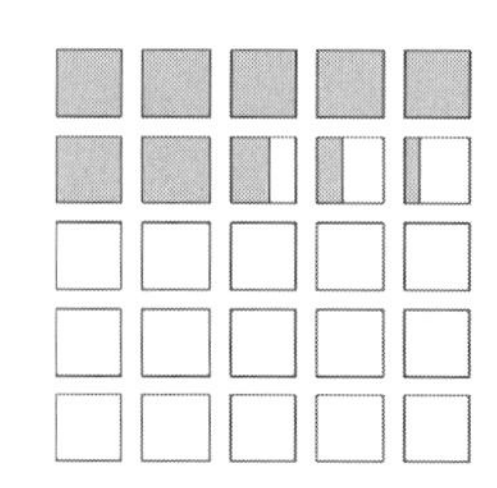

图 10-9 断点续传分块下载示例

文件下载完成后，在客户端完成整个模型文件的拼装，如图 10-10 所示。之后调用本机模型文件管理模块更新该模型文件至最新版本，以支持业务使用。同时也会将该事件同步至调度中心模块，由调度中心同步至业务方，业务方收到事件后，调用文件缓存管理模块，读取新版本的模型文件。

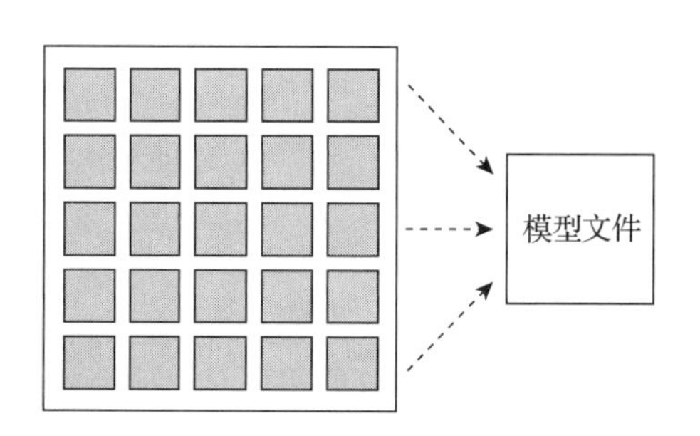

图 10-10 断点续传分块合并

2. 本机模型文件管理模块实现

本机模型文件管理模块主要实现 3 个能力，模型文件缓存路径生成、模型文件更新和模型文件读取。

- **模型文件缓存路径生成：**为下载过程中的每个模型文件提供一个唯一的缓存路径，每个模型文件的缓存路径不同。支持模型下载模块对下载过程中产生的每个文件块进行缓存，同一个模型文件下载过程产生的文件块及下载状态的信息均存储在同一个缓存路径中。

- **模型文件更新**：支持下载模块更新当前设备中的模型文件至最新版本。收到下载模块的调用后，文件管理模块会根据模型文件唯一标识及版本信息，先保存新版本模型文件，确定保存成功后，再将历史版本的模型文件删除。
- **模型文件读取**：支持业务模块读取模型文件内容，如图 10-11 所示，业务模块需要读取该模型文件时，将模型文件唯一标识作为参数，调用文件缓存管理模块，获取与该唯一标识匹配的模型文件内容。

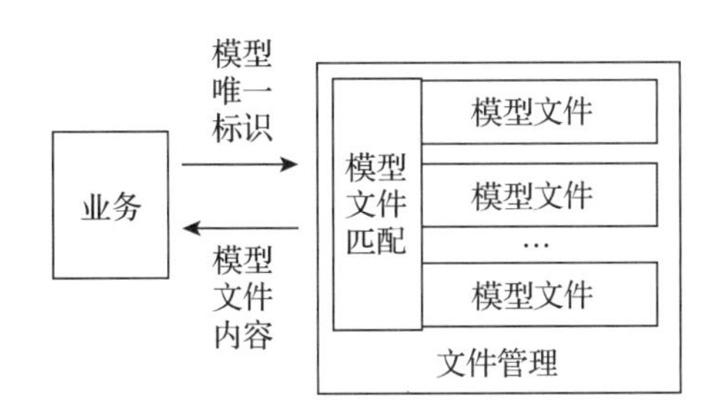

图 10-11　业务通过唯一标识获取模型文件内容

3. 调度中心模块实现

调度中心模块衔接业务、模型文件下载模块及本机模型文件管理模块，实现了模型文件的更新状态同步和模型文件下载的智能调度。在调度中心模块中为业务提供了注册的接口，业务在注册时需要遵循框架的约定，通常包含以下信息。

- **模型文件的唯一标识**：通过该标识，调度中心模块可以获取该模型文件的本机状态，在与模型管理服务端通信时将上报每个模型文件的本机状态。
- **业务实例引用**：用来同步模型文件是否有新版本，当收到模型管理服务端的模型文件更新信息时，根据模型文件的唯一标识，确定业务实例，通知对应的业务。

如图 10-12 所示，每个业务通过注册接口向调度中心注册需要下载的模型信息，在调度中心中保存业务信息，包含模型文件的唯一标识和业务实例的引用。

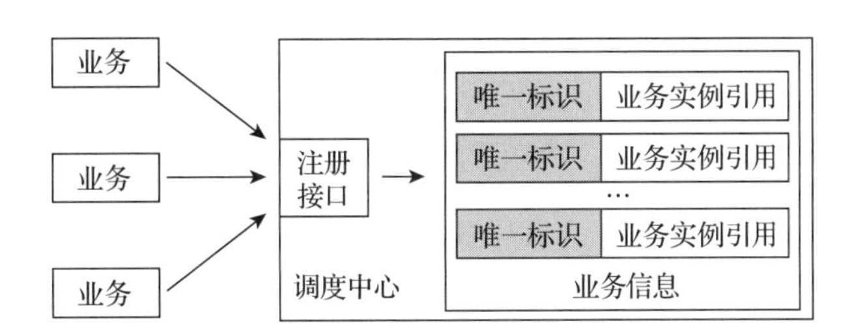

图 10-12　业务向调度中心注册需要下载的模型信息

当有业务注册之后，调度中心模块按照客户端中的策略与服务端通信，确定模型文件的更新状态。收集业务相关模型信息，上传到模型管理服务端。服务端根据上传信息，将需要更新的模型文件信息返回给客户端。

客户端在收到服务端数据后，如图 10-13 所示，解析模型更新的状态数据，并根据模型的唯一标识，分发到对应的业务实例中，以告知所注册的模型需要更新。之后业务根据需要，再确定更新模型的时机。这样做有两个好处。

- **避免网络集中占用**。通常模型状态同步需要一个触发时机，如 App 启动、前后台切换、定时调度等。服务端返回的数据中可能存在多个模型文件需要更新的情况，如果多个模型文件同时更新，对网络资源的使用就会存在相互影响，这些模型文件的下载是否为必需依赖，由业务来决定。应该结合业务的使用情况来看，高优先级响应用户当下需要的需求，避免大数据量的网络请求对业务使用带来的影响。
- **降低服务端成本**。超级 App 每天有上亿的用户使用，细分到每个功能中，有的使用次数达几十亿次，有的达几十万或百万次。模型文件通常较大，如果是全量更新，则会增加服务端的带宽及计算成本，对于一些低频的需求，即使模型文件更新了，用户也不会使用，模型更新时有成本但并没有产生实际价值。

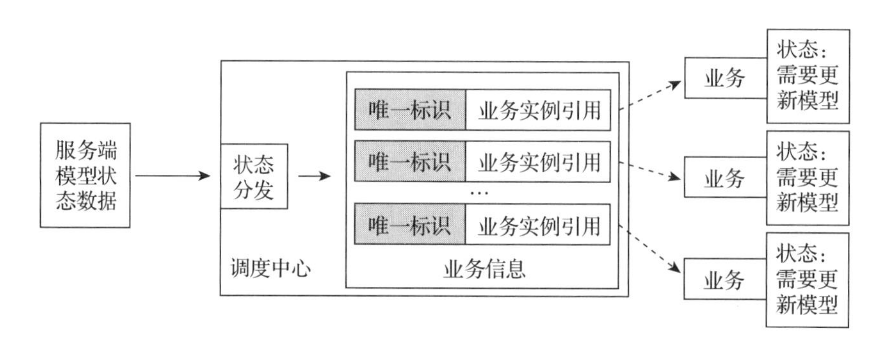

图 10-13 调度中心分发模型更新状态

当业务方需要更新模型文件时，可以调用下载控制接口向调度中心注册需要下载的模型及下载策略，如图 10-14 所示，并在调度中心存储。下载策略包括网络类型，优先级等，比如一些较小的模型且需要立即生效模型，可以指定任何网络，高优先级的方式下载；而一些比较大的、可以下次启动时生效的模型，则可以指定为 WiFi 网络时下载，且优先级较低。当设备的网络状态产生变化时，下载中的任务也会根据策略进行调整。

之后调度中心模块会根据业务请求的下载策略，调用模型文件下载模块下载相应的模型文件，并管理及调度整个下载过程。管理的策略由业务设定，每个业务的下载策略可以不同。如图 10-15 所示，下载调度管理模块结合 App 状态、任务状态及联网状态进行模型文件下载的调度，当这些相关状态变化时，对应的调度中心模块会更新任务的状态。任务下载过程中，完成、出错、进度等状态，也会同步至业务。

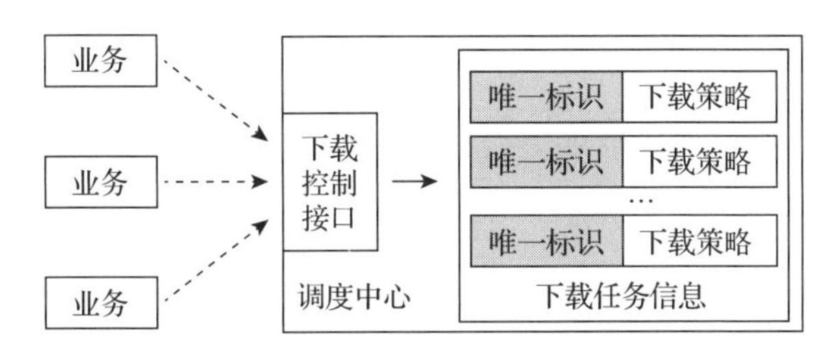

图 10-14　业务按需请求下载模型文件

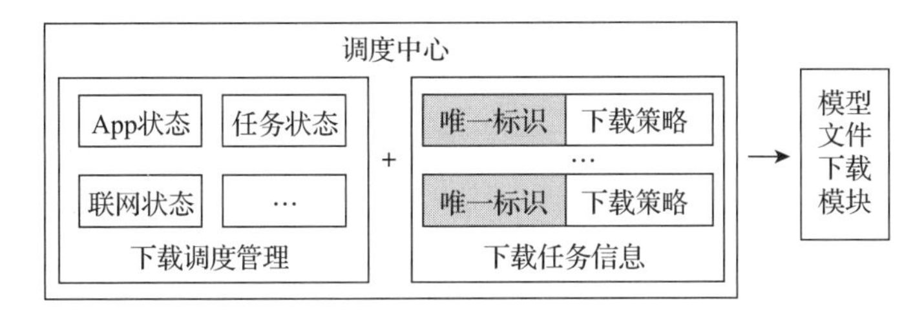

图 10-15　下载调度管理模块的调度策略

10.3.3　模型管理框架的应用示例

当模型管理框架的功能实现之后，业务使用移动端 AI 预测时，模型管理能力可被复用。客户端业务使用模型管理框架的流程如图 10-16 所示，主要分为以下 4 步。

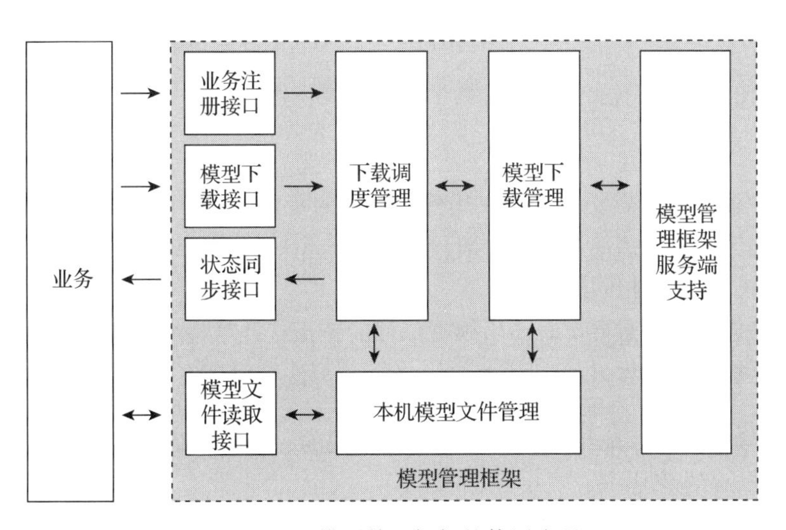

图 10-16　模型管理框架的使用流程

第一步：业务向模型管理框架注册需要由框架来管理的模型文件信息。之后由框架完成模型文件的更新状态同步。当确认需要更新的模型文件时，根据模型文件的唯一标识，与注册的业务中的模型文件唯一标识进行匹配，并同步对应的业务，业务依赖的模型文件则需要更新。

第二步：业务响应模型文件需要更新的通知，根据业务策略，确定需要更新模型文件的时机。

第三步：业务调用框架更新模型文件，并指定下载策略。之后模型文件更新的工作，由框架完成，在框架内，会根据下载策略调整模型文件下载的状态，也会将下载状态同步至业务。

第四步：当框架下载完成模型文件之后，业务可调用模型文件读取接口，获取模型文件的内容。

基于框架提供的 4 个功能调用的接口，业务只需要告知框架，需要下载什么、什么时候下载，由模型管理框架来实现业务依赖的模型文件的下载。下载的过程结合了业务策略、移动设备的特性、业务的需要以及 App 的状态，从而进行合理的调度。在整个过程中，业务不需要知晓过多的实现细节，只需要告知框架需要管理的模型文件唯一标识及管理的策略即可。模型文件下载完成后，业务方可通过模型文件唯一标识获取模型文件的内容。

10.4 特征管理框架实现

在业务中使用 AI 预测能力时，有两个阶段需要使用特征，分别是在模型训练时和业务应用时。

- **在模型训练时：**需要在线下收集模型依赖的特征，并对特征进行预处理及标准化，之后交给算法来训练。在这个阶段，特征产生的标准应该与用户实际使用业务时产生的特征标准是相同的。
- **在业务应用时：**需要实时产生模型依赖的特征，并对特征进行预处理和标准化，将其作为算法的参数，并调用对应的 AI 预测算法，得到实际的预测值。

这两个阶段，需要保证特征获取的标准是相同的，否则训练出来的模型在应用时会出现计算结果不准确的情况。

在实际应用时，同一个特征存在被多个业务功能使用的可能。随着在 App 中使用 AI 预测的业务功能建设不断完善，特征与业务功能成为多对多的关系，维护及管理的复杂度增加，需要建立特征的获取及复用机制，提供基础的能力，实现长期的业务支持与扩展，降低管理及维护的成本。

10.4.1　特征分类及框架依赖

在实现特征管理框架之前，我们一起来看看在移动设备中，可以产生哪些特征，需要提供哪些能力来支持这些特征的产生。如表 10-1 所示，在移动设备中可产生的特征，主要分为业务特征、App 特征、设备特征 3 类。

- **业务特征**：业务相关的特征，如搜索关键字、浏览历史、页面标题等。在不同的业务中，使用的特征略有不同。业务特征用来支持具体的功能实现，通常需要在具体的业务中进行定制生成及使用，一些特定的功能需求，还需要缓存业务中的特征，来支持业务中的 AI 预测。
- **App 特征**：主要为 App 整体状态的特征，如打开 App、切后台、登录状态等。这些特征会影响 App 中不同功能的实现，是全局性的特征，主要操作为生成、使用及缓存。
- **设备特征**：设备状态相关的特征，如网络类型、可用内存等。这些特征会影响 App 中不同功能的实现，也是全局性的特征。设备特征会在 App 运行时发生变化，主要操作为生成、使用及缓存。

表 10-1　特征分类及操作

特征类型	特征说明	示例	主要操作
业务特征	业务中特有的特征	搜索关键字、浏览历史、页面标题等	生成、使用、缓存
App 特征	App 状态相关特征	打开 App、切后台、登录状态、业务时长等	生成、使用、缓存
设备特征	设备状态相关特征	电量、网络、机型、系统、可用内存等	生成、使用、缓存

总的来说，特征管理框架需要在上述的这 3 类特征进行生成、使用和缓存时，提供简捷、方便且可复用的支持。在特征生成的过程中，还需要考虑主动生成及被动生成两种方式，还可以向对应的使用方同步特征的变化。

同时特征管理框架还需要实现特征调试和特征收集的能力，支持在研发阶段对特征生成过程的调试和模型文件的训练。

10.4.2　特征复用及框架支持

在实际应用时，设备特征和 App 特征是全局性的特征，供 App 中的不同功能复用。同时二者也可以作为基础特征集，由特征框架来管理。而业务特征则主要供业务中的功能使用，复用的概率不高。但同一个场景中（比如同一个结果页、落地页场景），会有多个业务功能，这些业务功能之间复用的特征可被划分至业务场景特征集中，业务功能中特有的特征则属于业务功能特征集，这样在同一个场景中的特征可以被复用和统一管理。特征集生成及归属关系如图 10-17 所示，每一类的特征集有一个对应的特征生成器，支持不同类型的特征集生成。

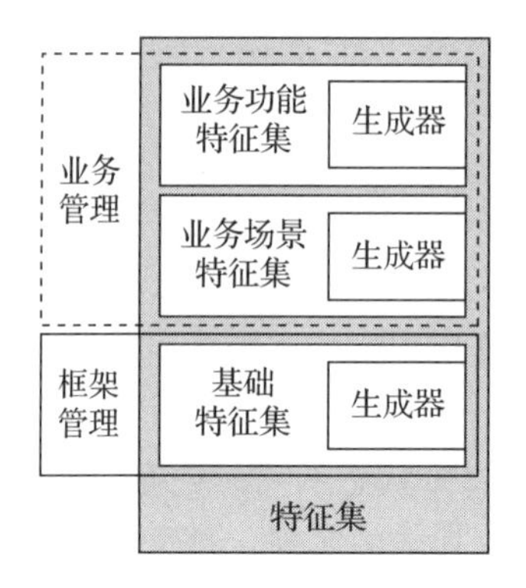

图 10-17　特征集生成及归属关系

接下来单独说明归属关系，内容会比较抽象。以某个业务场景为例，假设其中有多个业务功能，对应需要多个业务功能特征集。其中业务功能特征集继承自业务场景特征集，业务功能特征集与基础特征集是组合引用的关系，如图 10-18 所示。业务在进行 AI 预测时，会使用不同的特征生成器，实例化业务功能特征集，并与依赖的基础特征集建立关系。

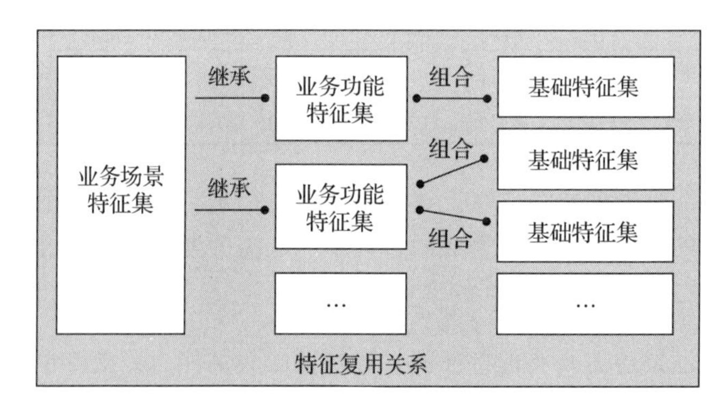

图 10-18　特征复用关系

当业务功能中使用 AI 预测时，这些特征需要按照算法的接口标准，转换为算法可识别的参数，这部分的工作由业务功能特征集实现。分别提取业务场景特征集和基础特征集中的特征，按照算法所要求的参数格式进行有序的组合，常见的方式为将结构化的数据转为流式序列化数据，之后使用参数化的特征数据进行业务的预测。

基于这样的设计，基础特征集和业务场景特征集可以处于稳定的状态，支持不同业务的复用，业务中特有的特征按需进行扩展，支持业务中使用 AI 预测时的特征参数生成。

10.4.3　特征缓存及框架支持

在一些业务中，为了支持业务功能的实现，需要用到 App 中产生的历史特征，因此业务层对 App 中产生的特征进行缓存，以便在需要时读取和使用该特征。特征缓存及读取的管理与调度主要在业务层实现，而缓存及读取能力则由特征管理框架提供，特征管理框架能够支持不同业务的特征缓存，其主要提供以下 4 个能力。

- **特征配置**：为业务方提供配置特征缓存的参数，并可以设定每一类特征支持最大缓存的个数，超过该个数时，最先添加的特征被移除；或者以时间戳为开始时间，早于该时间的特征自动淘汰。
- **特征缓存**：为业务方提供特征缓存的能力，记录特征值并为其增加默认时间戳。在业务方也可以增加时间戳，如果业务没有设定，则增加默认时间戳。
- **特征读取**：支持业务方读取缓存的特征内容。
- **特征清除**：支持业务方主动清除已经缓存的特征。

基于框架提供的特征缓存管理能力，业务在需要缓存特征时，先调用特征创建接口设定该特征的缓存策略。如图 10-19 所示，在缓存管理模块中，会存储特征配置信息，包括特征标识和缓存策略，其中特征标识包含业务信息及特征名。同一个特征可能会被多个业务使用，在缓存管理模块中，每个业务中的特征都拥有一个独立的存储空间。通过唯一的特征标识可以确定存储空间，不同业务在创建、缓存、读取及清除特征时，操作的都是当前业务的特征存储空间。

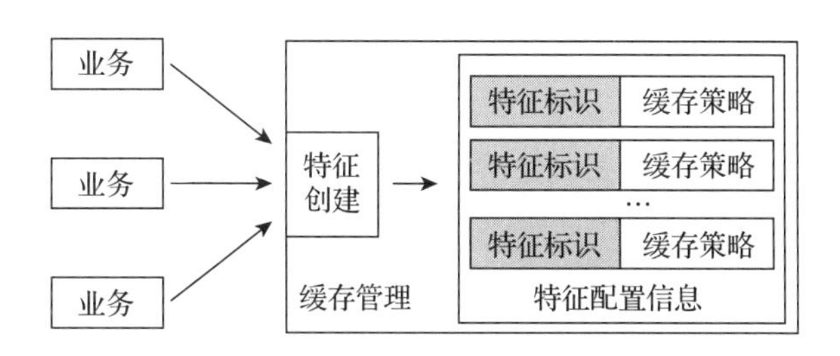

图 10-19　特征缓存创建存储空间

当业务方需要缓存某个特征时，会将业务名称、特征名及特征值作为主要参数，调用特征缓存模块的特征缓存接口。特征缓存模块在内部会先根据特征标识进行匹配，获取相应的缓存策略，然后根据缓存策略获取当前需要缓存的特征的缓存数据，确定是否需要淘汰部分特征，如果需要则按策略淘汰部分特征。业务方需要读取该特征时，可以通过特征读取接口，读取该特征缓存在本机的内容。

基于这样的设计，每个特征在缓存时会自动增加时间戳标识，可以指定缓存策略与业务关联。当业务需要该特征时，读取该特征进行参数化组合，支持业务的 AI 预测。

10.4.4 特征收集及框架支持

在模型训练时，需要与算法匹配的特征集的支持，如果使用计算机生成特征集，对比使用移动设备，不仅操作会便利一些，还可以获得更多的工具支持。但是如果特征与移动设备或与业务相关，则需要通过 App 收集，这时就需要在客户端中实现特征收集能力，支持将收集的特征以批量或实时的方式上传至服务端，以提升特征收集工作的质量和效率。

特征批量上传通常是将 App 中产生的特征集存储在本机中，在特定的时间再上传至服务端，这依赖文件存储和文件分享的能力。特征实时上传是将产生的特征实时上传至服务端，这依赖基础的数据上传能力。

为了提升模型训练和特征收集的效率，特征产生后支持即时查看，供研发人员分析及调优，常见的有特征控制台输出、在页面场景中以浮窗的形式显示特征等。同时客户端需要提供对产生的特征进行标注的能力，这样特征上传至服务端后，不需要二次标注以及重新构建特征生成时的环境。

基于客户端的实现，特征收集协同流程如图 10-20 所示，研发人员进入具体的页面场景后，在该业务中，自动地生成特征，并展现给研发人员。研发人员基于当前页面场景中业务的实际情况，对产生的特征进行标注，标注后的特征可实时上传，或存储在本机中，一直重复到本次特征集收集工作结束。如果需要批量上传，则在框架层提供文件分享的能力，由研发员确定上传的时机，将本机的特征文件批量上传至服务端。最后多种方式同步至服务端的特征，合入至特征数据库，用来支持模型训练。

注意 批量上传的技术实现不仅是文件分享这一种方式，直接在客户端将一批数据上报至服务端也可以实现。以独立文件分享的方式可以实现端上特征集较独立的输出，比较适合特征的早期建设阶段，方便研发人员快速查看研发阶段产生的特征数据。

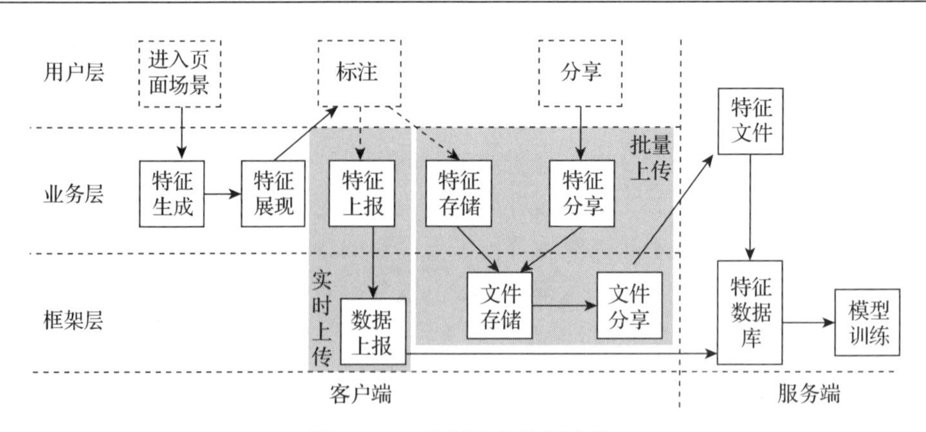

图 10-20　特征收集协同流程

在特征收集过程中，特征的生成及展现由业务层实现，特征上报和特征存储及特征分享则依托于框架层提供的基础能力，包括数据上报、文件存储和文件分享能力。

10.4.5 特征管理框架应用示例

在客户端内实现了特征管理框架后，实现了基础特征的管理、特征缓存管理及特征收集管理能力，业务在进行特征相关操作时成本及复杂度得到了降低。

图 10-21 所示为特征管理框架在业务中的应用，特征管理框架在特征处理的不同阶段具有不同的作用，详情如下。

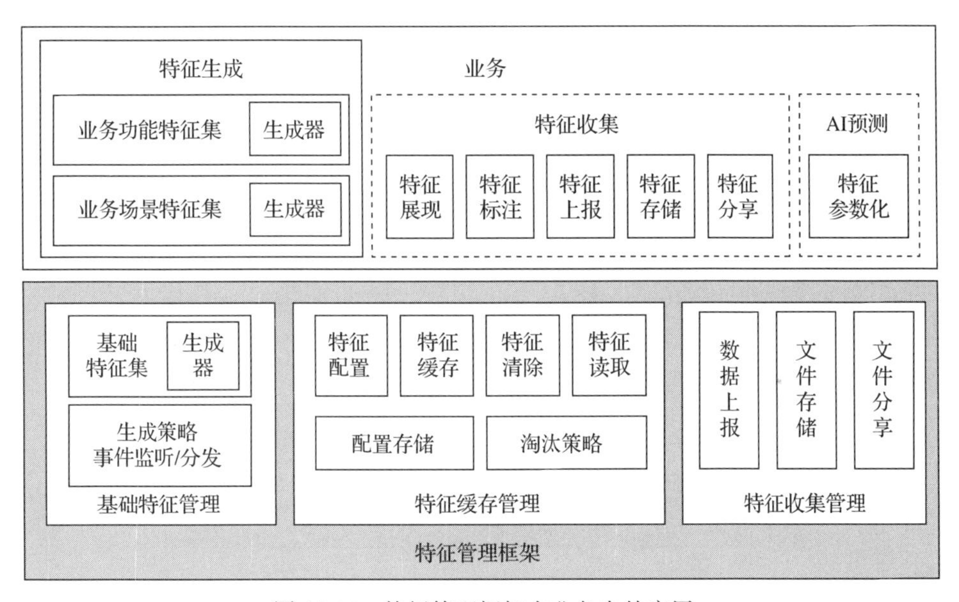

图 10-21　特征管理框架在业务中的应用

- 当业务功能在生成业务功能特征集时，相当于特征的生产方，可以复用 App 中的基础特征集和业务场景特征集，以满足自身的需求。同时，特征缓存管理模块还支持业务方将特征进行本地缓存。业务方只需要告知特征缓存管理模块缓存的策略，即可实现特征的缓存、清除及读取操作。
- 当业务功能需要收集特征时，相当于特征的消费方。各个业务方会根据自己依赖的特征集来实现特征展现、标注、上报、存储及分享等能力。框架层会为业务方提供基础的数据上报、文件存储及文件分享的能力，基于这些基础能力，业务方可以更加专注于业务层的能力构建。
- 当业务功能需要使用移动端 AI 预测能力时，同样也是特征的消费方。业务功能特征集提供了特征参数化的能力，可以支持业务功能在使用移动 AI 预测能力时，将特征以参数的形式传递给预测算法。

10.5 移动端 AI 预测技术支持框架的应用

在客户端完成了模型管理框架、特征管理框架、预置业务依赖的算法及模型的实现后，业务就能够利用移动端的 AI 预测能力来满足业务中的功能需求，包括功能的构建和优化。

10.5.1 构建新业务时的支持

移动端 AI 预测的整体工作模型如图 10-22 所示。基于本章前面介绍的能力，业务在使用移动端 AI 预测能力时的成本将处于较低的水平。不同技术领域的研发人员，在业务功能实施过程中的工作影响范围也实现了隔离。

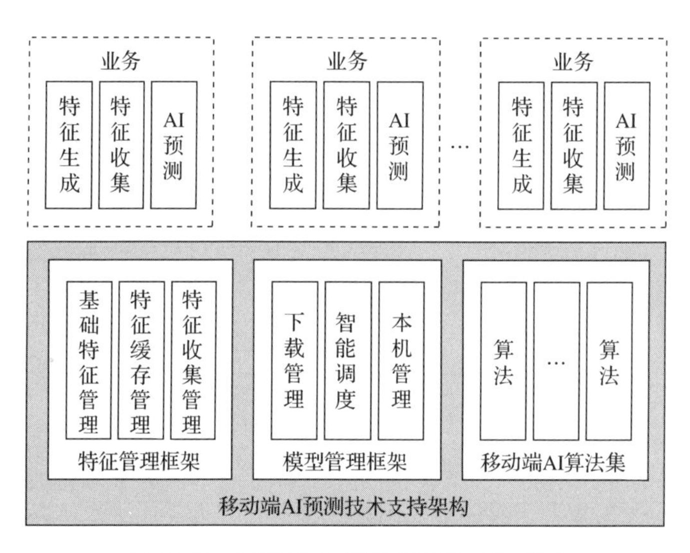

图 10-22 移动端 AI 预测的整体工作模型

作为算法和模型团队的研发人员，在实际的研发阶段，主要关注于算法和模型在移动设备中运行的可行性及效果，调优之后的算法随 App 发版，模型文件则可提交到模型管理框架的服务端，并更新至客户端。

作为业务方的研发人员，在实际研发阶段主要关注特征生成的代码实现。当需要使用模型文件时，研发人员只需要知道当前业务功能所依赖的模型文件的唯一标识，就可以获取到最新的模型文件内容。在调用算法时，研发人员需要先使用算法加载对应的模型文件，然后按照算法的标准对特征进行参数化处理，最后将参数化后的特征数据作为参数传递给算法，以实现对业务的 AI 预测支持。基于图 10-3 所示的业务中使用 AI 预测的基本流程，在特征生成阶段有了特征管理框架支持，在模型加载阶段有了模型管理框架支持，如图 10-23 所示，如果这时业务使用 AI 预测，其研发效率将得到有效的提升。

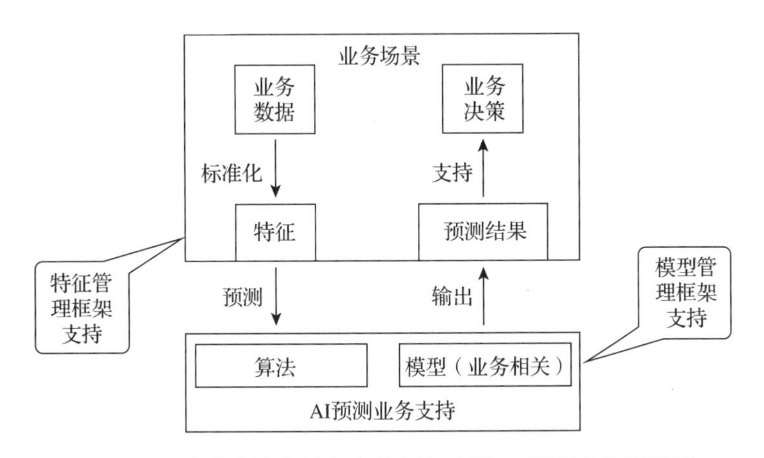

图 10-23　在客户端支持业务使用移动端 AI 预测的不同阶段

10.5.2　优化已有业务的支持

使用移动端 AI 预测的能力解决了业务中的问题之后，App 上线发布，之后仍需要持续关注业务的指标及对已有模型进行优化。不同于服务端的 AI 预测，移动端 AI 预测的过程在客户端中进行，预测时的特征参数及预测结果一旦出现异常，不易捕获。

特别是在搜索 App 中，因为一些业务场景与第三方站点相关，与用户的实际使用情况相关，也会受到生态及政策的影响。尽管在业务上线的初期，AI 预测的效果较好，然而当业务中的数据特征产生了变化时，AI 预测的效果也会产生变化，作为业务实现方需要持续关注指标，并且持续地优化已有模型。本节重点说明两种常用优化已有模型的方法。

1. 临界值数据评估

临界值数据评估是指在业务使用 AI 预测支持业务实现时。对于一些与预测结果较近的数据，进行二次评估，以确定是否还有 Case 为预测不准确的情况。

比如通过 AI 预测，某个页面为不安全页面的概率与系统预设的概率阈值相差 0.01%，那么这时这个页面是不安全的概率是较高的。有可能是因为系统预设的阈值较高导致，那么这时就应该对是否需要调整阈值进行评估；或者是因为页面中那些关键的特征没有找到，可以基于一些临界值的数据，帮助研发人员发现真实环境中的一些相关点，这也是发现新特征的一个渠道。

如果想要实现这样的能力，就需要客户端和服务端的协同，通过增加一些策略，收集一些临界值的数据，实现对已有模型的优化。关于这部分的技术实现，可以借助于**特征收集的能力**，只是在业务层面上，标注过程和上报方式要改为自动化。

2. 特定 Case 处理

前面提到 AI 预测的结果很难做到百分百的准确，此时就需要对一些特定的 Case 进行特殊处理。常见的方式就是加白、加黑或自定义的处理方式。其中加白为当前的页面场景执行对应的 AI 预测逻辑，加黑为当前页面场景默认不执行 AI 预测逻辑，自定义则按照预测的方式实现执行 AI 预测的逻辑。

特定 Case 的处理，需要云控支持，在服务端设定页面场景的处理方式，在客户端需要预设对应的执行逻辑，这样在服务端增加配置项时，可以在客户端生效。基于特定 Case 的处理流程，可以规避 AI 预测的一些不足，降低对用户使用过程产生的影响。

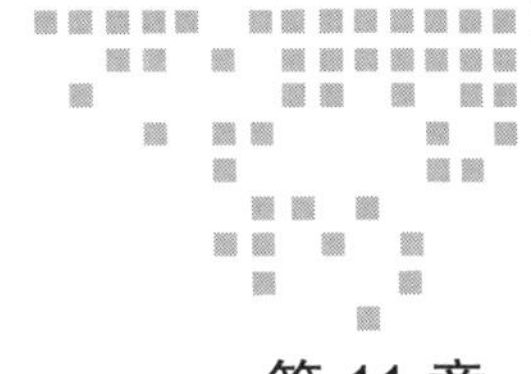

第 11 章 Chapter 11

设计可变体发布的搜索客户端架构

第 10 章介绍了在客户端中如何实现移动端 AI 预测的能力。实现这一能力的目标是当业务需要利用 AI 预测能力时，框架层面能够提供一系列基础性的支持，包括特征提取、分层复用、模型更新以及本机管理。基于这些能力，业务中涉及特征生成、特征收集、模型训练以及 AI 预测等工作的复杂度降低，团队之间协同的依赖变小。

本章的内容与模块的复用有关，围绕 App 级的复用展开。App 级的复用，通常是在原有的代码基础上进行差异化的定制，包括模块的复用、裁剪、修改、增加功能等，变体发布机制就是为了低成本实现 App 级的复用。相对于组件化来说，实现 App 级的复用有更高的要求。本章中会介绍 App 级复用相关的技术、流程及应用。

本章的内容略有些枯燥，试想一下，当一个 App 有上百万行代码、多个业务方向及成百上千的模块时，这个 App 的技术架构应该如何设计，才能支持多个 App 共享其技术架构及模块，实现周期性、高频次、高质量及高效率的 App 级复用，本章的内容就容易理解了。

11.1 App 支持可变体发布的意义

第一次提出变体发布这个概念，大概是在 2020 年底。当时我正在负责百度 App 搜索端侧的基础架构的优化，百度 App 中搜索业务能力需要输出到百度系的其他矩阵 App（如百度极速版，百度大字版）中复用，但是这种输出复用的方式与传统的组件复用（在 App 中引用其他组件复用）方式不同，是 App 级别的复用。

矩阵 App 复用主线 App 的能力方案，基于主线 App（百度 App）的代码构建，包括复用、定制、裁剪和扩展，之后再定期从主线 App 中同步新的功能到矩阵 App，这样就可以实现主线的功能升级迭代及时地被矩阵 App 复用。基于这样的目标，主线 App 需要具备定期可高质量、高效率地向矩阵 App 输出的能力，我们把这个能力叫作变体发布，将其作为以主线 App 向矩阵 App 横向输出功能的整体技术架构及实现目标。

注意 在整个行业中，关于主线 App 能力输出到矩阵 App 的技术方案均有不同，变体发布也并不是一个已有的专有名词，起这个名字只是变体发布与实际达成的效果很相似，易于理解，对于团队协同沟通会起到正向的作用。

11.1.1 初识矩阵 App

关于矩阵 App 的定义，行业中没有统一的标准。个人的理解是当一个 App 在某个行业中做得比较好、单一的 App 无法满足细分用户的需求且这个行业还有一定规模的增长空间时，企业结合自家的 App 业务范围构建 App 矩阵，通过 App 矩阵来实现覆盖该业务领域中更多的用户群体。如图 11-1 所示，App 矩阵是由一个主线 App 和多个矩阵 App 组成，矩阵 App 是指在 App 矩阵中，经过精细划分和规划的每一个 App，用来支撑 App 矩阵的整体目标，每个矩阵 App 的定位及服务的用户群体均有不同。

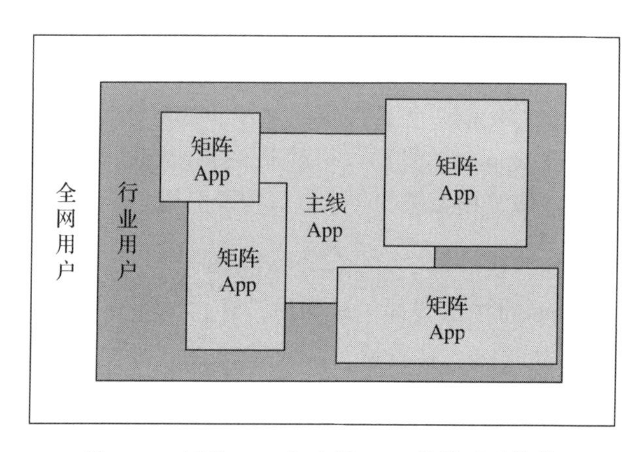

图 11-1　矩阵 App 与主线 App 的关系及价值

图 11-2 为在 App Store 中发布的一些矩阵 App 的情况，有极速版、大字版、少年版等。通常是先有主线 App 之后，再基于主线 App 孵化矩阵 App 来为不同的用户群体提供服务。按照主线 App 和矩阵 App 实际的上线时间来看，通常是主线 App 早于矩阵 App 发布，在主线 App 业务稳定之后，再推进矩阵 App 的发布，为不同的人群提供精细化的服务。

也就是说，矩阵 App 的布局并不是所有企业在早期推进的事项，也不是主线 App 的早期架构设计阶段需要关注的重点。只有一个产品或业务达到一定的规模，以及矩阵 App 可为用户解决具体的问题时，才会开展矩阵 App 的布局。这时主线 App 的架构可以支持高质量、高效率地向矩阵 App 横向输出，是主线 App 技术架构需要具备的关键能力，也是研发团队要攻坚的阶段性目标和长期共建的协同模式与流程规范。

图 11-2　App Store 中的一些矩阵 App 的布局

11.1.2　App 支持变体发布的价值

高内聚、低耦合是软件工程中的概念，是判断软件设计好坏的标准。在研发过程中，也会经常提到，某个模块不够内聚、某几个模块之间的耦合度较高，也会因为复用的需要对模块进行重构。

根据个人经验来看，当一个模块可以以最小集提供能力且以最小集的依赖来输出，就说明这个模块符合高内聚、低耦合的标准。而在 App 中的模块边界（能力和依赖）就没有这么清晰，当 App 支持变体发布时，恰好就可以验证每个模块之间的关系是否足够独立。试想一下，当 App 中的某个模块不参与 App 中的构建，在 App 中直接裁剪后，App 仍然可以正常运行，这就说明这个模块足够独立，且在 App 中对于该模块的依赖也是解耦的。

当 App 中大部分需要裁剪或定制的模块达到变体发布的标准时，直接带来的收益就是 App 级的复用成本会降低，主线 App 中版本迭代的能力可快速地输出到矩阵 App 中。

如图 11-3 所示，在实际的开发过程中，矩阵 App 也有内部的功能迭代，也会根据需要同步主线 App 的功能。当矩阵 App 复用主线 App 投入的成本，小于主线研发新功能投入的成本时，矩阵 App 复用主线 App 的能力才会有价值。当矩阵 App 单次同步主线 App 的时间低于主线 App 版本迭代周期时，主线 App 的功能迭代产出，矩阵 App 才能持续复用。

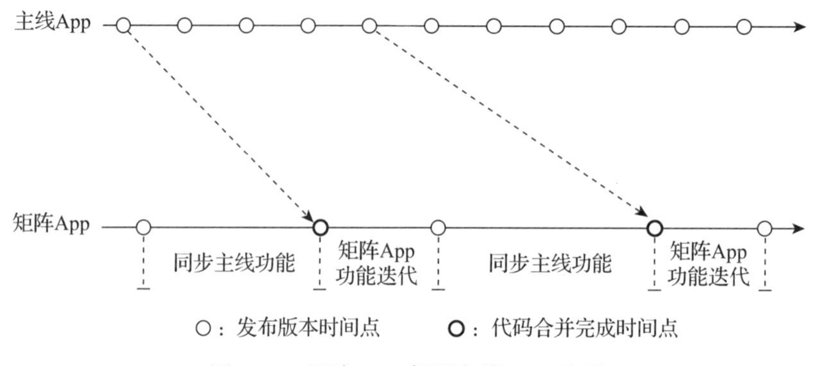

图 11-3　矩阵 App 复用主线 App 流程

抽象来讲，就是以矩阵 App 的产品需要，同步主线 App 的相关能力，如图 11-4 所示，形成一个稳定的版本，基于该版本，矩阵 App 再进行功能的迭代。主线 App 支持变体发布的目标就是解决矩阵 App 在复用主线 App 时的成本问题，降低主线 App 和矩阵 App 并行研发导致的功能复用时的相互影响，达到可高质量、高效率地复用，并缩短功能复用过程的时间，减少资源投入的目的。

图 11-4　矩阵 App 复用主线 App 模型

11.2　App 支持变体发布的前置依赖

变体发布这件事情，看起来是在实现矩阵 App 复用或定制主线 App 功能的提效，实际上也是对主线 App 的工程技术架构的一个考验。为了可以更好地理解本章后面的内容，在本节重点介绍与变体发布相关的基础依赖，包括基础概念、App 级变体发布与模块级复用的区别，以及在矩阵 App 中复用主线 App 的 3 种方式。

11.2.1　基础概念及关系

架构优化和组件化过程，常用的手段就是隔离，与其相关的概念分别为代码仓库、模块和组件，通常在沟通的过程中容易将这 3 个概念当成一个概念来描述，实际上这 3 个概念有相关性，但并不相同。

1. 什么是代码仓库

在研发过程中，提到的代码仓库通常是指一个公共或私有的存储大量源代码（资源）的地方，实际上在这个代码仓库中还包括版本控制、协作工具和构建工具，在研发过程中通过代码仓库，研发人员可以对代码进行统一研发分支、修改、审查和发布，也可以对代码版本进行备份和回溯。

基于代码仓库中的可以构建持续集成（CI）和持续交付（CD）等相关工具，可以让研发人员的工作更加流畅、协调和少出错。在日常的研发过程中可通过代码仓库实现代码的权限管理，达到代码隔离的目的，这样代码的变动影响面就可实现可控。

2. 什么是模块

为了降低系统开发的难度或复杂度，常常将系统进行模块化。所谓模块化，就是将系统划分为多个子系统，将子系统划分为若干模块，再把大模块划分为小模块的过程，模块划分的目的主要是降低系统的开发难度，增加系统的可维护性。模块是模块化的产物。

在 App 的研发设计过程中，通常将 App 中的功能按照相关性拆分为多个模块，比如网络、日志、登录、下载等。因为模块的划分，每位研发人员可以在所负责的模块内进行开发及功能迭代，模块的设计通常要符合高内聚、低耦合及信息隐藏等原则，实现以较低的代码变动、影响面和成本对系统进行研发及维护。

3. 什么是组件

组件是 App 的部署单元，是整个系统在部署过程中可以独立完成部署或发布的最小单元。例如在 iOS 系统中输出的组件通常是 .a 文件和 .framework 文件，在 Android 系统中输出的组件通常是 .jar 文件和 .aar 文件。

组件使得开发人员可以重用代码，提高研发效率，并确保应用程序的各个部分可以独立部署和升级。同时使用组件还可以帮助开发人员更好地组织和管理代码，使其更易于维护和扩展，利于团队协作及提升团队研发效率。

4. 代码仓库、模块及组件的关系

根据经验来看，App 与代码仓库主要是一对一和一对多的关系，代码仓库与模块主要是一对一或一对多的关系，模块与组件主要是一对一的关系，也会存在多个模块合为一个组件输出的情况。三者的关系如图 11-5 所示，App 在研发的过程中，至少需要一个代码仓库支持，在一个代码仓库中可能会包含多个模块，而组件是模块编译之后的产物。

如图 11-6 所示，如果使用多个代码仓库的模式管理项目，那么 App 的工程需要从不同的仓库拉取资源和源码进行构建，通常需要额外的工具支持，以实现多个代码仓库的同步。

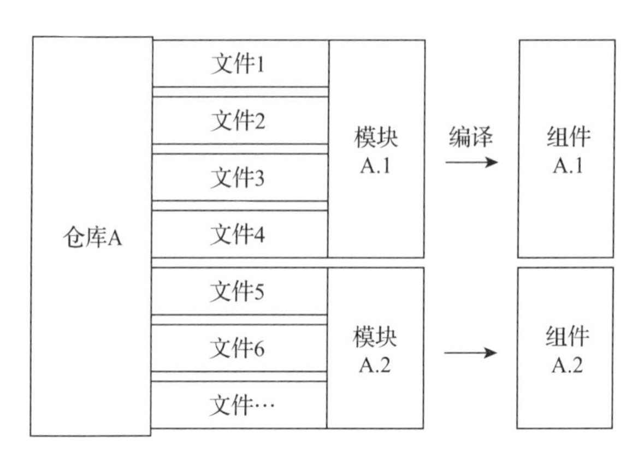

图 11-5　代码仓库、模块及组件关系

如果是使用单代码仓库的模式管理项目，如图 11-7 所示那么 App 的工程直接使用版本管理工具就可以同步项目的相关资源及源码。

图 11-6　多个代码仓库的模式管理项目

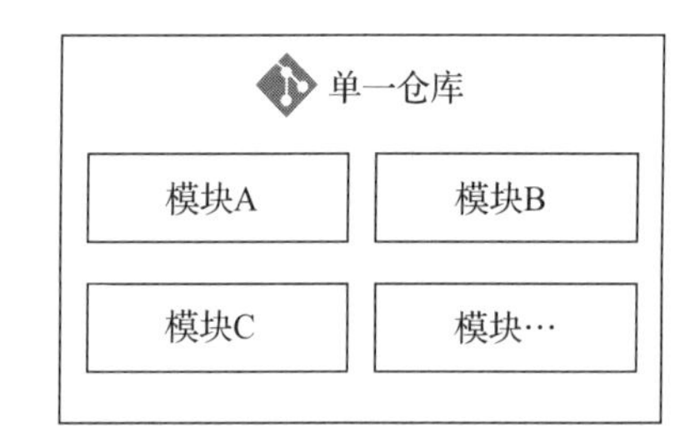

图 11-7　单代码仓库的模式管理项目

代码仓库是以组织架构维度对系统拆分后的产物，划分代码仓库可以实现代码管理职责与组织关联。模块是以逻辑维度对系统拆分后的产物，划分模块的主要目标是将职责分解到各个模块中，实现职责的独立与分离。而组件是以物理维度对系统拆分后的产物，划分组件的主要目的是实现最小单元复用。

11.2.2　模块级复用与 App 级复用

在主线 App 的研发过程中，通常是从无到有的构建 App，App 中需要什么样的能力，则构建与其相关的能力或从业界中找到相关的能力支持。业界提供的能力通常以组件（SDK）的形式发布，比如在 App 中需要微信调用分享能力，则依赖于微信提供的分享组件，在 App 中引入该组件，按照使用手册进行功能的开发，就可以实现微信调用分享的能力。

而当主线 App 实现变体发布，支持 App 级复用横向输出到矩阵 App 中时，主线 App 中的模块在矩阵 App 中的使用方式产生了变化，单一模块的复用方式将以 App 复用的整体目标，从提供能力升级为可支持深度定制及扩展。如图 11-8 所示，对于主线 App 中的每一个模块来讲，在矩阵 App 中可直接复用、被裁剪和重新定制的这 3 种情况，矩阵 App 也会根据定制的需要构建新的模块。

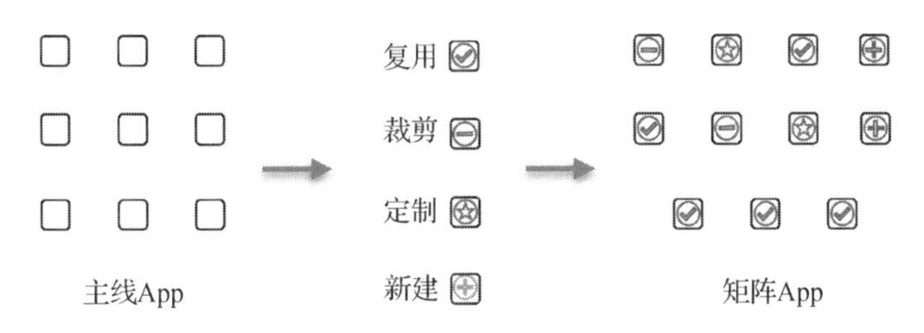

图 11-8　矩阵 App 在复用主线 App 能力时对模块的处理

在主线 App 中，对于技术架构的设计，需要支持模块在复用、裁剪和重新定制时的兼容，同时也需要支持在矩阵 App 中扩展创建新的模块。图 11-9 所示为主线 App 技术架构的多矩阵 App 复用模型。

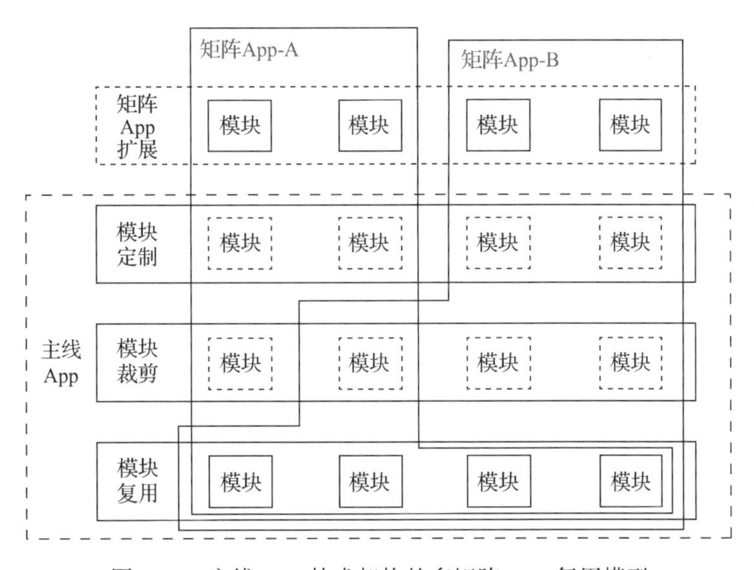

图 11-9　主线 App 技术架构的多矩阵 App 复用模型

矩阵 App 在同步主线 App 功能时，对模块的处理均对主线 App 中的技术实现有依赖，简要概括如图 11-10 所示，下面按照模块的处理方式进行介绍。

- **复用主线 App 中的模块**：在主线 App 同步至矩阵 App 时，模块提供的功能在矩阵 App 中有需要，模块可以以组件的形式直接在矩阵 App 中复用，不需要二次研发。**主线 App 中的该模块需要具备较好的独立性，可以以独立组件的形式发布，直接被复用**。

- **裁剪主线 App 中的模块**：在主线 App 同步至矩阵 App 时，模块提供的功能在矩阵 App 中不需要，携带这个所依赖的组件使整个矩阵 App 的体积会变大，故需要对该模块进行裁剪。**对于主线 App 中的模块需要具备较好的独立性，可以以组件的形式发布，且可以为上层调用提供稳定的依赖，支持低成本的裁剪**。
- **定制主线 App 中的模块**：在主线 App 同步至矩阵 App 时，模块提供的功能在矩阵 App 中被需要，但部分功能需要重新开发，这时模块需要以源码的形式输出至矩阵 App 中复用，且接口目标为稳定。**对于主线 App 中的模块需要具备较好的独立性，接口及实现经过合理的设计，将变动控制在一个较小的范围内**。
- **创建新模块**：在主线 App 同步至矩阵 App 时，矩阵 App 中需要的功能主线 App 中没有对应的模块提供，需要在矩阵 App 中创建新模块。**对于主线 App 的技术框架需要明确接入的流程及标准，可支持不同层级的模块接入。主线 App 及矩阵 App 基于相同的技术框架，才可能做到持续的复用**。

矩阵App研发	矩阵App与主线App组件的复用关系	矩阵App的处理方式	主线App的支持方式
模块复用	有相同的能力可用	组件复用	独立组件
模块裁剪	能力不需要	组件裁剪	可裁剪的独立组件
模块定制	能力需要调整	源码二次开发	接口实现分离的独立组件
模块创建	无对应的能力可用	按需创建，容器、插件、服务等	提供技术框架支持按标准接入

图 11-10　矩阵 App 同步主线 App 功能时对模块的处理

总的来说，从复用方（矩阵 App）的角度来看，当矩阵 App 在复用主线 App 中的模块时，需要对主线 App 中的模块进行复用、裁减、定制；而在矩阵 App 中复用其他模块（如微信分享）时，直接复用该模块即可。从输出方（主线 App）的角度来看，当矩阵 App 需要复用主线 App 中的模块时，**主线 App 输出时要支持模块的复用、裁减及定制，同时也为矩阵 App 提供功能扩展的技术框架支持**；而在矩阵 App 中复用其他模块时，其他模块是为大部分 App 提供服务，不需要单独为矩阵 App 进行定制，矩阵 App 按照模块的标准引入及使用模块提供的能力。

11.2.3　矩阵 App 复用主线 App 的方式

前面提到 App 级的复用，在矩阵 App 复用主线 App 功能时，矩阵 App 根据需要选择主线稳定的版本进行功能的同步复用，矩阵 App 对主线 App 的模块有多种不同的处理方式，包括复用、裁剪、定制，也会创建一些新的模块，基于主线 App 的代码，矩阵 App 复用的常见方式有以下 3 种。

1. 矩阵 App 以组件的方式复用主线 App

组件复用方式是常见的模块能力复用的方式，主线 App 中的模块以组件的形式发布，矩阵 App 中以组件的形式复用主线 App 中的功能。

但是从需求层面来看，矩阵 App 中的部分功能与主线 App 中的功能有一定的区别，不能做到完全的复用。相对于主线 App 中的功能，矩阵 App 中有部分功能需要裁剪（不需要这个功能时）或需要差异化的定制。主线 App 的组件迁移到矩阵 App 中，部分组件并不能完全复用。

如图 11-11 所示，在主线 App 中，模块 A、B、C 对模块 D 均有依赖及调用。其中依赖是指一个模块在编译、链接阶段依赖另一个模块，调用是指两个模块间存在调用对方提供的功能。

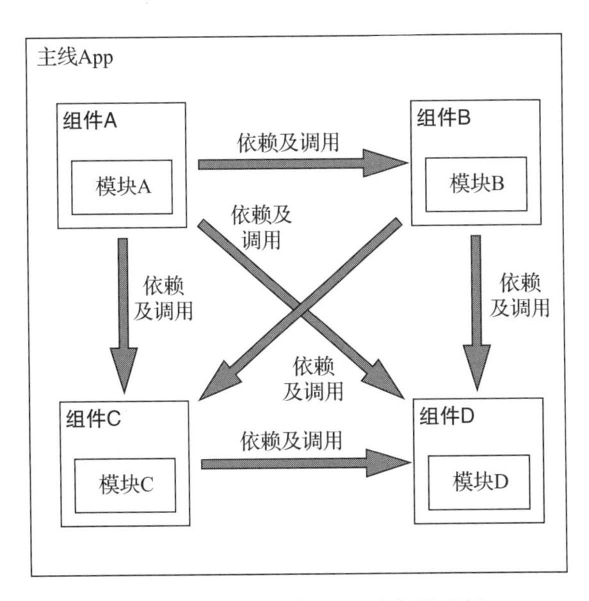

图 11-11　组件间的调用及依赖示例

如图 11-12 所示，当矩阵 App 以组件形式复用主线 App 的功能时，组件 D 需要裁剪，当把组件 D 裁剪掉时，因为依赖缺失，在矩阵 App 中，组件 A、B、C 对 D 的调用会在 App 的链接阶段因找不到符号而报错，组件 A、B、C 需要将源码中对 D 调用的部分代码删除，才可编译、链接成功。

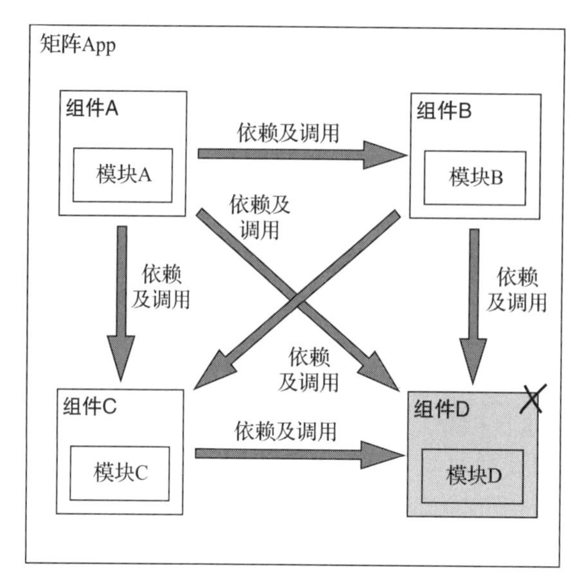

图 11-12　组件裁剪导致依赖缺失产生调用异常

2. 矩阵 App 以源码方式复用主线 App

上节提到的组件 D 裁剪时，依赖于 D 的组件 A、B、C 均需要将对 D 的调用相关代码进行删除。以源码的复用方式常见于团队内部的模块复用或开源的模块复用，在团队内主线 App 向矩阵 App 研发人员公开代码，矩阵 App 在每次同步主线 App 的功能时直接同步复用主线 App 的源码，基于该源码进行矩阵 App 的功能实现。

源码复用有一个优点就是灵活性较好，开发人员基于源码，将主线 App 中的功能源码在矩阵 App 中创建副本，基于该源码进行矩阵 App 中的功能构建。这种源码复用的方式，为矩阵 App 留出了较大的定制空间，同样也因为缺少约束，变化存在不确定性，带来的影响就会失控。

以矩阵 App 同步主线 App 功能为例，如图 11-13 所示，在矩阵 App（基点 -1）同步过一次主线 App 的代码，之后矩阵 App 和主线 App 都在并行地独立迭代，经过一段时间后矩阵 App（基点 -2）再次合并主线 App 代码时就可能产生冲突。冲突的量级与矩阵 App 基于主线 App 差异化定制的代码块数量有关，也与当次合并主线 App 时这些代码块的变化数量有关，解决这些冲突时需要时间及资源的投入，想要在一个比较稳定且较短的时间（如周期性发版）内就完成源码级的同步，是无法实现的。

3. 矩阵 App 以源码 + 组件的方式复用主线 App

组件方式的复用对模块的二次定制的支持不够友好，源码方式的复用又会存在变化范围失控和单次合并主线代码的成本问题，这时可以使用源码 + 组件的复合方式支持矩阵 App 的复用。

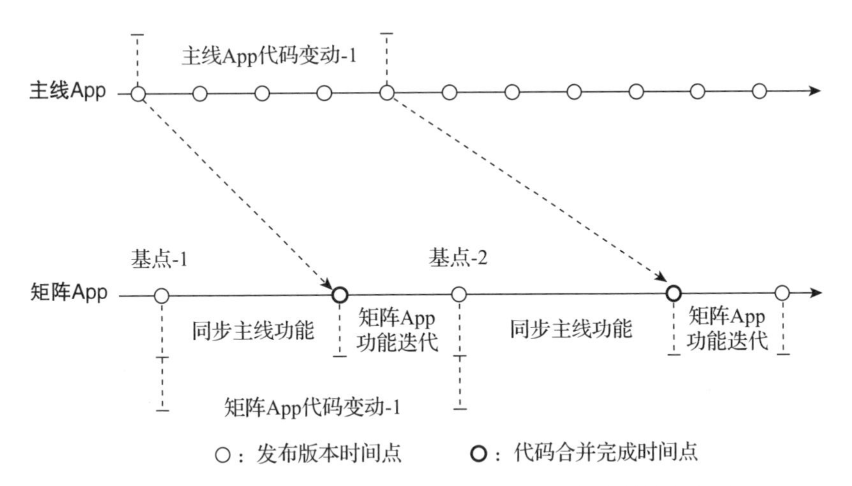

图 11-13 矩阵 App 代码合并时需要处理两个产品线的变动

主线 App 中的模块支持组件、源码两种方式的输出，可以在矩阵 App 中根据实际的需要，以源码或组件的方式构建 App 工程架构。对于不需要修改的功能使用组件的方式接入，对于有定制需要的功能以源码的方式接入，这样既可以满足组件复用的目标，又可以满足裁剪及定制的需要。这时矩阵 App 的工程架构如图 11-14 所示，矩阵 App 项目工程架构中包含源码、组件（包含自研及开源的模块编译产物）及第三方组件，还有资源文件、工程配置、编译脚本等内容。

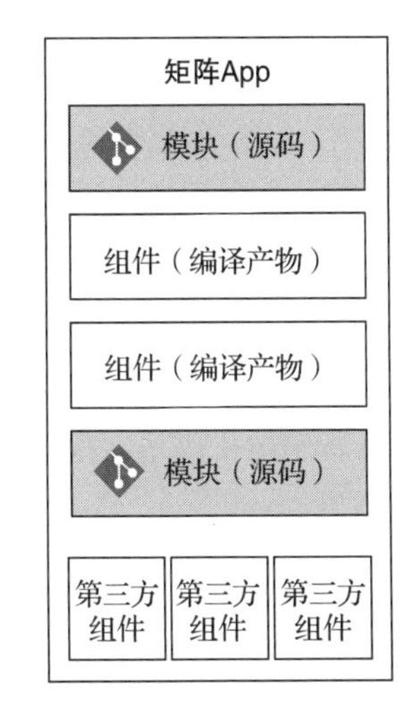

图 11-14 矩阵 App 项目工程架构

这时可以在矩阵 App 中删除需要裁剪的组件的调用代码，但是实际上矩阵 App 在同步主线 App 时，模块裁剪及定制成本并没有明显降低，主要原因在于主线 App 技术架构和模块实现，没有为功能裁剪和定制进行设计。在矩阵 App 中，模块裁剪时该模块的调用及入口也需要裁剪，这时就需要修改代码及测试，如图 11-15 所示，组件 D 被裁剪时，需要在矩阵 App 中以源码的形式使用模块 A、B、C，并修改模块 A，B，C 中调用模块 D 的相关代码，进行业务适配及发布测试。被裁剪模块的依赖的代码段越多，要修改的点就越多，适配的成本越高，还包括沟通、研发及测试的成本。每一次矩阵 App 同步主线 App 功能时，均需要进行一次适配的工作。

理想的目标是，在矩阵 App 中裁剪模块时上层依赖其组件的模块不需要二次适配，定制模块时可为其提供源码，复用模块直接以组件复用。基于这个目标，模块裁剪、定制和复用的需求基本就可以满足。模块的复用及定制通过源码 + 组件的工程架构组织方式即可实现，模块的裁剪支持是实现 App 支持变体发布需要具备的核心能力。

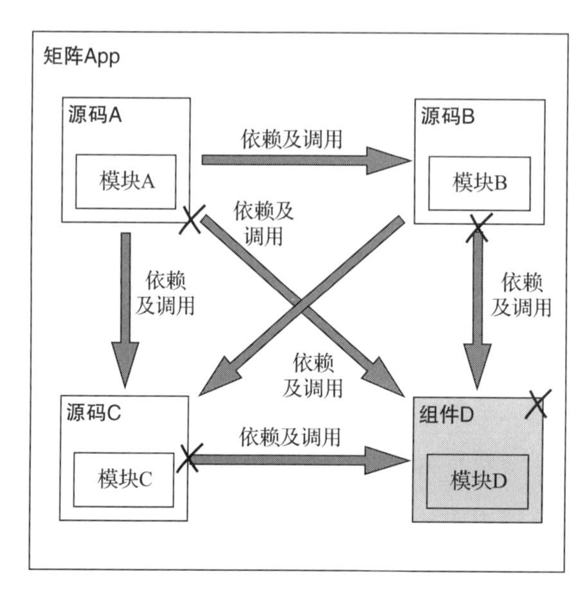

图 11-15 模块裁剪时其依赖及调用也需要裁剪

11.3 变体发布的核心技术问题及解决

App 在支持变体发布时，除了模块独立，支持裁剪和定制之外，对于这些模块的调用层面也需要进行兼容，当这个模块被裁剪时，模块的调用相关的代码也需要裁剪，否则这些模块调用的代码块在执行时就会产生异常。

要降低矩阵 App 中在裁剪组件 D 时对于组件 A、B、C 带来的影响，关键在于在主线 App 中减少对组件 D 的依赖，如果能做到零依赖，那就能实现在主线 App 输出到矩阵 App 时，裁剪组件 D 的适配的成本达到最低。

但是模块的存在本身就是为了被使用，只要调用方的使用是合理的，那么存在依赖关系也是合理的，减少调用则会使已有的功能失效，模块 D 进行重构可能会减少对模块 D 调用及依赖，但不会降到零，所以从技术的角度来看，应该实现一种以保证业务功能不变为前提，裁剪成本最小的方案。

11.3.1 控制反转服务

控制反转是一种在软件工程中解耦合的思想，调用类只依赖接口，而不依赖具体的实现类，基于该思想的设计，模块之间的耦合度较低。如图 11-11 所示，模块 A、B、C 强依赖于模块 D，从而导致模块 D 裁剪及定制复用时成本高。

在 App 中实现控制反转服务，可以实现模块之间的调用关系的解耦，如图 11-16 所示，在主线 App 中实现控制反转服务，模块 A、B、C 通过控制反转服务获取 D 的实例，并按照模块 D 的接口定义，对 D 进行功能调用。这时模块 A、B、C 对模块 D 就是有依赖及动态调用的关系，当依赖不存在时，也可以实现不调用，组件 D 的裁剪及定制成本就得到了有效的控制。

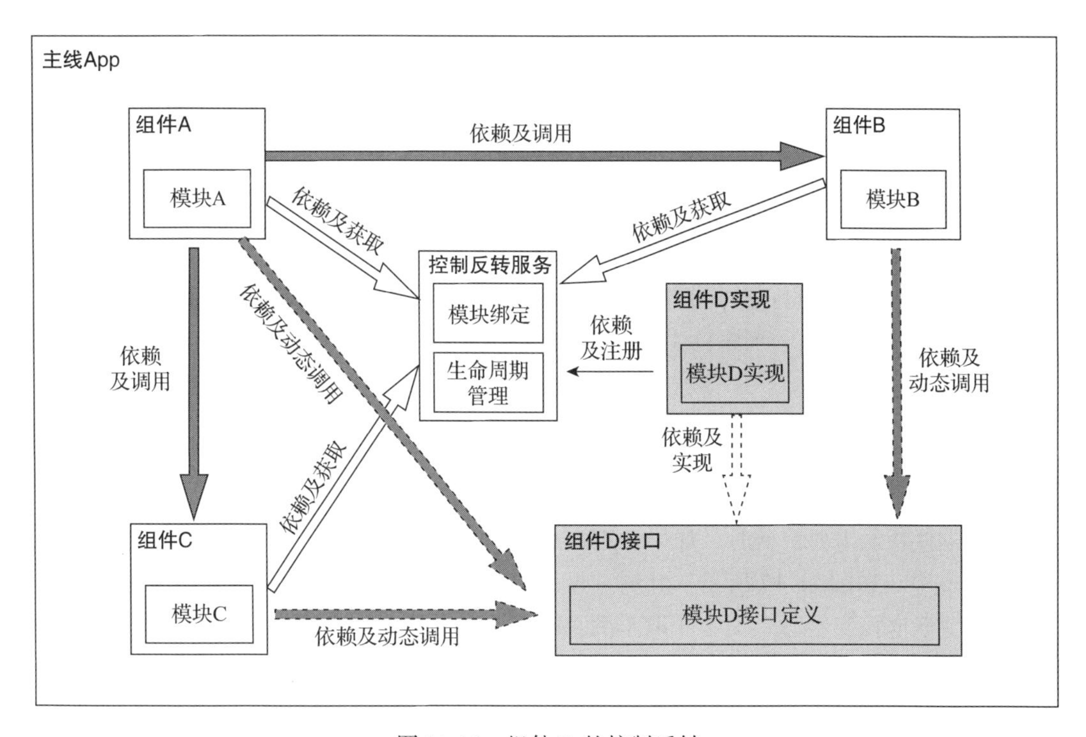

图 11-16　组件 D 的控制反转

下面结合图 11-16 的内容，介绍控制反转服务的实现，以及引入控制反转服务之后，组件之间的关系变化。

1）**控制反转服务**实现了模块绑定能力及生命周期管理的能力。

- **模块绑定能力**：每个一个模块可以将自己的所有权交给控制反转服务，通常由模块或类来注册绑定，通过注册的信息控制反转服务可以创建该模块。比如模块 D 的实现，注册自己，关联模块 D。
- **生命周期管理能力**：向调用者提供创建某个模块的能力，并根据创建的类型进行模块的生命周期管理，比如模块 A 请求创建模块 D。

2）基于控制反转组件提供的能力，组件之间存在以下几种关系。

- **依赖及调用**：基本的组件的依赖及调用关系，这种关系与控制反转组件无关。
- **依赖及实现**：通常是可裁剪或修改的组件使用，按照接口实现具体的能力，如模块 D 的实现，依赖于模块 D 的接口。
- **依赖及注册**：通常是可裁剪或修改的组件使用，将组件的实现注册到控制反转服务中，如模块 D 的实现与控制反转服务建立了关系，待其他模块需要模块 D 时，可创建使用。
- **依赖及获取**：通常是调用可裁剪或可修改的模块使用，通过控制反转服务，获取所依赖的模块实现，按照接口标准调用，如模块 A 向控制反转服务获取模块 D 的实例。
- **依赖动态调用**：通常是调用可裁剪或可修改的模块使用，通过依赖组件的接口层，并结合从控制反转服务中获取的实例，实现动态调用该实例的能力，如模块 A 在获取了模块 D 实现的实例后，按照接口标准实现模块 D 的功能调用。

对比图 11-11 与图 11-16，图 11-11 中组件 D 被多个组件所依赖，处于依赖环的底层，产生变化的影响面较大。而图 11-16 中组件 D 没有被依赖，处于依赖环的上层，产生变化时影响面较小。

11.3.2 组件的裁剪支持

当组件 D 功能需要裁剪时，如果在矩阵 App 中“组件 D 实现”不参与编译，也不链接到矩阵 App 中。如图 11-17 所示，此时“模块 D 实现”就不会与控制反转服务产生关系，模块 A 想要获取该实例时，就会获取不到。故需要在调用模块 D 的代码处增加判断，如果获取到模块 D 的实例可用时则执行对应的代码，否则不执行与模块 D 相关的代码。

模块 B、C 同样也会面临这个问题，故也需要增加模块 D 的实例是否可用的判断，这部分的代码在主线 App 中完成。基于这样的设计，主线 App 中组件的裁剪基本上是近零成本，达到了最优的状态，即在极低的变动及影响面的情况下，实现了主线 App 功能向矩阵 App 的变体发布。

11.3.3 组件的修改支持

当组件 D 功能需要修改时，在矩阵 App 工程中“模块 D 实现”模块以源码的形式支持二次开发，参与编译、链接，按照矩阵 App 的需要进行功能的构建。如图 11-18 所示，模块 D 升级为模块 D’，模块 D’ 的实现按照模块接口的定义，可保证接口的稳定。当矩阵 App 中有涉及接口的变更，可以在模块 D 接口定义变化时而识别。

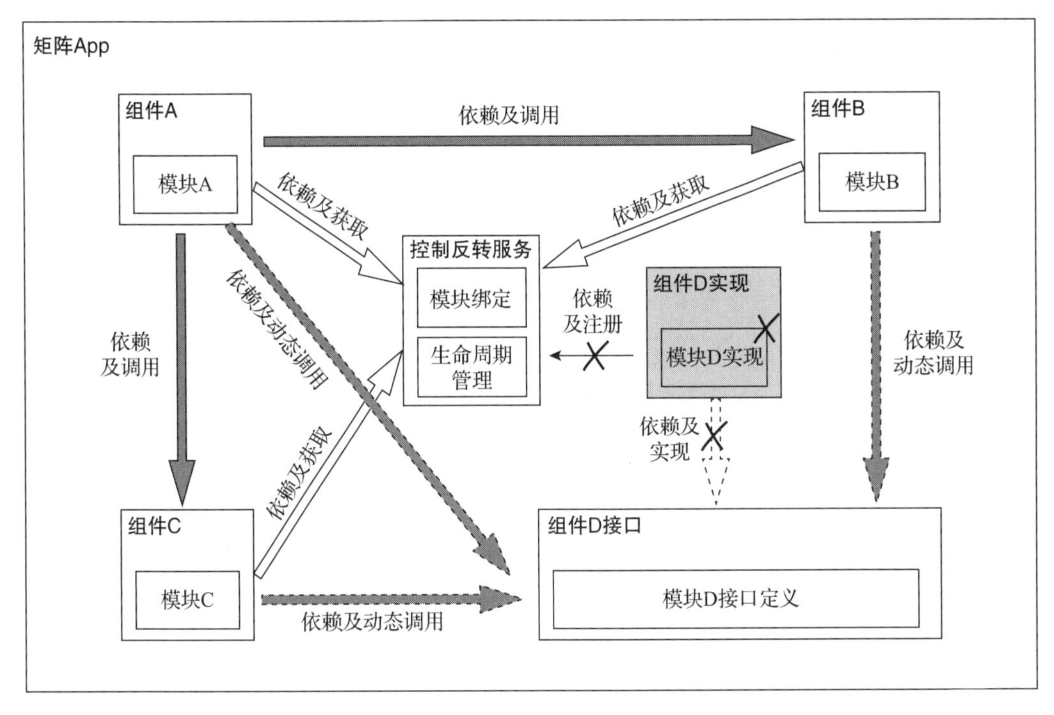

图 11-17　组件 D 的功能裁剪

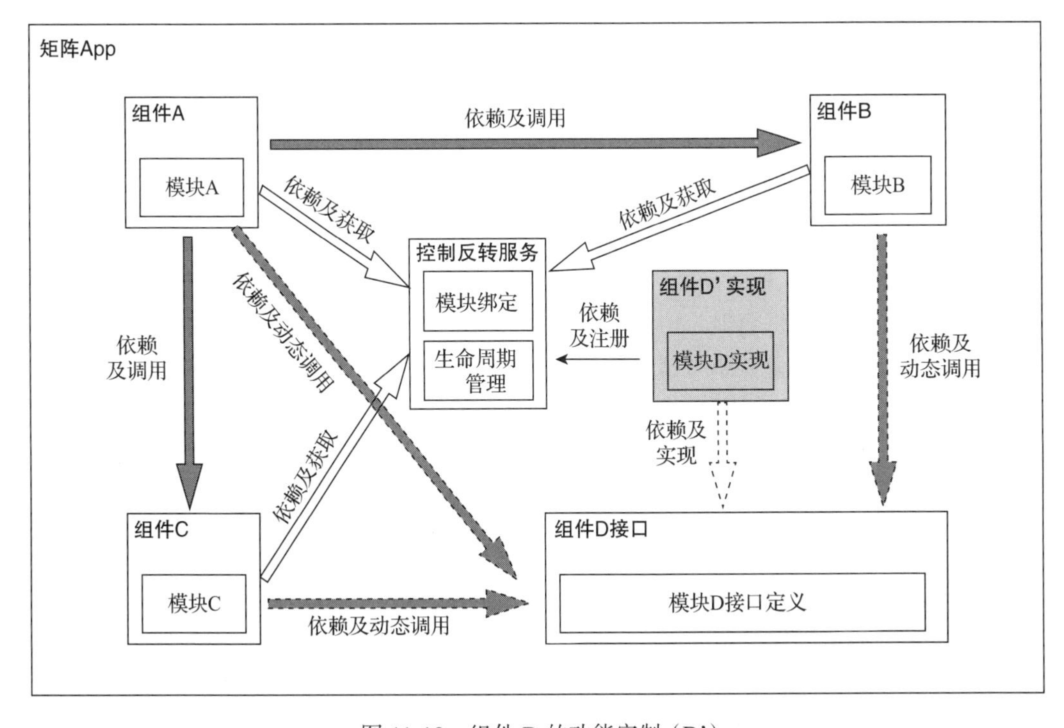

图 11-18　组件 D 的功能定制（D'）

11.4 搜索业务可变体发布的技术框架支持

上节提到引入控制反转服务，可以实现模块 D 的动态调用，支持模块 D 的裁剪和定制。本节将控制反转的思想应用于搜索业务之中，支持不同层级的模块的复用、裁剪及定制。

11.4.1 典型搜索业务特征和技术架构

要想整个搜索业务实现变体发布的支持，先要了解搜索业务的运作流程及依赖关系，这样才可有效解决问题。图 11-19 中描述了典型的搜索场景中业务模块的关系。用户在打开 App 时，默认会有一个窗口支持用户搜索及浏览，当用户搜索或输入网页时进入结果页或落地页，App 中默认使用当前的窗口，创建不同类型的页面并打开，这时页面中的功能扩展根据页面的状态进行创建及执行对应的逻辑。

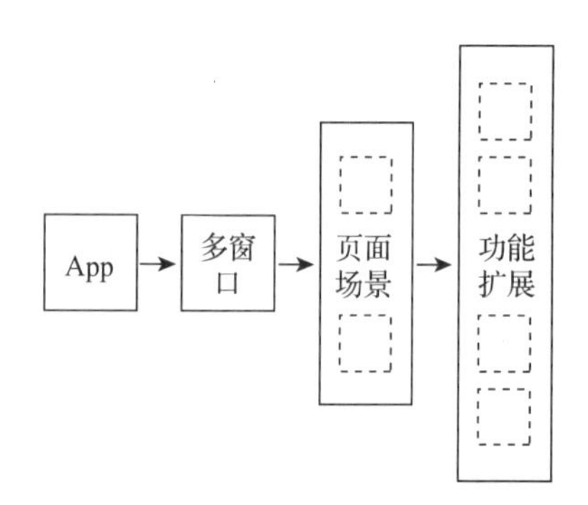

图 11-19 搜索场景业务模块关系

在主线 App 中搜索场景基础技术架构如图 11-20 所示，其中，页面场景抽象为容器，包括结果页容器、H5 落地页容器、天气 NA 容器、大图 NA 容器等，这些容器可以接入多容器管理框架中进行统一管理。功能扩展抽象为功能插件，这些插件接入到插件管理框架中进行统一管理。插件和容器均在业务层实现，支持业务层模块可运行、扩展及通信的基础能力均在服务层及基础层实现。基础层与服务层的区别在于，基础层的模块是 App 中常见的，而服务层的模块是这个业务方向中常见的。

页面场景和功能扩展的业务属性较重，在矩阵 App 复用时变动的概率是最大的，服务层的模块也会因为业务的需要而调整，常见于业务模块被裁剪，支持该业务的服务模块也被裁剪。基础层的模块出现变动的概率极低，不在变体发布需要考虑的范围之内。图 11-21 描述了搜索场景业务模块复用的方法，使用的技术方案为服务动态化、场景容器化和功能插件化，目标为支持部分服务层模块、页面场景及功能扩展在矩阵输出时可复用、裁剪及定制。

图 11-20 主线 App 中搜索场景基础技术架构

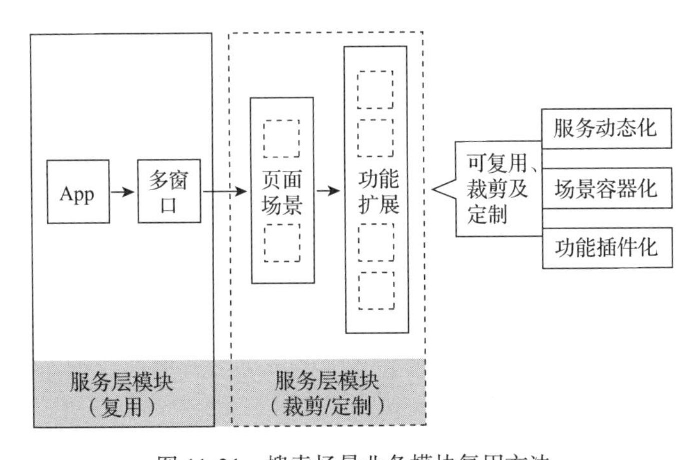

图 11-21 搜索场景业务模块复用方法

11.4.2 服务动态化

服务层的模块是 App 业务方向的基础模块，主要为业务中的其他模块提供服务，服务模块的调用源头可能是 App 中任意一个代码块，对于服务模块的调用如果是直接调用，当服务模块在裁剪及定制时，所带来的影响范围是不确定的。

如图 11-22 所示，模块 A（调用方）调用模块 D（服务方）时，先要创建模块 D，之后再调用 D.f 方法，当模块 D 被裁剪时，App 编译必然会不通过。且模块 A 中还要删除掉与模块 D 有关的代码，这些变动导致模块 A 不可以直接复用输出。模块 D 的变化，对模块 A 会产生影响，需要二次适配。这时需要实现控制反转服务来支持模块之间的依赖与调用的解耦。

当引入控制反转服务后，模块 D 拆分为接口层组件和实现层组件，如图 11-23 所示，接口层用来描述模块 D 可被其他模块公开使用的接口及数据结构（有多种实现方式，如 OC 中的协议（@protocol）、Java 中的接口（interface）、C++ 中的抽象类，不同语言的实现方式有所不同）。在实现层根据接口层的定义实现对应的能力，在裁剪模块 D 时，仅裁剪模块 D 的实现层。

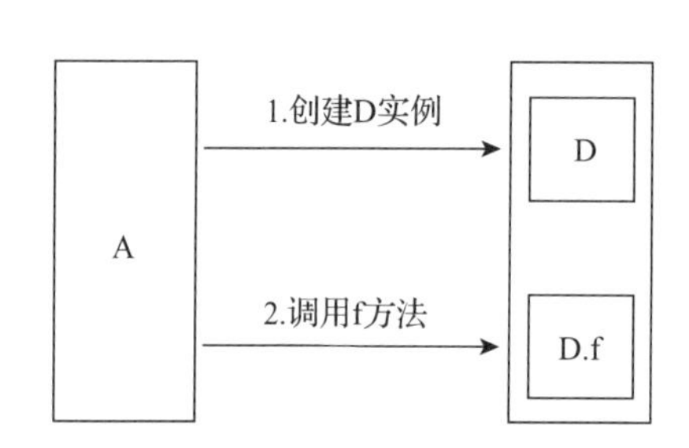

图 11-22　服务模块直接调用流程

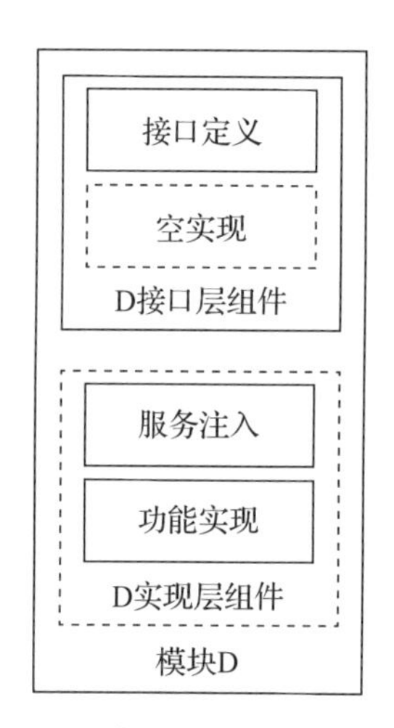

图 11-23　模块 D 的接口实现分离

同时由模块 D 的实现层向控制反转服务注册（如图 11-24 中流程 1 所示），当其他模块需要使用 D 时，通过控制反转服务获取模块 D 的实例。在模块 A 中调用 D.f 时，通过控制反转服务获取 D 的实例（如图 11-24 中流程 2 所示），这时控制反转服务根据之前的模块 D 注册的信息创建模块 D 的实例供模块 A 使用（如图 11-24 中流程 3 所示），模块 A 使用控制反转服务返回的模块 D 实例和模块 D 的接口层定义调用 D.f（如图 11-24 中流程 4 所示），这样模块 D 的变化在控制反转服务内处理，模块 A 无感知，不需二次适配。

主线 App 输出到矩阵 App 时，服务层模块也会被裁剪和定制，下面以模块 A 调用模块 D 的过程作为示例。

1）**当模块 D 被裁剪时**，如图 11-25 所示，流程共分为 3 步。

- **流程 1.1**：模块 D 实现层组件不参与编译，直接裁剪，向控制反转服务的注册流程也不会执行，控制反转服务与模块 D 之间没有建立绑定的关系。这时因模块 D 的实现层没有被其他的模块依赖，编译、链接也可以成功完成。

- **流程 1.2**：模块 A 在使用模块 D 时，先从控制反转服务中获取模块 D 的实例，因为在控制反转服务中，没有绑定模块 D 的信息，故不能创建模块 D 的实例，这时向模块 A 返回为空。
- **流程 1.3**：模块 A 在获取模块 D 的实例时为空，在调用模块 D 的功能时，验证模块 D 有效性，确定模块 D 的实例不可用，这时不执行对模块 D 的功能调用。

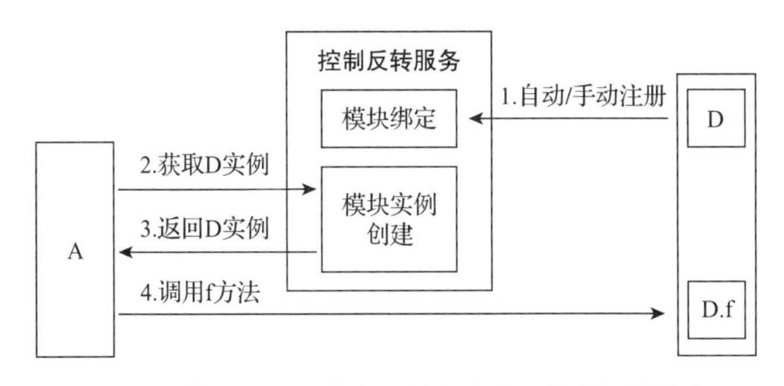

图 11-24　模块 D 通过控制反转服务实现依赖解耦的流程

2）当模块 D 需要定制时，如图 11-25 所示，流程共分为 3 步。

- **流程 2.1**：模块 D 在实现层按照接口层的标准，实现功能的定制 D'。随矩阵 App 发布，在 App 启动初始化时，向控制反转服务注册。
- **流程 2.2**：模块 A 在使用模块 D 时，先向控制反转服务中获取模块 D 的实例，控制反转服务根据模块 D' 注册的信息创建模块 D' 的实例，并将其返回给模块 A。
- **流程 2.3**：模块 A 在获取模块 D' 的实例后，在调用模块 D' 的功能时，验证模块 D' 有效性，确定模块 D' 的实例可用，根据模块 D 的接口定义，执行对模块 D' 的功能调用。

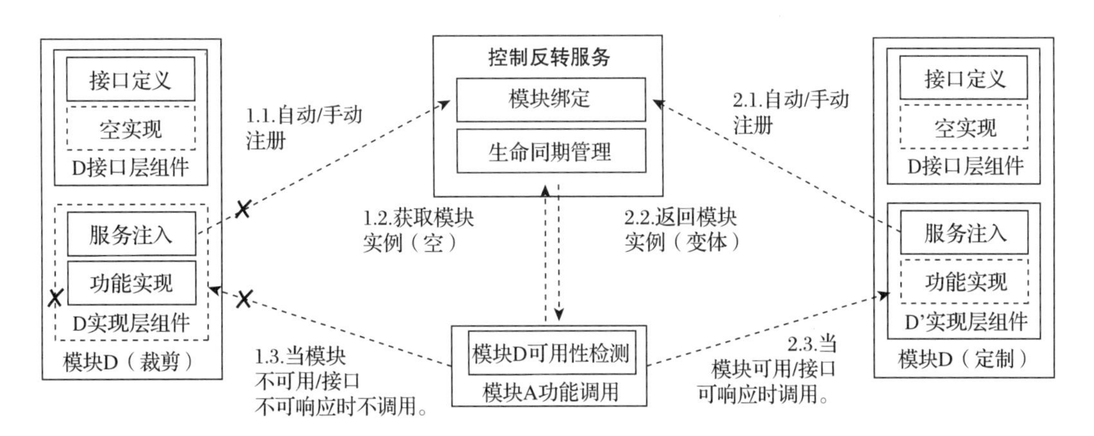

图 11-25　模块 D 接入控制反转服务后的裁剪与定制

11.4.3 场景容器化

第 6 章介绍了多容器管理框架的实现，支持不同类型的内容页面场景，以容器接入及统一管理。如图 11-26 所示，在多容器管理框架中实现容器生命周期管理、事件管理、历史管理等能力。框架与容器的关系相当于系统与 App 的关系，框架提供基础能力，容器按需接入。容器属于业务层的模块，多容器管理框架属于服务层的模块，容器依赖于多容器管理框架，容器的生命周期、事件通信、活动状态在多容器管理框架中均有明确的定义，类似于容器的接口层，容器本身的实现相当于容器的实现层。

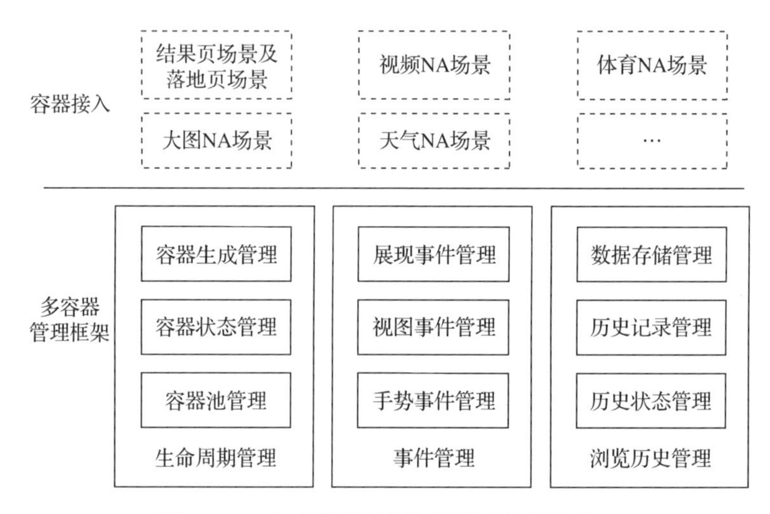

图 11-26　多容器管理框架及页面场景的接入

页面场景的调起的源头主要为网页，网页调用打开容器主要由端能力管理模块支持（5.3 节有介绍），为了实现添加新容器和裁剪已有容器时多容器管理框架不需要单独适配，容器的创建过程直接由容器与端能力管理模块进行通信，之后再传递容器相关参数由多容器管理框架创建。每个页面场景容器的实现主要分两部分，端能力接入和容器功能实现。

图 11-27 所示为容器的端能力注册及调用流程，其中端能力接入功能实现将容器扩展的端能力注册至端能力管理模块（图中节点 1），端能力管理模块对注册的端能力及容器信息进行记录，当端能力管理模块接收到网页的调用事件时，匹配已经注册的端能力扩展。端能力在调用时将调用的协议数据透传给容器（图中节点 2），容器响应端能力，调用多容器管理框架并同步相关的数据参数，打开对应的容器（图中节点 3），多容器管理框架根据传入的参数，创建容器及展现，并将其加入浏览历史中统一的管理（图中节点 4）。

当业务场景在输出时，如需要定制，则直接更改“容器功能实现”。而需要裁剪时，如图 11-28 所示，被裁剪的这个容器组件可以直接不在矩阵 App 中编译打包，在矩阵 App 运行时，对应的注册端能力的逻辑也不会执行。当端能力管理模块接收到网页的调用事件时，因端能力管理模块没有该容器的端能力信息记录，后续的流程也不会进行，这样就实现了其他模块也不需要修改，可快速裁剪的能力。

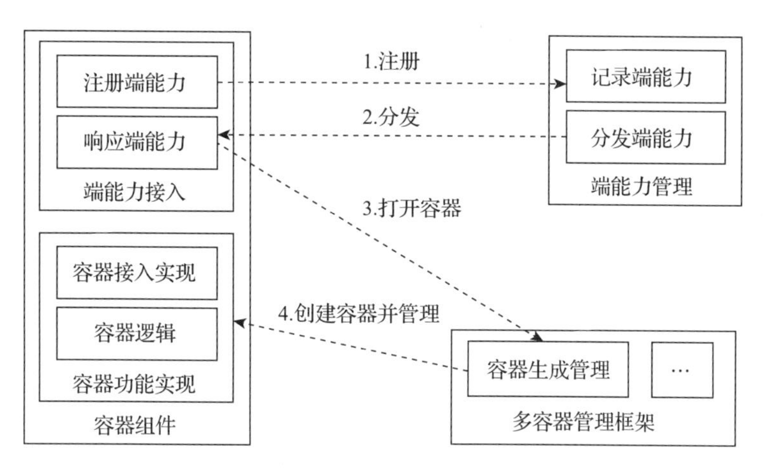

图 11-27　容器端能力注册及调用流程

但是这样有个问题，就是网页功能中的调用失效了，网页功能需要知晓客户端的模块裁剪 / 定制状态而生成页面内容，关于这部分的内容，将在 11.4.5 节中介绍。

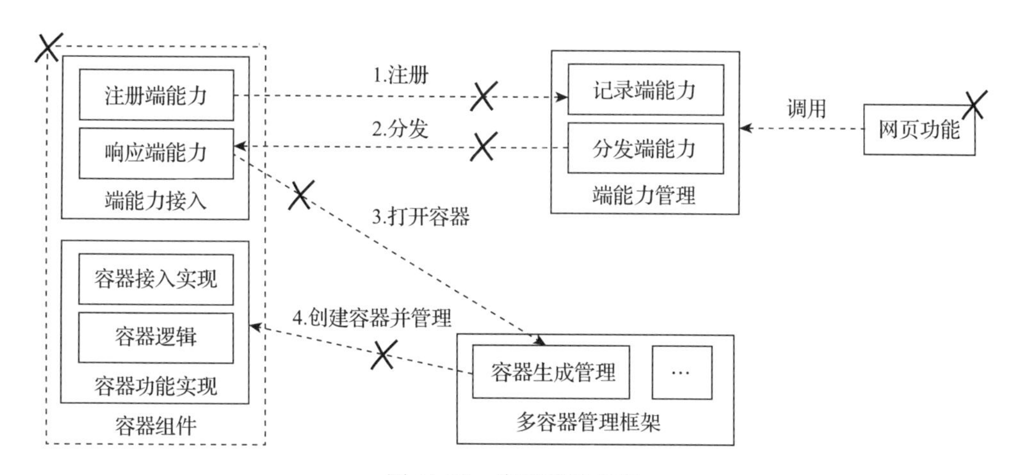

图 11-28　容器裁剪流程

11.4.4　功能插件化

第 5 章介绍了插件管理框架的技术实现，插件管理框架实现插件的生命周期管理、功能调用支持，事件分发等基础的接口约定，支持页面场景中的功能扩展以插件的形式接入并统一管理。如图 11-29 所示，页面场景遵循基础接口事件标准提供基础功能调用，功能插件遵循标准实现接口，响应生命周期管理事件，页面事件等。基础接口事件相当于插件管理框架的接口层。在接口层之上页面场景、插件管理框架以及功能插件按照其标准实现，即不同接口事件的实现层。

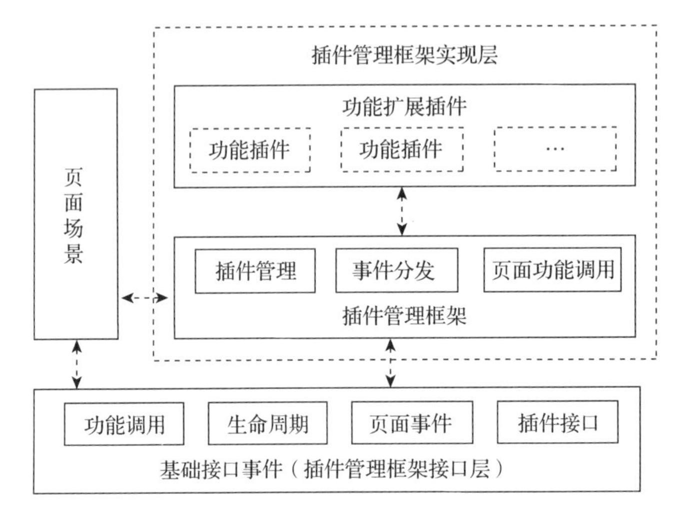

图 11-29　插件管理框架的接口与实现

插件的调用源头是页面场景，每个页面场景在创建之时，同时创建插件管理模块（图 11-30 节点 1），之后向插件管理模块注册当前页面场景所需要的插件（图 11-30 节点 2），插件在需要时被创建，当页面有事件变化时通过插件管理框架依次分发到每个插件（图 11-30 节点 3），而插件需要调用页面相关的功能时则通过基础功能调用接口（图 11-30 节点 4），整个通信的过程基于基础的接口事件，插件的和页面场景之间无直接依赖。

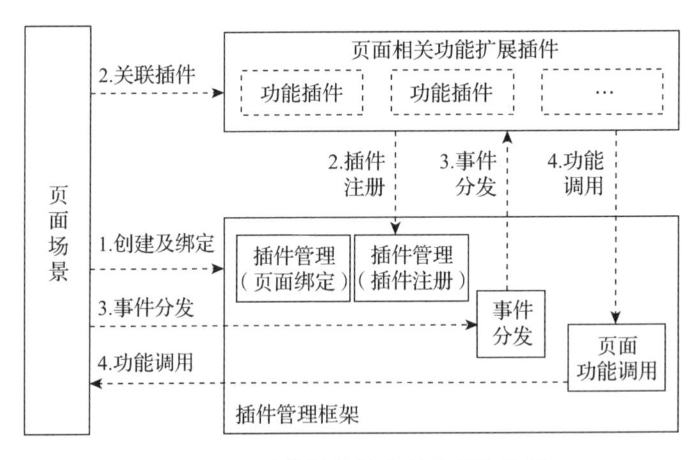

图 11-30　功能插件的实现及通信流程

如图 11-31 所示，当功能插件在输出时，页面场景根据需要选择该功能插件进行注册、裁剪的插件，代码直接删除。这时插件不会被创建，事件的分发也不会调用，基于这个插件相关的后续流程也不会进行，这样就实现了可快速裁剪的能力。

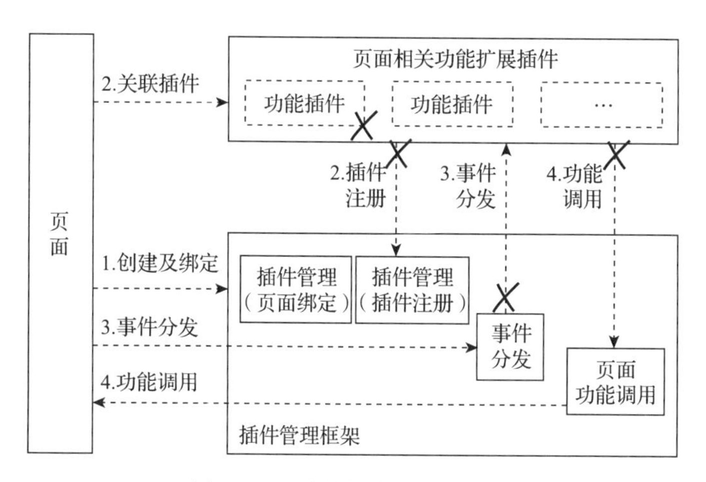

图 11-31　功能插件注册、裁剪

11.4.5　端云一体化输出

前面提到的模块的调用源头可能是网页功能，在这种情况下，当主线 App 以变体的方式输出到矩阵 App 时，一些模块被复用、一些模块被裁剪、一些模块被定制，产品形态和流程也有一定的变化。

这时矩阵 App 中对接的服务同样也需要适配。主要有两种适配方式，研发新的服务和复用主线的服务。如果研发新的服务，则服务端需要重新开发，客户端需要按新的服务进行参数调整及流程的适配。如果复用主线的服务，这时就会存在服务端依赖于客户端的能力无法响应的情况（比如，搜索结果页中的某个结果条目可以调用主线 App 中的一个模块，但在矩阵 App 中该模块被裁剪，在矩阵 App 中用户点击这个结果条目时，就会没有响应）。

故服务端需要识别矩阵 App，进行 App 级别的适配（包含服务提供的内容和能力），从而实现服务端也具备 App 级的复用能力，这个能力就是端云一体化的输出。基于该能力矩阵 App 在复用主线 App 时，服务端提供的相关的接口、数据、页面不需要二次开发及适配。

为了达成这个目标，客户端需要同步 App 标识、模块裁剪或定制状态等相关信息，服务端根据这些信息进行实现差异化的服务适配，并作为研发标准的来约束服务端及客户端功能的迭代。同步方式有许多公开的技术点可用，包括与自有服务通信、与浏览内核通信等。具体的技术实现细节超出了本书的讨论范围，此处不做过多的说明。App 想要具备变体发布的能力，服务端是关键的一个环节，在技术方案设计阶段需要纳入统一考虑。

为什么要提端云一体化输出呢，因为客户端的某个版本在发布后，这个版本在线上使用会持续很久，升级的预期也是不可控的，只要这个版本在线上有用户，原则上来讲，对应的服务就应该是可用的及有效的。在客户端发版前，对云端的依赖是明确的、经过验证的，客户端只需使用当前最新协议及功能版本，而服务端需要保留这个业务线从开始到现在的所有版本的接口的代码。增加了矩阵 App 的服务，服务端的代码复杂度也会提升，故需要尽早通过端云一体化将这部分的适配工作控制在一个较小的范围内，以降低长期的研发资源的投入。

11.4.6 小结

本节介绍了搜索业务的特征及技术变体发布的方法。围绕着控制反转服务的思想实现了 3 种技术方案，重点解决不同类型模块的复用、裁剪及定制时的解耦问题，同时也在约束模块的实现和调用。那这 3 种技术方案有什么区别，在表 11-1 中是模块实现、调用及复用时，3 种方案的处理方式对比。

表 11-1 3 种技术方案对比

对比项	对比纬度	服务动态化	场景容器化	功能插件化
模块实现	接口层	模块自定义	多容器框架、端能力管理模块定义	由插件管理框架定义
	实现层	模块实现层组件	容器组件	插件模块或组件
	所处层级	服务层或业务层	业务层	业务层
模块调用	调用方	服务层或业务层中的模块	网页功能	页面场景（业务层）
	实例创建	通过控制反转服务获取实例	响应端能力调用，由多容器管理框架创建	通过插件框架获取实例
	生命周期	控制反转服务管理	多容器管理框架管理	插件管理框架管理
	功能调用	按照模块接口层定义进行功能调用，但需要判断服务模块是否有效，再进行调用 **通常是 1 对 1 的关系**	按照容器管理框架提供的接口 / 事件标准，端能力标准进行功能调用。 **通常是 1 对 *n* 的关系**	按照插件框架提供的接口 / 事件标准进行功能调用，框架实现事件的分发及基础功能的调用支持 **通常是 1 对 *n* 的关系**
模块复用	新建	接口 / 实现分离，默认以组件的方式输出	按照容器管理框架提供的接口 / 事件标准，端能力标准创建模块，默认以组件的方式输出	按照插件框架提供的接口 / 事件标准创建模块，根据模块的体量决定是否以组件的方式输出
	复用	组件的方式输出	组件的方式输出	随宿主组件输出
	裁剪	实现层不参与编译	容器组件不参与编译	模块不注册，代码删除或组件删除
	定制	按接口约束修改实现层	按照端能力标准、多容器管理框架提供的接口 / 事件标准修改模块	按照插件框架提供的接口 / 事件标准修改模块

总的来说，这 3 种技术方案是不冲突的，是结合模块的特性和依赖关系而实现的支持变体发布的解决方案，在不同的层级支持不同的模块在输出至矩阵 App 时高质高效的复用。

11.5 模块拆分与变体发布支持

上节介绍了搜索业务的变体发布的技术框架支持。基于技术框架的支持，矩阵 App 可以低成本地复用、裁剪及定制主线 App 中不同层级的模块。

相对于传统的按版本迭代的开发模式，App 支持变体发布，研发人员在功能开发时，需要关注模块在输出至矩阵 App 时的复用情况。客观来讲这是在改变团队研发人员的研发习惯和意识。一些与变体发布相关的流程和机制需要提前形成标准，在团队内达成共识。这样团队人员才可以在功能的迭代过程中有标准可参考、可持续的、有效的以变体发布的架构支持矩阵 App 的复用。

本节介绍基于整体变体发布技术架构之上，搜索业务在模块的分级、拆分和标准化输出这 3 个层面的思考。

11.5.1 模块的分级及约束

当主线 App 支持变体发布，矩阵 App 在复用主线 App 时，对主线 App 中的模块复用方式有直接复用、直接裁剪和重新定制的这 3 种情况。在主线 App 的设计及实现前，需要提前规划每个模块输出时所支持的复用方式。实现过程需要按照组件的复用方式，进行模块的有效状态判断、调用逻辑、公开接口定义等多个维度设计，以达到主线 App 在输出矩阵 App 时，模块的不同复用方式仅在组件层面产生变化，对于其他层面影响控制到最小。

按照模块的复用情况，需要将模块分为 3 个等级，每个等级的复用方式不同，在技术实现时也有不同。

一级功能，定义为可直接复用，但不需要裁剪和定制的，是搜索业务流程中的核心功能和基础服务，这类功能在主线 App 中，以组件的形式输出，可直接复用。如图 11-32 所示，主要包含搜索框、结果页及 H5 落地页容器、搜索业务技术架构支持的相关模块及 App 的基础层模块。基于这些模块可实现搜索业务的核心流程，是搜索业务的最小集。

二级功能，定义为可直接裁剪的模块，常见于某个页面场景或页面场景中的功能扩展，以及依赖的基础服务，分别按模块的所属层级构建不同技术方案进行开发。这类功能在主线 App 中，以组件或独立的模块的形式输出。如图 11-33 所示，功能扩展以插件的方式接入插件管理框架，一些自定义数据格式的页面场景以容器的形式接入多容器管理框架，服务层模块根据裁剪的需要支持动态化裁剪。其他的一些独立的功能单独设计，如语音和图像搜索等。

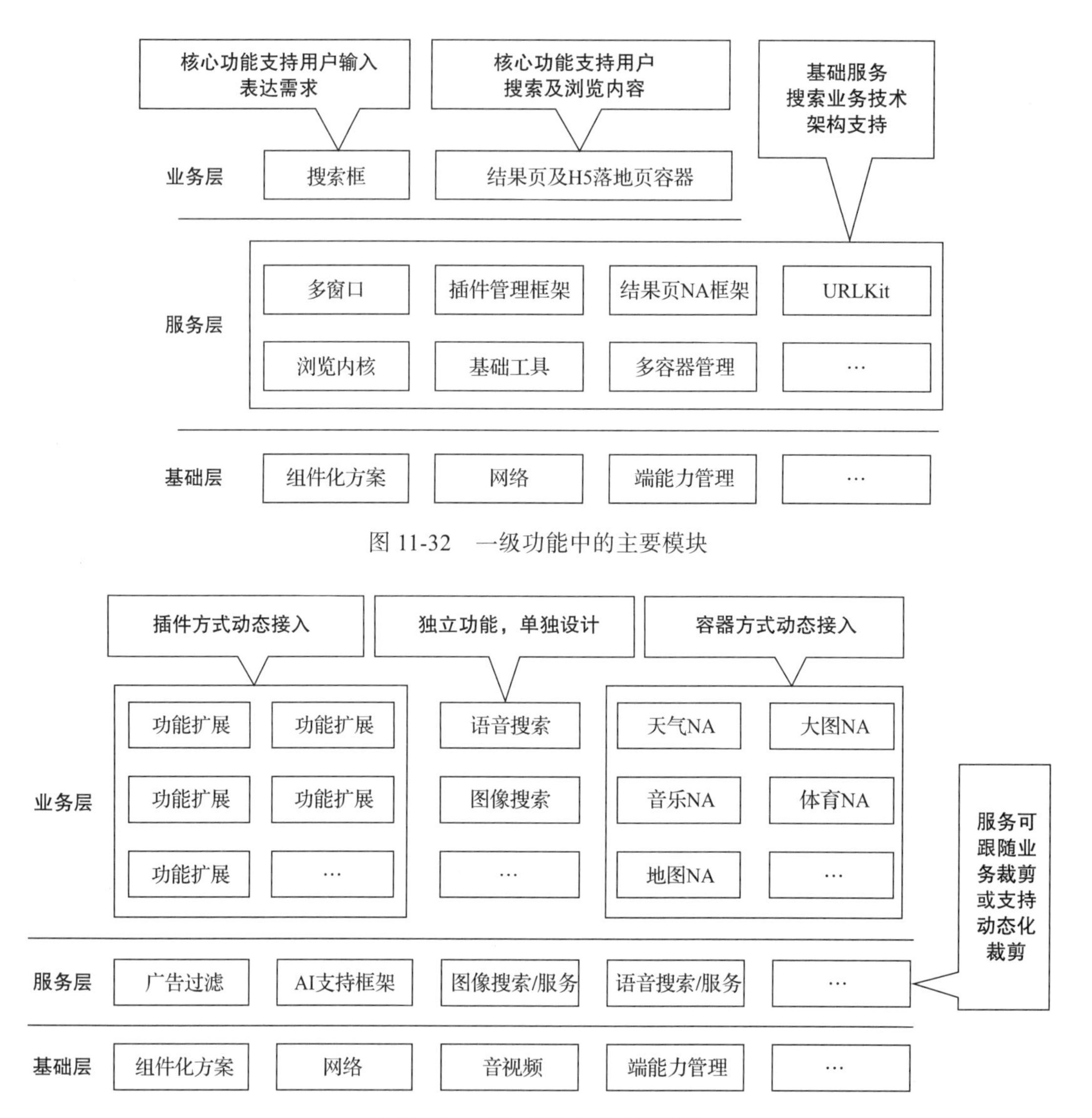

图 11-32　一级功能中的主要模块

图 11-33　二级功能中的主要模块

三级功能，定义为可进行修改定制的模块，常见于某个页面场景或页面场景中的子业务，以及依赖的基础服务的修改。这类功能在主线 App 中，同样是以组件的形式输出直接可复用，在矩阵 App 中支持使用源码进行二次开发，原则上不应该更改模块之间通信的接口、事件及依赖关系。如图 11-34 所示，实线框中的模块设计为不可裁剪的模块，虚线框中的模块设计为可快速裁剪的模块，这两种模块中除了涉密、安全或特殊原因之外，均可支持修改定制。在矩阵 App 中根据需要以源码的形式集成模块，这时模块就可以基于源码进行修改定制。

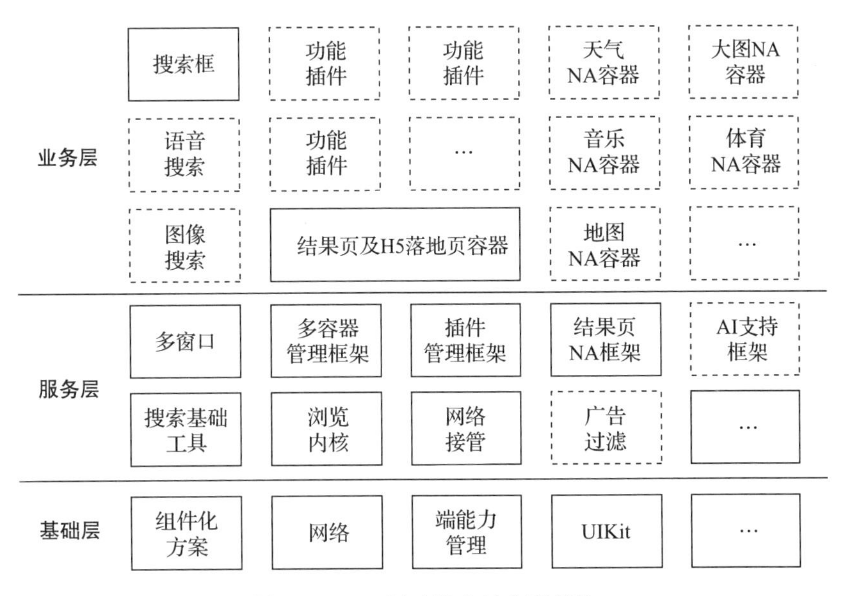

图 11-34　三级功能中的主要模块

11.5.2　模块拆分的决策依据

模块的拆分，决定了主线 App 在输出到矩阵 App 时对应组件的复用、裁剪、定制的成本，结合技术架构的需要和变体发布的需要，App 中的模块以下面 4 个纬度进行拆分，可以有效将变化控制在模块之内，可进一步降低主线研发及矩阵复用的成本。

- **按业务维度拆分**：这种拆分方式主要考虑变体发布时的裁剪及定制的成本，当主线 App 中模块的拆分与矩阵 App 中的功能裁剪和定制吻合时，矩阵 App 裁剪和定制这些模块，对主线 App 的代码变动范围较小且有预期，相应投入的研发、测试等人力成本也会降低。
- **按技术架构支持的维度拆分**：技术架构通常解决 App 中的一系列问题，提供一组基础能力及流程机制支持相关的模块接入，这些不同的模块根据功能职责及技术架构的约束关系进行分类拆分。相当于以技术架构切分了一个小层级，基于该层级支持模块之间的垂直划分。
- **结合团队组织结构拆分**：在 App 的研发团队中，通常会划分多个子业务方向。当一个模块承载了多个业务方向的研发需求时，这个模块的研发过程，就会存在相互影响，增加一些额外的沟通协同成本。
- **按稳定性维度拆分**：如果某一类的功能是独立的，且在版本迭代的过程中，是不易变的，那应该将这一类功能进行模块的拆分，对于这类的功能可以长期以组件的方式直接复用。如果某一类功能是独立的，且在版本迭代的过程中是易变的，那应该将这一类功能进行模块的拆分，功能迭代时使其变动影响面控制在模块之内。

11.5.3 组件标准化输出

App 支持变体发布的过程通常是由多个业务方向、多个团队不同人员的协同完成，在这个过程中，一旦有一个环节没有对齐，必然会对最终完成的结果产生影响。

以 App 支持变体发布结果作为目标导向，与传统的版本需求迭代的方式不同。传统的需求迭代在功能的构建时是在做加法，而 App 支持变体发布输出到矩阵 App 则是在做减法，研发的思维方式也有不同。

在组件的输出过程中要实现业务层面和研发思维的对齐，需要提前明确标准达成共识，实现验证前置，来保证研发过程的质量可控性和交付到矩阵 App 使用时，组件的复用、裁剪、定制的有效性。标准主要分为过程标准和结果标准这两类。

1. 过程标准

过程标准是指在研发过程中需要遵循的标准，目标为在研发过程中多团队协同时，责任到人，工作内容相关人知晓，主要包含以下 3 个方面。

- **架构优化和版本迭代分工**：架构优化的工作，通常会与版本迭代的工作有重合，出现并行迭代的情况。基础架构的研发团队负责技术架构的研发，包括业务模块的拆分、设计和实现。业务团队负责业务模块的拆分、设计和实现。这种协作方式可以避免业务流程的遗漏，同时规避并行研发过程中的冲突。
- **协作方式**：基础架构团队和业务团队需要统一协调和对接，以确保研发过程的顺利进行。基础架构团队需要对业务团队的需求和变化有深入的理解，而业务团队也需要对基础架构团队的工作内容和影响有深入的理解。
- **各角色参与和责任明确**：在技术方案评审、代码评审、测试方案评审等阶段，业务相关人员需要参与其中，并优先考虑业务人员的建议，提前进行影响和变化信息的同步，以避免研发、测试和发布阶段出现非预期的冲突。如果存在影响面较大的修改，需要提前申请灰度版本或专项小版本，支持功能的流量控制保障线上的用户的使用体验。

2. 结果标准

结果标准的设定和目的在于输出的可检测性。并不是作了模块的拆分、组件化，整个

App 就是可以支持变体发布的，而是在满足一定的条件标准后，才算实现了变体发布。在输出至矩阵 App 时再验证效果调整的成本较高，故需要在主线 App 中来验证。在研发阶段前置验证，避免无效的交付，结果标准主要包含以下 9 类。

- **文档标准：**良好的代码编写习惯可以提升代码的可读性，但不如人类语言描述的精准度，借助不同的媒体也可以增强内容的表现。模块需要有设计方案、使用手册、项目手册，变更日志文档，支持主线人员维护及矩阵人员使用。
- **工程结构标准：**工程结构的变更，会增加代码及资源文件的合并成本，约定组件接口文件、实现文件、资源文件、单测文件的项目手册文件等可以明确不同类型文件的归属，减少工程中文件变更带来的合并成本。
- **可裁剪标准：**在确定了模块的分级之后，可裁剪的模块在主线 App 的开发阶段，应该按照可裁剪的方案进行实现、验证及维护。长期条件下应该是稳定的、可自动化配置的，在输出至矩阵 App 时，裁剪的成本达到一个较优的状态，
- **依赖关系标准：**模块之间存在依赖关系，在输出时需要连带输出，在裁剪时上层依赖的模块需要进行解耦，这些都是不稳定因素，也是成本。模块之间不应该有循环依赖、隐式依赖和多余依赖，这些导致模块在复用和裁剪时投入过多的解耦的工作及连带的成本。
- **负责人标准：**模块在研发阶段及复用输出阶段，每个模块应该有明确的研发负责人，测试负责人，在有需要时可与其建立联系，跟进具体的事项。
- **单元测试标准：**服务层的模块变动对上层的模块产生的影响较大，对于服务层的模块需要有单元测试，且要覆盖核心能力场景，在服务层模块的研发阶段验证模块的能力实现是否符合预设。
- **接口标准：**接口的变更会增加依赖该模块的其他模块的适配成本，接口的设计需要考虑兼容性，长期条件下接口层应该是稳定的、不经常变更的。
- **注释标准：**公开接口需要有明确的注释说明，包括接口实现的能力、传入参数、传出参数、返回值等。
- **组件生命周期管理标准：**包括如何创建一个新组件、整体技术方案介绍、组件技术方案的编写、评审、测试及组件的负责人变更等标准。

标准的确定，还有一个好处就是可以基于标准建设相关工具，进行例行化的工作支持。

11.6　主线 App 支持变体发布要遵循的原则

前面介绍了客户端支持变体发布需要解决的核心问题和搜索业务在实现变体发布时的技术框架实现、模块的拆分方法、执行和交付的标准。

在实际的研发过程中，遵循一些基础的原则，对于 App 支持变体发布也会起到正向的作用，本节介绍 App 支持变体发布时，模块所要遵循的基本原则。

11.6.1 接口稳定原则

接口稳定原则是指一个模块的公开接口应该保持稳定，以确保其他模块可以正常使用该模块的接口。

1）**接口不稳定示例。模块 A** 提供**接口 f1** 和**接口 f2**；功能迭代时，将**接口 f1** 删除，**接口 f2** 修改为**接口 f2'**。

2）**影响说明。**模块之间的调用，主要基于接口的定义，当被调用的模块接口不稳定产生了变更时，则调用方模块就需要进行适配，否则调用方模块就会无法正常工作，接口不稳定既影响主线 App 的研发过程，也会影响矩阵 App 复用过程。

- **主线 App 影响：模块 A** 提供接口供**模块 B** 调用，当**模块 A** 接口有不兼容的变更（修改或删除）时变为**模块 A'**，则**模块 B** 需要适配。如果**模块 B** 以组件的形式集成在 App 的工程中时，由于**模块 A** 接口变更，则**模块 B** 需要重新打开源码适配**模块 A'** 版本，之后再发布新的**组件 B'**。
- **矩阵 App 影响：**当矩阵 App，有仅同步**模块 A** 的需要时，同步**模块 A'**，**模块 B'** 也需要同步，但是因为矩阵 App 同步主线 App 有时间间隔，这期间**模块 B'** 中调用的其他模块也会存在接口变更（例如**模块 B'** 对应矩阵 App 中的**模块 B**，所依赖的**模块 X** 产生了接口变更为**模块 X'**），那**模块 X'** 也需要连带同步到矩阵 App 中。主线 App 支持变体发布，实际上也支持 App 级模块的发布，根据经验来看，单独同步几个组件的情况也是比较常见的，比如主线 App 中重要的 Bug 修复，故因接口问题带来的影响也会被放大。

3）**解决方法：**在模块的设计时，接口的设计应该可以兼容长期的变化，包括业务变化、平台规范变化、命名变化、参数变化、异常处理变化、错误状态和依赖的变化等。对于经常性变更的接口应该有有效的解决方案，而不是频繁变更已经公开的接口。

11.6.2 最小接口公开原则

最小接口公开原则是指模块仅公开可被外部模块调用的接口，不允许外部模块调用的接口则不公开。

1）**非最小接口公开示例。**模块的接口公开访问范围缺少设计和管理，模块实现的所有功能的接口全部对外公开、模块内部接口对外公开、模块的接口随意公开。

2）**影响说明**。模块对外公开的接口，就是模块所实现的能力的承诺。模块之间存在调用关系，依赖关系也就必然存在。公开的接口越少，依赖的关系就越少。而公开的接口越多，依赖的关系也就越多，对于模块接口的变动产生的影响就越大，包括主线 App 中的相关模块研发影响，也包括矩阵 App 的复用影响。

- **主线 App 影响：模块 A** 提供接口供**模块 B** 调用，只需提供 5 个接口就可以实现**模块 A** 的功能调用，但是在**模块 A** 中公开了其他 3 个接口，使得**模块 A** 公开的接口数变为了 8 个。当这 3 个原本不需要公开的接口产生变更时，就违背了**接口稳定原则，模块 B** 就需要适配重新发布组件。如果这 3 个接口没有公开，当产生变化时，对**模块 B** 就没有影响。
- **矩阵 App 影响：**同样，模块接口公开得越多，模块在迭代时违背了**接口稳定原则**产生不兼容变更的概率越高，对于矩阵 App 复用主线 App 组件时的影响就大。

3）**解决方法**。在模块设计接口时，需要将接口分为两类，一类为可公开被外部模块使用的接口，一类为不可公开的内部使用的接口。常见接口剥离的方法包括类的继承（虚函数，纯虚函数）、协议（接口类）、组合（能力拆分为多个接口文件实现，其中部分的接口文件公开）等。

11.6.3　有序依赖原则

有序依赖原则是指在整个 App 中低层次的模块不应该依赖于高层次的模块。

- **无序依赖示例**。系统和模块缺少设计，App 的架构没有分层，子系统的架构没有分层，模块的边界不清晰，低层次的模块依赖高层次的模块。
- **影响说明**。当 App 中的模块依赖关系是无序的，就会出现网状的调用关系，模块无法干净地输出复用（只输出相关的模块），也无法裁剪。
- **解决方法**。解决该问题的思路为明确模块所属层级，只被上层的模块调用，必要时也要接口层和实现层分离，且根据需要分到不同的层级中（模块的接口和实现不在同一层）。

11.6.4　无无用依赖原则

无用依赖是指一个模块有对另外一个模块依赖，但这个模块中并无对另外这个模块中的调用。**无无用依赖原则是指如两个模块之间无调用关系，则不应该存在依赖关系。**

- **无用依赖示例：**如图 11-35 所示，**模块 A** 依赖**模块 B**，但是在**模块 A** 的代码中没有调用**模块 B** 的能力，这种情况常见于模块的重构，调用关系已经解除，但依赖关系并没有及时清理。

- **影响说明**：这种情况常见于模块依赖和接口依赖，当**模块 A** 横向输出时，会增加无用模块的输出，甚至包含整个依赖路径中的模块，增加了体积的同时，也增加了模块依赖关系的复杂度。
- **解决方法**：如图 11-36 所示，解决无用依赖的方法就是及时清理模块的依赖关系，一旦模块间的调用关系解除，同时也应该解除模块间的依赖关系。

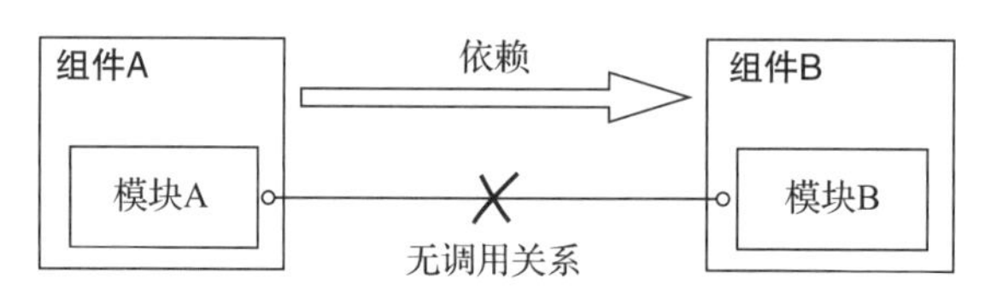

图 11-35　无用依赖示例

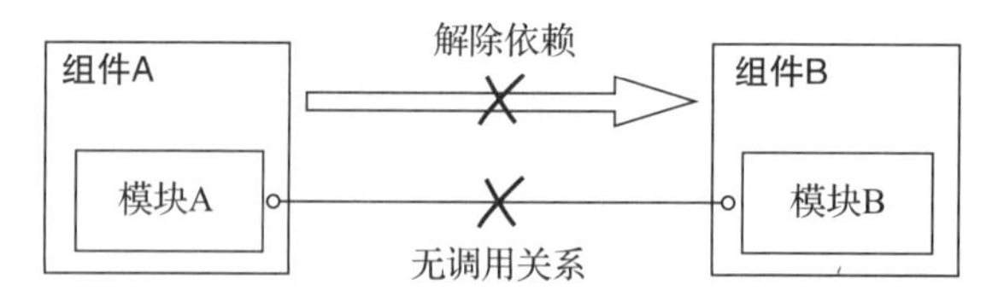

图 11-36　解除无用依赖

11.6.5　无隐式依赖原则

隐式依赖是指一个模块并没有明确对另外一个模块依赖，但在这个模块中却有代码调用另外一个模块的能力。**无隐式依赖原则是指如存在模块的调用，则需要公开明确依赖。**

- **隐式依赖示例**：如图 11-37 所示，**模块 A** 没有对**模块 B** 有依赖，但是在模块 A 的代码运行时调用了**模块 B**，这种调用方式在编译过程不会报错，在测试阶段因为**模块 B** 被**模块 X** 依赖，也不会报错，但依赖关系是存在的。
- **影响说明**：当模块间的调用使用平台及语言特性实现，包含动态运行时的方法、消息分发和通知等机制时，调用关系的识别成本较高。如图 11-38 所示，当主线 App 横向输出时，**模块 B** 和**模块 X** 是不被需要的，**模块 B** 因没有被识别出依赖关系可能不会被打包到矩阵 App，在矩阵 App 中关于**模块 B** 的调用会产生异常，或者业务逻辑不符合预期。
- **解决方法**：解决隐式依赖的方法就是有明确模块的调用关系及依赖关系，当使用运行、消息和通知等机制实现模块间的功能调用时，应该明确应用范围和依赖关系。

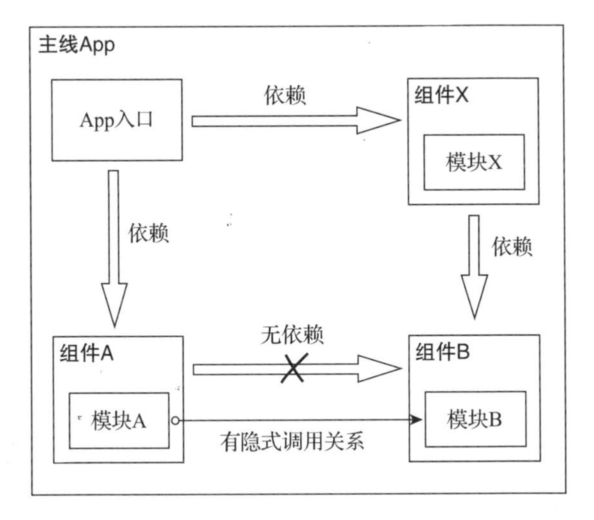

图 11-37　模块 A 无显式依赖模块 B 但有调用关系

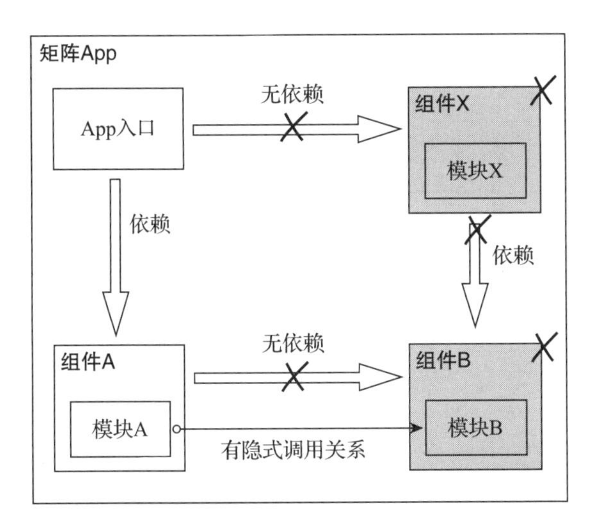

图 11-38　对 B 的依赖不存在，但调用还存在

11.6.6　无传递依赖原则

传递依赖是指一个模块对某个模块的调用，在依赖这个模块时，还需要依赖于这个模块所依赖的模块。**无传递依赖原则是指模块被依赖及调用时，调用方不应该再依赖该模块所依赖的且没有调用关系的模块。**

- **传递依赖示例**：如图 11-39 所示，**模块** A 依赖**模块** B 且有调用关系，但在引入**模块** B 时，还依赖于**模块** C，实际上**模块** C 与**模块** A 调用**模块** B 的能力无关。
- **影响说明**：在主线 App 的研发过程中，因为**模块** B 的依赖及调用关系设定得不合理，**模块** A 在调用**模块** B 中的功能时，**模块** A 还需要建立与**模块** C 的依赖关系（常见于**模块** B 的接口文件引用**模块** C 的接口文件）。如图 11-40 所示，当主线 App 横向输出，在矩阵 App 中**模块** B 需要被裁剪时，**模块** A 不需要再依赖**模块** C，按照无无用依赖原则的约定，**模块** C 应该也被裁减。但是由于之前的传递依赖的原因，在**模块** A 中设定了对**模块** C 的依赖，导致排查的成本变高，裁减就变得不彻底。传递依赖的间隔路径越长，发现成本越高，代码越难控制。

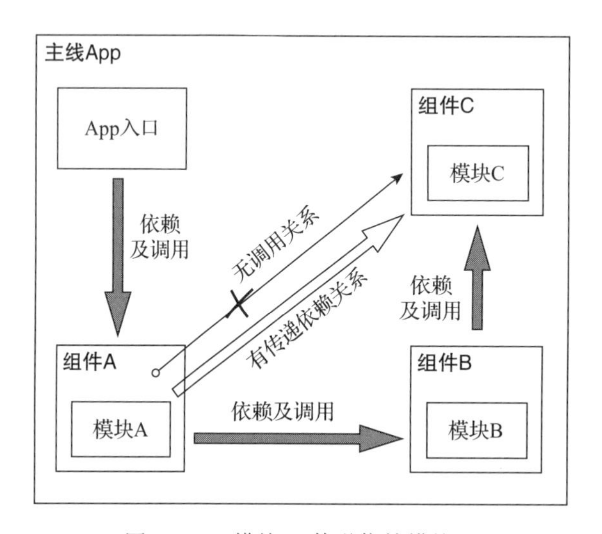

图 11-39　模块 A 传递依赖模块 C

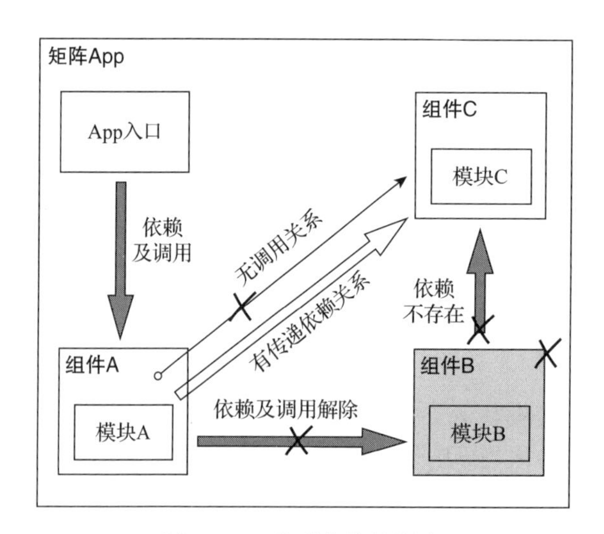

图 11-40　传递依赖的影响

- **解决方法：**解决传递依赖常见的方法就是信息隐藏，将模块的实现细节在内部进行封装，如果两个模块之间存在调用的关系，一定就存在直接依赖的关系。

11.6.7　无循环依赖原则

循环依赖是指模块之间依赖关系形成了环状。**无循环依赖原则是指模块之间的依赖关系路径不能形成环状。**

1）**循环依赖示例：**循环依赖分为直接循环依赖和间接循环依赖两种。

①**模块** A 依赖**模块** B，**模块** B 依赖**模块** A，这种是直接循环依赖，如图 11-41 所示。

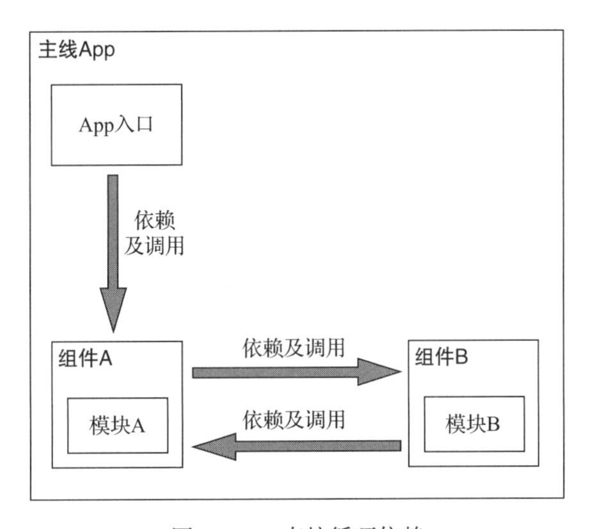

图 11-41　直接循环依赖

②**模块** A 依赖**模块** B，**模块** B 依赖**模块** C，**模块** C 依赖**模块** A，这种是间接循环依赖如图 11-42 所示，间接依赖的环与模块间依赖路径的长度有关。

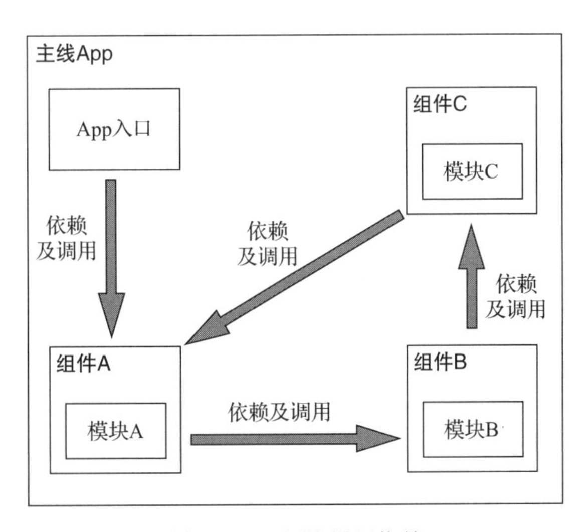

图 11-42　间接循环依赖

2）**影响说明：**当主线 App 中的依赖环中的模块的接口产生了变化，矩阵 App 需要同步其中一个模块时，依赖环中的模块及所影响的模块均需要同步，否则就会因为接口不兼容出现调用异常的情况。如图 11-43 所示，在主线 App 中**模块 A** 的接口产生的变化变为**模块 A’**，**模块 B** 和 **App 入口**对其有依赖，均需要适配实现**模块 B’** 和 **App 入口’**，**如果没有循环依赖关系，模块 B 就不需要适配**。当在矩阵 App 中需要更新模块 B’ 时，因为模块 B 依赖**模块 A**，**模块 A’** 也需要进行复用，同时因为 App 入口也在依赖**模块 A**，当**模块 A** 变为**模块 A’** 时，**App 入口**也需要进行同步更新，这样才能保证整个依赖路径中的功能调用是稳定的。

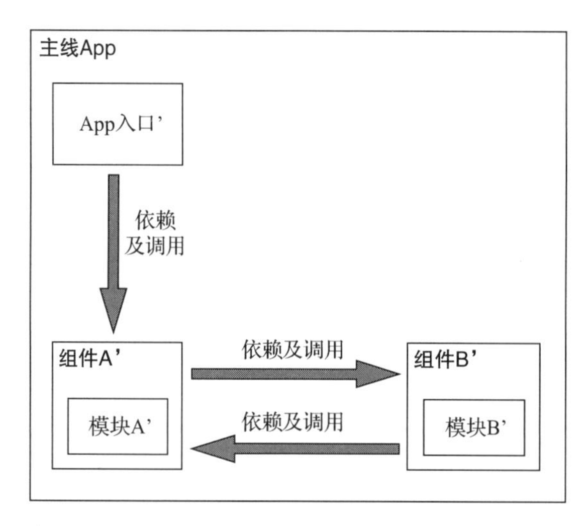

图 11-43 模块 A 的变更，相关模块均需要适配，导致 B’ 无法独立复用

3）**解决方法：**解决循环依赖的方法主要有两种，根据模块的依赖关系不同达到的效果有所不同，下面以 A\B 模块直接依赖的治理为例进行说明。

①创建一个新模块，让互相依赖的双方都依赖这个新的模块，由这个新模块实现依赖双方依赖的功能。如图 11-44 所示，创建一个新**模块 X**，让**模块 A** 和**模块 B** 分别依赖**模块 X**，这种情况常见于基础模块的拆分，拆分完之后**模块 X** 功能更加独立，其他模块复用的成本也会降低。

②产生循环依赖的模块增加接口声明，将它依赖的模块反转成依赖自己的接口，之后再通过接口和实例进行功能调用。如图 11-45 所示，将**模块 A** 拆分为**模块 A 的实现**和**模块 A** 的接口（通常指**模块 B** 调用**模块 A** 时依赖的接口），**模块 A** 的接口和**模块 B** 所属同一层级或低于**模块 B** 的层级，**模块 B** 依赖**模块 A** 的接口，**模块 A** 实现内部逻辑时向**模块 B** 关联**模块 A** 的实例，这样**模块 B** 就可以通过**模块 A** 的实例及接口调用**模块 A** 的能力，循环依赖的问题也得到了解决。

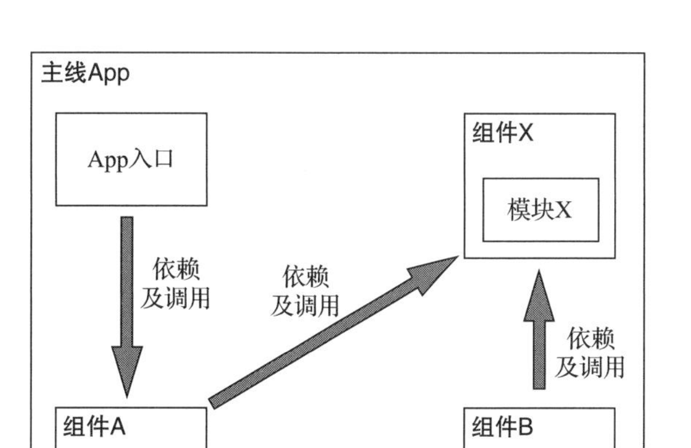

图 11-44　通过剥离共同依赖解决循环依赖

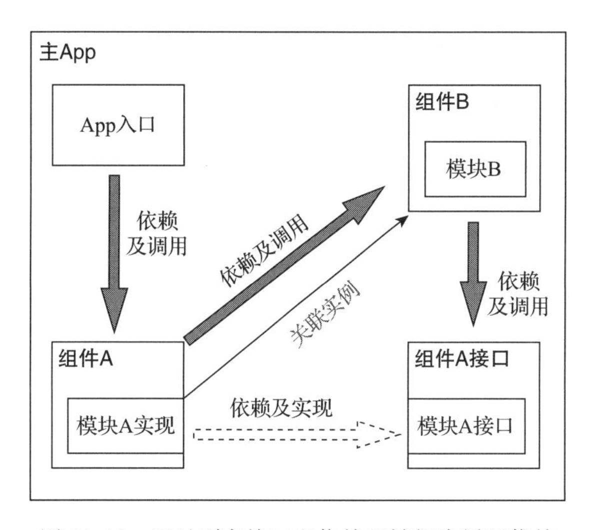

图 11-45　通过剥离接口和依赖反转解决循环依赖

11.6.8　命名唯一原则

命名唯一原则是指在 App 中的模块名、文件名、配置项名、类名、接口名、变量名等命名应该唯一。

- **命名不唯一示例：**命名不规范，与模块及业务场景无关，如资源文件“button.png”、配置项“url”、模块名“net”等，这种命名方式极易产生冲突。
- **影响说明：**主要有两个，命名冲突和不利于工具构建。在一个模块内出现命名冲突的概率比较低，但当一个 App 中有成百上千个模块、几百万行代码、成百上千的资源或配置项时，就较容易出现命名冲突。不利于工具构建是指当命名缺少规范、不唯一时，很难通过工具对同一类的任务进行批量化的操作，达到精准提效的目的。

- **解决方法：**常见方法统一命名标准，包括业务方向、模块有特定的命名标识、大小写规范、特殊字符标准等，比如文件、配置项和公共协议的命名是增加某个字符串作为前缀，这件事情看起来比较简单，但需要提前的约定，否则后期的优化成本就会变高。

11.6.9 配置项归属唯一原则

配置项归属唯一原则是指模块中使用的配置项应该在模块所属组件中管理。

- **配置项归属不唯一示例：**模块 A 使用的配置项 A.c，在 **B 组件**中定义及管理，B 组件既不是基础服务组件也不使用 A.c，主线 App 中的其他的组件中也不使用 A.c。
- **影响说明：**当模块中配置项的归属不唯一时，配置项就会存在被其他组件中模块使用的情况，这时该配置项就是公开的接口。当出现这种情况时，模块间就多了新的依赖关系，配置项的变化就会导致接口不兼容变更，其他依赖于该模块的组件需要重新编译发布。在矩阵 App 同步主线 App 功能时，需要裁剪被依赖组件（**组件 B**），依赖方模块（**模块 A**）则需要将依赖的配置项的管理迁移到所在的组件（**组件 A**）内。主线 App 也需要跟随迁移，来保证多 App 间的模块能力的同步。同时这种迁移还需要兼容覆盖安装带来的配置项存取同步问题，避免配置项升级后的缺失。
- **解决方法：**对于配置项与模块的关系，主要有一对一和一对多两种关系，当是一对一的关系时，配置项应该在模块内定义及管理。当是一对多的关系时，配置项应该由基础模块管理，配置项由相关模块中的低层级的且可决定其有效周期的模块管理。

11.6.10 资源归属唯一原则

资源归属唯一原则是指一个资源只能归属一个模块。

- **资源归属不唯一示例：模块 A** 中使用资源 a.png，但 a.png 在**模块 B** 的代码仓库中，打包在**组件 B** 中，且在**模块 B** 中没有使用。
- **影响说明：**资源文件和模块一样，也有依赖的关系，主要表现为模块的实现依赖于资源文件。资源文件通常都会随着所使用的组件一起发布，原则上来讲，一个资源文件的使用关系归属于某一个组件，那么这个资源应该随这个组件一同打包发布，否则，在组件裁剪时，就会出现组件被裁剪但所依赖的资源没有被裁剪（导致 App 体积变大），或者组件不需要裁剪而所依赖的资源被裁剪的情况（导致资源找不到）。
- **解决方法：**对于资源文件与组件的关系，也会出现一对多的情况，对于这种情况，通常是基础的资源应该归属于基础模块中，在基础组件中提供对该资源的使用接口封装，基于基础层的接口使用该资源，明确组件和资源的依赖关系。

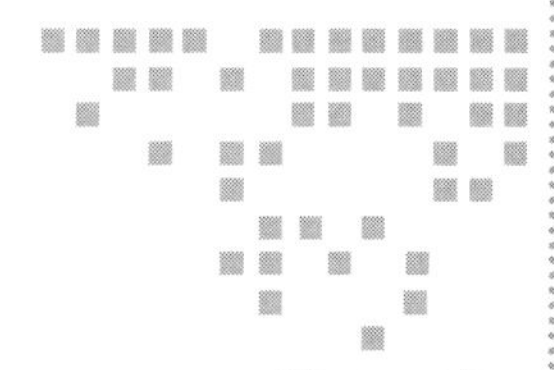

第 12 章 Chapter 12

设计可支持质效提升的搜索客户端架构

第 11 章介绍了主线 App 通过构建可变体发布技术架构，实现了在主线 App 中的模块在输出至矩阵 App 时，支持直接复用或裁剪，还支持以较小的影响面进行定制和扩展。这一列的优化举措使得矩阵 App 在复用主线 App 能力时，其研发效率和产品质量都得到了显著提升。

此外，由于主线 App 的技术架构有明确的、统一的标准，支持业务模块的接入和迭代，因此降低了模块之间的耦合度，模块变得更加独立。这也使得单一模块的复杂度降低，学习成本变小，修改代码所产生的影响也随之变小，进而间接地提升了主线 App 的研发质量和效率。

本章将继续围绕提升 App 的研发效率和质量这一主题展开，但侧重于介绍在研发过程的不同阶段使用不同方法来达到这一目的。这些方法的构建与技术架构密切相关，并且作为基础能力支持着 App 中的业务构建。

12.1 架构与研发质效的关系

记得多年之前在整理述职报告时，我经常会用“高质量、高效率”这两个词来形容我完成某件事情的过程，但是却很少把高质量或者高效率单独拿出来，来形容完成某件事。因为在我看来，质量和效率有着千丝万缕的关系，它们相互影响又相互支撑。

12.1.1 我对研发质效的理解

效率描述的是完成某件事情的速度，一般来讲效率越高，完成的速度越快。快速完成某件事，就是我们所说的高效。而**质量描述的是这件事情完成的效果，质量越高代表最终结果越符合预期**，质量越低则表示完成的效果越不符合预期。

单独把质量或者效率拿出来说，就会存在评估片面的问题。下面列举了两个工作中常见的情况。

- 某个研发任务，评估研发的工作需要 5 天，但是实际的开发工作使用了 8 天，提测的日期晚了 3 天，对于版本迭代周期短的 App（如单周或双周发一版），即便是交付的质量较高，也会存在无法按预期随版发布的风险。
- 某个研发任务，评估研发的工作需要 5 天，但 3 天就完成了。提测之后产生了一堆 Bug，这时研发人员和测试人员都把精力用在了修复 Bug 和验证 Bug 之中，测试人员实际投入的时间也比预估的时间变长。即便是该功能最终能上线，风险也会高于其他同难度的功能点。

所以只有当一件事情完成时质量和效率都是有保证的，这件事情才符合按照预期进行交付。在完成一件事时，我们不仅要关注时间的维度，还要关注效果的维度。质量和效率（统称质效）应该作为一个完整的评估手段，用来评估交付的结果是否符合预期。

12.1.2 我对架构目标的理解

参考《架构整洁之道》一书中的说明，“软件架构的终极目标是**用最小的人力成本来满足构建和维护该系统的需求**”。那什么是架构呢？在《架构之美》一书中有提到“**架构说明了设计和构建一个系统所使用的结构**”。

整合到一起来讲，架构目标就是“**通过设计和构建一个系统所用的结构，来支持用最小的人力成本满足构建和维护该系统的需求**”。架构是被设计出来的，架构是系统构建的基本原则，在日常的工作中，与设计相关的工作主要分为两种，概要（总体）设计及详细设计，都是以最小人力成本构建和维护该系统的需求作为目标。

概要设计阶段的产出主要包括系统的模块划分、分层结构、调用关系和接口约定等方面，描述了整个系统的基础框架，在实际的研发过程中对整个 App 的影响较大。而详细设计阶段的产出则是针对某一个具体模块的内部细节和流程进行说明。

12.1.3 我看到的架构对质效的影响

好的架构能为整个 App 的研发过程带来哪些好处，大家都有不同的理解。本节将汇总日常研发过程中，系统架构没有较好地实现模块划分、分层、调用关系及接口约定时，质量与效率会受到的一些影响。

1）业务理解阶段： 这个阶段常见于新员工入职，或老员工更换业务线时。如果系统的模块划分、分层和调用关系不明确，业务理解的成本就会变高，业务理解的准确性及全面性就会出现不足。反之模块的边界清晰，调用依赖关系明确，这时学习的成本就会降低，学习的效率就会提升。

2）需求评估阶段： 研发人员实现新需求时，会基于现有功能进行修改，或从无到有地构建。当系统的模块划分、分层和调用关系不明确时，评估变动、影响及依赖的难度变大，投入的时间成本也会被误估。而当模块划分合理、边界及依赖关系清晰时，研发人员就能在有限范围内进行工作量的评估，各尽其责。同时，底层模块的功能迭代也可以实现效果的一致性和复用。

3）方案书写和评审阶段： 在版本需求迭代时，方案评审主要指详细设计的评审。当系统的模块划分、分层和调用关系不明确时，新功能应该在哪个模块中实现并不清晰，这样就缺少了约束，技术方案的书写成本会变高。相反，当模块定义清晰、依赖明确时，有关新功能的开发涉及的模块会更明确，技术方案的书写成本会降低。同时因架构的基本信息是清晰的，团队内容易达成共识，沟通成本会降低，评审人员也更容易评估影响面，发现潜在风险。

4）研发阶段： 研发阶段的主要工作有编码、调试自测、代码提交及评审等，这些过程同样受到技术架构的影响。

- **编码。** 当需要增加或修改的代码散落在多个模块，或在多个耦合的仓库中时，代码变动的影响面就会变大，成本自然就会变高。当模块设计不足、接口缺少约定、经常性变更时，依赖其能力的模块也需要被动适配，这些都是隐性成本。而如果需要增加、修改、下线的代码是在几个比较内聚的模块中，成本自然会降低。
- **调试自测。** 在日常的研发中，需要在手机或模拟器中调试自测，而每次调试时修改的代码都需要重新编译后安装运行。变动代码被引用的地方越多，影响越大。特别是全源码编译时，等待的时间较长。而当模块将编译之后（组件）的产物接入到工程时，在可控的范围打开源码，调试时这些组件不需二次编译，可减少 App 的整体编译时间。
- **代码提交。** 当 App 中模块耦合比较严重时，同一个代码文件被多人修改的概率就会变高，代码提交过程中产生冲突的概率就会变高。而模块之间的边界比较清晰时，同一个代码文件被多人修改的概率就会降低，代码提交过程中产生冲突的概率就会减少，代码冲突的降低并且因代码解冲突导致的质量问题也会减少。

- **代码评审**。当一个代码仓库涉及的模块过多，或耦合比较严重时，代码的变动就会分散，评审的成本就会变高。当对 App 中的模块进行了有效的拆分，同类功能迭代时的代码变动相对就会集中一些，再根据对业务及技术的熟悉程度设定代码评审负责人员，这样入库的代码也会有质量保证。

5）**测试阶段**：研发人员在完成功能开发提交测试时，理想的状态应该是测试人员根据当次代码的变动，确定最小的测试合集，投入最少的人力完成功能的测试。当 App 中模块边界及依赖关不明确时，代码的变动影响范围评估成本偏高，只能以全功能回归方式保证质量。而当系统中模块的依赖关系明确时，变动产生的影响就可以进行评估，测试人员回归的测试集就可以确定，这样就可以做到比较精准的测试，从而降低的测试人员的资源投入。

6）**发布及维护阶段**：App 一旦上线，变动主要为线上 Bug 的热修复。如果 App 中模块的划分合理、边界清晰、实现流程明确，那么 Bug 热修复的影响可以低成本评估，并快速确定修复方案，就可以实现对线上 Bug 的及时止损，降低 Bug 在线上产生的影响面。

7）**横向输出及复用阶段**：当 App 中的功能被其他 App 中的功能需要时，如果模块的划分合理、实现的能力独立、边界清晰且依赖明确，这个模块的输出成本就会降低。而模块边界和依赖关系不清晰时，横向输出的成本就会变高，包括研发适配的成本、功能有效及质量二次验证的成本。

当然，架构设计带来的影响也与团队和用户规模有关。如果团队只有几个人，那么很多冲突问题出现的概率可能较低。然而，在实际工作中，单一平台的研发团队往往有几十人到上百人不等，代码量级也都是几十万或几百万行。而当线上出现质量问题时，影响面与用户规模成正比。因此，在现在这种研发大环境下，为了保证研发效率，降低质量问题的影响，需要很多方法来支持。App 技术架构的优化，是可覆盖研发过程不同阶段的有效方法之一。

12.2 提升研发过程的效率

研发效率的提升方法有许多种，在有限的资源投入下通过技术手段提升团队的研发产出，是技术人员需要关注的事情。加班加点会提升团队的研发产出，流程机制的优化也会提升团队的研发产出，这不在本节的讨论范围内，本节重点介绍一些基础的技术优化的方法，可以有效提升团队的研发效率。

12.2.1 子系统独立迭代

子系统独立迭代是一种常用的研发效率提升的方法，常见的实施方式为：主 App 工程中的某一个或几个模块，在其他的 App 工程（或者说是 Demo 工程）中进行独立的功能迭代，在子系统的工程中增加该模块的调用入口，可以在子系统中完成功能的研发、调试、测试等工作，在特定的时机再将子系统中模块的能力合并到主 App 中。

1. 子系统独立迭代的优点

在研发全流程中，子系统独立迭代方式与主 App 系统迭代方式相比，子系统独立迭代具备以下优点。

- ❑ **业务简单**。相对于主 App 的工程架构，子系统工程架构要简单很多。子系统的工程架构以特定的模块迭代，围绕验证该模块实现相关代码逻辑。子系统按需构建，并按照标准规范进行有先后次序的调用。这种调用的逻辑清晰，调用功能相对单一，研发及定位问题的成本较低。
- ❑ **依赖清晰**。模块在子系统中迭代，在这个子系统中，基于模块的需要可实现最小集的依赖配置，模块之间的依赖关系清晰，方便输出。模块升级过程中产生的新依赖，在子系统中较容易被发现，对比主线 App 中因为依赖的环境的复杂性，存在依赖的模块已经配置的情况，导致依赖无法感知。同时在子系统中因为依赖关系干净、清晰，子系统也可作为模块的使用实例直接复用。
- ❑ **联调提效**。子系统因为复杂度降低，代码量和依赖的组件数都变少了。在子系统中研发的复杂度、编译耗时及调试成本就会降低。同一模块在主 App 中的使用入口不确定，而在子系统中可以定制入口，模块功能可快速调试。
- ❑ **环境隔离**。在研发过程中，为了支持模块的调试，通常会在工程中添加测试的服务器地址、配置文件、资源及代码等研发环境相关的配置。如果模块在子系统工程中迭代，那么发布版本集成到主 App 时，研发环境相关的配置就不需要集成到主 App 工程中，仅在子系统中生效。这样，在主 App 中就是线上配置环境，可以避免主 App 发布时因环境切换而产生的问题。
- ❑ **支持交叉验证**。当模块集成到主 App 后，在主 App 中出现 Bug 时，可以在子系统中进行快速验证，这样就可以确定是环境因素导致还是模块本身逻辑导致，这是一种有效的快速验证 Bug 的方法。

2. 使用子系统独立迭代的评估

当然，并不是所有的模块都需要在子系统中迭代，创建一个子系统及配置可运行的环境也是需要人力成本的，评估是否使用子系统支持研发迭代，主要可以参考以下 4 点。

- ❑ **功能长期迭代**。当这个功能点越能够长期迭代，子系统的独立迭代的累计收益越多，即对于构建子系统工程及相关功能调用的代码来说可以长期复用。
- ❑ **功能独立**。如果模块功能相对独立，与主 App 的其他部分关联较少，那么使用子系统进行研发迭代会更合适。

- **安全因素**。比如不希望公开加解密算法、涉及计费的逻辑、服务端的接口安全性的校验逻辑和技术的核心代码等。
- **其他因素**。除了上述因素外，还需要考虑其他因素，如果使用子系统可以提高研发效率、促进团队合作，那么也可以考虑使用子系统支持研发迭代。

3. 子系统与主 App 的代码复用及隔离

确定需要使用子系统迭代之后，子系统中的源码、资源、配置会根据主 App 的复用方式，分为源码复用及组件复用两种方式。

- **源码复用方式**：存在相互的影响，模块的源码、资源和配置在主 App 系统或子系统修改时，需要及时同步。通常将复用的每个模块都单独在一个代码仓库中创建，支持在不同系统中的代码复用，并通过工具支持代码的同步。
- **组件复用方式**：主要为子系统向主 App 系统中同步模块的能力，模块的源码、资源和配置在子系统中研发，并以二进制组件格式输出，在主 App 系统中集成使用，适用于安全性较高，涉密的核心模块的迭代，或者是作为第三方协同时组件的输出。

模块在子系统中构建时，除了实现模块功能的源码、资源和配置，也要增加模块的功能调用、交互界面、环境配置相关的实现。原则上讲，子系统中的模块调用应该与模块实现进行隔离，相互独立，如图 12-1 所示。

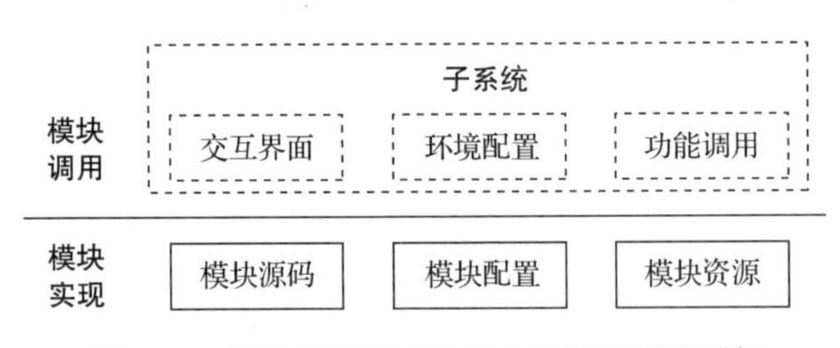

图 12-1　模块实现与子系统中的模块调用隔离

当模块输出到主 App 系统时，如图 12-2 所示，如果将子系统中的模块调用，替换为主 App 系统中的功能调用，这时子系统中的功能调用及环境配置就处于失效的状态。

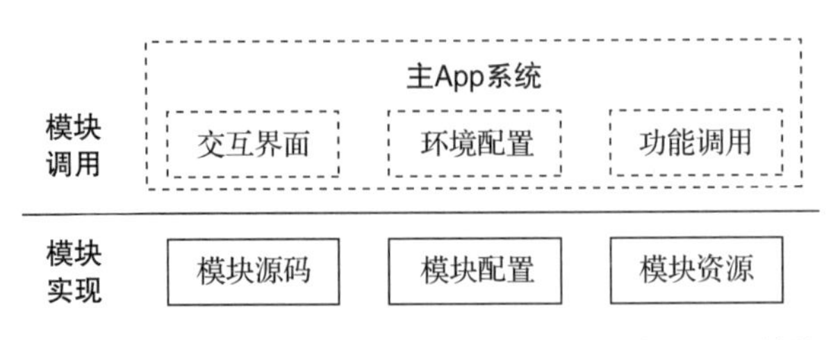

图 12-2　模块实现输出至主 App 系统时的模块调用替换

子系统中的模块调用和模块实现隔离，可以在模块输出至主 App 系统时避免线下的测试环境配置发布到线上。当功能模块作为组件输出时，子系统中的代码可以直接作为这个模块的实例一同发布，与功能组件和使用手册打包一起供用户使用。因实例与模块的实现是隔离的，边界较清晰，因此实例的代码公开的成本较低，并且模块更新同步的成本也会降低。

12.2.2　业务可脱机调试

在版本迭代研发过程中，脱机调试是一种常见的辅助调试及测试方法，一般是在 App 的研发版本中生效。通过该能力，研发人员可以在不连接设备或服务的情况下，模拟各种环境并提供相关工具支持业务调试和测试，从而更快地定位和解决问题，提高研发效率。

1. 脱机调试的优势

移动端 App 的开发环境和使用环境有明显区别。在开发环境中进行联机调试时，移动端 App 需要通过计算机连接移动设备，依赖于计算机中的 IDE(集成开发环境）及相关工具。而在使用过程中，移动端 App 可以独立在移动设备中运行。因移动设备可以随时携带，这意味着当出现使用异常时，如果身边没有计算机，开发者将无法进行联机调试。

如果 App 中提供了脱机调试能力，就可以实现产品研发依赖环境的快速切换、查看及工具化的定制。相对于联机调试的能力，脱机调试有以下 3 个优势。

- **长期支持**：辅助调试的工具一般在研发过程经常使用，一旦建设将长期受益。
- **降低成本**：业务中的部分能力支持脱机调试，则不需要二次开发及打包就可以直接使用及修改。
- **应用范围广**：脱机调试提供的能力因不需要联机，除了研发人员可使用，团队中的非研发角色也可以使用。

2. 脱机调试的适用场景

脱机调试通常是一组能力的集合，适用于以下几类场景。

- **功能开关控制**：打开或关闭某个功能（业务），进行功能的影响对比，可以确定功能的有效性。
- **日志输出查看**：调试的日志输出能够辅助定位问题，包含代码执行的结果的信息输出、函数的调用关系、变量取值、系统状态等。
- **配置文件管理**：对设备的配置文件进行管理，如导入或删除某个配置文件，清除本机缓存等。

- **视图层级查看**：查看某一个具体的控件在视图中的层级关系、坐标系、尺寸信息等，技术实现在业界有开源的方案。
- **环境配置**：包含服务器地址、版本信息、参数信息、渠道信息等。从研发流程规范来讲，线下环境的配置不允许提交到即将发布给用户使用的代码中。线下环境在调试模式下生效，支持手动更改，可避免线下环境发布到线上的情况。
- **沙盒文件共享**：在移动设备中，每个 App 有自己的沙盒环境，这个环境下产生的文件仅限于 App 内部读取。在 App 中增加沙盒文件的查看或分享、上传到电脑中查看等能力，可以支持快速分析文件内容。
- **业务扩展**：可以根据业务的需要设计脱机调试的能力。

3. 脱机调试与 App 功能隔离

脱机调试是一种辅助调试的能力，适合快速调试和定位问题。脱机调试功能只在内部研发版本中生效，如图 12-3 所示，脱机调试功能与 App 业务功能相隔离。

在研发过程中，在调试模式下会采集和处理一些附加信息，而用户并不需要这些能力及信息，公开又可能对 App 的数据安全、服务安全或用户隐私安全产生影响。所以，这些只在调试模式中生效的能力和产生的信息，是不能提供给用户使用的。在制作 App 线上版本的安装包时，与脱机调试相关的功能不会进行编译及打包，通过这种操作确保线上版本中脱机调试相关功能无法使用，这同时也避免了研发阶段的信息通过逆向手段被获取，从而保护 App 的知识产权和用户数据的安全。

从业务模块的架构设计及实现角度来讲，脱机调试功能应该在业务模块依赖链的顶层，可以支持快速裁剪。如图 12-4 所示，业务联调扩展在脱机调试功能所在层级实现，用于调用业务功能及更新业务配置，当 App 打包线上版本时，脱机调试相关代码不参与编译及链接，可直接对其进行裁剪。

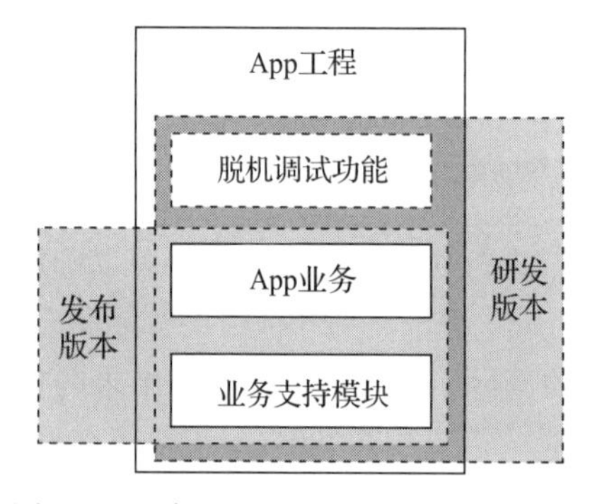

图 12-3　脱机调试功能与 App 功能隔离

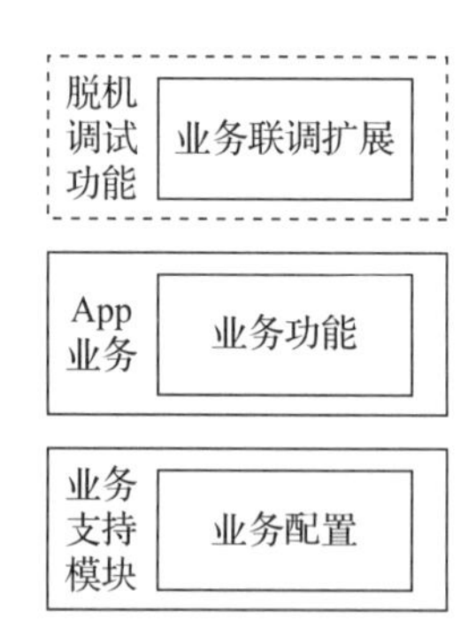

图 12-4　业务功能及配置提供能力支持业务联调扩展调用

12.2.3　任务自动化执行支持

在版本迭代的研发过程中，可以将手工任务抽象为自动化任务，并结合自动化的调度，完成任务的自动化执行，这个过程不需要人工全程参与，可降低人力资源投入并提升效率。

1. 任务自动化执行的优势

对比人工执行任务的方式，自动化执行任务的方式具有以下优势。

- **大规模执行：**支持大规模的任务执行，满足高负载的测试或生产需求。
- **结果统计与分析：**支持对任务执行结果进行统计和分析，提供详细的数据支持和反馈。
- **稳定且准确：**能够公正且稳定地完成任务，避免人为的误操作，确保了结果的准确性。
- **可靠性保障：**具有高度可靠性，能在无人干预的情况下持续运行，保障任务的不间断执行。
- **高效与可扩展：**能高效执行任务，且可根据需要进行扩展和修改，适应不同需求，提高工作效率。
- **节省成本：**自动化执行任务的方式可以多台设备 24 小时不间断执行任务，节省时间和人力成本。使得研发人员能够专注于更重要的任务。

总结来说，使用自动化执行任务的方式可以节约人力成本，并可高效、稳定、可持续地执行任务，并可实时的生成结论。因此，在研发过程中适当地使用自动化执行任务的方式可以提高研发效率。

2. 任务自动化执行的适用场景

那么什么样的任务适合构建自动化能力呢，主要为以下 4 类。

- **重复性任务：**如果一个任务需要频繁地执行，并且每次执行的步骤是相同的，如压力测试，样本评估等工作，构建自动化能力可以提高任务执行的效率。
- **烦琐的任务：**如果一个任务需要大量的人工操作和处理，那么构建自动化能力可以减轻人工负担，降低不同环节出错的概率。
- **高风险的任务：**如果一个任务具有很高的风险，例如涉及关键业务流程或敏感数据，那么构建自动化能力可以降低风险，保证任务执行过程不受人为的干扰。
- **需要高精度的任务：**如果一个任务需要高精度的结果，如指标数据分析，那么构建自动化能力可以提高结果的精度和可靠性。

当一个任务具备以上特征之一时，就可以考虑通过构建自动化的能力来实现。这样不仅可以减少人工操作的烦琐和错误，还可以提高工作效率和准确性，同时也可以降低任务执行的风险和时间，提高结果的精度和可靠性。

3. 任务自动化执行框架支持与应用

在客户端中，自动化机制通常与业务相关，作为基础的技术框架，服务于不同的业务。本节以自动化任务执行框架的技术实现为例，介绍业务方的接入与应用。如图 12-5 所示，自动化任务执行框架的实现主要分为 4 层，分别为基础定义层、任务执行层、任务调度层和交互控制层。其中基础定义层和任务调度层由框架实现，任务执行层和交互控制层由业务方实现，基于框架的实现，支持不同的业务方接入。

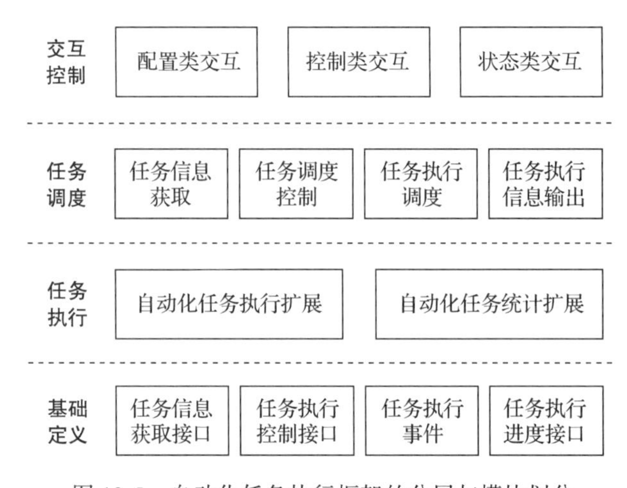

图 12-5 自动化任务执行框架的分层与模块划分

1）基础定义层。基础定义层提供了基本的接口及事件，包括任务信息获取接口、任务执行控制接口、任务执行事件及任务执行进度接口。

- **任务信息获取接口**：由业务方的任务执行层实现，通过该接口，自动化任务执行框架可获取业务方的自动化任务的信息及配置。
- **任务执行控制接口**：由业务方的任务执行层实现，通过该接口，自动化任务执行框架能够对业务方的任务执行以及任务统计进行控制。
- **任务执行事件**：由自动化任务执行框架实现，由业务方调用，用于同步当前任务执行的状态。
- **任务执行进度接口**：由业务方的交互控制实现，并由自动化任务执行框架调用，用于同步当前自动化任务执行的进度及详情信息。

2）任务执行层。任务执行层主要由业务方实现，相当于该业务中任务执行的承接方，基于现有业务进行扩展，与现有业务相互独立，且遵循自动化框架任务的执行扩展标准，响应任务调度层的调度。主要分为自动化任务执行扩展和自动化任务统计扩展。

- **自动化任务执行扩展**：基于现有的业务实现自动化任务的执行扩展。包括实现任务信息获取接口能力、提供自动化任务的数据集、为任务调度层提供当前的任务的总数及配置信息，以及实现任务执行控制接口能力以执行某一个任务、同步任务执行状态等。
- **自动化任务统计扩展**：基于现有的业务实现自动化任务的统计扩展。用于任务及执行结果的记录、分类、统计和数据的导出。

3）任务调度层。任务调度层的能力主要由自动化框架来实现，从业务方处获取任务执行的信息并调度任务执行，包含任务信息获取、任务调度控制、任务执行调度、任务执行信息输出 4 项能力。

- **任务信息获取**：基于基础定义层提供的任务信息获取接口，向业务方获取任务信息，包含总任务数和任务执行配置（如任务超时处理，时间间隔等），用来进行任务调度的计算。
- **任务调度控制**：任务调度层的逻辑处理中心，根据任务数量、当前的任务执行进度、任务执行的状态（业务层通过任务执行事件通知）及用户的交互控制来确定任务的执行时机。可缓存当前进度，也支持在暂停后恢复任务的执行。
- **任务执行调度**：基于基础定义层提供的任务执行控制接口，控制业务方当前执行第几个任务，具体的任务信息由业务方提取并执行。
- **任务执行信息输出**：基于基础定义层提供的任务执行进度接口，通知业务方当前自动化任务执行的情况及可交互的状态处理，如当前执行的进度、当前任务的状态等。

4）交互控制层。交互控制层的功能主要由业务方实现，为用户提供可交互的界面，管理自动化工作，如图 12-6 所示，主要分为控制类交互、配置类交互和状态类交互。

- 配置类交互包括自动化框架的参数配置及业务场景相关的参数配置。
- 控制类交互包括开始自动化工作、停止自动化工作。
- 状态类交互包括任务执行进度、任务执行状态，以及日志输出等。

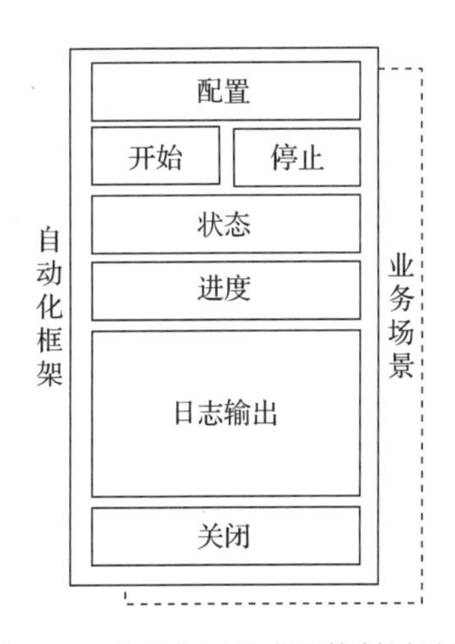

图 12-6　自动化工具交互控制层示例

基于上述模块的划分及实现，如图 12-7 所示，任务自动化执行框架、业务方自动化扩展的代码与业务方代码相互独立，可以实现仅在研发版本生效。同时，不同的业务方可以按照基础定义层的接口定义，快速接入到自动化框架，实现自动化业务扩展的能力。因与任务管理调度相关的工作已在任务自动化执行框架中实现，业务方接入的成本仅有业务需要实现的任务逻辑。

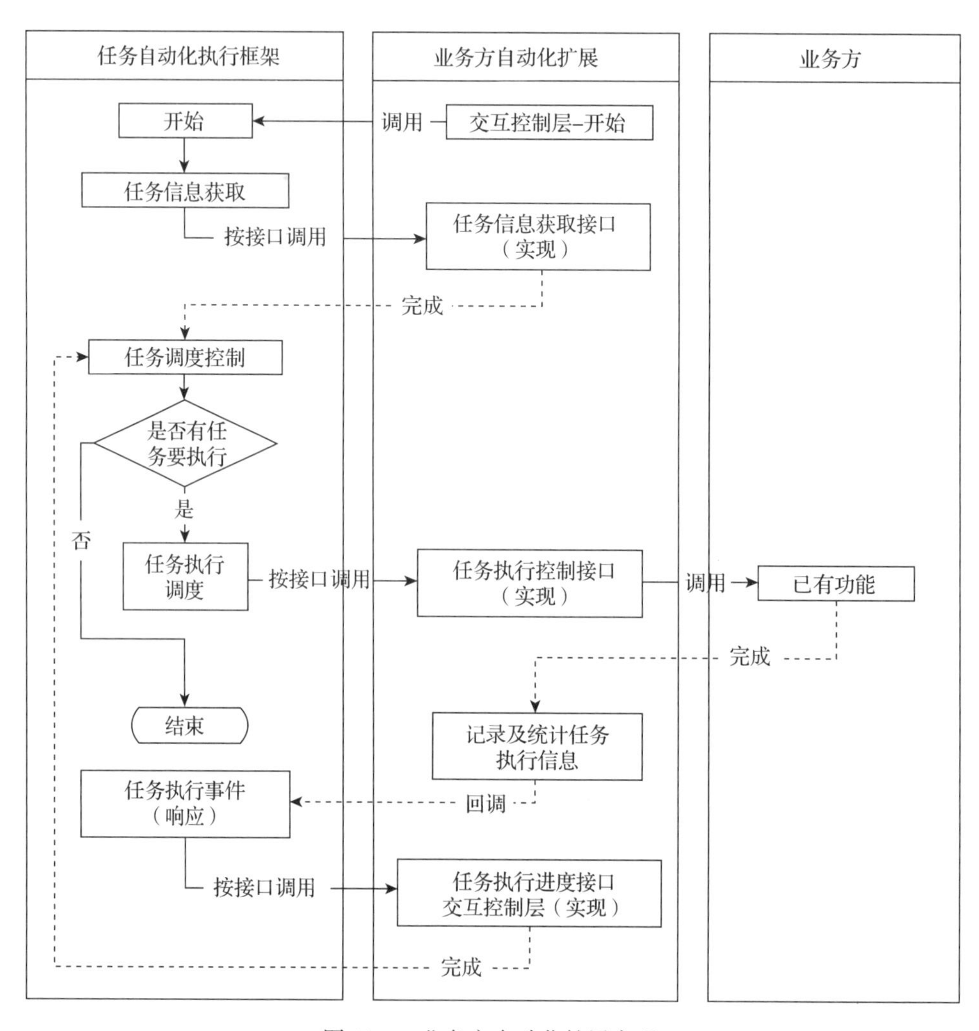

图 12-7　业务方自动化扩展实现

12.2.4　流程自动化工具建设

流程自动化和任务自动化的区别在于流程自动化更关注具体的人和事，以及对应的流程的有效性验证，适用于研发过程中不同阶段的状态验证。

要实现流程自动化，前提是要有标准，且流程的状态可通过系统记录及检测，记录的内容包括时间、状态、事件、执行动作等，总的来说就是记录**在什么时间或状态下发生了什么事件时执行了什么动作**。

1. 流程自动化工具的应用

业界有许多工具可以提供研发过程自动化的支持，其中最常见的是持续集成、持续交付和持续部署类工具。使用这些工具可以大大提高研发过程的效率和质量，减少人为错误和延迟，同时也可以帮助团队更好地管理和跟踪代码或流程的变更。

在实际的研发过程中，每个团队会结合团队的现状和需要来构建流程自动化工具，下面为研发过程的不同阶段中流程自动化工具的应用示例。

- **需求阶段**：在需求管理系统中，检测需求依赖的字段，以确定需求是否具备可研发的条件。在需求准备研发之前，对于还没有具备研发条件的需求进行自动提示，减少人工评审的成本。
- **评审排期阶段**：在需求管理系统中，通过自动化方式检测需求是否通过评审、是否进行排期、明确工时以及研发人力是否可以投入该需求的交付等，从而降低人工验证的成本。
- **第三方库集成阶段**：通过自动化的工具，检测接入的二进制包的体积，分析是否存在违规的 API 的使用等，避免一些非预期内的风险产生。
- **代码提交阶段**：通过自动化的工具对提交的日志规范性进行代码、代码的规范性检查、代码潜在的风险检查、模块的接口层变更检查等，可以起到代码风险规避、架构劣化检测的作用。
- **测试阶段**：通过自动化工具支持测试工作自动化，比如单测、异常产生时自动化分析及关联负责人。
- **打包阶段**：全源码或者部分源编译，自动化打包包含渠道号的设定、版本号的设定等自动化配置及验证。将基础工作常规化、自动化，避免人工操作产生的失误，同时也可以及时发现代码集成过程中产生的异常。

2. 流程自动化工具的设计与实现

从上面介绍的自动化工具来看，流程自动化工具更偏重执行具体的动作，解决实际问题。当团队协同人员的规模较大时，具有明显优势。实现自动化工具的前提在于有明确的流程标准规范，基于该标准规范自动化工具才可以执行具体的动作，比如需求迭代标准规范、代码标准规范、代码提交标准规范、版本号标准规范、提测标准规范、第三方准入流程标准规范等。

通常每个自动化的工具解决一类问题，在设计阶段需要明确该自动化工具在哪个流程节点生效，解决的是什么问题，工具如何实现，同时也需要包括触发条件和通知机制。

- **触发条件**：主要分人工启动（比如手动打包触发）、周期性启动（比如每天一次）和基于某个事件启动（比如代码提交、第三方库集成时）
- **通知机制**：将工具执行的结果通知给相关人员，系统可以通过邮件、即时消息应用（IM）、电话、短信及系统界面等方式通知相关人员，包括当前用户、负责人、关注人等。

以代码规范检查工具为例，触发的条件为研发人员提交代码时，启动代码规范的检查，检查的结果可通过 IM 发消息给代码提交人及默认代码审查（CR）的人员，也可在 CR 系统界面中展示。

12.3 降低异常产生的概率

客户端发版后，如果出现质量问题，修复成本高且生效时间长。按照线上真实的异常（Bug）数据来看，Bug 的产生原因主要分为两类，一类为内部因素产生的 Bug；一类为外部因素产生的 Bug。内部因素产生 Bug 通常是功能需要、设计及实现逻辑的缺陷导致的，而外部因素产生的 Bug 通常是非预期的输入产生的。

12.3.1 降低内部因素产生的异常

内部因素产生的异常主要是指功能实现的代码中存在的隐患，这类代码主要分为 4 种，分别为告警（Warning）的代码、僵尸代码、高风险代码及不符合设计需要的代码。这 4 种代码中，前 3 种可以通过技术手段实现检测，而第 4 种主要是靠人工的评审、CR 来识别，本节重点介绍前 3 种代码的识别及优化。

1. 主动发现并清除 Warning 代码

在编写代码时，我们应该随时清理潜在的异常风险，特别是那些被 IDE 识别为 Warning 的代码。这些代码虽然不影响 App 的构建，但确实是不确定的因素，有潜在的风险。一旦这些代码产生异常，定位及修复的成本非常高，出现 Warning 代码的原因如下。

- **依赖的系统 API 处于将要废弃的状态。**这类 API 在系统中基本上处于不维护的状态，对于其执行效果不承担任何责任。这类 API 的使用就像炸弹一样，不知道什么时候会响，比如操作系统升级、新设备发布时，都有可能触发。
- **依赖的 API 由 App 内部的模块提供，处于将要废弃的状态。**例如某个模块中的某个 API 将要废弃，通常情况下，将要废弃的 API 先使用特定的标识描述（如在 iOS

系统中，可以使用 DEPRECATED_MSG_ATTRIBUTE 标识描述该 API 将要废弃），经过一段过渡期之后再下线。

- **代码编写不严谨**。代码编写不严谨包括类型不匹配的赋值、接口层的 API 没有实现、变量不可控、约束不严谨等。这类问题与个人的编码习惯、技术方案的设计实现等因素有关。

上述 3 类代码，在编译阶段都会被 IDE 识别为 Warning，需要研发人员主动发现并修复。它们区别在于，第 1 类和第 2 类需要在系统或其他模块升级后才能发现，而第 3 类在模块研发时就可以被发现。故需要构建全局性的自动化能力，主动地发现这些 Warning 代码，当研发环境或某个模块变化时，才能快速识别并统计对整个 App 中产生的影响，从而提供统一的基础方案，推进不同模块的适配。

2. 阶段性地清理僵尸代码

僵尸代码是指 App 中没有被使用的代码，常见于功能迭代升级和 AB 测试创建的功能分支遗留的代码。这些代码虽然存在于工程文件中，但没有被实际使用，增加了代码的阅读和理解难度，使逻辑变得更复杂，长期维护成本也在增加。少数情况下，由于长期缺少维护，这些代码可能会导致不符合预期的逻辑分支执行，进而引发异常。

随着版本功能的不断迭代，出现僵尸代码的概率越来越高。如果团队不重视这类代码的优化，就只能依赖工程师的素质来驱动。从技术的角度来看，应该建立长期有效的机制来主动检测 App 中没有被使用的代码，支持研发人员推进长时间未使用的代码下线，或者阶段性地对这部分代码进行审查和优化。

构建自动化识别无用代码的能力，可以在需要时为研发人员提供有效的数据支持。通过使用 IDE、开源编译器和二进制文件分析等方式，自动化发现工程中的无用代码，并将识别结果记录、分析、监控及管理，以支持优化工作的推进。在优化无用代码的同时，代码变得更加的清晰，也间接地优化了 App 的体积。清晰化的代码逻辑有助于提高研发效率，减少错误和异常的产生，对提高用户体验具有重要意义。

3. 自动化检测高风险代码

高风险代码指可以正常编译运行的、运行会对 App 产生较大风险隐患的代码。常见的高风险代码有实现冲突类代码、逻辑异常类代码、非合规类代码。

- **实现冲突类代码**：对 App 中全局性的能力的调用存在相互影响，比如网络请求的公共参数设定相互影响，浏览内核中的 UA 标识被篡改等。在技术实现时，模块的依赖及配置应该是实例有效的，全局性的功能则需控制调用源。

- **逻辑异常类代码：**例如在特定的逻辑分支调用 exit 函数退出 App、删除文件等。通常需要集成之后进行全功能的回归测试，也可以通过工具对二进制文件进行分析，主动发现会影响 App 运行逻辑的 API 调用。
- **非合规类代码：**业界生态和法律法规不允许使用的能力或流程，在 App 中有使用。第三方 SDK 相关的安全风险检测在本书的第 7 章已有介绍，内部实现的代码中存在的非合规问题也需要主动发现，将合规检测标准转化为技术手段，进行排查或构建工具自动识别。

超级 App 承载的能力较多，每个模块都是风险点，不同的研发团队中，研发人员的能力也参差不齐，自动化检测及风险同步是一个长期有效的方法。

从技术实现的角度来讲，App 中的基础模块的参数配置应该是局部生效的，就是谁使用谁设定，参数设定影响范围只在基础模块实例的生命周期内。同时在 App 中应该提供生成默认基础配置的能力，业务方可基于该基础配置进行定制及扩展。

12.3.2 降低外部因素产生的异常

外部因素产生的异常和内部因素产生的异常不同，是一个动态的因素。以 App 的程序逻辑实现为中心，所有与外部可产生交互行为的都可以算作是外部因素，比如客户端与服务端通信、硬件参数、软硬件支持、用户交互等。

1. 降低通信数据带来的影响

在客户端和服务端通信的过程中，经常会出现传输的数据不符合协议设计预期导致客户端在处理该数据时出现异常的情况。如空数据、数据类型不符、数据格式不对等。因此对网络传输数据的处理，应当优先保证数据的有效性，确保其符合设计及代码实现的标准，之后再执行功能相关的代码。同时，对于网络传输中产生的非预期数据，应该具备上报的能力，以便服务端能够感知到这些异常情况的产生。

如果需要验证客户端对异常数据的兼容性，常用的方法为仿真异常的数据。在客户端与服务端通信时，返回非预期的数据，验证客户端是否会产生异常，这个过程使用人工操作的成本较高，在第 9 章的内容中，提到网络层中的仿真测试模块，可支持数据通信过程中异常数据的模拟。

客户端的自动化验证数据异常的方法不同于服务端，大部分的通信请求都是客户端先向服务端发起，之后才建立数据通信，对于客户端的稳定性测试，更偏重数据有效性、临界点数据以及不同数据状态的交叉组合，需要覆盖代码的不同逻辑，发现代码的逻辑分支路径中潜在的风险。常见的异常模拟包含以下 3 种。

- **空数据**：客户端接收到的数据中，有部分的节点数据为空，解析出来的数据对象为空，对于空数据的处理兼容性不足从而导致异常。
- **编解码格式不对**：编解码问题通常发生在文本的编码与解码（中文 / 英文）、特定格式的编码与解码（如 URL、多媒体数据格式）等过程中，编解码格式不对会导致内容加载过程出错。
- **数据格式不对**：因数据格式的书写差异，导致配置项中的数据解析出错。如数据的版本不兼容，将原本为字典的数据配置为数组等。

2. 降低硬件参数带来的影响

硬件参数影响常见于 App 中使用的硬件资源过多，比如内存不足产生异常。系统需要参考当前可用硬件资源进行硬件资源能力的应用策略对其进行调整。

比如，App 中内存的缓存策略的设定，在内存是 2 GB 以上时，缓存上限可以是 512 MB，而在 1 GB 以下的内存，就不建议使用这么大的内存作为缓存上限。在一些低端机型中，App 的功能执行效果不好，可以在 App 中识别低端机型，并关闭该功能。

总的来说，一些与硬件有关的能力，框架应该结合不同的硬件配置及状态，给出不同的策略取值，甚至可以不提供能力。

3. 降低数据可用性带来的影响

数据可用性的影响常见于 App 中的功能所依赖的系统 API 没有授权访问，导致该功能无法正常为用户提供服务。在 iOS 或 Android 系统中，一些涉及安全隐私的 API 的使用需要用户授权，图 12-8 为 iOS 系统中隐私与安全性的管理入口，包含了定位服务、照片、相机、健康及麦克风等不同数据的授权管理，Android 系统也有类似的机制。

当 App 中的功能对这些 API 有依赖且无法使用时，App 中的业务流程就会受到影响。如图像识别依赖于相机或者是照片的访问权限，语音识别依赖于麦克风的访问权限，客户端与服务端的数据通信依赖无线数据授权等。图 12-9 所示为某个 App 中的功能需要授权访问的数据情况。

搜索 App 中的功能同样也需要一些授权后才可使用相关数据。当业务功能所依赖的数据没有获得授权时，该业务流程就没有办法完成。技术实现为当该数据是不可用的，则该业务也应该是不可用的状态，否则的话该业务的完整流程无法完成。

有些需要授权的数据在 App 业务中作为辅助优化使用，如搜索天气，系统可以通过位置服务 API、IP 地址等多种方式推断用户所在的地点，之后再显示对应地点的天气。当位置服务 API 没有授权时，业务流程还可以使用 IP 地址获取地点信息继续为用户服务。技术实现时，应先确定位置服务 API 的数据是可使用且有效的，之后再进行使用。

图 12-8 iOS 系统中隐私与安全性的管理入口

图 12-9 某 App 中的功能需要授权访问的数据情况

从 App 的架构层面来看，获取 App 中依赖的 API 可用性的状态，是一个基础的全局性行为，在 App 中统一管理，并为业务提供唯一状态获取途径。在业务中除了获取数据的可用状态，也需要验证数据的有效性，之后再使用该数据，以规避因数据不可用而产生的异常。数据的可用性及有效性的验证也可以作为基础模块为不同的业务模块提供服务。

4. 降低用户交互影响

用户交互影响通常发生在用户的交互行为超出产品设计范围的时候，即 App 提供了某种能力，但缺乏有效的管控，导致在极端情况下的处理不够友好。例如，在多容器管理框架中，支持对用户打开的页面进行缓存，如果不对缓存页面的数量进行限制，当打开页面的数量达到一定量级时，App 可能会因内存不足而出现异常。另外，在搜索框中输入数据时，会将其作为关键字发起搜索。如果用户复制了极长的文本来发起搜索，在处理该数据时，没有判断关键字的长度是否超过存储变量的长度就直接赋值，可能会导致内存越界异常。

可以看出，在 App 中用户通过交互来满足需求，但非预期的交互可能导致异常。因此，App 设计应限制用户交互的影响，将其限定在系统设计范围内，包括以下几种方式。

- **在特定状态下限制交互能力：**只有当业务处于特定状态时，某些功能才可用。例如，在输入框中没有输入内容时，搜索按钮不可点击。

- **预处理用户交互数据：**根据业务需求，对用户交互产生的数据进行合规性判断。合规的数据可以直接使用，不合规的数据则进行提示或按照预设的规则进行转换。例如，当用户输入的文本过长时进行截断，输入的图像过大时进行压缩，或对不符合预期的输入进行提示等。
- **为用户交互行为设定优先级：**当同一类交互有多个任务可响应时，应该设定这些任务之间的响应优先次序和先后依赖关系，以避免因任务执行时机不符合预期而对整个业务流程状态产生影响。

同时，在用户输入时，需要提示其交互边界。及时检测和提示用户交互行为产生的事件或数据，这不仅能降低异常、确保系统安全，还能提高用户使用体验，保证 App 正常运行。因此，设计 App 时应考虑用户使用场景和可用的输入方式，限制和指导用户的交互行为，以确保 App 的稳定性和安全性。

12.4 降低异常产生的影响

用户使用 App 时出现异常，这是一个非常糟糕的体验，异常严重时甚至导致功能无法使用。异常多次发生会对 App 团队的品牌力产生影响。因此，降低异常的影响面，是一件非常有必要且有挑战的事情，在异常产生时，研发团队的目标是确保异常处于可控的状态。

要达到异常可控的目标，需要提前构建发现异常和解决异常的能力，而不是在问题出现后再寻找解决方法，这样能够避免错过修复问题的最佳时机。下面的内容将详细介绍**发现异常**和**解决异常**这两种能力的构建。

12.4.1 发现异常的能力的构建

构建发现异常的能力，目标为线上用户使用 App 产生的异常可以被研发人员快速知晓。发现异常的能力，主要包括识别异常、上报异常、监控异常和分发异常这 4 个核心能力。如图 12-10 所示，识别异常和上报异常的工作主要在客户端实现，监控异常和分发异常的工作主要在服务端实现。

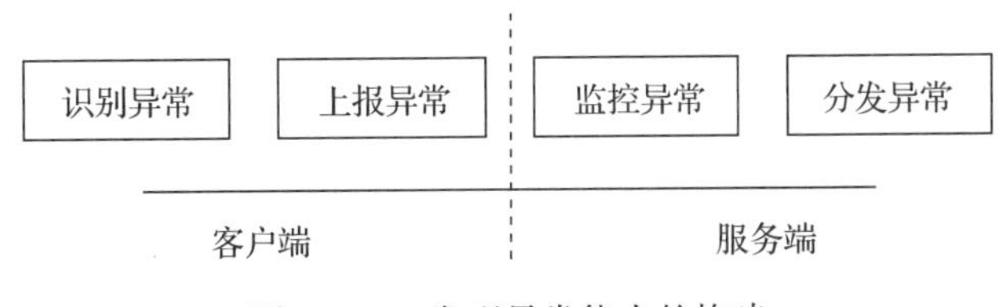

图 12-10　发现异常能力的构建

1. 构建识别异常的能力

识别异常的能力是指在 App 中识别出当前运行时产生的异常信号及相关信息的能力。从技术角度来看，有几类异常比较容易通过技术手段进行识别，例如 App 崩溃、通信协议异常、内存占用过高、CPU 使用过高等。也有几类异常不太容易通过技术手段进行识别，例如用户产生的内容格式、搜索结果页点出的第三方网页的排版等。

对于这些有明确定义且可以通过技术手段发现的异常，适合采用技术手段进行识别。而对于一些识别成本较高、定义较模糊的异常，则需要根据业务模块的重要程度，构建疑似异常的技术识别能力，或者增加人工识别异常的能力。

2. 构建上报异常的能力

上报异常的能力是指 App 可以将客户端收集的异常信息提交到服务端，该过程由客户端控制。常见的方式为实时上报和延时上报，实时上报为在异常信号产生时上报该异常。而延时上报则是在异常产生时将异常信息暂存，并在特定的时机上报。

在上报异常信息时，客户端应该自动地增加一些设备相关的信息，如设备信息、App 状态等，以辅助定位问题。同时，对于异常上报的过程，客户端也应该支持重试机制，以保证上报的成功率。

3. 构建监控异常的能力

监控异常的能力主要在服务端构建，通过对接收的异常信息进行分类、划分等级、按时间周期对比及分析，以发现异常信息的变化。分类的方式可以按照多种维度进行，例如异常类型、机型、系统版本、App 版本、地区、功能点等。异常等级的划分通常按照影响面、变化趋势、功能规模等因素进行。

在服务端对收集到的异常信息进行汇总，并以报表的形式展现，支持搜索、筛选及对比，便于研发人员快速查看异常产生的相关信息。同时服务端还可以对异常信息进行实时监控和预警，以及时发现并处理潜在的问题。同时，服务端还可以提供历史数据分析和趋势预测功能，帮助研发团队更好地了解系统的运行状况和异常情况，以便及时采取相应的措施进行优化和改进。

4. 构建分发异常的能力

当服务端分析确定 App 中存在一些需要高优先级处理的异常时，比如重点关注的异常、影响面较大的异常、新增类型的异常等，则需要立即将 App 状态同步至对应的负责人员，以便实现实时感知和快速响应。与团队成员通过查看报表了解异常相比，这种方式具有更好的时效性。

实现分发异常能力的前提，是在团队内建立异常处理流程和快速响应机制，即出现什么样的异常，应该以什么样的形式分发至哪位负责人，之后处理的流程是什么样。基于这些标准分发能力才可以实现团队对异常的及时感知和处理，提高系统的稳定性和可靠性。

12.4.2　解决异常的能力的构建

解决异常的能力构建目标为对发现的且需要修复的异常可以基于系统的能力快速解决，把对于用户的影响降到最低。解决异常的方式主要有两种，分别是热修复及功能降级，均与系统设计实现相关，在 App 的研发阶段，根据需要提前构建这些能力。

1. 构建异常代码热修复能力

热修复（Hotpatch）能力主要用于在不发布新版本的情况下，通过下发补丁的方式修复线上异常的代码。通常热修复只用于修复严重的、影响面大的、可复现并明确了问题产生原因的线上 Bug，常见但不局限于以下情况：

- 高概率的崩溃。
- 严重的 UI 问题。
- 可能造成经济损失与用户投诉的 Bug。
- 客户端关键功能不能使用。
- 违反法律法规，监管审查部门要求紧急修改。

对于热修复的能力的实现业界有很多公开的方案，本着最小影响面的原则，热修复系统至少需要具备可线下测试和按版本生效的能力。

- **可线下测试：**研发编写的热修复代码，可以在研发环境中测试，测试成功之后，再进行上线。
- **按版本生效：**热修复代码仅在设定的 App 版本区间内生效，将热修复的影响面控制在有限的范围。

2. 异常功能降级

功能降级的思路为通过控制 App 中异常的功能执行路径，实现规避异常的目的，主要分为人工降级和自动降级两种。

人工降级是一种通过人为操作来控制 App 中异常的功能逻辑暂时停用的方法。通过云控平台，可以对客户端功能进行降级处理。当线上出现重大事故时，可以人工操作开关状态，使产生异常的功能逻辑暂时停用或切换至备选功能逻辑，从而控制异常的影响范围。人工降级的方式需要保证业务功能的完整性和可用性，在功能设计实现时，需要明确可降级的范围，避免业务流程无法形成闭环的情况发生。

自动降级与人工降级的区别为，自动降级可通过技术手段自动识别那些已有降级方案的异常并对其处理。当系统检测到异常时，会按照预设的降级方案自动切换该功能的状态。为了实现自动降级，客户端需要具备异常信号的监控能力，并能将当前降级信号同步给服务端进行联动降级。业务方在识别到异常信号后，自动降级的方式分为以下 3 种。

- **功能降级**：适用于已有功能的升级过程，当升级后的功能出现异常时，将其降级为升级前的功能供用户使用，保证业务流程的完整可用。
- **数据降级**：适用于云端更新的数据，当新版本的数据出现异常时，降级使用历史版本或默认数据，直到下次更新版本时再使用新版本数据。
- **功能停用**：适用于 App 启动阶段，业务功能出现多次相同的异常时，停止该功能并上报异常信息，这种方式类似于系统中的安全模式。

12.4.3 降低异常概率 / 影响的设计思路

除了上面说的一些与降低异常及影响有关的能力，对于 App 中功能中的设计，可以参考下以下 5 个思路，和 App 的基础架构有关，可以降低异常的产生概率及影响。

- **延时更新 / 读取配置**：业务级的配置文件的更新及读取，不在 App 启动阶段发起，这样有两个好处，一是对启动阶段的任务进行了精简，启动速度更快；二是更新阶段产生的异常不会影响 App 的启动，避免出现每次启动阶段都产生异常的情况。
- **状态唯一性**：指在 App 中的同一个状态，只能有一个且唯一公开的路径可以获取或更新。避免同一个状态由多个公开的路径获取或更改，对状态获取及更新产生二义性。
- **数据校验**：包含数据的完整性校验、数据的有效性校验和数据类型的校验等，数据从云端下发，然后存储到本地，有数据并不代表数据就是对的，数据可以解析，可以支持业务按预期运行，这样数据才算是有效的。
- **场景明确**：一个模块在设计时于 App 中所有场景下都是生效的，那这个模块的使用方可以没有限定。而如果一个模块只在特定的场景生效，或者不确定可在所有的场景中有效，那就应该限定模块的生效范围，避免在非预期的场景下被使用而带来未知的影响。
- **端内回滚**：当最新的配置下发到客户端后，在解析或者使用的该配置数据过程中产生了异常，要么当前的功能不可用，要么是直接产生了异常，这两种情形对于用户来说都是功能没有达到预期，理想的状态是当加载新配置数据时如果产生异常，应该恢复前一版本的配置供用户继续使用，同时将异常状态上报至服务端。

个人成长篇

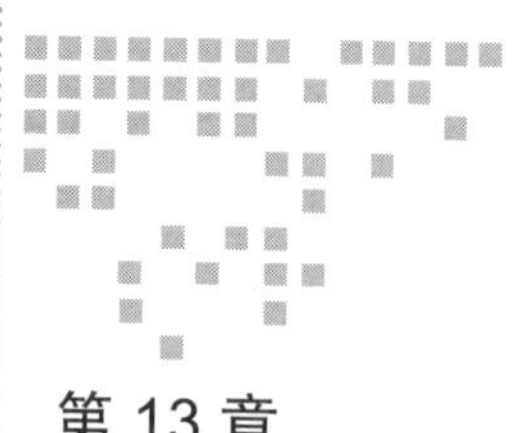

Chapter 13 第 13 章

设计自己的架构优化之路

第 12 章介绍了质量和效率的优化过程，技术架构除了可以赋能于业务外，还可以对研发效率和质量的优化起到支撑作用。前面陆续介绍了不同场景下的搜索 App 技术架构的实现及优化思考，技术架构的产出也是架构师设计思想的输出，架构师需要清楚技术架构可以提供什么样的能力，解决什么样的问题，实现什么样的价值。

我的一位老上司曾经说过，团队的绩效和晋升机会会向有战功的人员倾斜。何谓有战功的人员？至少应该是可以带兵打胜仗的。在移动互联网时代，时间和效率也是衡量是否打了胜仗的重要指标之一。事做了但时间窗口错过了，对应的机会也就错过了。

本章会分为 3 个部分介绍作为一名架构师如何快速、有效、持续地构建自己的架构优化之路，本章的内容大部分都与具体的技术无关，只是我的一些个人心得，希望对读者有些帮助。

13.1 快速融入团队的 7 个因素

要做事，首先要融入团队，如果不能融入团队，事就很难做成。如何融入团队与团队的文化、业务、技术、资源、流程、规范及个人定位这 7 个因素密切相关。这些元素构成了团队的运行基础，可帮助个人明确工作目标、方法和期望，从而更好地协作并取得成功。

1. 了解团队文化

文化主要指团队的价值观，其中包括**团队鼓励的个人行为**和**不鼓励的个人行为**。个人价值观与团队价值观相吻合时，个人在工作中更容易得到支持和认可。个人价值观与团队价值观不完全吻合时，个人的产出可能不被认可，个人在团队中也可能感到不适应。研发人员的理想状态是所在的工作环境中，团队和个人的价值观是相吻合的。

2. 熟悉团队业务

团队业务是指团队需要处理的事务。一个业务一般会包含多个子业务，大部分研发人员都只负责某个具体的子业务。研发人员需要熟悉团队整体业务和自己负责的子业务，以及了解该子业务与其他业务的衔接关系，只有这样才会提高产品质量和产品研发效率。

对于团队业务，研发人员需要了解如下内容。

- **业务为用户带来的价值**。研发人员需要了解用户的需求和期望，从而了解业务能够为用户带来的价值，包括产品的功能、性能和优势等。这样可以更好地设计和实现产品，提升产品的竞争力。
- **业务的实现方式**。研发人员需要了解业务是如何实现的，包括所使用的技术、方法和流程等。这样可以更好地理解业务的需求和约束，从而更好地实现所负责的业务。
- **业务的交付方式**。研发人员需要了解业务的交付方式，包括交付周期、标准和流程等。这样可以更好地规划所负责的工作，确保按时交付高质量的产品。

注意：作为研发人员，需要特别留意业务相关的“历史痕迹”，这些痕迹代表了业务发展和演变的过程，每一个痕迹的出现都有独特的原因，可以帮助我们深入理解业务。

3. 理解团队技术

在技术层面需要重点关注两个维度——当前产品研发所需的技术点和当前产品的技术框架。在搜索客户端中常用的技术点包括多线程、网络、音频、视频、加解密及浏览内核等。技术框架是构建产品的技术基础，主要包含以下 6 个维度。

- **技术架构分层**：指 App 的技术架构及层级划分。每个层级负责不同的功能，根据功能的不同，在不同的层级构建想要实现的能力。
- **特定子框架**：提供一些特定的能力为某一类业务场景服务，如前面提到的多容器管理框架、插件管理框架等。这些子框架可以提高系统的开发效率和代码质量，减少重复工作。
- **基础模块**：包括一些基础的通用模块，如网络模块、异常处理模块、配置模块等。

这些基础模块为 App 的其他模块提供支持和服务，是整个系统的基础。

- **模块划分：** 指 App 中模块划分的方式。每个模块负责不同的功能，模块之间通过接口进行通信，以实现高内聚、低耦合的设计。
- **依赖关系：** 描述 App 中各个模块间的依赖关系。依赖关系包括模块之间的依赖、类之间的依赖等。
- **约束条件：** 包括指标约束、安全约束等，是研发过程中需要关注的底线。

基于对具体技术点和产品技术框架的理解，研发人员需要按照技术框架的约束，在不同的层级和模块中进行设计，实现业务所需的能力。研发人员需要具备扎实的技术基础和深厚的研发经验，才能将具体的技术点有效地应用于产品中，满足业务的需求。

4. 善用团队资源

研发人员的工作需要依赖不同的资源，与团队有关的资源主要包括**人力资源、研发资源、软件资源、硬件资源**。

- **人力资源：** 指在整个公司及团队之中与产品业务相关的人员，这些人员可能是领导、导师、合作伙伴等。相对来说，这些人员在具体某个方向上，可能比你更了解团队的业务及研发过程，他们的很多研发经验都值得借鉴。
- **研发资源：** 指在多年研发工作中团队在产出方面的积累，主要包含方案、代码、总结等。这些资源以文档或多媒体的方式承载，会帮助你更深入、高效地理解业务、技术、流程及规范等。
- **软件资源：** 指与研发过程相关的软件，包含行业中常用的研发软件及自主研发的软件。行业中的软件包括 IDE、版本管理工具、代码检查工具等。自主研发的软件通常是为了支持公司内部的业务而定制的，包括日志系统、监控系统、需求管理系统、会议系统及相关工具链等，熟练地使用这些系统及工具链可以起到事半功倍的效果。
- **硬件资源：** 指研发过程中需要使用的硬件资源，包括电脑、测试设备等，也包括支撑产品可靠运行的硬件资源，比如服务器、存储或计算资源等。对这些资源的管理、申请、使用、调度及部署也是研发人员需要具备的能力之一。

5. 执行团队流程

流程是指完成一件事情的先后顺序和依赖关系，完成过程中有时会涉及多个人的协同与衔接。在研发的过程中，一个需求的交付需要经历需求产生、方案设计、评审设计、排期、实现、自测、代码提交、测试及发布等阶段，最后交付到用户的手中。每个阶段都有对应的流程标准，以指导相关的角色完成不同的工作，使团队的协同研发效率变得更高。

流程标准主要约定的是事与事、事与人、事与时间之间的关系，总的来说就是约定这个流程需要什么角色在什么时机应该遵循什么样的标准来做什么样的事。一般来讲流程中的事项、时间和角色都是明确的。但在具体的事情中，与角色对应的具体人员也需要明确，这也是流程中的一个环节。

6. 遵循团队规范

规范是指在特定场景下需要遵循的标准。在研发过程中，常见的规范有代码编写规范、代码提交日志规范、模块拆分规范、接口定义规范、组件版本号规范等。遵守规范可以使团队成员更容易理解彼此之间信息的含义，减少沟通成本，提高团队协作效率。

规范是团队历史经验的总结，可以帮助团队成员规避潜在风险。因此，研发人员在工作中应遵守团队的规范。如果遇到无价值或会产生负面价值的规范，研发人员应深入了解这类规范形成的原因，并推动其优化，而不是擅自违规执行。

7. 明确个人定位

个人定位分为**自我定位**和**团队对其的定位**。自我定位是个人认为自己在所属团队中的位置、能贡献的价值和期待的收获。团队对其的定位是团队决策人对成员个人能力及职责的预期。团队在招聘成员时，对于成员所具备的能力和未来贡献会有一个预期。

当自我定位与团队对其的定位相吻合时，个人的工作产出及成长会比较顺利，反之，就需要一方妥协，至于是哪方妥协，有很多影响因素。理想的方式应该是个人主动找好个人在团队中的定位并与团队达成共识。

13.2　实现有效交付的 7 个节点

充分了解团队业务相关的技术和流程规范后，就可以基于自己与团队的目标和团队可用的资源来完成相关任务了。任务目标的形态与职级有关，职级越高，任务目标越抽象，越需要进行分解、分析、决策及推进实施；职级越低，任务的目标越具体，越偏重具体的实施。

在一个项目中，架构师与技术专家不同，前者通常会承担项目负责人、技术负责人、接口人等不同的角色，在项目中起到目标对齐、关键决策、资源协同、风险规避等作用，同时也会参与到具体的研发工作中，为项目的结果负责，以实现有效交付。要胜任以上工作，需要关注下面 7 个节点。

1. 充分理解现状及问题

研发过程中，在对一个问题准确投入资源并进行解决之前，首先需要足够理解该问题。现状对于判断当前问题是否需要解决具有重要的参考价值。只有深入了解现状与问题的本质、根源，才能制定出有针对性的解决方案，避免盲目投入资源。这也是一名研发人员需要具备的基本能力，如果不能充分理解问题，即使问题解决了，也很难体现自身的价值。

以架构优化为例。架构优化是指对线上正在运行的架构进行改造。线上的架构是根据当时的历史背景和需要设计的，为 App 提供基础能力的支撑。随着时间的推移及外界环境的改变，当时的设计可能无法满足近期或将来的需要，也就是说，线上的架构如果在满足当前产品需求时存在问题，则需要进行技术架构的优化。要进行架构优化的情况主要分为 3 种。

- **业务变化**：这主要出现在 App 中业务形态升级时，业务对技术架构的依赖产生变化，现有的技术架构无法给予业务有效支持。
- **生态变化**：App 所在的生态环境发生了变化或业务的生态环境发生了变化，导致一些技术方案的实现需要重新设计。这些变化包含新技术的产生、生态标准变化、法律法规变化和出现突发事件等。
- **组织变化**：App 的研发工作是需要多方协同的，研发人员所在组织的结构变化会对协同方式产生影响，包括人员的变更、团队的调整划分、团队规模变化等。

对于充分理解问题，没有什么有效的捷径，关键在于把问题弄清楚，把因果关系捋顺。作为高阶的工程师需要参与到具体的研发中，只有了解业务的基本信息及流程，才能完全掌握整个业务背后的逻辑关系，否则很难提取到业务的关键信息，因为沟通过程中会出现信息不同步、概念不清晰的情况。

2. 设定长期的目标

我有一个习惯，每隔一段时间会重新规划我的目标（准确地说，是三到五年内比较重要的事）。每年年初都会定下这一年的目标，年底也会做一下总结，总会有一些事没有达到目标，也会有一些事做得比预期好。这样做的好处是：每当我遇到困难时，想到目标，就会有坚持下去的动力和理由。

客观地讲，工作受到外因影响的情况会比较多，这几年移动互联网行业一直是高速发展的，在这个大环境中唯一不变的就是变化。把一件事情想清楚了并不容易，再把这件事推进并按预期完成更不容易。目标就是这个过程中，个人及团队工作的定海神针。

架构优化的前期，即方案的形成阶段，都是以目标作为指导和依据的。但如果目标定错了，这个方案就无法落地，投入的资源只会换来无效的产出。目标决定了后续的很多相关事项，值得投入一部分时间去思考、去明确，并需提前和相关人员达成共识。

在一个团队中，成员之间相互依赖、相互协同。如果架构优化目标不明确，在执行的过程中就容易出现断档或目标调整的情况。即使个人不需要协同解决这个问题，也需要给团队中相关人员一个预期，在什么时间能达到什么样的效果，衡量的标准是什么，否则就是没有预期的资源投入，产出将会处于一种失控的状态。

3. 技术方案优先

客观地讲，在移动互联网行业，相同技术方案被复用多次的可能性极低，因为每个产品在不同的时期都有不同的背景和需求，对应的技术实现和实施路径都有不同。与架构相关的工作，均需要与目标匹配的技术方案。

设计技术方案的前提是充分理解 App 当前遇到的问题及优化目标，只有这样技术方案的设计才是有效的，反之技术方案的设计就是无效的，需要返工。

按照实际经验来看，技术方案会影响整个 App 的研发、发布和用户使用过程，如果技术方案没有明确，项目相关人员之间存在信息不对称的情况，交付的结果就可能是失控的。技术方案需要尽快明确并启动，同步给项目成员及评审人员，避免因信息不对称而导致的资源无效投入。

把时间拉长来看，与技术架构相关的能力，大部分使用技术手段来实现，包括相关的工具链建设、流程自动化、数据报表构建、核心指标分析、架构防劣化、异常检测等。这些能力的构建同样也需要技术方案并使用技术手段来实现，才能得到长期稳定的支持。

4. 拆分阶段性目标及制定完成标准

架构优化的工作通常周期较长，在确定了架构优化的目标及技术方案后，需要将整体目标拆解成多个阶段性的目标，然后进行阶段性交付。这相较于一次性交付有以下优点。

- **依赖关系明确**。整体目标被拆分成阶段性目标的过程，实际上是梳理依赖关系的过程，经过阶段性目标拆分，每个目标之间的关系会更加清晰，整体目标的依赖对象也会更加清楚。
- **聚焦重要任务**。将整体目标拆成多个子目标后，目标可被赋予优先级，资源的投入将得到一个明确的、有意义的、可累加的产出。当资源不足时，团队的资源可投入到高优先级的目标中。
- **过程风险可控**。整体目标设定相当于交付的终版产品，相对来讲比较抽象，存在研发过程缺少检验标准、状态不清晰、风险不易评估等问题。阶段性目标可以精确地定义每个阶段的完成标准，在风险产生时容易感知，并可以快速响应，最终实现实施过程的风险可控和对整体目标的影响降低。

- **可持续正向反馈**。基于阶段性目标，项目可以阶段性产出，这促进了可持续正向反馈的实现。在项目进展层面，阶段性产出是团队资源投入的直接反馈；在团队协同层面，阶段性产出是相关资源介入的决策依据；在产品层面，阶段性产出可提前应用于产品中，从而提前感知技术架构对产品产生的影响。

阶段性目标应该是可描述、可衡量的，目标完成的标准应该有明确的定义。基于该标准，对于同一个任务，可以避免资源重复性投入。如果阶段性产出是有效的，那么对依赖该目标的其他目标也可以起到有效的支持。

5. 明确职责及责任到人

当团队的研发人员较少并且 App 的代码规模较小时，架构优化的推进成本较低，协同沟通的成本也较低。但当团队研发人员较多或者业务逻辑较复杂时，团队成员中极少甚至没有人能对 App 中每个业务的流程和实现逻辑完全了解。

当团队研发人员较多或者业务逻辑较复杂时进行的 App 架构优化，通常是解决 App 子系统中的问题，优化的过程及结果只影响该架构之上的子业务。在团队中，业务方人员是最清楚业务实现细节的，业务方人员参与到项目中可以提高研发效率和减少研发风险。架构优化的工作需要和业务团队协同完成，需要"**因事找人**"。

重要的事项一定需要有人为结果负责，在实际工作中，负责人的公开也是极为重要的一个环节，这一环节要求明确重点关注的事项，确定对应的负责人员。同时部分由协同伙伴们来实现的工作，其人力资源的投入，需要与管理层或高阶的技术人员确认，避免同一人力资源在相同的时间内被多方使用的情况发生。

6. 总结阶段性进展及汇报

架构优化是一项需要长期投入的工作，早期验证成本高昂，与最终目标关联不明显，隐藏风险难以察觉。在业务功能接入后期，技术架构需要随业务而调整。在移动互联网的快节奏环境下，事情难以全部预知及明确，执行过程可能受资源、沟通、并行研发等因素影响，导致计划与实际产生偏差。

为稳定这些因素，需要进行阶段性总结和汇报。阶段性总结建立在阶段性产出之上，而阶段性产出又建立在阶段性目标和完成标准之上。基于阶段性目标和完成标准，阶段性总结可以起到及时纠偏的作用，对当前工作的现状与计划完成状态进行对比，可以感知当前的工作进度和实际效果之间的差异，并进行后续的工作调整。阶段性汇报可以确保团队相关成员信息对齐并达成共识，起到协调资源和管理预期的效果。

根据实际经验，若阶段产出无法总结，则说明团队成员没有理解当前目标；若阶段总结无法汇报，则说明当前工作与最终目标关联度不高。在信任度高和相互了解的团队中专注工作，可以提高效率，但阶段性总结和汇报仍然非常有价值。即使不汇报，也需要持续关注和同步团队内部的进展，以确保及时发现风险和变化，从而合理安排资源投入。

7. 确保质量可控

客户端产品有一个明显特征：客户端从发布到被用户安装使用，这个时间周期较长。这会导致客户端产品在出现 Bug 时不能被直接修复。

我们大部分的研发工作都是构建面向用户的产品，为用户提供服务。常规产品出现了异常，对用户的影响主要反映在体验方面，并不会对用户的人身安全、财产安全产生影响。但如果研发的产品是应用于智能汽车、高铁上的控制加速或刹车的模块，银行的交易系统，或者是飞机、卫星的软件系统当中的某一子系统，这时一旦出现了误差，即使再小也会造成很大的经济损失甚至是人员伤亡。

App 技术架构相关的模块处于整个 App 的底层，用来支持上层业务的功能构建，一旦它出现质量问题，带来的影响会被放大。技术架构所支撑的业务实际使用量越大，影响面就越大，特别是超级 App，每天的用户量都在千万级甚至亿级以上。在架构优化工作中，使用一些必要的策略，降低出现线上问题时对用户的影响，是很有必要并且需要提前准备的工作。

重视质量是一种严谨的工作态度，这个态度将影响做事的方法。即使质量问题没有发生，也不代表质量问题就不存在，只有通过验证才能保证质量。带着侥幸心理把未验证过的功能或产品交付给用户，实际上是把质量风险抛给了用户，最终出现问题带来的损失和修复的成本，要比在研发阶段解决所需成本高出很多，还可能出现极端且不可逆的情况。在任务交付过程中，不论当前研发进展正处于什么样的状态，都需要对有可能产生风险质量问题的功能或模块进行有效规避，让 App 的质量处于一个可控的状态。

13.3 持续优化技术架构的 7 个思维方式

架构优化是一项持续性的工作，很难在较短的时间内就把一个系统从无到有构建完成或重构到理想态。当产品上线后，还会根据线上的数据反馈及业务的需要，对技术架构进行能力扩展及调优，直到下一次的架构升级，当前的技术架构一直处于按照整体的设计目标不断调优的状态。作为研发人员，需要具备以下 7 个必要的思维方式，发现架构中存在的不同类型的问题，持续优化技术架构，为业务赋能。

1. 构建发现问题的渠道

“问题”是一个比较敏感的话题，谁都不希望与自己或团队相关的事项总是出问题。但比发现问题更糟糕的是，问题存在却没有被发现。这类问题随着时间的推移，影响会变得越来越大，修复该问题需要投入的成本也会越来越高。甚至一些问题将无法修复，这些问题相关的代码就处于长期不可维护的状态，直到该功能下线。

架构相关的问题通常是重要但又不紧急的，主要包括能力问题、成本问题和劣化问题。其中能力问题是指当前的技术架构无法支持新功能迭代的需要；成本问题是指基于当前技术架构实现功能迭代时的成本过高，技术架构的设计不合理，不易被使用；劣化问题是指技术架构中的分层、模块依赖、公开接口等指标被劣化。

劣化问题可以使用技术手段自动识别，根据交付过程中 App 内模块指标的变化，就可以得出模块劣化的数据信息，从而进行决策。而能力问题和成本问题则需要基于具体的事项或相关事项中提取的信息来判断。参与具体的业务研发过程，参与其他需求的技术方案的评审、代码编写、代码 CR，与一线人员一对一跟进质量问题，进行项目复盘等，都会帮助有效发现问题及其出现的原因，为后续的架构优化工作提供有效的支持。

主动发现当前架构的潜在问题，可以提前为问题找到解决方案并帮助方案实现，控制问题发生时带来的影响，而不是仅被动的状态去解决问题，这样可以减少因解决紧急问题而带来的长期维护成本。

2. 使用技术手段为业务赋能

在日常研发工作中，一些研发人员更关注复杂和先进的技术，对技术产出有更多的偏爱，并对学习新技术有很高的热情。实际上，业务是技术实现的载体，技术的价值只有在业务的应用中才能得到体现。

业务是团队的根本，没有业务就没有收益，而没有收益的团队很难维持下去。如果业务消失了，团队也就不存在了，即使再出色的技术也无法发挥作用。只有业务规模扩大，为用户提供更高价值，个人的工作价值才会真正体现，个人才能接触到更多的实践机会。因此，研发人员需要充分理解业务的需求和目标，并通过技术手段使业务实现。只有这样，才能真正发挥技术的价值，从而推动业务的发展和团队的成长。

优先使用技术手段为业务赋能是一种思考模式。只有将技术应用于产品中，才能实现技术价值，这就像工匠需先做出作品来，并且该作品获得大众的认可后，工匠的手艺才会被认可，而不是通过自己吹擂手艺多么高超。如果没有产品，用户以及同行们也没有办法评估人员技术的真实水平。

优先使用技术手段为业务赋能也是一个目标。基于这个目标，可以衍生出很多的小目标。大部分的技术产出与业务目标有着直接或间接的关系。作为研发人员，**个人技术偏好与业务价值产生关联也是业务赋能目标的一部分**，不限于具体功能的构建，也包含促进业务发展的相关工作。如提升业务的交付效率、产品质量、页面加载的速度和网络请求的稳定性，这些都能使业务向较好的方向发展。当同一类问题有多种解决方式（流程、管理，技术等）时，作为研发人员应该养成在资源投入和完成效果相近的情况下，优先使用技术手段来解决的思维。

同时，作为研发人员需要结合业务和技术的现状以及环境生态和业务的发展趋势，给出合理且专业的建议，积极推进对当下和未来有影响的技术落地或布局，才是长期可持续之道。

3. 独立思考有效决策

架构优化工作是团队协同性较强的工作，在这个过程中，个人的行为不仅会影响团队中的其他成员，也会受到其他成员的影响。在团队中，角色不同，承担的责任也不同，在做决策时，如何尽可能不受外因影响，进行有效决策，是研发人员必备的能力。从技术的角度来看，做技术决策时出现错误的原因主要有以下 3 种。

- **认知不足**。技术决策的内容超出个人当下的认知范围，比如对新技术、新领域、新业务，或者评审过程不清楚，则很难发现方案中潜在的风险。
- **私心驱动**。选择的技术方案对个人（或相关）是最有利的，但对团队不是最优的。比如某个项目的短期个人收益较大，但团队的长期维护成本会增加，那么产生风险的可能性也会变大。
- **精力不足**。因时间安排或个人因素，导致没有弄清背景、原因和方案等相关的细节，导致技术方案自身存在的缺陷没有被及时发现。

如何规避上面 3 种原因带来的影响呢？下面介绍了 7 种方法。

- **忠于事实**。指在处理不同的信息时，应该积极寻找事情的事实真相，少关注经过加工后的观点。观点的形成与个人认识能力有关，只关注观点会出现决策与事实偏离的情况。
- **技术优先**。指在研发过程中，研发人员需要对技术的实现结果负责，坚守技术的底线，确保技术的可行性和可靠性，并从技术角度给出客观、专业的建议。研发人员需要理解产品的技术需求和目标，具备相关技术基础和研发经验。
- **接受出错**。技术决策过程可能会因关注点不同导致考虑不周的情况，但这不应该阻碍技术决策的进行。在实际工作中，也会遇到决策成本过高的情况，或一些工作在早期很难达到理想状态。然而，随着产品及技术的发展，或许这些工作变得越来越有价值。因此，在决策时可以接受出错，但要尽量降低出错的概率，并缩小其影响范围。

- **主动提问**。按照依赖的路径来讲，决策前要先弄清楚事情的背景，主动提问是最直接且有效的方法。提问的过程应该是逻辑驱动的，就是基于已知的信息提出问题，确保决策在逻辑上能说得通。如果逻辑上说不通那就说明信息是缺失的或不准确的，需要弄清楚再做决策。
- **换位思考**。如果对一件事情不能完全理解，换位思考是一个比较好的方法。只有站在相同的位置上，才能理解对方视角下的关注点。
- **协同决策**。协同决策能提升决策有效度，让不同相关方共享信息、经验和观点，避免决策存在片面性和局限性。通过积极合作和协调，共同达成决策目标，以保证决策透明和公正。
- **优先级排序**。优先级排序并不是只做重要的事，而是指在有限的精力下，优先保证优先级高的事项的有效投入。明确冲突处理的优先原则和事情启动的必要性，可以避免无意义的资源投入。

总的来说，在决策时，我们不仅是信息的收集者，更是信息的处理者。信息的收集可以为决策提供有效依据，信息的处理则能使决策符合团队的需求。在这个过程中，独立思考是关键，是我们需要具备的能力之一。当然，决策力和执行力是两件事，经过沟通确定的事情，还需要通过有效执行来确保事情的顺利完成。

4. 持续创新及产出新价值

在负责了多次 App 架构优化的工作后，我得到一个很客观的事实，就是**没有完美的技术架构，只有更合适的技术架构**。架构优化会根据环境、业务、团队或个人需要的变化而变化，是一个权衡利弊的过程。在这个过程中，相关工作应该根据需要的优先级，持续进行交付验证及优化，逐步完成目标。

快速启动已经明确的事情，一件一件结项并将功能交付给用户，带来的最直接收益就是团队资源可以快速释放，从而将这些资源投入到更重要的事情中。同时可以快速收集用户的实际使用体验及反馈，并及时调整产品。这看起来虽然比较困难，但可以快速发现实际问题及进行迭代优化。

技术创新是在现有环境中产生新价值的一个常见方法，技术创新也是一种思考模式，在技术领域，同一个问题有很多种解决方法，不同的方法产生的效果也不同。通过技术创新来差异化解决问题，可为产品进行差异化赋能。通过技术创新解决问题的场景主要有以下 3 种。

- 使用业界已有的方案解决类似问题，这种情况在软件研发和架构优化中很少见，因为应用场景和团队需求会存在不同，所以团队引入已有技术方案时往往需要进行二次定制。这时的创新体现在业务的适配过程中，即对已有方案进行差异化定制。

- 基于通用基础技术，结合团队及业务的需要进行方案从无到有的构建，最终应用于产品中。在方案的设计和实施过程中有许多创新可应用的节点。这时创新的价值由技术方案差异来体现。
- 基于基础学科和通用原理，创造一个全新的技术，解决现实中的问题。这算是颠覆性的创新，这种创新离普通研发人员比较远，但也是利用技术创新解决问题的一种，在 App 的研发过程中很难提出这种创新点。

虽然技术创新可以实现差异化赋能，但也是有风险的。如果可以对创新的结果做到有效评估，则可以将创新的风险转化成机会。在工作中，不能为了创新而创新，而应该为了需要而创新。要有创新的意识从而帮产品及团队产生新价值。

持续产出新价值，实际上是说既要把某个点做好，也要把某个面做好。技术创新为用户、业务和研发团队提供了差异化的价值。持续输出，有序衔接，从而让多个功能点形成差异化的服务面，满足用户不同阶段的需要，只有这样才能将技术创新转化为业务的商业价值，间接提升团队的价值。

5. 拥抱变化主动沟通

在研发工作中，涉及多人协同的场景均需要沟通，如理解需求、方案评审、计划对齐、代码评审（Code Review）、进展和风险同步、收益描述等。

沟通一定会涉及是多方，要有一方先提出来沟通需求，才能开始沟通。那谁是先提出沟通的这一方呢？如果没有明确的标准来说明，则应该基于以下 4 个准则来确定主动发起沟通方。

- **变化驱动准则**：同一件事，基本常识或历史的沟通结论产生了变化，变化方应该主动发起沟通来同步变化。如果等到相关方询问，可能错过了这件事的最佳处理时间，甚至可能带来潜在的风险。
- **问题驱动准则**：发现问题后，需要主动询问相关方，而不要质问。当有不理解的内容时，需要主动提问，直到对方陈述的内容符合基本认知。不同于变化驱动，问题驱动是谁发现了问题谁发起沟通。
- **决策依赖准则**：在架构优化工作中，若你要进行超出职权范围的决策，那么你要主动沟通，避免决策失误。进行职权范围内的决策时也需要邀请权威人员一起评估。
- **实现依赖准则**：在架构优化中，若依赖环节超出你的个人职责范围时你要主动沟通，包括事与人之间的依赖沟通，如针对资源投入、目标对齐、具体事项要求、流程及标准等的沟通。

沟通通常是有目的的，即**基于已知信息要与沟通对象基于结论达成一致**。基于上述 4 个准则，在进行主动沟通前，需要拥抱变化，接受并弄清现实。当已知信息是明确的、符合常识和逻辑时，决策的成本会降低。找对沟通对象，获得专业反馈，结论会更加有效。

得到结论后，需与对方确认理解是否一致。若结论当时就能确定，则应同步给其他相关人员。若结论不能当时给出，应明确给出的时间点。原则上来讲，确定的事项**就应该做到**，如执行过程有变化，应按照上述准则主动同步。

6. 有始有终形成闭环

决策的结果是落地实施，实施的过程是一个持续的过程，过程中可能会出现一些变动因素而影响落地的进展。这些因素在启动阶段往往很难完全预料及预防，包括外部环境变化、团队目标变化、资源投入变化、技术能力变化（外部）等。

按照我个人的工作经验看，只要这件事长期来看是有必要完成的，那么就不要太在意当下的变动因素带来的影响，应该继续推进并达成目标。因为这件事在启动时是团队内达成共识的。在实施过程中出现非预期的变动因素，大部分是可解的，包括生态标准、资源投入、技术、质量、团队调整等问题。只要不明确说明这件事不可以再做下去，或者不再由你来负责，那这些变化带来的影响还是需要解决的。即便事情收益在某个时间点之后产生了变化，也应该与受益方及资源投入方一起评估资源继续投入的必要性，再根据结论决定事情怎么做，这也是一种工作形成闭环的方法。

总的来说，有始有终形成闭环就是凡事有交代，件件有着落，事事有回音。一件事有了开头，就必须有个结尾，如想不清楚这件事，最好不要开头。也可以边学边干，但干了就一定要有交代。这不仅考验你的责任心，更考验你的团队的协作能力和换位思考能力。

7. 关注影响圈提升影响力

每个人都有格外关注的事，比如健康、子女、事业、工作等，这些都是“关注圈”的范围。这些关注的事，有些可以被个人掌控，有些则超出了个人的能力范围，可以被个人掌控的事情范围称为“影响圈”。

架构优化工作实际上是与“影响圈”强相关的工作，因为需要足够的影响力来推进整体工作向好的方向发展，但是影响圈并不是在你需要时就可以触达的。只有持续积累，才能不断地扩大自己的影响圈。如何提升影响圈？这因人而异，以下是一些常见的方法。

- **持续学习**。不断学习并提升专业能力是扩大影响圈的关键。通过参加培训课程、阅读专业书籍、参加行业会议等方式可以不断提高自己的知识和技能。
- **建立联系**。与他人建立联系是扩大影响圈的重要途径。可以通过主动与他人交流、参加专业活动、加入专业组织等方式与他人建立联系。

- **积极主动**。积极主动参与影响圈内的活动是提升影响力的有效方式。可以通过参加行业会议、组织活动、主动发言等方式来展示自己的专业知识和技能。
- **提供价值**。对于一件事，只要参与其中，就应该为他人或团队提供价值。可以通过分享经验、提供建议和帮助他人或团队解决问题，推动事情向好的方向发展。
- **勇于尝试**。勇于尝试新事物是提升影响力的一种策略。可以通过拓展自己的兴趣爱好、尝试新技术来增加自己的经验，从而增加自己在影响圈内的价值。

在实际工作中，在影响圈内建立良好的声誉是提升影响力的基础。诚实守信和积极回馈团队可以树立良好的形象。超预期、高质量、高效率地完成工作是提高影响力的根基。